Springer Reference Technik

Springer Reference Technik bietet Ingenieuren – Studierenden, Praktikern und Wissenschaftlern – zielführendes Fachwissen in aktueller, kompakter und verständlicher Form. Während traditionelle Handbücher ihre Inhalte bislang lediglich gebündelt und statisch in einer Printausgabe präsentiert haben, bietet „Springer Reference Technik" eine um dynamische Komponenten erweiterte Online-Präsenz: Ständige digitale Verfügbarkeit, frühes Erscheinen neuer Beiträge online first und fortlaufende Erweiterung und Aktualisierung der Inhalte.

Die Werke und Beiträge der Reihe repräsentieren den jeweils aktuellen Stand des Wissens des Faches, was z. B. für die Integration von Normen und aktuellen Forschungsprozessen wichtig ist, soweit diese für die Praxis von Relevanz sind. Reviewprozesse sichern die Qualität durch die aktive Mitwirkung von namhaften HerausgeberInnen und ausgesuchten AutorInnen.

Springer Reference Technik wächst kontinuierlich um neue Kapitel und Fachgebiete. Eine Liste aller Reference-Werke bei Springer – auch anderer Fächer – findet sich unter http://link.springer.com/search?facet-content-type=%22ReferenceWork%22.

Birgit Vogel-Heuser • Thomas Bauernhansl
Michael ten Hompel

Handbuch Industrie 4.0 Bd.4

Allgemeine Grundlagen

2. Auflage

Springer Vieweg

Herausgeber
Birgit Vogel-Heuser
Technische Universität München
München, Deutschland

Michael ten Hompel
Technische Universität Dortmund
Dortmund, Deutschland

Thomas Bauernhansl
Universität Stuttgart
Stuttgart, Deutschland

Ursprünglich erschienen unter: Bauernhansl, T., ten Hompel, M., Vogel-Heuser, B.
„Industrie 4.0 in Produktion, Automatisierung und Logistik"

ISBN 978-3-662-53253-9 ISBN 978-3-662-53254-6 (eBook)
DOI 10.1007/978-3-662-53254-6

Die Deutsche Nationalbibliothek verzeichnet diese Publikation in der Deutschen Nationalbibliografie; detaillierte bibliografische Daten sind im Internet über http://dnb.d-nb.de abrufbar.

Gedruckt auf säurefreiem und chlorfrei gebleichtem Papier

Springer Vieweg ist Teil von Springer Nature
Die eingetragene Gesellschaft ist Springer-Verlag GmbH Germany
Die Anschrift der Gesellschaft ist: Heidelberger Platz 3, 14197 Berlin, Germany

Vorwort des Verlags

Der Erfolg des Buches „Industrie 4.0 in Produktion, Automatisierung und Logistik" von 2014 und die parallele Entwicklung der Online-Nachschlagewerke bei Springer, SpringerReference, führen zu einer erheblich erweiterten zweiten Auflage. Der Umfangszuwachs ließ eine Bandteilung sinnvoll erscheinen, dieser vierte Band umfasst die Beiträge zur Industrie 4.0 mit unveränderter, nachhaltiger Bedeutung in der Produktion, Automatisierung und Logistik.

Im Juni 2016
Thomas Lehnert, Programmleiter, Springer-Verlag

Vorwort zur 2. Auflage

Mit der 1. Auflage dieses Buches, das bereits 2014 unter dem Titel *„Industrie 4.0 in Produktion, Automatisierung und Logistik"* (Hrsg.: Bauernhansl, ten Hompel, Vogel-Heuser) erschienen ist, wurde ein wichtiger Schritt unternommen, das Thema Industrie 4.0 in der Fachliteratur zu verankern. Doch bereits damals war uns als Herausgebern klar, dass ein statisches Buch einer Entwicklung dieser Tragweite und Dynamik nicht gerecht werden kann. Aus diesem Grund haben wir entschieden, dieses Werk ab der 2. Auflage in ein Handbuch zu überführen, um einen Rahmen zu schaffen, die Geschichte der vierten industriellen Revolution fortzuschreiben. Industrie 4.0 wird mittlerweile international stark diskutiert und an der Realisierung gearbeitet. Mit dem *„Handbuch Industrie 4.0"* erscheint erstmals ein Nachschlagewerk, das aus einzelnen, in sich abgeschlossenen Beiträgen zu den Themen Industrie 4.0 in Produktion, Logistik und Automatisierung besteht. Dieses Werk wird sowohl online als auch in gedruckter Form veröffentlicht. Die Online-Version kann, ähnlich einem Wiki, fortlaufend ergänzt und weiterentwickelt werden, um bei diesem sich rapide entwickelnden Thema den aktuellen Stand darzulegen. Die Online-Version bietet die Grundlage, in regelmäßigen Abständen eine neue Auflage der Druckversion zu verlegen.

Um dem Format eines Nachschlagewerks gerecht zu werden, sind nicht nur Beiträge aus der 1. Auflage übernommen und überarbeitet worden, sondern auch zahlreiche Beiträge hinzugekommen. Diese teilen sich auf die folgenden neuen Kapitel auf:

- Digitalisierung der Wertschöpfung
- Industrie-4.0-Anwendungsszenarien für die Automatisierung
- Cyber-physische Systeme im Betrieb
- Engineering-Aspekte in der Industrie 4.0
- Vertikale und horizontale Integration in der Automatisierung
- Datamining und Datenanalyse in der Industrie 4.0 und deren juristische Aspekte
- Zusammenwirken von Mensch und Maschine in der Industrie 4.0
- Intelligente Ladungsträger als Teil cyber-physischer Systeme
- Materialflusstechnik für Industrie 4.0
- Industrie-4.0-fähige Flurförderzeuge
- Hybride Dienstleistungen für Industrie-4.0-Systeme
- Sensorik und Aktorik für Industrie-4.0-Logistiksysteme
- Management von Industrie-4.0-Systemen in der Logistik.

Zur Realisierung dieser umfassenden Erweiterung konnten wir, wie bereits in der ersten Auflage, zahlreiche Fachleute aus Forschung und Wirtschaft als Autoren gewinnen, um das Thema aus wissenschaftlicher und praktischer Sicht aufzubereiten. Erst die Betrachtung aus beiden Blickwinkeln ermöglicht es unserer Auffassung nach, den Überblick über das Mögliche und die Vision in einem Werk zu vereinen und Migrationspfade hinein in die vierte industrielle Revolution aufzuzeigen. Aufgrund der fortschreitenden Entwicklung werden nunmehr auch erfolgreiche Anwendungsbeispiele vorgestellt. In diesem Sinne ist das Handbuch Industrie 4.0 als ein lebendiges Nachschlagewerk für Forscher, Praktiker und Studierende gleichermaßen zu verstehen und richtet sich an alle Leserinnen und Leser, die sich mit diesem spannenden Thema beschäftigen wollen.

Diese Druckversion umfasst den Stand der Dinge im Frühjahr 2016 und ist in einem Team gleichberechtigter Partner entstanden. Wir danken allen Autoren, dem Verlag, dem Lektorat und all denen, die sonst noch zum Gelingen beigetragen haben, sehr herzlich. Ganz besonderer Dank gilt Sigrid Cuneus vom Springer-Verlag und unseren Mitarbeitern Andreas Bildstein und Sascha Feldhorst, die durch ihren unermüdlichen Einsatz in Koordination und Organisation die Grundlage für die Transformation des Werks in ein Handbuch gelegt haben.

Im April 2016
Birgit Vogel-Heuser, Thomas Bauernhansl und Michael ten Hompel

KNAPP
fashion solutions
Passt
wie
angegossen.

Inhaltsverzeichnis

WIE PACKEN SIE 600 MIO. TONNEN FRACHT IN EINE BOX, IN DIE NUR 216 MIO. PASSEN?
ES IST EINFACH. DIE ANTWORT IST SAP HANA.
Mit der SAP HANA® Cloud Platform ist der Hamburger Hafen in der Lage, Prozesse zentral, flexibel und in Echtzeit zu steuern – inklusive der Daten zur Schiffsroutenplanung und topaktueller Wettervorhersagen. Das schafft die Grundlage, um die Kapazitäten des Hafens in nur zehn Jahren zu verdoppeln. So einfach kann Innovation sein. Mehr erfahren Sie auf **sap.de/iot**
SAP
Run Simple
© 2016 SAP SE. Alle Rechte vorbehalten. Die Ergebnisse basieren auf spezifischen Systemkonfigurationen und können kundenindividuell abweichen.

INDUSTRY 4.0 READY
WIR BRINGEN INDUSTRIE 4.0 AUF DEN WEG.
THIS IS SICK
Sensor Intelligence.
Das Informationszeitalter hat für die Industrie erst begonnen. Intelligente, robuste und zuverlässige Sensorik ist unverzichtbar für Herausforderungen wie sichere Mensch-Maschine-Interaktion, immer individuellere Kundenwünsche, hohe Varianz und die Beherrschung kurzfristiger Nachfrageschwankungen. Wir zeigen Ihnen, was heute schon möglich ist. Gehen Sie mit uns gemeinsam den Weg in eine effizientere Zukunft. www.sick.de/i40

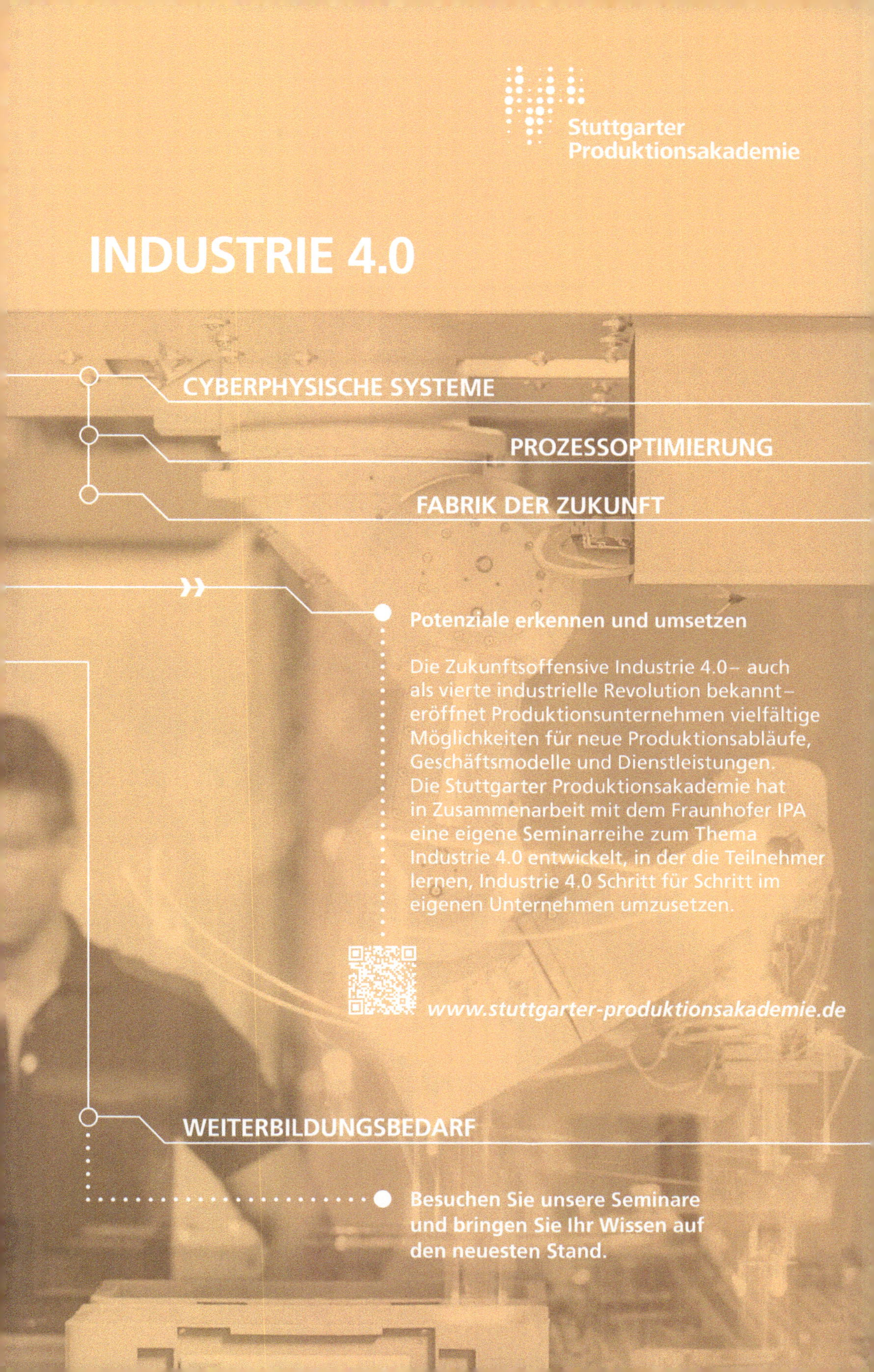
Stuttgarter Produktionsakademie
INDUSTRIE 4.0
CYBERPHYSISCHE SYSTEME
PROZESSOPTIMIERUNG
FABRIK DER ZUKUNFT
Potenziale erkennen und umsetzen
Die Zukunftsoffensive Industrie 4.0 – auch als vierte industrielle Revolution bekannt – eröffnet Produktionsunternehmen vielfältige Möglichkeiten für neue Produktionsabläufe, Geschäftsmodelle und Dienstleistungen. Die Stuttgarter Produktionsakademie hat in Zusammenarbeit mit dem Fraunhofer IPA eine eigene Seminarreihe zum Thema Industrie 4.0 entwickelt, in der die Teilnehmer lernen, Industrie 4.0 Schritt für Schritt im eigenen Unternehmen umzusetzen.
www.stuttgarter-produktionsakademie.de
WEITERBILDUNGSBEDARF
Besuchen Sie unsere Seminare und bringen Sie Ihr Wissen auf den neuesten Stand.

Die Vierte Industrielle Revolution – Der Weg in ein wertschaffendes Produktionsparadigma

Prof. Dr.-Ing. Thomas Bauernhansl, Fraunhofer IPA, Universität Stuttgart

1 Warum der industrielle Wettbewerb zunimmt und die Welt der Produktion komplex wird

Wenn im Zusammenhang mit Industrie 4.0 immer wieder von der 4. Industriellen Revolution gesprochen wird, macht es Sinn, zunächst einmal einen Blick auf die vergangenen drei Revolutionen zu werfen, zu analysieren, was in diesen unterschiedlichen Phasen passiert ist und wie diese Revolutionen aufeinander aufbauen.

1.1 Industrielle Revolutionen der letzten 260 Jahre

Die 1. Industrielle Revolution startete um 1750, getrieben durch die Entwicklung der Dampfmaschine. Arbeits- und Kraftmaschinen ermöglichten die Industrialisierung und haben einen großen Beitrag dazu geleistet, dass seit dieser Zeit in industriell geprägten Ländern keine strukturell bedingten Hungerkatastrophen mehr entstanden sind. Bedingt durch diese Entwicklung kam es zu einer Bevölkerungsexplosion. Einerseits konnte die Bevölkerung mit Kleidung und Nahrung versorgt werden, da das Transportsystem (Dampfschifffahrt, Eisenbahn) verbessert wurde. Andererseits verbesserte sich die Produktivität in der Herstellung von Grundversorgungsgütern, z.B. in der Landwirtschaft enorm [1].

Natürlich haben solche Revolutionen immer auch Auswirkungen auf die Gesellschaft. Das klassische Handwerk und die Landwirtschaft haben sich auf der Beschäftigungsseite stark reduziert und es sind zwei neue Schichten entstanden: Die Fabrikarbeiterschaft und die Fabrikbesitzer.

Einige haben sehr an der industriellen Wertschöpfung verdient, die Fabrikarbeiter jedoch wurden in den Anfängen der Industrialisierung ausgebeutet. Es gab Kinderarbeit, Vierjährige haben in der Fabrik geschuftet, die Arbeiterschaft ist nicht alt geworden. Auch wenn die Arbeitsbedingungen damals sehr schlecht waren, sind immer mehr Menschen in die Städte gezogen, was eine strukturelle Armut der Fabrikarbeiterschaft nach sich zog, den Pauperismus [2].

Diese Entwicklung führte schließlich am Übergang zur 2. Industriellen Revolution auch zu einer bürgerlichen Revolution. Die 2. Industrielle Revolution war geprägt durch arbeitsteilige Massenproduktion mit Hilfe elektrischer Energie. Das wird häufig vergessen.

Meist wird von einer organisationsgetriebenen Revolution gesprochen. Man erinnert an das von Henry Ford entwickelte Fließband, an die wissenschaftliche Betriebsführung nach Frederic W. Taylor.

Abbildung 1: Industrielle Revolutionen der letzten 260 Jahre, Treiber und Veränderungen, © Fraunhofer IPA, Bildquellen AUDI automediennetportal.net, DFKI, bahnbilder.de.

Gleichzeitig wurden aber auch elektrische Antriebe und Verbrennungsmotoren entwickelt. Insbesondere die elektrifizierten Antriebssysteme ermöglichten es zu dezentralisieren, also die Arbeitsmaschinen nicht durch zentrale Kraftmaschinen anzutreiben, sondern dezentral zu betreiben. Zudem erhielt Erdöl eine immer größere Bedeutung als Grundstoff der chemischen Industrie und somit auch als neuer Treibstoff für mobile Systeme – allen voran für die Automobile [3].

Die großindustrielle Massenproduktion, die dadurch ermöglicht wurde, ist vor allem in der Chemie- und Elektroindustrie sowie natürlich im Maschinenbau und der Automobilindustrie vorangeschritten. Die Bevölkerung wuchs weiter an. Und der Gesellschaft wurde klar, dass man die Fabrikarbeiter nicht weiter ausbeuten kann, sondern dass es hier ein Wohlstandsbedürfnis gibt, dem Rechnung zu tragen ist, um soziale Spannungen abzubauen. Dieses Bedürfnis konnte mit der großindustriellen Massenproduktion befriedigt werden, die es aufgrund von Skaleneffekten ermöglichte, sehr kostengünstig Produkte herzustellen. Zu dieser Zeit wuchs die Bedeutung der Gewerkschaften sehr stark an. Es entstand im Übergang von der 1. zur 2. Industriellen Revolution die Sozialdemokratie. Die Ideen des Kommunismus haben sich verbreitet und es sind entsprechende Systeme entstanden. Damals wurde die Basis für unsere heutige konsumorientierte Wohlstandsgesellschaft gelegt.

Unterbrochen durch zwei Weltkriege ging es dann mit der 3. Industriellen Revolution Anfang der 60er Jahre weiter. In Deutschland war das zunächst die Zeit des Wirtschaftswunders. Diese Revolution wurde getrieben durch die Elektronik und später die Informations- und Kommunikationstechnologie, die eine fortschreitende Automatisierung der Produktionsprozesse ermöglichte. Damit fand einerseits Rationalisierung statt, anderseits wurde in der Folge auch die variantenreiche Serienproduktion ermöglicht.

Im Übergang der Wirtschaftswunderjahre in die 80er Jahre waren viele Märkte gesättigt, da viele Grundbedürfnisse der Wohlstandsgesellschaften befriedigt waren. Mehr und mehr wurden die Verkäufermärkte deshalb zu Käufermärkten. Es ging also nicht mehr darum nur zu produzieren, und alles was man produzierte wurde ohnehin verkauft. Die Kunden haben sich immer mehr differenziert, die Wünsche wurden individueller. Es wurde sehr selektiv auf Qualität und Individualität geachtet. Die variantenreiche Serienproduktion bis hin zur Mass Customization ist immer mehr in den Vordergrund gerückt.

Gleichzeit hat sich die Marktwirtschaft weiterentwickelt, in Deutschland insbesondere die soziale Marktwirtschaft. Es kam, getrieben durch die Informations- und Kommunikations-Technologien und später dann durch das Internet, zu einer weltweiten Verfügbarkeit von Wissen. Zudem haben die industrialisierten Gesellschaften begonnen, über Ihre Verhältnisse zu leben. Damals in den 70er und 80er Jahren wurde der Grundstein für die Verschuldung der Volkswirtschaften gelegt. Nach dem Fall des Eisernen Vorhangs konnte die Globalisierung ungehindert fortschreiten. In dieser Phase befinden wir uns heute noch. Weltweit findet immer mehr Arbeitsteilung statt und die global verteilte Produktion ist das Mittel der Wahl.

Im Zuge dieser 3. Industriellen Revolution verlor der Anteil der Wertschöpfung am Bruttoinlandsprodukt immer mehr an Bedeutung. Die Volkswirte sind davon ausgegangen, dass entwickelte Volkswirtschaften zu Dienstleistungsgesellschaften werden und die Industrie einen ähnlichen Weg geht wie davor die Landwirtschaft – also eigentlich in der Bedeutungslosigkeit versinkt. Man glaubte, dass sie einen Anteil von unter zehn Prozent an der Bruttowertschöpfung haben würde. Diese Entwicklung ist auch zu beobachten, insbesondere in Frankreich, in England und in den USA. Eine Ausnahme ist hier Deutschland. Deutschland hat es geschafft, den Industrieanteil seit der Wiedervereinigung in den 90er Jahren stabil zu halten [4]. Er pendelt um die 25 Prozent, unterbrochen durch die Finanzmarktkrise, wo er unter 20 Prozent absank. Nach der Krise hat sich Deutschland sehr schnell wieder erholt und hat mittlerweile einen Industrieanteil von über 25 Prozent an der gesamtwirtschaftlichen Bruttowertschöpfung [5].

Deutschland wurde dafür sehr lange belächelt. Noch vor zehn Jahren konnte man häufig hören, dass Deutschland der „kranke Mann“ Europas sei [6]. Insbesondere die angelsächsisch geprägten Volkswirtschaften, die sich in Richtung Dienstleistungsgesellschaften entwickelten, haben den Finger in die vermeintliche Wunde gelegt und Deutschland dafür kritisiert, den Wechsel in die Wissens- und Dienstleistungsgesellschaft nicht zu schaffen. Unsere Strukturen passten aus der Sicht der damaligen Zeit nicht zu einer modernen Volkswirtschaft. Unser relativ hoher Industrieanteil, unsere Sparkassen und Volksbanken, die Art wie unsere Finanzwirtschafts aufgestellt war, unsere mittelständischen Strukturen sowie die gesetzlich relativ stark verankerten Sozialleistungen wurde negativ betrachtet. Aufgrund der Auswirkungen der Finanzmarktkrise 2007/08 haben viele Volkswirte ihre Modelle überdacht und ihre Ansichten geändert.

1.2 Beitrag der Industrie zum Erfolg von Volkswirtschaften

Es wird heute festgestellt, dass auch entwickelte Volkswirtschaften einen hohen Industrieanteil benötigen, um erfolgreich zu sein [7]. Dafür gibt es drei Hauptgründe, Produktivität, Innovation und Export.

Produktivitätsbeitrag

Das Produktivitätswachstum der Industrie lag zwischen 2000 und 2010 in Deutschland bei dreißig Prozent und damit doppelt so hoch wie im Dienstleistungssektor [8].

Das ist dadurch zu erklären, dass industrielle Produktion rationalisiert werden kann. Dienstleistung entsteht im Zusammenspiel von Menschen, während industrielle Produktion immer im Zusammenspiel von Mensch und Maschine stattfindet. Aufgrund der Möglichkeiten, die sich daraus ergeben, ist ein höherer Produktivitätszugewinn möglich. Und dieser Produktivitätsbeitrag schlägt sich im Wachstum einer Volkswirtschaft nieder.

Innovationsbeitrag

Der Großteil aller Investitionen in Innovation stammt aus der Industrie. 2010 kamen 86,5 Prozent der F&E Ausgaben, in Summe knapp 50 Milliarden Euro, von der Industrie [8]. Wenn ein Land einen entsprechend niedrigen Industrieanteil hat, dann fehlt dieser Innovationsbeitrag, sodass eine Erneuerung der Volkswirtschaft nicht so stattfinden kann wie in höher industrialisierten Ländern.

Exportbeitrag

2010 kamen in Deutschland 93,4 Prozent aller exportierten Güter und Leistungen aus der Industrie [8]. Hohe Exporte führen zu einer ausgeglichenen Handelsbilanz – oder sogar, wie im Falle Deutschlands, zu einem Handelsüberschuss, und das geht immer einher mit einem Kapitalüberschuss. Das heißt, Volkswirtschaften mit einem niedrigen industriellen Anteil und damit einem niedrigen Exportbeitrag, haben häufig eine negative Handelsbilanz, was sich entsprechend in der Verschuldung niederschlägt [9]. Diese Erkenntnis, dass die Industrie Wachstum sowie Beschäftigung sichert und so maßgeblich zur Finanzierung der Volkswirtschaft beiträgt, ist mittlerweile auch in den Dienstleistungsgesellschaften angekommen. Die USA hat erkannt, dass sie einen höheren Industrieanteil benötigt. Man hat sich dort zum Ziel gesetzt, wieder einen Anteil von 20 Prozent zu erreichen [10].

Das soll, erstens, über sehr niedrige Energiekosten (Schiefergas und Schieferöl) gelingen. Damit zieht man vor allem die energieintensiven Industrien an und es scheint, dass dies bereits entsprechende Wirkung zeigt. Man baut, zweitens, Handelsbeschränkungen auf, beispielsweise durch die Anti-Dumping-Gesetzgebung. Man setzt, drittens, auf niedrige Zinsen. Die Währung wird absichtlich abgewertet, um den Exporterfolg zu verbessern. Viertens, wird eine anwendungsorientierte Forschung forciert. In den USA wird zurzeit sehr viel Geld in den Aufbau von Strukturen und Organisationen für produktionsorientierte anwendungsnahe Forschung nach dem Vorbild Fraunhofer investiert [10].

Auch innerhalb Europas ist die Erkenntnis gewachsen, dass eine eigene industrielle Produktion große Vorteile bringt. Deutschland ist zum Vorbild geworden. In Großbritannien wird ein großes Re-Industrialisierungsprogramm gefahren. High Value Manufacturing soll die Basis des re-industrialisierten Großbritanniens werden. Gesamt-Europa steht bei 16 Prozent und strebt ebenfalls 20 Prozent Industrieanteil am Bruttoinlandsprodukt bis zum Jahr 2020 an [5]. Man setzt hier sehr stark auf Ressourceneffizienz und auf die Produktion komplexer Güter. Man baut indirekte Handelsbeschränkungen auf (z.B. REACH, ROhS) oder Sicherheitsbestimmungen (z.B. CE). Auch die EZB hält die Zinsen sehr niedrig. Und: Auch in Europa wird stark in die anwendungsnahe Forschung investiert. Das neue Programm HORIZON 2020 hat einen hohen Umsetzungs- und Industriebezug.

In Asien, insbesondere in China, beobachtet man diese Entwicklung natürlich sehr kritisch. Diese Länder durchlaufen gerade im Eilgang die Entwicklungen der 2. und 3. Industriellen Revolutionen und brauchen ihren hohen Industrieanteil, um weiterhin Wohlstand zu schaffen. Die Verantwortlichen in China wissen, dass in den letzten Jahren aufgrund der Einkommensentwicklung Produktivitätsnachteile aufgebaut wurden. Es wird daher sehr stark auf das Thema Automatisierung gesetzt, um diese Nachteile auszugleichen. Andererseits hat man in Asien Zugang zu sehr vielen wertvollen Ressourcen, zum Beispiel Seltene Erden. Auch darüber wird versucht, die industrielle Produktion abzusichern. China setzt sehr stark auf staatliche Subventionen (wie zuletzt im Bereich Photovoltaik). Auch China investiert große Summen in Forschung und Bildung. Mehrstellige Milliardenbeiträge fließen hier in den Aufbau entsprechender Strukturen und Institutionen.

Die Bedeutung der industriellen Produktion wurde mittlerweile von allen Volkswirtschaften erkannt. Es wird zukünftig nicht mehr so sein, dass man kurzsichtig Wertschöpfung in andere Länder verlagert. Man holt die Wertschöpfung vielmehr wieder zurück ins eigene Land. Apple etwa, baut zurzeit eine eigene Fabrik in den

USA auf. Der weltweite Wettbewerb um Wertschöpfung nimmt also zu, und Deutschland wird hart um seinen industriellen Kern kämpfen müssen.

1.3 Die Nachfrageseite des Wachstums

Unser Wachstum wird in Zukunft nicht durch mangelnde Nachfrage bedroht sein. Der Wettbewerb zwischen den Volkswirtschaften wird zwar zunehmen, aber es wird global genügend Nachfrage geben, um die Produktion auszubauen.

Wenn man sich die Entwicklung der Weltbevölkerung anschaut, dann ist, ausgehend von 1950 bei einer Zahl von 2,5 Milliarden, die Weltbevölkerung heute auf über sieben Milliarden angewachsen (2013: 7,2) und 2025 werden es 7,9 Milliarden sein [7]. Entscheidend hierbei ist: Der Teil der Weltbevölkerung der konsumiert, wird sich in den nächsten Jahren sehr stark entwickeln. Während es 1990 nur 1,2 Milliarden Menschen gab, die mehr als zehn Dollar pro Tag zur Verfügung hatten, waren es 20 Jahre später doppelt so viele. Nach einer Studie von Mc Kinsey [7] werden es 2025 sogar 4,2 Milliarden Menschen sein. Das heißt, wir werden eine extreme Zunahme derjenigen haben, die am globalen Konsum partizipieren wollen und damit entsprechend auch für Wachstum sorgen können.

Dieses Wachstum wird hauptsächlich in den Entwicklungsmärkten stattfinden. Von 2010 bis 2025 wird der Weltverbrauch in Billiarden US-Dollar in den entwickelten Märkten von 26 auf 34 ansteigen und in den Entwicklungsmärkten von zwölf auf 30 [11]. Er wird sich dort also verdreifachen!

Gleichzeitig wird die demographische Entwicklung starken Einfluss haben. Das Durchschnittalter wird bis 2050 um zehn Jahre ansteigen. Wir werden weiterhin urbanisieren. 60 bis 70 Prozent aller Menschen leben dann in Städten [12]. Die Nachfrage wird also da sein, aber die Art des Konsums wird sich sehr stark ändern. In den entwickelten Ländern wird man auf hochindividualisierte Produkte setzen müssen. Also auf Produkte, die exakt auf die Bedürfnisse der einzelnen Konsumenten zugeschnitten sind.

Das bedeutet, wir gehen in Richtung Personalisierung, während wir in den Entwicklungsmärkten stark regionalisiert Produkte anbieten müssen, die hinsichtlich Funktionalität, Design und Kosten an den Bedürfnissen dieser Märkte orientiert sind. Neben Asien und Südamerika wird auch Afrika mehr und mehr in diesem Zusammenhang eine große Rolle spielen [13].

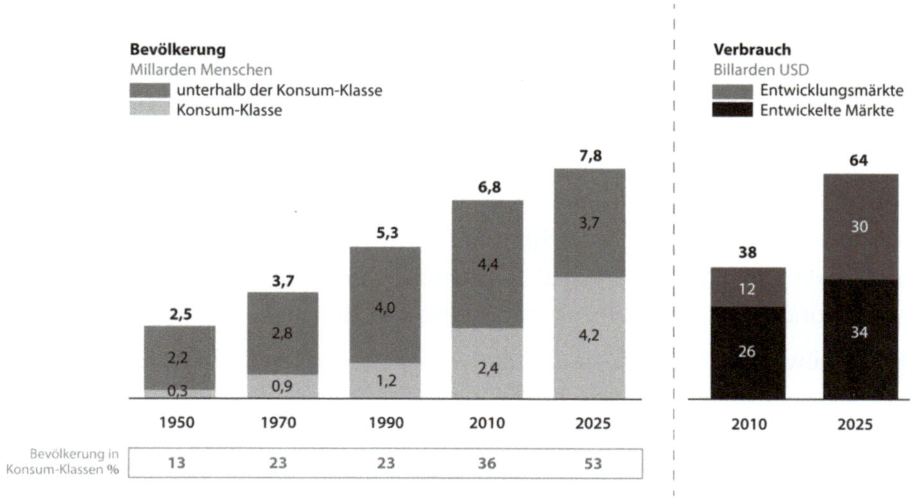

Abbildung 2: **Entwicklung des globalen Verbrauchs © Fraunhofer IPA [vgl. 11]**

1.4 Die Angebotsseite des Wachstums

Allerdings wird es sehr wohl ein angebotsseitiges Wachstumsproblem geben. Wir werden es nicht schaffen, mit unserem aktuelle Wertschöpfungssystem, also die Art und Weise in der wir Wertschöpfung betreiben und organisieren, das dafür nötige Wachstum zu erreichen, weil uns auf dem Weg dahin die notwendigen Ressourcen ausgehen werden [14].

Wir verbrauchen pro Jahr die Menge an fossilen Energieträgern, die die Natur in einer Million Jahre gebildet hat [15]. Das heißt, man muss in jedem Fall darüber nachdenken, wie man sich von fossilen Energieträgern trennt, denn sie werden – egal ob in einem kürzen oder längerer Zeitraum – nicht mehr in ausreichendem Maße zur Verfügung stehen. Unser Energiebedarf wird sich bis zum Jahr 2050 verdoppeln, wenn wir nicht massiv an den Energieeffizienzthemen arbeiten. Wir bedrohen die Umwelt sowie die Artenvielfalt und verändern das Klima [16].

Wir werden darüber nachdenken müssen, wie wir von der eigentlichen Wertschöpfung zu einer Wertschaffung kommen. Das wird nur über einen Paradigmenwechsel im Umgang mit den Produktionsfaktoren gelingen. Wir müssen die Art und Weise, wie wir Wertschöpfung betreiben, komplett verändern. Das betrifft die Faktoren Energie, Material, Personal (Wissen) und Kapital sowie die dispositiven Faktoren.

1.5 Die Wende der Produktionsfaktoren

Wir werden im Zuge der vierten Revolution eine Wende aller Produktionsfaktoren benötigen, wenn wir Nachfrage und Angebot zukünftig nachhaltig in Einklang bringen wollen [17].

Die Energiewende wird in Deutschland schon lange diskutiert. Es geht letztlich darum, sich von fossilen Energieträgern zu trennen und auf regenerative Energie und Energieeffizienz zu setzen. Viel wichtiger als die Energiewende wird voraussichtlich die Materialwende sein. Die Frage: Wie schaffen wir es, sämtliche Materialien in unseren Konsumkreisläufen zu halten, also Recycling-Kreisläufe zu schließen? Wie schaffen wir es, auch nachwachsende Rohstoffe entsprechend einzusetzen? Vor allem ist es wichtig, keinen Abfall bzw. schädliche Emissionen mehr zu erzeugen, sondern diese als Rohstoff für neue Produkte oder die Natur zu betrachten und die Wertschaffung zu integrieren [18].

Die Personalwende fokussiert in den entwickelten Ländern, aber zum Teil auch in den sich entwickelnden Ländern, die demografischen Veränderungen und den Fachkräftemangel, der kein deutsches, sondern ein globales Problem ist [19]. Das heißt, wir müssen uns schon heute überlegen, wie wir die Verschwendung aus unseren Prozessen nehmen – also auch die Verschwendung von Personalressourcen. Aber wir müssen ein Arbeitsumfeld schaffen, das es Mitarbeitern ermöglicht, ihre vollen Fähigkeiten zu entfalten und über lange Zeit motiviert zu bleiben und entsprechend lange produktiv zu arbeiten.

Bei der Kapitalwende geht es im Wesentlichen darum, dass sowohl die volkswirtschaftlichen Finanzierungsansätze als auch die unternehmerischen Finanzierungsansätze im Lichte der Finanzmarktkrisen überdacht werden müssen. Die Art und Weise, wie sich die Finanzwirtschaft von der Realwirtschaft entkoppelt, ist zu überdenken. Es wird schon sehr intensiv daran gearbeitet, diese beiden Welten wieder stärker miteinander zu verbinden. Die Finanzmärkte müssen wieder ihre eigentliche Kernaufgabe wahrnehmen, nämlich die Finanzierung von Innovation, Investition und Konsum. Die Art und Weise wie wir Fabriken organisieren, wie wir unsere Führungssysteme gestalten, also die dispositiven Faktoren, müssen sich ebenfalls ändern. Auch hier gibt es bereits neue Ansätze – auch in China beispielsweise. Dieser Wandel der Produktionsfaktoren wird dazu führen, dass Deutschland und Europa mit grüneren Wertschaffungsketten die Nachfrageseite befriedigen kann, ohne in ein angebotsseitiges Problem zu geraten.

Der Enabler für alle diese „Wenden" in den Produktionsfaktoren wird die Informations- und Kommunikationstechnologie sein. Hierher wird ein Großteil der notwendigen Innovationen entstehen. Das ist heute schon im Bereich der Energiewende zu sehen: Smart Grids, beispielsweise, sind die Basis dafür, diese Wende überhaupt zu vollziehen.

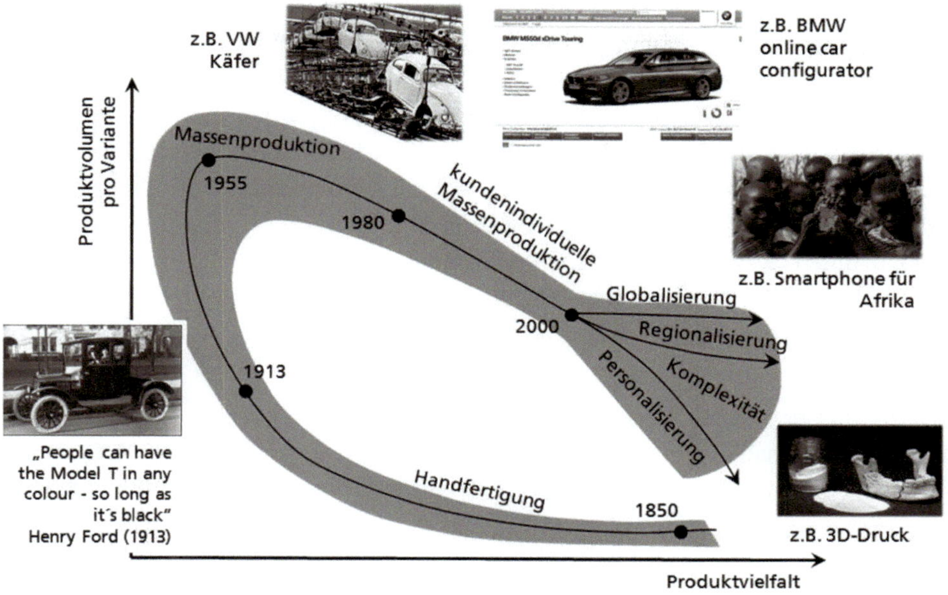

in Anlehnung an Yoram Koren: The Global Manufacturing Revolution; Bildquellen: Ford, beetleworld.net, bmw.de, dw.de

Abbildung 3: Geschichte der Produktion [20]

In vielen Bereichen werden die dominanten Technologien und Designs abgelöst werden. Die Automobilindustrie zum Beispiel hat über die letzten hundert Jahre Autos aus Stahl mit Verbrennungsmotor produziert, die vom Prinzip her immer ähnlich aufgebaut waren. Aufgrund der Veränderung in Richtung Elektromobilität, Leichtbau und personalisierter sowie regionalisierter Produktion, nimmt die Produktvielfalt enorm zu. Gleichzeitig geht die Stückzahl pro Modell und Variante massiv nach unten. Das führt dazu, dass die Komplexität der Märkte enorm zunimmt. Wie in Abbildung 3 dargestellt, kommen wir nun zu einem neuen Produktionsparadigma, das eine nachhaltige Wertschöpfung (-schaffung) ermöglichen muss und gleichzeitig Anforderungen an die Personalisierung, Regionalisierung und Globalisierung zu erfüllen hat. Die daraus erwachsende Intransparenz und Dynamik wird die notwendigen Fähigkeiten vieler Unternehmen stark erweitern.

Die Produktion steht also an der Schwelle von der Kompliziertheit zur Komplexität. Wir werden es nicht mehr schaffen, alle Produkte und Prozesse exakt zu beschreiben. Wir werden in ein komplexes Feld geraten, das nicht mehr beschreibbar und prognostizierbar ist. Unternehmen müssen deshalb an ihrer Flexibilität und Wandlungsfähigkeit arbeiten, um sich schnell und wirtschaftlich an Veränderungen anpassen zu können

2 Wie Komplexität von der Fraktalen zur Smarten Fabrik führt

In Abbildung 4 ist das Dilemma der Unternehmen erkennbar: Die äußere Marktkomplexität steigt an, die Funktionalität der Leistungssysteme und deren Vielfalt, die Anforderungen in Richtung Lieferfähigkeit, Verfügbarkeit nehmen massiv zu. Aber auch die Preiselastizität und die Verträglichkeit bzw. Verlässlichkeit von Produkten treiben die Komplexität. Gleichzeitig müssen Unternehmen immer flexibler werden, unterschiedliche Varianten, im Extremfall personalisiert, in den Markt bringen. Es gibt keine sicheren Prognosen mehr hinsichtlich der Mengen, auch hier müssen Produzenten höchst flexibel sein. Gleichzeitig erwarten die Kunden, dass sie sehr schnell ihre Produkte bekommen. Das heißt, auch Terminflexibilität ist ein großes Thema.

Es wird immer wieder Krisen geben, die einerseits zu starken Einbrüchen und andererseits danach zu starkem Wachstum führen können. Diese Krisen- und Wachstumsflexibilität treiben die äußere Komplexität von Unternehmen weiter an.

Einher geht das mit einem Wandel, der im ersten Kapitel ausführlich beschrieben wurde. Sprich, der Wettbewerb um Wertschöpfung nimmt zu. Es entstehen neue Kraftzentren in Asien, Indien und auch in Südamerika und Afrika.

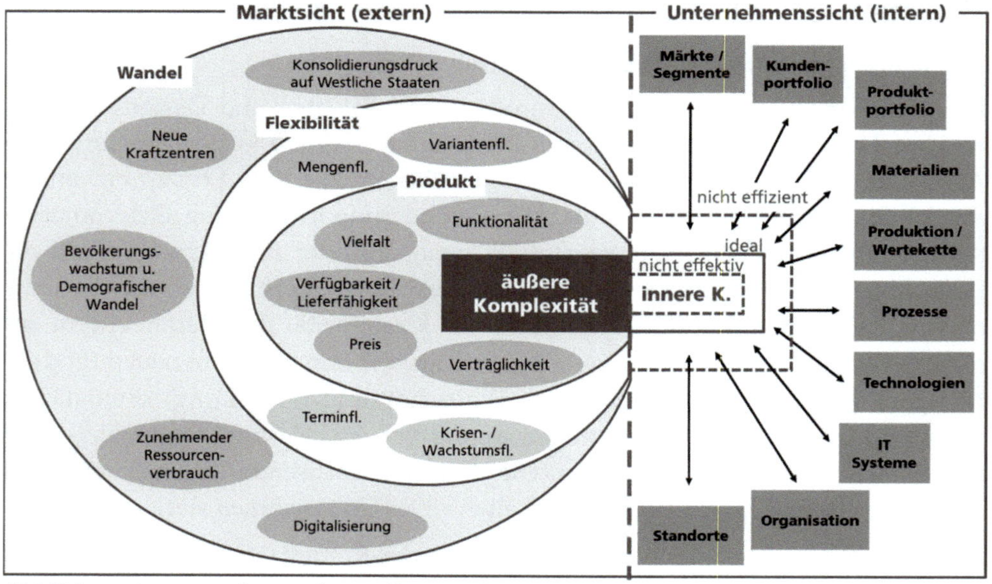

Abbildung 4: Gegenüberstellung äußere – innere Komplexität © Fraunhofer IPA

Unternehmen, die in derartigen Märkten unterwegs sind, und das betrifft fast alle, müssen sich entsprechend aufstellen, um dieser äußeren Komplexität zu entsprechen. Nach Ashby [21] kann nur Komplexität mit Komplexität umgehen. Das heißt, es ist ein Trugschluss, wenn Unternehmen glauben, dass sie ihre Leistungskomplexität, die ja der Marktkomplexität entsprechen muss, mit einfachen Systemen, also einer niedrigen inneren Komplexität, erreichen können. Wenn sie das tun, sind sie nicht effektiv, verlieren Marktanteile, können kein Wachstum kreieren und geraten in eine Krise.

Aber: Wenn ein Unternehmen übertreibt und zu komplex aufgestellt ist und damit sehr hohe sogenannte Komplexitätskosten erzeugt, ist es nicht mehr effizient und kann keine ausreichende Rendite erwirtschaften, schwächt sich also ebenfalls.

Die einzelnen Komplexitätsfelder, die die innere Komplexität bestimmen, sind in Abbildung 4 dargestellt.

2.1 Komplexitätsfelder im Wertschöpfungsnetz

Das Produktportfolio, das Kunden- und Lieferantenportfolio, die Anzahl der Materialien, die man verwendet und verarbeitet, die stark verteilten dezentralisierten Produktionswertketten, die unterschiedlichen Prozesstechnologien, IT-Systeme, die Multi-Layer-Organisationen, die man benötigt, um entsprechendes Wissensmanagement zu betreiben, aber auch die Standortvielfalt und vieles mehr treiben die innere Komplexität. Die Herausforderung für die Unternehmen ist es nun, diese innere Komplexität mit der äußeren ins Gleichgewicht zu bringen und – auch über die unterschiedlichen Veränderungen hinweg – dieses Gleichgewicht zu halten.

Wie kann das gelingen? Die Antwort aus Systemsicht: Das kann nur über dezentrale autonome Intelligenz in synergistischen Strukturen gehen. Das heißt, es ist absolut notwendig zu dezentralisieren, Verantwortung zu delegieren, autonome Einheiten zu bilden. Frei nach Hans-Jürgen Warneckes [22] Fraktaler Fabrik, bedeutet das also selbstähnliche und sich selbst organisierende, selbstoptimierende Produktionsfraktale zu erzeugen, die miteinander kommunizieren können, die auch auf Basis von Komplexitätstreibern gebildet werden. Man muss dabei über Selbstähnlichkeit erreichen, dass Synergien zwischen diesen dezentralen Strukturen entstehen können, um Größeneffekte nutzbar zu machen, die dazu beitragen, dass ein Unternehmen erfolgreich im Markt sein kann.

Das heißt, die Fraktalisierung im Wertschöpfungsnetz ist die Antwort auf die steigende Komplexität. Mit steigender Komplexität nimmt der Grad der Autonomie und der Dezentralisierung zu. Das hat nicht nur Hans-Jürgen Warnecke erkannt, das wird auch von Michael ten Hompel vom Fraunhofer IML [23] entsprechend propagiert.

2.2 CPS als Basis der Smarten Fabrik

Wie aber kann die Dezentralisierung und Autonomie noch eine Stufe weitergetrieben werden? Wie gelingt der nächste Schritt von der Fraktalen Fabrik hin zum sogenannten cyber-physischen Produktionssystem? In diesem Begriff steckt bereits die Lösung: Es werden sogenannte cyber-physische Systeme (CPS) entwickelt, das sind Objekte, Geräte, Gebäude, Verkehrsmittel, aber auch Produktionsanlagen,

Logistikkomponenten etc., die eingebettete Systeme enthalten, die kommunikationsfähig gemacht werden. Diese Systeme können über das Internet kommunizieren und Internetdienste nutzen. Cyber-physische Systeme können ihre Umwelt unmittelbar mit ihrer entsprechenden Sensorik erfassen, sie mit Hilfe weltweit verfügbarer Daten und Dienste auswerten, speichern und sie können mit Hilfe von Aktoren auf die physikalische Welt einwirken.

Der Mensch ist über multimodale Mensch-Maschine-Schnittstellen mit diesen CPS verbunden und kann sie zum Beispiel über Sprache oder Touch Displays steuern. Zukünftig kann er auch über Gesten entsprechend einwirken.

Diese CPS können sich dann vernetzen und autonom und dezentral – also ganz im Zeichen dieser selbstähnlichen Produktionsfraktale – Netzwerke aufbauen und sich eigenständig selbst optimieren. Sie können im Zusammenspiel mit dem Menschen eigenständig Probleme lösen.

Es entsteht die sogenannte Smarte Fabrik, die sich mit Hilfe der CPS dezentral selbst echtzeitnah organisiert. Es ist ein zentrales Merkmal, die Daten in Echtzeit aus der Fabrik zur Verfügung zu haben. Und über diese echtzeitfähigen Daten ist es möglich, die reale Welt mit der virtuellen Welt zu verschmelzen; ein virtuelles Abbild der Realität permanent mit Hilfe der Echtzeitdaten zu aktualisieren. Damit entstehen Möglichkeiten für völlig neue Geschäftsmodelle.

Diese CPS-Plattformen bilden dann die Basis, um die verschiedenen „Internets" miteinander zu verbinden: das Internet der Menschen mit dem Internet der Dinge und dem Internet der Dienste.

Das heißt, wir haben drei Perspektiven auf das Internet: Einerseits vernetzen sich die Menschen in Social Networks, wie wir das heute schon kennen. Andererseits vernetzen sich die Maschinen, die kommunikationsfähigen smarten Objekte, und nutzen serviceorientierte Dienste im Internet. Sie nutzen Software-Tools, die mit Hilfe der Daten der CPS-Plattformen und der Intelligenz der Menschen dazu führen, dass man dezentral schnell echtzeitnah zu Lösungen in den verschiedensten Bereichen kommen kann.

Die Verbindung der drei Welten schaffen dann über die CPS-Plattform neue Möglichkeiten. Sie bilden beispielsweise die Basis für das Smart Grid aber auch für das Smart Home, das Smart Building oder die Smart Mobility, die heutzutage auch in aller Munde ist. Auch sie basiert auf cyber-physischen Systemen, die diese drei Welten miteinander verbinden. CPS werden Entwicklungsstufen durchlaufen. Die erste Stufe wird noch eine passive sein. RFID-Chips bieten lediglich eine eindeutige Identifikation, aber die Intelligenz des Systems kann nur durch zentrale Dienste bereitgestellt werden. Das System ansich ist noch nicht intelligent und hat noch keine Speicher- oder Auswertemöglichkeiten. Der nächste Schritt geht dann in Richtung aktive Sensoren und Aktoren, die noch einen genau definierten und relativ geringen Funktionsumfang haben.

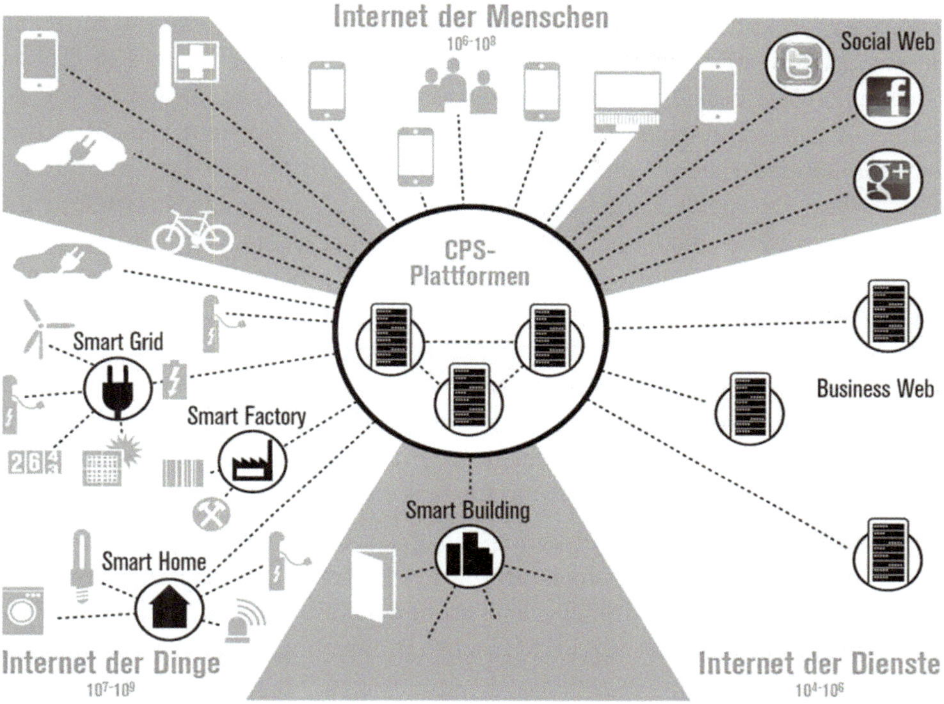

Abbildung 5: **Internet der Dinge und Dienste, © Bosch GmbH**

Darüber kommen wir in die dritte Ebene. Das sind die intelligenten netzwerkfähigen Systeme, die aus mehreren Aktoren und Sensoren bestehen, die schon eine Intelligenz mit einer entsprechenden Schnittstelle haben und selbst Kontakt mit anderen Systemen aufnehmen können. Das führt uns zu vierten Ebene, dem sogenannten System of Systems. Hier können CPS ihre Einzelfähigkeiten selbständig intelligent kombinieren. Damit können sie ganz neue Fähigkeiten entwickeln und selbst Dienste zu Verfügung stellen. Von dieser Stufe sind wir sicherlich noch relativ weit weg, aber es wird die Endausbaustufe sein, die die Selbstkonfiguration von Systemen, die Möglichkeiten der plug-and-produce-Fähigkeiten nutzt und damit am Ende eine autonome Systementwicklung und -gestaltung dezentral zur Folge haben wird.

2.3 Warum wird das Konzept der Smart Factory Erfolg haben?

Die CPS ermöglichen die nächste Stufe der Dezentralität. Eine Kernanforderung der wachsenden Komplexität wird, wie oben erwähnt, Autonomie und Dezentralität von Systemen sein. Mit Hilfe der cyber-physische Produktionssysteme (CPPS) ist nun eine ganzheitliche Dezentralität möglich, nicht nur Organisationen können dezentralisiert werden, sondern auch Dienste, Software und Objekte der Fabrik. Sie können miteinander verbunden werden und damit wird ein ganz neues Niveau bei der Dezentralisierung und Autonomie der Systeme erreicht. Die Granularität dieser Dezentralisierung, die Größe der dezentralen Einheiten wird letztlich von der Komplexität des Umfelds bestimmt. Gleichzeitig gilt das Konzept von Metcalfe [24], das besagt, dass der Nutzen eines Kommunikationssystems mit dem Quadrat der Anzahl seiner Teilnehmer wächst. Dieses Konzept bezieht sich auf Kommunikationssysteme, aber CPPS werden mehr und mehr zu Kommunikationssystemen. Das heißt, je mehr wir uns vernetzen, auch unternehmensübergreifend, desto stärker steigt der Wert der Vernetzung dieses Wertschöpfungsnetzwerks. Das schlägt sich in der Wettbewerbsfähigkeit dieser Wertschöpfungsnetze massiv nieder. Gleichzeitig gilt nach wie vor das Moore'sche Gesetz: die Rechnerleistung verdoppelt sich alle 18 Monate [25]. Das bedeutet, dass wir für das gleiche Geld immer mehr Leistung bekommen, aber andererseits wird auch die gleiche Leistung immer kostengünstiger, und damit werden technische Lösungen, die heute vielleicht noch zu teuer erscheinen, gerade im Zusammenhang mit cyberphysischen Systemen in naher Zukunft kostengünstig zur Verfügung stehen.

Diese drei Treiber, die wachsende Leistung, der Wert der Vernetzung, und die Dezentralisierung und Autonomie aufgrund steigender Komplexität, führen direkt in die 4. Industrielle Revolution, basierend auf den CPS, die das Internet der Dinge bilden, die Dienste gemeinsam mit Menschen nutzen und sämtliche Informationen echtzeitnah zur Verfügung stellen. Veränderungen im System können in der Laufzeit erfolgen. Auf allen Ebenen werden wir eine Service-Orientierung sehen: Maschinen werden Dienste anbieten, Menschen können Dienste anbieten, aber auch Software-Lösungen werden dienstorientiert gestaltet werden. Das wird dazu führen, dass die Transparenz in der Wertschöpfung trotz der hohen Komplexität, trotz der Dezentralität und Autonomie, sehr stark ansteigen wird, und gleichzeitig wird ständig kreiertes Wissen allen zur Verfügung stehen. Diese Effekte, die hohe Transparenz und die Verfügbarkeit von Wissen werden die Möglichkeiten der Smart Factory im Vergleich zu dem was wir heute haben deutlich erhöhen.

Die Industrie wird in der Lage sein, sehr stark individualisierte Produkte in kleinen Stückzahlen (bis zur Stückzahl eins) zu produzieren und dies bei einer hohen Ressourcenproduktivität und mit einer entsprechenden Geschwindigkeit darstellen können. Das werden die Erfolgsfaktoren der Smart Factory werden.

3 Wie cyber-physische Systeme die Planung und den Betrieb von Fabriken verändern

Die cyber-physischen Systeme zeigen nicht nur im Betrieb ein ganz anderes Verhalten aufgrund von Dezentralität und Autonomie, sie müssen künftig auch ganz anders geplant werden.

3.1 Planung

Die Planung und Umsetzung werden zu einem echtzeitnahen lernenden Optimierungszyklus, zu einem Regelkreis verschmelzen. Die Planung wird künftig immer auf Basis realitätsnaher Modelle stattfinden, die sich permanent selbst optimieren. Es wird digitale Menschmodelle geben, voraussichtlich Avatare. Wir können mithilfe dieser Modelle, beispielsweise die Zeitwirtschaft, die Ergonomie, die virtuelle Planung in der digitalen Fabrik miteinander verschmelzen. Basierend auf realen Daten findet dann eine sehr schnelle und akkurate Planung statt. Die Planung an sich wird dadurch beschleunigt. Die Produktion kommt schneller in die Ramp-up-Phase. Auch hier werden die Industrie 4.0-Systeme helfen, schneller Ramp-ups durchzuführen. Der Ramp-up als Rüstprozess der kompletten Fabrik wird zum Alltag. Mit Hilfe der Augmented Reality werden den Mitarbeitern in trainings on the job, on the fly durch Dienste Wissen vermittelt. Echtzeitnah wird die virtuelle Realität mit den Verbesserungen in die Ramp-up Phasen eingekoppelt werden, um viel schneller Optimierungen fahren zu können.

Später im Betrieb steht dann die kontinuierliche Verbesserung im Vordergrund, eigentlich das Feld von Lean Production. Hier gibt es auf Grund der Möglichkeiten der dezentralen Vernetzung sehr shop-floor-nahe Regelkreise. Wir können mit Software-Tools mit kleinen Funktionsumfängen Optimierungs-Apps aus der Cloud anbieten. Auch die CPPS werden nach Lean-Gesichtspunkten gestaltet werden.

Das klassische ganzheitliche Toyota Produktionssystem und Industrie 4.0 stehen. in keinem Widerspruch (siehe hierzu auch den Beitrag Soder „Use Case Production: Von CIM über Lean Production zu Industrie 4.0"). Industrie 4.0 wird dieses Produktionssystem um eine Optimierungsdimension in Richtung Vernetzung und Dienste erweitern. Es wird dann zwar neue Prinzipien bei der Gestaltung der Produktion geben, aber die Smart Factory baut auf dem klassischen ganzheitlichen Toyota Produktionssystem auf.

Aus dem Betrieb heraus wird es immer ein echtzeitnahes Tracking der Abläufe geben, das genutzt werden kann, um Feedback in die Planungsmodelle und in die Abläufe der realen Produktion zu geben. Damit werden die Erkenntnisse der Realität in die Modelle und somit auch dem KVP zurückgeführt. Es wird bald möglich sein, die Modelle echtzeitnah zu pflegen, also permanent kontinuierlich an die Realität anzupassen, und mit diesen Modellen zeitversetzt zu arbeiten. Alles was man in der Realität tun möchte, wird man in einem Modell vorab simulieren, um die Produktivität in der realen Produktion zu erhöhen.

Heute haben wir bereits in Einzelfällen eine integrative Struktur- und Ablaufplanung. Über kooperative Planungsprozesse, etwa mit dem Planungstisch, wird der shop floor mit eingebunden. Allerdings ist die Wissensbasis in der Planung häufig statisch und nicht an die Veränderungen der Realität gekoppelt.

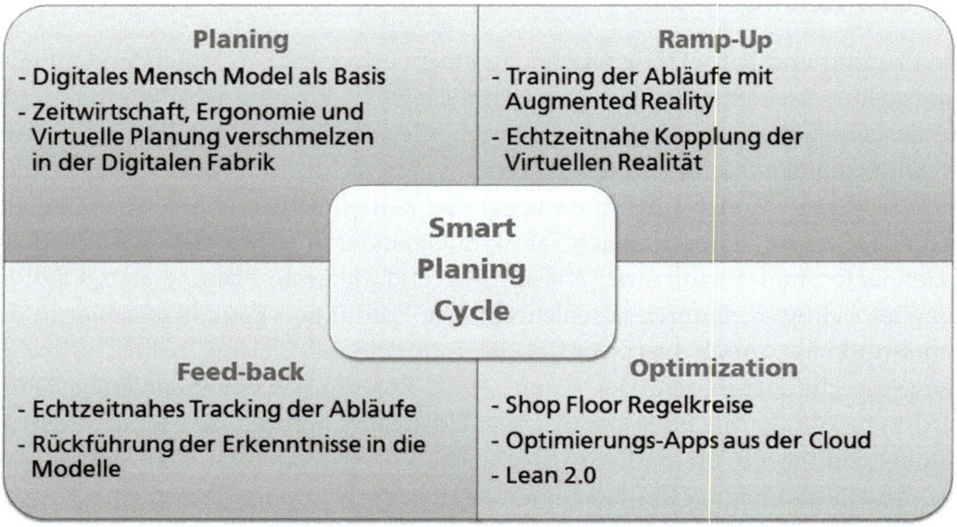

Abbildung 6: Planungsfluss der Zukunft © Fraunhofer IPA

Das führt dazu, dass auf alten Planungsständen gearbeitet wird und die Planungsergebnisse in der Umsetzung nicht den Qualitätsanforderungen entsprechen. Morgen wird es digitale selbstoptimierende Menschmodelle geben, das Fraunhofer IPA forscht bereits in dieser Richtung [26].

Echtzeitnahe Daten werden als Planungsbasis kontinuierlich zur Verfügung stehen und können mit Hilfe der Vernetzung alle Disziplinen sehr einfach in den Planungsprozess und die verschiedenen Engineering-Systeme über eine Cloud integrieren.

Für das Smart-Ramp-up bzw. die Smart Optimization gibt es ein anschauliches Beispiel: Mit einem innovativen Tool werden Bewegungsabläufe von Mitarbeitern gescannt und ihnen wird die Information zu Verfügung gestellt, ob sie sich planungskonform bewegen. Man kann den Mitarbeiter mit Hilfe dieser Tools auch trainieren und ihm permanent Feedback geben, ob er sich einerseits ergonomisch und andererseits entsprechend der Planung verhält, oder ob es Möglichkeiten gibt, produktiver zu arbeiten.

Das Smart Feedback beruht auf sogenannten Motion-Capturing-Technologien. Es gibt hier verschiedene Ansätze. Firmen wie Daimler arbeiten daran, Bewegungen von Mitarbeitern in 3D zu messen und aus der Bewegung in der Realität entsprechende virtuelle digitale Modelle zu kreieren, die dann genutzt werden können, um in der Planung Produktionsabläufe zu optimieren, anderseits aber auch, um dem Mitarbeiter ein entsprechendes Feedback zu geben.

3.2 Wertschöpfungsstrukturen

In der Automobilindustrie wurde in den letzten Jahren intensiv an der Optimierung der Produktivität und der Beherrschung von Variantenvielfalt gearbeitet. Die Wertschöpfungsstrukturen jedoch haben sich in den letzten hundert Jahren kaum geändert. Wir arbeiten immer noch nach dem arbeitsteiligen Tayloristischen Prinzip: Band und Takt sind der Kern, der Pulsschlag der Wertschöpfungspyramide. Das wird künftig nicht mehr funktionieren. Da wir mit der Festlegung des Taktes auch die Produktionsmenge und die Flexibilität definieren und mit der Verkettung der Wertschöpfungsschritte, die Anzahl der Varianten und die Variantenflexibilität limitieren.

Diese horizontale (in Bezug auf Kompetenz) und vertikale (in Bezug auf Kapazität) Limitierung der Flexibilität ist in der Zukunft nicht mehr marktkonform. Band und Takt werden entsprechend entkoppelt sein müssen. Stattdessen werden wir auf flexibel vernetzbare, skalierbare Prozessmodule in einem Produktionsraum setzen. Gemeinsam mit seinen Forschungspartnern hat das Fraunhofer IPA im Forschungscampus ARENA2036 [27] entsprechende Ansätze entwickelt, die nun in der Forschungsfabrik umgesetzt werden.

Ziel ist es, Prozessmodule, cyber-physische Produktionsfraktale, zu kreieren, die mit flexiblen Transportsystemen vernetzt werden können. Somit kann jede Variante einen anderen Weg durch den Produktionsraum nehmen und je nach Variante unterschiedliche Prozessmodule anfahren. Diese Prozessmodule können auch unterschiedliche Takte haben. Je nachdem wie häufig sie aufgrund eines Wochenproduktionsprogramms angefahren werden, kann dieser Takt verkürzt oder verlängert werden. Verlängerung kann bedeuten, dass man den manuellen Anteil der Arbeit in einem derartigen Prozessmodul erhöht.

Eine Verringerung des Taktes erfolgt durch eine skalierbare Automatisierung. Die Größe dieser Prozessmodule hängt von der Komplexität der Produktionsaufgabe ab. Es gibt sehr viele unterschiedliche Modelle in hoher Varianz. Vielleicht sogar personalisiert hergestellt, werden diese Produktionsmodule sehr klein sein, im Extremfall vielleicht nur einen Prozessschritt umfassen.

Bei der Produktion eines Typs mit einer relativ niedrigen Variantenzahl, können diese Prozessmodule auch groß sein, und innerhalb dieser Prozessmodule kann es weiterhin eine Taktung und Verkettung der Einzelprozesse geben.

Die Kunst wird sein, die richtige Granularität des Systems für die Produktionsaufgabe zu finden und die Prozessmodule flexibel zu vernetzen. In unserem Fall, möchten wir das Auto als flexibles Vernetzungsvehikel nutzen. Das Fahrzeug wird also zum cyber-physischen System, wird sehr früh auf die eigenen vier Räder gestellt, bekommt sehr früh einen Antrieb, voraussichtlich einen Elektroantrieb, und kann damit eigenständig von Prozessmodul zu Prozessmodul fahren. Solange das Fahrzeug noch keine eigene Fortbewegungsmöglichkeit hat, wird es von einem fahrerlosen Transportsystem transportiert, das ebenfalls ein cyber-physisches System ist, und sich autonom und selbständig den Weg durch die Prozesslandschaft suchen kann.

In diesen Prozessmodulen werden auch kundenindividualisierende Fertigungsschritte integriert, beispielsweise Farbgebung. Erst kurz vor der Montage werden die kundenindividuellen Fertigungsschritte durchgeführt, um damit die Varianz möglichst spät im Prozess zu erzeugen. Damit können Komplexität und die Bestände reduziert werden.

Ziel ist es, auch Big Data einzusetzen, um erfolgreiche Muster zu erkennen, z.B. eine erfolgreiche Anordnung der Produktionsmodule im Produktionsraum, je nach Produktionsprogramm. Hier können Big Data-Algorithmen helfen, die Anordnung entsprechend zu optimieren. Es wird eine zaunlose Mensch-Roboter-Kooperation in den Prozessmodulen stattfinden.

Wir werden autonome Transportsysteme, smarte Ladungsträger haben und in Teilen die Maschinen, die CPS, direkt aus der Cloud steuern und Plug-and-Produce-Fähigkeiten entwickeln.

Der Mitarbeiter selbst wird ein „augmented operator" sein, er wird zum Dirigenten der Wertschöpfung. Er wird in diesen Modulen mehr und mehr vom ausführenden zum bewertenden, entscheidenden Mitarbeiter, der von technischen Assistenzsystemen unterstützt wird.

3.3 Umsetzungsbeispiele

Im Folgenden sind einige Beispiele dargestellt, die heute schon in der Entwicklung und Umsetzung sind. Sehr beeindruckend ist die Schwarmintelligenz für die Logistik des Fraunhofer IML. Hier hat man es geschafft (Abbildung 7) Fahrzeuge zu entwickeln, die Ladungsträger autonom transportieren können.

Diese Fahrzeuge suchen selbständig ihren Weg zum Lager, zum Lagerplatz, aber auch zum entsprechenden Montageplatz. Sie können konventionelle Regelungs- und Fördertechnik ersetzen, haben Sensorfusionsmöglichkeiten, vernetzen sich über die Cloud und nutzen beispielsweise sogar Ameisenalgorithmen um voneinander zu lernen. Sie können damit ihre Logistikpfade optimieren (siehe auch Beitrag ten Hompel et al, „Logistik 4.0").

Quelle: Fraunhofer IML, Prof. Dr. Michael ten Hompel

Abbildung 7: Schwarmintelligenz für die Logistik © Fraunhofer IML

Ein CPS sollte natürlich mindestens das können, was das Vorgängersystem kann. Eine innovative Schäferkiste der Firma Würth sieht aus wie herkömmliche Schäferkisten, hat aber eine Kamera integriert, die Aufnahmen vom Inhalt der Box machen und per Cloud auswerten kann, was in der Box ist. Diese Information wird direkt per Internet zur Verfügung gestellt (siehe auch Beitrag Hoffmann, „iBin – Anthropomatik schafft revolutionäre Logistik-Lösungen").

Auch das Fraunhofer IPA entwickelt zahlreiche CPS. Beispielsweise einen mobilen Helfer für die Intralogistik. Ein mobiler Roboter, der in der Lage ist, Ladungsträger aufzunehmen und zu Montageplätzen zu transportieren. Er ist relativ einfach zu konfigurieren, kann zaunlos eingesetzt werden. Er hat eine 3D-Umgebungserfasung, eine Grifffähigkeit, einen entsprechenden Laderaum, einen omnidirektionalen Manipulator und ist damit hochflexibel in der Produktion als Helfer einsetzbar.

Es wurde oben dargestellt, dass cyber-physische Produktionsfraktale nach wie vor in sich verkettet sein können, beispielsweise nach dem U-Shape-Prinzip. In Abbildung 9 ist ein Roboter zu sehen, der in das selbstfahrende Auto eingesetzt wird. Ein Konzept, das im Rahmen von ARENA2036 entwickelt wurde. Der Roboter kann den Mitarbeiter aus dem Fahrzeuginnenraum heraus bei der Montagearbeit unterstützen. Er durchläuft fünf Stationen, die entsprechend ausgetaktet sind. Nach der letzten Station wird der Roboter in die Ladestation zurückgesetzt, und das Auto fährt flexibel zu dem jeweiligen der Variante entsprechenden nächsten Prozessmodul.

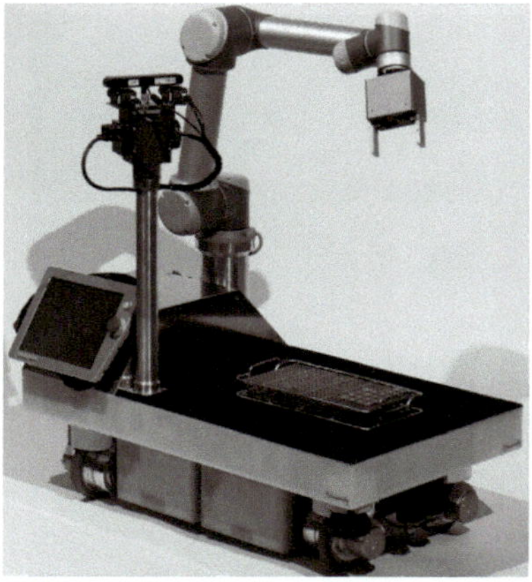

Abbildung 8: Mobiler Helfer für die Intralogistik, © Fraunhofer IPA

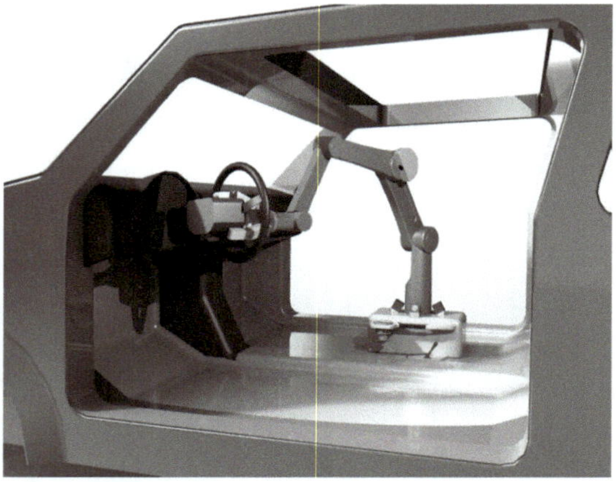

Abbildung 9: Unterstützung des Menschen bei der Montage durch einen Roboter aus dem Fahrzeuginnenraum, © Fraunhofer IPA

Auch Mitarbeiter werden von cyber-physischen Systemen profitieren. Hebehilfen und Exoskelette, die am Körper getragen werden, sind bereits entwickelt. Sie unterstützen den Mitarbeiter dabei, sich ergonomisch zu verhalten und sorgen dafür, dass er sich bei Bewegungen nicht verletzt oder kein unnötiger Verschleiß auftritt. Diese Hebehilfen können über das Internet entsprechend konfiguriert werden. Es gibt Apps, sie an die Bedürfnisse des einzelnen Mitarbeiters anzupassen. Sie sind lernfähig und können symbiotisch mit dem Mitarbeiter dazu führen, dass er bis ins fortgeschrittene Alter hinein produktiv arbeiten kann.

3.4 Multi-modale Mensch-Maschine-Schnittstelle

Weiterhin wird es sowohl interaktions- als auch physikalische Schnittstellen geben. Hier entstehen zurzeit sehr viele Entwicklungen. Es gibt bereits die visuelle Steuerung, die Gesten- und Sprachsteuerung. Wir werden aber auch head-mounted Displays haben, haptische Force-Feedback-Systeme. Ein beeindruckendes Beispiel ist sicherlich die Google-Brille, die wir wahrscheinlich in einigen Jahren alle auf der Nase tragen werden. Schon heute werden ja Schutzbrillen in der Produktion eingesetzt. Das heißt, es wäre relativ leicht, diese Brillen mit Mikrofon und Kamera und einem head-mounted Display auszustatten und so den augmentierten Mitarbeiter zu ermöglichen. Natürlich sollten diese Helfer nicht dazu führen, dass es zu einer Informationsüberflutung kommt. Sie sollen die Arbeit erleichtern, nur notwendige Informationen selektiv zur Verfügung stellen und sich auf die Bedürfnisse und Fähigkeiten der Mitarbeiter einstellen.

Das alles wird nur funktionieren, wenn eine entsprechende IKT-Infrastruktur und -Architektur zur Verfügung gestellt wird.

4 Warum Echtzeitnähe und XaaS der Schlüssel für das neue Produktions-Paradigma sind

Die industrielle Produktion ist heute geprägt von vier Lebenszyklen. Der Produktlebenszyklus, der Technologielebenszyklus, der Fabriklebenszyklus, der Auftragslebenszyklus.

4.1 Die vier Lebenszyklen der Produktion

Ein Produkt wird geplant, entwickelt, hergestellt, als Prototyp, optimiert, evaluiert, produziert, gebraucht, „be-serviced", repariert und irgendwann verschrottet und recycelt. Produkte basieren häufig auf Plattformtechnologien oder werden mit entsprechenden Produktions- und Materialtechnologien hergestellt.

Auch solche Technologien werden geplant, entwickelt, konstruiert, in Betrieb genommen, verwendet, gepflegt, optimiert. Produktionstechnologien werden irgendwann modernisiert oder auch recycelt und verschrottet.

Auch dieser Lebenszyklus geht durch die Produktion in einer Fabrik, die ebenfalls einen Lebenszyklus hat. Auch sie muss geplant, engineered und aufgebaut, der Anlauf muss realisiert werden, es muss produziert werden, man muss sie instand halten, optimieren und irgendwann modernisieren, rückbauen, demontieren, ...

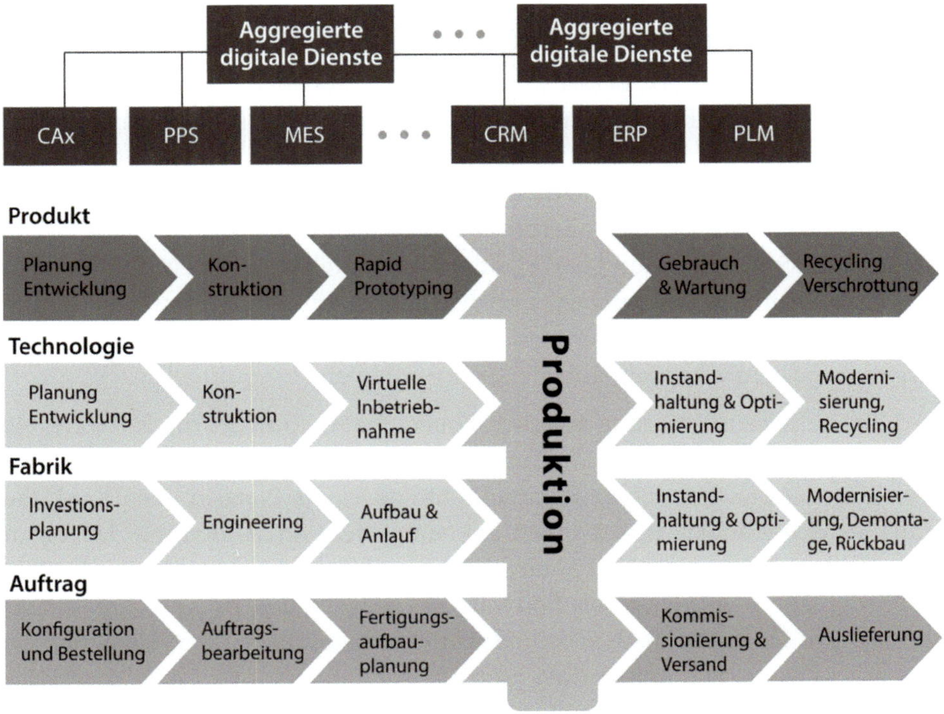

Abbildung 10: **Vier Lebenszyklen in der Produktion © Fraunhofer IPA/Diemer, HP**

Wenn diese drei Voraussetzungen in der Produktion geschaffen wurden, dann erst können Aufträge abgewickelt werden. Die wiederum müssen konfiguriert werden, es muss bestellt werden, ggf. engineered, entsprechend bearbeitet, eingeplant und produziert werden. Am Schluss müssen die Aufträge kommissioniert, versandt und schließlich ausgeliefert werden. Auch das ist ein Lebenszyklus.

Die vier Lebenszyklen sind unterschiedlich lang. Ein Auftrag hat im Extremfall einen Lebenszyklus von nur wenigen Minuten. Im Gegensatz dazu hat eine Fabrik einen Zyklus von bis zu fünfzig oder sogar hundert Jahren. Es ist also eine Herausforderung, diese Lebenszyklen zu synchronisieren. Es ist aber eine zweite Herausforderung, die unterschiedlichsten IT-Systeme oder auch digitalen Dienste, die eingesetzt werden, um die Prozess in diesem Lebenszyklus zu unterstützen, miteinander zu verbinden. Die Systeme sind heute häufig untereinander nicht kommunikationsfähig. Und wenn man sie dahin ertüchtigen will, geht man den Weg der integrierten Systeme man schafft sich sehr große PML-, ERP-, MES-Systeme, die eine breite Funktionalität anbieten, auf Integration setzen aber bisher häufig nicht ausreichend miteinander kommunizieren können

4.2 Von der Automatisierungspyramide zum service-orientierten Netz

Heute trennt man grob drei Ebenen der Automatisierung: die eigentliche Automatisierungsebene, die MES- und die ERP-Ebene. Sie befindet sich horizontal auf der gleichen Ebene wie die CAx, besser formuliert PLM-Ebene. In diesen drei Ebenen finden unterschiedliche Planungs- und Ausführungsprozesse statt. Natürlich wäre es sehr hilfreich für Unternehmen, wenn diese drei Ebenen durchgängig gestaltet wären, sodass man einen möglichst echtzeitnahen vertikalen wie horizontalen Informationsfluss hätte. Da dies allerdings unterschiedliche hochintegrierte Systeme sind, funktioniert das nur über Standardschnittstellen, die heute noch nicht diesen Anforderungen entsprechen. Das wird dazu führen, dass wir zukünftig diese Pyramide verändern werden, indem wir die Funktionalitäten dieser einzelnen Systeme in Dienste kapseln und als Service anbieten.

Es wird eine Serviceorientierung auf allen Ebenen geben: Sowohl die Software, als auch die Infrastruktur und die Plattformen, werden als Service angeboten. Das führt zu einem Abflachen dieser Pyramide, hin zu einem Netz in der Cloud, die ebenfalls serviceorientierten Architekturen, dargestellt in Abbildung 11 folgen wird. Wir haben also eine De-Hierarchisierung. Hierarchie-Ebenen wird es in dieser Form nicht mehr geben. Die Software-Services werden zu Apps kombiniert und diese Apps umfassen dann spezifische Funktionsumfänge oder -elemente. Sie können ganz flexibel genutzt werden, um Wertschöpfungsprozesse zu unterstützen. Die Basis dafür ist eine offene Standardisierung. Dadurch können diese Effizienzvorteile in Cloud-Architekturen gehoben werden und es kann auf die eigentliche Information und die Semantik in der Beschreibung fokussiert werden.

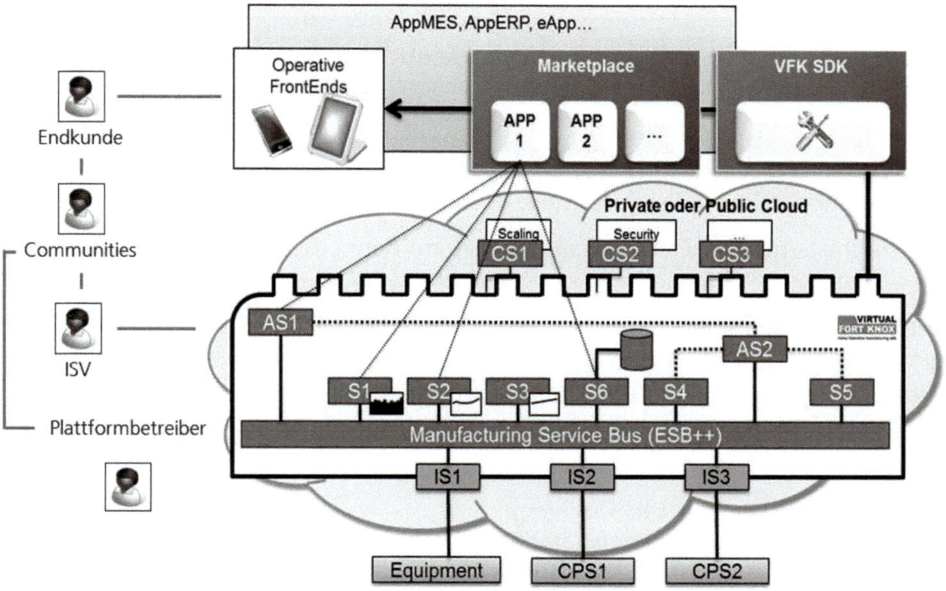

Abbildung 11: **Service-orientierte-Architektur als Netz in der Cloud. © Fraunhofer IPA**

4.3 Virtual Fort Knox

Ein derartiges Konzept wird derzeit in Stuttgart umgesetzt. Im Projekt Virtual-Fort-Knox [28] ist es gelungen, eine entsprechende Cloud-Architektur, basierend auf „everything as a service (XaaS)" zu realisieren (siehe Beitrag Diemer,"Sichere Industrie-4.0-Plattformen auf Basis von Community-Clouds"). Diese Cloud-Architektur ermöglicht es über sogenannte „Integration Services" cyber-physische Systeme an die Cloud anzubinden. Das kann Equipment sein oder auch wie bereits beschrieben, Logistik-Objekte. Über diese Integration Services werden dann die entsprechenden Informationen, die die cyber-physischen Systeme zur Verfügung stellen können, per Web in die Cloud transferiert und dort mit Hilfe des sogenannten Manufacturing Services Buses verarbeitet. Auf diesem Bus laufen entsprechende Software-Services wie etwa Auswerte-Services oder Speicher-Services, die dann zu Aggregated Sevices zusammengefasst werden können.

Ein Beispiel hierfür wäre die OEE-Auswertung. Dazu werden sowohl Prozess-, als auch Verfügbarkeits- und Qualitäts-Daten benötigt. Man würde auf unterschiedliche Daten und Services zugreifen, diese aggregieren, um dann ein OEE auswerten zu können. Das wäre dann ein aggregierter Auswerte-Service-OEE. Diese Services wiederum laufen dann auf dem Service Bus, der im Hintergrund die Cloud Services nutzt.

Abbildung 12 zeigt eine KPI-App. Man erkennt rechts die cyber-physischen Systeme also beispielsweise die Drehmaschine, Fräsmaschine etc. und links die KPIs, die auf Basis des Datenbestands, den diese Maschinen in Form von Diensten über diese Cloud Plugs zur Verfügung stellen. Diese sind auch entsprechend darstellbar und auswertbar (Beispiele: Ausschuss, Bestand, Durchlaufzeit, ...).

Dargestellt ist ein OEE. Der Vorgang basiert auf dem „drag and drop"-Prinzip. Das heißt, rechts kann die Ressourcen gewählt werden und in das mittlere Fenster gezogen werden und links kann die Kennzahl in das Fenster gezogen werden. Das Ergebnis ist in Echtzeit zu sehen, in diesem Fall der OEE auf der Schneidmaschine. Es können auch zeitliche Verläufe kreiert werden und damit erhält man schnell einen transparenten und echtzeitnahen Überblick über die Kennzahlen des shop floors.

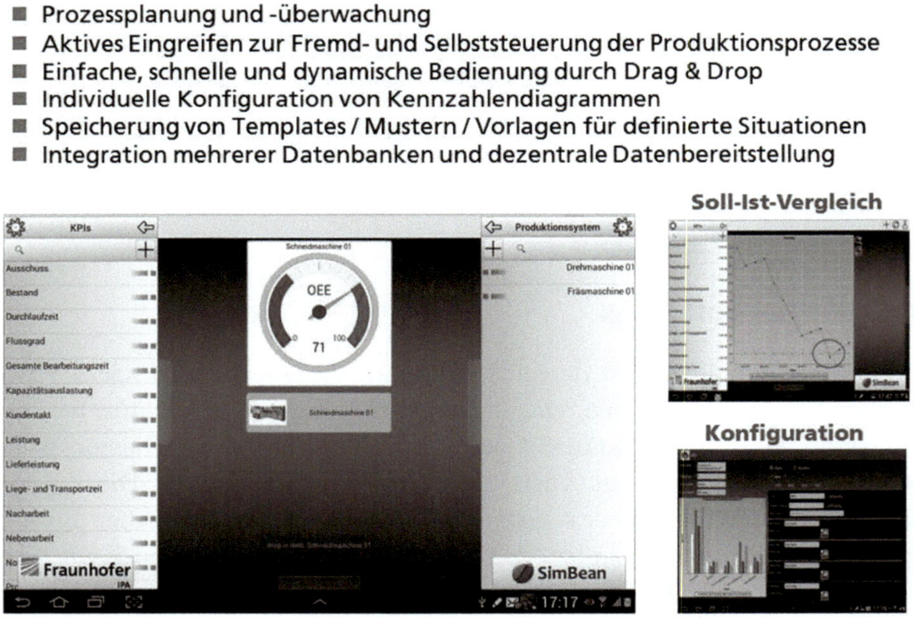

Abbildung 12: **Industrie 4.0 – Beispiel KPI-App – Kennzahlen**

Eine weitere App, die das Fraunhofer IPA entwickelt hat, ist die sogenannte Kaizen-App, dargestellt in Abbildung 13.

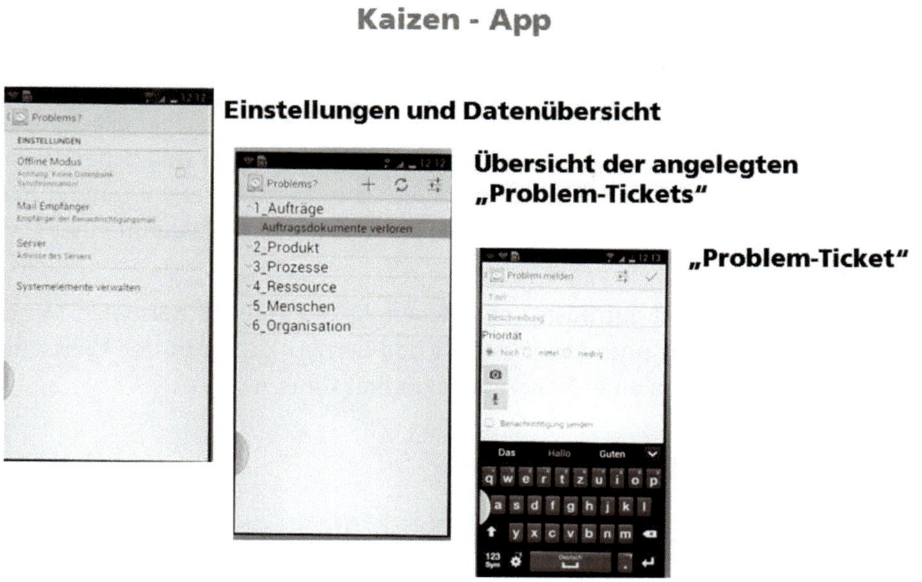

Abbildung 13: **Industrie 4.0 – Beispiel Kaizen-App**

Damit wird auf einfache und schnelle Weise die Funktionalität eines Smartphones genutzt. Mit dieser App kann man, wenn ein Problem in der Produktion erkannt wird, ein Foto aufnehmen oder einen Barcode einlesen, der den betroffenen Auftrag identifiziert, und dies dann entsprechend kommentieren: „Was ist das Problem?" Anschließend wird dieses Problem-Ticket abgeschickt. Die Tickets werden dann gesammelt und entweder in der Fertigungs-Besprechung ausgewertet oder den Verantwortlichen direkt zur Verfügung gestellt. Damit kann ein sehr hohes Niveau der Problembeschreibung erreicht werden mit der Möglichkeit, sehr schnell und fokussiert auf dieses Problem zu reagieren.

Heute:	**Morgen:**
■ Zentral	■ Dezentral (CPS, Cloud)
■ Software -Suite	■ Apps (SaaS)
■ Integration	■ Kommunikation
■ Monolith	■ Offener Standard im Netz
■ Zeitversetztes Datenabbild	■ Echtzeit Informationen
■ Lizenzkosten	■ Pay-per-use

Abbildung 14: **Paradigmenwechsel Informations- und Kommunikationstechnologie**

Im Bereich der augmentierten Realität haben wir am Fraunhofer IPA ebenfalls schon mehrere Lösungen entwickelt. Aber auch in anderen Institutionen gibt es Lösungsansätze. Hier werden Zusatzinformationen zum Thema eingeblendet. Das bietet sich insbesondere in der Instandhaltung an, beispielsweise bei der Fehlersuche: In solchen Fällen werden Zusatzinformationen visuell auf den Schaltschrank gelegt. Aber man kann natürlich auch die Werker in Lernprozessen unterstützen, Günther Seliger vom IWF der TU Berlin spricht in diesem Zusammenhang von „Lernzeugen" [29].

Die augmentierte Realität auf Basis von solchen Apps kann aus normalen Maschinen Lernzeugen machen und damit das ad hoc-Lernen, direkt in der Wertschöpfung unterstützen, was zu einer höheren Flexibilität führt.

4.4 Zwischenfazit

Aus Fabriksicht vollzieht sich also durch diesen Architekturwechsel ein Paradigmenwechsel in der Informations- und Kommunikationstechnologie. Es werden keine zentralen Systeme mehr existieren, sondern dezentral organisierte Systeme, die cloud-basiert sind und sich mit den cyber-physischen Systemen verbinden. Es wird keine klassischen Software-Suiten mehr geben, sondern alles wird als Software as a Service, auf Basis von Apps bereitgestellt. Es wird auch keine hochintegrierten Systeme geben, die Integration wird durch die Kommunikation ersetzt. Heutige Systeme sind häufig sehr monolithisch, sie basieren auf eigenen Standards. Zukünftig werden wir hier eine größere Offenheit haben. Es wird also nicht viele verschiedene durch einzelne Softwarelieferanten dominierte Internets der Dienste und Dinge geben, sondern ein Internet der Dienste und Dinge. Ganz wichtig ist: Wir werden kein zeitversetztes Datenabbild der Realität einer Datenbank nutzen, um Planungsprozesse durchzuführen, was bisher ein sehr großes Problem darstellt, sondern wir werden auf Echtzeitinformationen zurückgreifen. Das ermöglicht die CPS-Technologie. Und, es werden sich die Kosten verringern. Es wird keine hohen Lizenzkosten mehr geben, sondern pay-per-use-Modelle. Alles wird zum Service, und alles wird nur dann bezahlt, wenn es genutzt wird. Auch die Customizing-Kosten für Software werden entsprechend zurückgehen, da über die höhere Granularität, basierend auf diesen Apps, eine flexiblere Anpassung auch durch den Benutzer möglich wird.

5 Wie die marktgetriebene Migration in die Vierte Industrielle Revolution erfolgreich sein kann

Im Zusammenhang mit Industrie 4.0 wird fast ausschließlich über Technologien und cyber-physische Systeme gesprochen. Die Einführung in die Industrie soll technologiegetrieben (Technology Push) erfolgen. Die Industrie braucht aber einen nutzenorientierten Migrationsansatz, der als Change-Management-Prozess zu verstehen ist. Also den Nutzen für „Kopf“ – Rationale Ebene und „Bauch“- Emotionale Ebene nachvollziehbar macht. Der Nutzen aber entsteht im Markt, im eigentlichen Geschäftsmodell. Daher muss die Argumentation über die Nutzenpotenziale, über den Markt kommen. Damit kann man den beteiligten Firmen transparent machen, dass es sinnvoll ist, in diese Veränderung zu investieren. Das ist nicht nur eine Investition in neue Technologie, sondern auch eine Investition in neue Geschäftsmodelle, in neue Organisationsformen, in die Mitarbeiter. Dieser Schritt will wohl überlegt sein und muss entsprechend vorbereitet werden. Daher soll an dieser Stelle eine Abschätzung der Nutzenpotenziale vorgestellt werden, die klar macht, welche Potenziale, durch Industrie 4.0 erschlossen werden können.

5.1 Abschätzung der Kostenpotenziale

Abbildung 15 zeigt unterschiedliche Kostenbereiche (Bestandskosten, Fertigungskosten, usw.). Es sind die Effekte dargestellt und die entsprechenden Potenziale. Es wird klar, dass es in fast allen Bereichen, insbesondere in den indirekten Bereichen, sehr große Potenziale gibt. Bestandskosten können beispielsweise um 30 bis 40 Prozent gesenkt werden, weil man auf Basis von Echtzeitinformationen in der Lage ist, Sicherheitsbestände zu minimieren und vor allem Bullwip- und Burbidge-Effekte in der Supply-Chain zu reduzieren.

Kosten	Effekte	Potenziale
Bestandskosten	Reduzierung Sicherheitsbestände Vermeidung Bullwhip- und Burbidge-Effekt	**-30% bis -40%**
Fertigungskosten	Verbesserung OEE Prozessregelkreise Verbesserung vertikaler und horizontaler Personalflexibilität	**-10% bis -20%**
Logistikkosten	Erhöhung Automatisierungsgrad (milk run, picking, ...)	**-10% bis -20%**
Komplexitätskosten	Erweiterung Leitungsspannen Reduktion trouble shooting	**-60% bis -70%**
Qualitätskosten	Echtzeitnahe Qualitätsregelkreise	**-10% bis -20%**
Instandhaltungskosten	Optimierung Lagerbestände Ersatzteile Zustandsorientierte Wartung (Prozessdaten, Messdaten) Dynamische Priorisierung	**-20% bis -30%**

Abbildung 15: Erste Abschätzung der Nutzenpotenziale

Die Fertigungskosten müssten nach unserer Ansicht auch stark nach unten gehen, denn aufgrund der Prozessregelkreise auf Basis von Echtzeitinformation, kann der OEE an den Maschinen weiter erhöht werden.

Außerdem entsteht die Möglichkeit, das Personal, sowohl vertikal als auch horizontal, hinsichtlich der Flexibilität optimiert einzusetzen. Dadurch ergibt sich ein Potenzial von 10 bis 20 Prozent Kosteneinsparung. Auch die Logistikkosten können durch höhere Automatisierungsgrade (autonome Transportsysteme etc.) gesenkt werden. Die Lagerhaltungskosten gehen entsprechend nach unten. Es kann bei einer vorsichtigen Einschätzung davon ausgegangen werden, dass 10 bis 20 Prozent Einsparung möglich sind.

In den Komplexitäts-Kosten sehen wir die größten Potenziale. Hier setzt die Industrie 4.0 an! Diese Komplexitäts-Kosten entstehen häufig in den indirekten Bereichen und hier erhöht sich auch die Produktivität, weil viel Verschwendung vermieden wird [30].

Einsparungen von 60 bis 70 Prozent sind z.B. durch die Reduktion von Trouble-Shooting oder aber auch die Erweiterung von Leitungsspannen – also einer höheren Anzahl der unmittelbar unterstellten Mitarbeiter – möglich, weil die Gruppen selbstorganisiert sind.. Auch bei den Qualitätskosten gibt es Sparpotenzial. Wir können in Echtzeit auf Qualitätsdaten zugreifen oder Qualitätsdaten unternehmensübergreifend austauschen. Wir können echtzeitnahe Regelkreise aufbauen und dadurch u. a. Mehrfachmessungen von Produkten in unterschiedlichen Institutionen reduzieren. In Summe sind hier 10 bis 20 Prozent Reduktion der Qualitätskosten vorstellbar.

Es gibt weiterhin ein großes Potenzial in der Instandhaltung. Die Lagerhaltung der Ersatzteile kann optimiert werden, indem zu einer zustandsorientierten Wartung übergegangen wird, das kann ein CPS-System als Dienst anbieten. Apps können helfen, die Instandhaltungsfelder zu priorisieren und so die wichtigen Maschinen zuerst zu versorgen. Natürlich können sie auch bei der Reduzierung von Instandhaltungszeiten bzw. -aufwänden helfen, indem man besser vorbereitet ist und über augmentierte Realität entsprechend schneller zum Problem vordringt [29]. So erfolgen dann auch Reparaturen von Systemen einfacher und schneller. Das heißt, hier gibt es ein enormes Nutzenpotenzial.

Es gibt viele Industrieexperten, die begonnen haben in ihren Firmen Industrie 4.0 umzusetzen oder in Teilen schon umgesetzt haben. Sie bestätigen Produktivitätsfortschritte von bis zu 50 Prozent, je nach Komplexität des Produktionsfalls, mithilfe der Industrie 4.0-Ansätze und -Konzepte.

5.2 Wie sollten Unternehmen vorgehen?

Die Bewertung der Industrie 4.0-Potenziale im eigenen Unternehmen funktioniert am besten über sogenannte Use Cases. Zunächst wird im Unternehmen gemeinsam überlegt, welche Use Cases sind sinnvoll für die eigenen Anwendungsfälle, und können durch Industrie 4.0-Technologien ermöglicht werden. Die Erarbeitung der Use Cases sollte dezentral mit den Wertschöpfungsverantwortlichen erarbeitet und umgesetzt werden. Schritt für Schritt anhand sinnstiftender Anwendungen und immer mit einem hohen Commitment der Führungskräfte. Hier gibt es starke Parallelen mit der Einführung von ganzheitlichen Produktionssystemen.

Wie aber führe ich als Unternehmen Industrie 4.0 nun konkret ein? Am Fraunhofer IPA wurde ein Prozess mit sieben Schritten entwickelt, wie Unternehmen sich dem Thema annähern und die Technologien der Industrie 4.0 in der eigenen Wertschöpfungen und vor allem ihrem Produktionssystemen verankern können. Dieser Prozess wird im Detail im Beitrag Bildstein et al, „Industrie 4.0-Readiness – Migration zur Industrie 4.0-Fertigung" beschrieben.

6 Fazit

Die Frage, ob die Vierte industrielle Revolution kommen wird, ist mittlerweile eine rhetorische. Wir befinden uns mitten in einem Paradigmenwechsel, der viele Branchen aufgrund neuer Geschäftsmodelle stark verändern wird. Für Deutschland stellt diese Entwicklung eine große Chance dar, die industrielle Produktion in Deutschland zu halten bzw. auszubauen. Komplizierte Produkte wie mechatronische Systeme (Maschinen, Autos,...) waren bisher die Domäne unserer Industrie. Zukünftig werden wir komplexe Produkte benötigen, um den Anforderungen der globalen Märkte hinsichtlich Nachhaltigkeit, Personalisierung und Regionalisierung gerecht zu werden, und um im globalen Wettbewerb um Wertschöpfung bestehen zu können. CPS als Produkte und Produktionsmittel bieten die Möglichkeit, die notwendige Komplexität zu erzeugen und zu bewirtschaften. Dezentralisierung und Autonomie der Systeme sind der Schlüssel zu höchster Produktivität in diesem Umfeld. Cyber-physische Systeme werden den bewertenden und entscheidenden Menschen in den Mittelpunkt stellen und mit Hilfe der echtzeitnahen Vernetzung sowie cloudbasierter Software-Services Synergien und Skaleneffekte ermöglichen. Alle industrialisierten Volkswirtschaften und multinationalen Konzerne forschen und arbeiten an der Umsetzung der Vierten Industriellen Revolution. Der Wettlauf um das Produktionssystem der Zukunft hat begonnen.

7 Literatur

[1] Diamond, J. 2005. Der Kollaps - Warum Gesellschaften überleben oder untergehen. Frankfurt: S. Fischer

[2] 1969. Sachwörterbuch der Geschichte Deutschlands und der deutschen Arbeiterbewegung. Berlin: Dietz

[3] Hahn, H.-W. 2005. Die industrielle Revolution in Deutschland. München: Oldenbourg

[4] Erber, G.; Hagemann, H. 2012. Deutschlands Wachstums- und Investitionsdynamik nach der globalen Finanzkrise. DIW Wochenbericht (46), S. 12-22

[5] VDMA (Hrsg.): Unsere Zukunft im Blick. Forschungspolitische Positionen. Frankfurt, 2012

[6] Sinn, H.- W. 2003. Der kranke Mann Europas. Rede am 15.11.2003, Stiftung Schloss Neuhardenberg

[7] McKinsey Global Institute (Ed.) 2012. Manufacturing the future: The next era of global growth and innovation. New York

[8] Statistisches Bundesamt, Wiesbaden 2012

[9] Konrad, K.A.; Zschäpitz, H. 2010. Schulden ohne Sühne. Warum der Absturz der Staatsfinanzen uns alle trifft, München, Beck

[10] McCormack, R. A. 2012. Obama Will Unveil $1-Billion National Manufacturing Innovation Network Initiative Based On Germany's Fraunhofer Institute. In: Manufacturing & Technology News 19 (32) http://www.manufacturingnews.com/news/national-network-for-manufacturing-innovation-228112.html (27.1.2014)

[11] Karas, H., Maddison, A. 2012. City Scope 2.0. Zitiert nach: Mc Kinsey Global Institute (Hrsg.:): Manufacturing the future: The next era of global growth and innovation. New York, 2012

[12] United Nations, Department of Economic and Social Affairs, Population Division 2012. World Urbanization Prospects: The 2011 Revision. CD-ROM Edition

[13] OECD 2013. African Outlook. ISBN: 9789264200531. http://www.oecd.org/ berlin/publikationen/african-economic-outlook.htm (27.1.2014)

[14] Bardi, U. 2012. Plundering the Planet. The 33rd Report to the Club of Rome. Winterthur. http://www.clubofrome.org (27.1.2014)

[15] Pimm, S. 2001. The World According to Pimm. A Scientist Audits the Earth. Columbus, OH: McGraw-Hill

[16] Zhang, G.J.; Cai, M.; Hu, A.2013. Energy consumption and the unexplained winter warming over northern Asia and North America. Nature Climate Change 3, pp 466–470

[17] Bauernhansl, T. 2012. Wie der Wandel gelingt - Nachhaltigkeit als Treiber der Markt- und Ressourcenstrategie. In: Stuttgarter Impulse - Produktionstechnik für den Wandel FtK 2012. Vorträge zum Fertigungstechnischen Kolloquium am 25. und 26. September 2012 in Stuttgart. Stuttgart, S. 271-294

[18] Braungart, M.; Donough, W. 2008. Die nächste industrielle Revolution. Die Cradle to Cradle Community. Hamburg: Europäische Verlagsanstalt

[19] Manpower Group. 2013: Talent Shortage Survey. Düsseldorf http://www.manpowergroup.de/fileadmin/manpower.de/Download/MPG_TSS_2013.pdf (27.1.2014)

[20] Koren, Y. 2010. The Global Manufacturing Revolution. Product-Process-Business-Integration and reconfigurable Systems. Hoboken: Wiley

[21] Ashby, W.R.1956. An introduction to Cybernetics. New York: Wiley

[22] Warnecke, H.-J. (Hrsg.) 1995. Aufbruch zum Fraktalen Unternehmen: Praxisbeispiele für neues Denken und Handeln. Berlin: Springer

[23] tun Hompel, M. 2013. Software in der Logistik - Prozesse steuern mit Apps. München: Huss-. ISBN: 978-3-944281-04-9

[24] Metcalfesches Gesetz. 2013. Wikipedia, 27.3.2013. http://de.wikipedia.org/wiki/Metcalfesches_Gesetz (27.1.2014)

[25] Moore'sches Gesetz. 2013. Wikipedia, 27.3.2013. http://de.wikipedia.org/wiki/Mooresches_Gesetz

[26] Ramasamy, E.; Dorow, B.; Dennerlein, F.; Blab, F.; Starker, F.; Schneider, U.; Röhrle, O., 2013. Simulationsgestützte Entwicklungsumgebung für Prothesenfüße. In: 8. Jahrestagung der Deutschen Gesellschaft für Biomechanik (DGfB),15.-17. Mai 2013, Neu-Ulm. Abstractband. Ulm. S. 126. URN urn:nbn:de:0011-n-2524307

[27] Bauernhansl, T. 2013. ARENA2036: Automotive production minus conveyor belt and takt time - A research factory for functionally integrated lightweight design. In: Agility in the Body Shop 2013: Strategic ramp-up management for a competitive advantage. Automotive Circle International, 10-11 July 2013, Berlin, Germany. Conference Proceedings. Hannover: Vincentz, S. 59--96

[28] Holtewert, P.; Wutzke, R.; Seidelmann, J.; Bauernhansl, T. 2013. Virtual Fort Knox - Federative, Secure and Cloud-based Platform for Manufacturing. Procedia CIRP 7 , S. 527-532

[29] Seliger, G. 2010. Globale Wertschöpfung nachhaltig gestalten. CKI-Fachkonferenz. From Green Technologies to Sustainable Solutions. TU Berlin, Berlin, 8. Juni 2010

[30] Bauernhansl, T. 2014 Advanced Complexity Management: Dealing with complexity in socio-technical systems. CIRP Annals Manufacturing Technology 63(8). Accepted

Herausforderungen und Anforderungen aus Sicht der IT und der Automatisierungstechnik

Prof. Dr. Birgit Vogel-Heuser, Technische Universität München

1 Einführung

Ein wesentliches Kennzeichen von Industrie 4.0 ist die Informationsaggregation im Engineering und Betrieb über verschiedene Projekte, Anlagen und Anlagenbetreiber hinweg. Um die Zusammenhänge darzustellen, werden nach einer kurzen Begriffsklärung von Cyber Physikalischen Systemen (CPS) als Basis von Industrie 4.0 für die Produktionsautomatisierung die notwendigen Merkmale solcher CPS zur Erreichung von Industrie 4.0 erläutert:

- Architekturmodelle,
- Kommunikation und Datendurchgängigkeit im Engineering und zur Laufzeit,
- Intelligente Produkte und Produktionssysteme ebenso wie
- Die Datenintegration und Datenaufbereitung für den Menschen.

Architekturmodelle und Kommunikation sind Voraussetzungen für intelligente Produktionssysteme. Die Vielzahl der in solchen intelligenten Produktionssystemen vorhandenen Daten muss für den Ingenieur ebenso wie den Operator sinnvoll aufbereitet werden, damit diese sinnvoll und zum Nutzen der Anlage damit umgehen können.

Die vier Merkmalsgruppen werden jeweils mit einem Beispiel vertieft und die Bezüge zu den unterschiedlichen Beiträgen des Buches hergestellt.

2 Was ermöglichen CPS für Industrie 4.0?

Die acatech Studie AgendaCPS von 2012 (acatech, 2011) (Vogel-Heuser et al., 2012) definiert Cyber-Physical Systems – die Basis für Industrie 4.0 – als eingebettete Systeme, die

- mittels Sensoren unmittelbar physikalische Daten erfassen und mittels Aktoren auf physikalische Vorgänge einwirken
- Daten auswerten und speichern sowie auf dieser Grundlage aktiv oder reaktiv mit der physikalischen und der digitalen Welt interagieren

- mittels digitaler Netze untereinander verbunden sind, und zwar sowohl drahtlos als auch drahtgebunden, sowohl lokal als auch global
- weltweit verfügbare Daten und Dienste nutzen
- über eine Reihe multimodaler Mensch-Maschine-Schnittstellen verfügen, also für Kommunikation und Steuerung differenzierter und dedizierte Möglichkeiten bereitstellen, zum Beispiel Sprache und Gesten.

Unter CPS wird häufig die Ablösung klassischer Architekturen und Automatisierungsgeräte, wie SPS, durch heterogene aus dem Consumermarkt stammende beliebige Hardware/Softwareeinheiten (Delsing, 2012) verstanden. Die Einbindung solcher kurzlebigen, den Grundsätzen der Automatisierungstechnik nicht folgenden Geräte stellt eine große Herausforderung für die Einbindung in bestehende Anlagen dar – insbesondere unter den geforderten Randbedingungen, wie der Einbindung während des Betriebs sowie der Gewährleistung des sicheren Anlagenbetriebs über Jahrzehnte.

Über Jahrzehnte galt die Automatisierungspyramide als Informationsmodell der Automatisierungstechnik. Die ebenen-orientierte Automatisierungspyramide wurde durch den Automatisierungsdiabolo (Abb. 1, rechts) abgelöst, in dem die automatisierungstechnischen Ebenen aufgelöst und über ein Informationsmodell mit der MES-Ebene verbunden sind. Der Vergleich des Automatisierungsdiabolos mit dem ebenen-orientierten Modell der Cyber Physikalischen Systemen (Abb. 1, links) verdeutlicht die Grenzen beider Modelle:

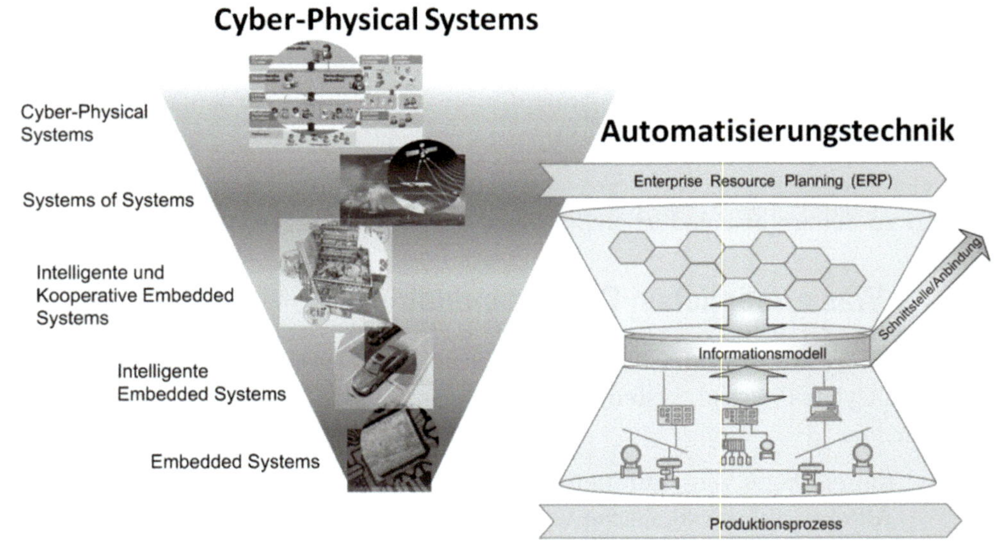

Abbildung 1: **Gegenüberstellung der CPS-Ebenen (links) und dem Automatisierungs-Diabolo (rechts)(Vogel-Heuser, Diedrich, Broy, 2013)**

Während die Automatisierungstechnik den technischen Prozess und die Dynamik der Prozesse mit einschließt, beginnen die CPS in der Regel erst ab der Sensorik und Aktuatorik, also in dem Moment in dem diskrete binäre Daten vorliegen, wenn aus Sensor- und Aktuatorwerten Informationsflüsse geworden sind.

Die CPS-Ebenen reichen über die Ebene des ERP hinaus und integrieren über das Inter- oder Intranet verschiedene Systeme unterschiedlicher Hersteller und Betreiber.

Dieser Schritt der übergreifenden Vernetzung ist derzeit im Bereich der Automatisierungstechnik auf der obersten Ebene des AT-Diabolos – der MES-Ebene – kaum vollzogen. In großen Unternehmen existieren weiterhin mehrere hundert IT-Systeme nebeneinander, welche nur bedingt miteinander vernetzt sind bzw. welche aufgrund unterschiedlicher Semantik trotz Vernetzung häufig keine Datenintegration erlauben.

Die Automatisierungstechnik verfügt über eine jahrzehntelange Erfahrung im modellbasierten Entwurf und Betrieb automatisierter Produkte und Anlagen unter Einbeziehung der technischen Prozesse und technischen Systeme und kennt die Grenzen der Abstraktion solcher Systeme. Hiervon kann sicherlich der informatikorientierte CPS-Ansatz bei der Realisierung von CPS als Basis für Industrie 4.0 profitieren.

Informatikmethoden werden bereits in der Automatisierungstechnik eingesetzt. Im Zuge der Durchdringung von CPS wird sich dieser Einsatz verändern bzw. erweitern. Für den erfolgreichen Einsatz der Informatikmethoden in der Automatisierungstechnik ist die Adaption auf die Domäne eine Voraussetzung. Beispiele für solche Informatikmethoden werden in verschiedenen Beiträgen diskutiert.

3 Was müssen CPS für Industrie 4.0 können?

Im Rahmen der Erstellung der CPS-Studie der acatech wurde eine detaillierte Anforderungsanalyse für die Produktionsautomatisierung durchgeführt und technische Merkmale für CPS, sogenannte Pro CPS, heute oft CPPS (Cyber Physical Production Systems) genannt, ermittelt (Abb. 2).

Als wesentliche technische Merkmale von CPS für die Produktionsautomatisierung und den für die Produktion einzurichtenden CPS Marktplatz wurden Architekturmodelle, die Kommunikation und Datendurchgängigkeit und darauf aufbauend intelligente Produkte und Produktionseinheiten sowie die Datenaufbereitung für den Menschen identifiziert. Diese vier Merkmalsgruppen werden in den folgenden Kapiteln näher diskutiert.

Abbildung 2: **Technische Merkmale von CPS für die Produktionsautomatisierung Pro CPS (in Anlehnung an Vogel-Heuser et al. 2012)**

3.1 Architekturmodelle (Referenzarchitektur)

Um heterogene Geräte unterschiedlicher Architekturen unter den geforderten bereits oben erläuterten Randbedingungen einsetzten zu können, sind zusätzliche Anstrengungen zu unternehmen. Serviceorientierte Architekturen, die mittels Agenten ihre Informationen austauschen, sind ein geeigneter Lösungsansatz, die eine minimale Standardisierung erfordern. Anlagenteile bzw. Maschinen werden mit ihren Fähigkeiten durch Agenten repräsentiert, die zur Maschine/Anlage hin unterschiedlich und proprietär gestaltet und implementiert werden können und zur Agentenorientierten Cloudplattform hin ihre Services und die Eigenschaften der Maschine/Anlage kapseln und anbieten (vgl. Beitrag Pantförder et al. „Agentenbasierte dynamische Rekonfiguration von vernetzten intelligenten Produktionsanlagen – Evolution statt Revolution") Die Anfrage zur Auftragsübernahme, wie dies in Abschnitt 3.4 gefordert wird, erfolgt durch Botschaften. Dadurch ist die Implementierung der Schnittstelle auf den ggf. unterschiedlichen Anbieterplattformen (Maschine, Anlage) und ebenso wie Migrationskonzepte einfach und aufwandsarm umsetzbar.

Die Entwicklung einer Referenzarchitektur für heterogene Systeme wird zurzeit erforscht und erarbeitet, hierbei sind unterschiedlich weitgehende Standardisierungsansätze vertreten (Döbrich, 2013 und GMA Fachausschuss 7.21 „Industrie 4.0").

3.2 Kommunikation und Datendurchgängigkeit

Standardschnittstellen zwischen Engineering-Systemen zu realisieren, war bereits Gegenstand einer Vielzahl von Forschungsaktivitäten (Nagl, 2008, CAEX, AutomationML) und abhängig von der Anwendungsdomäne mit unterschiedlich großem Erfolg umgesetzt. Für Industrie 4.0 ist die Kopplung der Daten aus Engineeringsystemen, Laufzeitsystemen sowie übergeordneten IT-Systemen eine Voraussetzung, um flexible auf Änderungen im Produktionsprozess aber auch in der Ablösung von IT-Systemen reagieren zu können. Bei einem modellbasierten Ansatz wird nicht für jede Einführung oder Ablösung eines neuen IT-Systems ein neues Projekt gestartet, sondern das zu betrachtende Shop floor-System mit allen IT-Systemen und Produktionslinien einmalig modelliert. Die laufenden Veränderungen werden durch die Etablierung von definierten Geschäftsprozessen zeitnah durch Anpassung des Modells aufgenommen. Dadurch können diverse Prozesse simuliert werden, bevor die eigentliche Umsetzung gestartet wird (Vogel-Heuser, 2013).

Diese Modelle beinhalten nicht nur die Struktur der Produktionsinfrastruktur, sondern auch die Anbindung relevanter IT-Systeme und deren Schnittstellen. Wird ein IT-System abgelöst, kann anhand von transparenten Datenstrukturen und Funktionen, die durch generische und spezifische Modell geschaffen wurden, eine Ablösestrategie finden, bevor eine Zeile Code geschrieben wird. Zur ‚Abgrenzung' der unterschiedlichen Unternehmensebenen (MES, ERP, PLM) dienen diese Modelle ebenso, wie zur Sicherstellung deren Interoperabilität (vergl. Beitrag Wegener „Industrie 4.0 – Chancen und Herausforderungen für einen Global Player.").

Bezüglich der weltweiten Verteilung der Daten aufgrund der globalen Teams und Arbeitsteilung besteht die Notwendigkeit, einen Multi-User-Betrieb mit klaren Zugriffsrechten, hoher Verfügbarkeit und der Sicherstellung der Security zu realisieren. Letzteres ist in vielen Fällen noch zu entwickeln bzw. zu implementieren (vergl. Beitrag Eckert, Fallenbeck „IT-Security und Cloud Computing"). Die Verfügbarkeit digitaler Netze (wireless) ist heute zum Teil nur noch eine Frage der Kosten für die Integration in Automatisierungsgeräte. Durch die Integration von Wireless-Datenkommunikationsmöglichkeiten in Sensorik und Aktuatorik entsteht sofort ein Security-Thema. Die Verfügbarkeit von Wireless-Geräten für die Mensch-Maschine-Kommunikation ermöglicht eine vom Aufenthaltsort abhängige individuelle Unterstützung bei der Arbeit (siehe 3.4).

3.3 Intelligente Produkte und adaptive intelligente Produktionseinheiten

Die Anforderungen an die Produkte und Produktionseinheiten intelligent zu werden, ist leicht gestellt, aber teilweise schwer realisiert. Intelligente Produkte werden als *smart products* beschrieben, die alle ihre Eigenschaften kennen und beispielsweise wissen, wie sie gefertigt werden wollen oder mit welchen anderen Produkten (Teilen einer Maschine-, Anlage) sie wie verbunden werden können. Dies wird auch als inhärente Fähigkeit bezeichnet. Die Beschreibung dieser Produkte erfolgt mit vorher vereinbarten Merkmalen, aber auch mit Ontologien.

Als Voraussetzung für solche smarten Produkte gelten ein modularer Aufbau und dazu in der Regel ein modellbasiertes Engineering (MDE) (Wannagat, 2010). Zur Produktion solcher intelligenten Produkte und zur Reaktion auf schwankende bzw. sich ändernde Produktanforderungen sollen Produktionseinheiten flexibel und zur Laufzeit adaptierbar sein. Sie sollen sich bei geänderten Produktionsanforderungen auch strukturell ändern können. Das scheint eher Zukunftsmusik zu sein. An einem einfachen Beispiel wird die Forderung verdeutlicht: Bei der Produktion von Joghurt mit Schokokugeln (vgl. Beitrag Pantförder et al. „Agentenbasierte dynamische Rekonfiguration von vernetzten intelligenten Produktionsanlagen – Evolution statt Revolution") sollen aufgrund entsprechender Marktstudien außer Schokokugeln mit dunkler Zartbitterschokolade nunmehr auch Schokokugeln mit weißer Schokolade eingefüllt werden. Dazu ist ein zweiter Produktionsschritt „Befüllen 2" an einer zweiten mechanisch baugleichen Station einzufügen.

Die vorhandenen Produktionseinheiten kennen ihre Fähigkeiten. Wenn eine neue Fähigkeit „Befüllen von weißen Schokokugeln" benötigt wird, so werden verschiedene Produktionseinheiten angefragt, ob sie diese Funktion erbringen können und ob sie freie Kapazität haben. Diese Anfragen geschehen mittels Botschaften, welche im Botschaftsverzeichnis definiert sind. Mithilfe des Vergleichs von angebotener und benötigter Anlagenfunktion wird auf Basis der auszuwählenden Kriterien, wie Preis, Lieferzeitpunkt, Ressourcenschonung etc. die passende Anlage bzw. der passende Anlagenteil ausgewählt. Der Vergleich der Anlageneigenschaften erfolgt auf Basis von Merkmalen einer Ontologie.

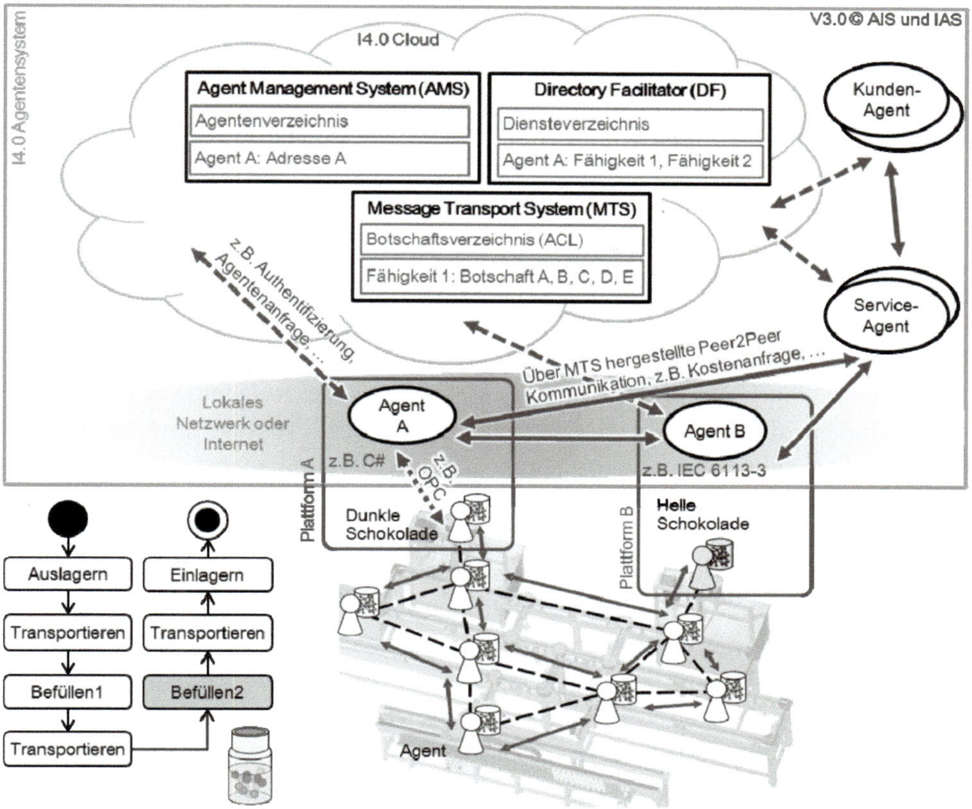

Abbildung 3: **Selbstadaption einer Joghurt-Produktionsanlage mittels Agenten**

Im hier vorliegenden Szenario (Abb. 3) ist die Station bereits Bestandteil der Anlage und füllt bisher ebenfalls dunkle Schokokugeln ab. Da die Durchmesser und die Eigenschaften der Kugeln identisch sind, kann Station 2 weiße Schokokugeln ohne weiteres direkt abfüllen und der Auftrag kann ausgeführt werden. Für den neuen Joghurt müssen die Becher nun die Stationen nacheinander anfahren. Würden die weißen Schokokugeln einen geänderten pneumatischen Druck bei der Vereinzelung benötigen oder einen anderen Durchmesser aufweisen, so müsste eine geänderte Parametrierung oder eine konstruktive Änderung der Kugelsortierungseinheit vorgenommen werden. Welche Aufgabe übernimmt ein Agent in diesem Konzept? Die Anlagenteile könnten auf unterschiedlichen inkompatiblen Steuerungen basieren, die nur über das Inter-/Intranet miteinander verbunden wären und nicht über ein gemeinsames Bussystem. Die Stationen zum Abfüllen der Kugeln würden durch einen Agenten repräsentiert, der die Fähigkeiten der Anlage kennt und bei Anfragen entscheidet, ob die Anlage den Auftrag produzieren kann und möchte. In einer Cloud liegen dazu die Informationen über die verschiedenen erreichbaren Stationen sowie der von diesen verfügbaren Diensten und die zulässigen Botschaften für die Kommunikation. Der Agent bildet die Schnittstelle von der Anlage oder Teilanlage zum Agentennetzwerk. Der Ansatz unterstützt Migrationskonzepte in hervorragender Weise, weil die bestehenden Anlagen in der installierten Weise bestehen bleiben können. Die Schnittstelle – der Agent – kann auf beliebigen Plattformen installiert werden, lediglich die von der Anlage bereitgestellten Fähigkeiten und Dienste müssen kommunizieren können. Die Anlage selbst bleibt abgeschlossen.

Intelligente Produkte und Produktionseinheiten verfügen auch über die Möglichkeit, sich selbst zu monitoren, d.h. ggf. Qualitätsschwankungen, Messfehler etc. selbst zu diagnostizieren und entsprechend entgegenzuwirken. Bezogen auf Produktionseinheiten – also Maschinenteile, Maschinen oder Anlagen – ergibt sich die Notwendigkeit, die während des Betriebs anfallenden Prozess- und Alarmdaten sowie die Operatordaten aufzuzeichnen und im Idealfall während des Betriebs auszuwerten und für die Verbesserung des Betriebs unmittelbar zu nutzen. Die Kombination mit den Daten aus dem Engineering, wie Datenblättern oder den Zusammenhängen der Mess- und Steuer- bzw. Regelungsstellen, erlaubt es frühzeitig kritische Situationen zu erkennen und ggf. zu vermeiden (Folmer, 2013) bzw. dem Operator Alternativmaßnahmen vorzuschlagen. Unter Self Healing Machine ® wird die Identifikation des kritischen Zustands sowie die Einleitung von Gegenmaßnahmen oder der Vorschlag von Maßnahmen für den Operator verstanden, um kritische Situation und den Ausfall der Maschine zu vermeiden

Dies basiert beispielsweise auf den Ansätzen des Datamining, heute auch häufig unter dem Schlagwort Big Data zusammengefasst.

Innerhalb von Meldungsarchiven werden mittels statistischer Methoden (beispielsweise Häufigkeitsverteilungen von wiederkehrenden Alarmsequenzen mit zeitbehafteten Ursache-Wirkungsprinzipien) wiederkehrende Meldungssequenzen gesucht, um Fehlerursachen und deren Auswirkungen zu finden. Eine interessante Möglichkeit bietet die Auswertung von Diagnoseinformationen für Maschinenfamilien oder Modulfamilien innerhalb von Maschinen eines Lieferanten für eine Verbesserung des Moduls im Engineering und im Service (s. Beitrag Eckert, Fallenbeck „IT-Security und Cloud Computing„). Am Beispiel eines Krans der Teil einer Laboranlage ist (Vogel-Heuser, 2014) wird deutlich, dass der Vergleich der Drehbewegung des Krans in verschiedenen Ausführungen (Varianten und Versionen A1.x bis G1.x) und an verschiedenen Einsatzorten mit unterschiedlichen Umgebungsbedingungen (wie Feuchte und Temperatur) lohnend ist. Aufgrund der Auswertung der Stromaufnahme des Krans in Zusammenhang mit dem Drehwinkel und der Zeit kann unter Berücksichtigung der verschiedenen klimatischen Bedingungen eine Korrelation ermittelt werden. Eine höhere Stromaufnahme entsteht aufgrund der Ausdehnung der Teile und der damit auftretenden höheren Reibung bzw. der vorliegenden Alterung von Sensorik und Motor (Abb. 4 links unten).

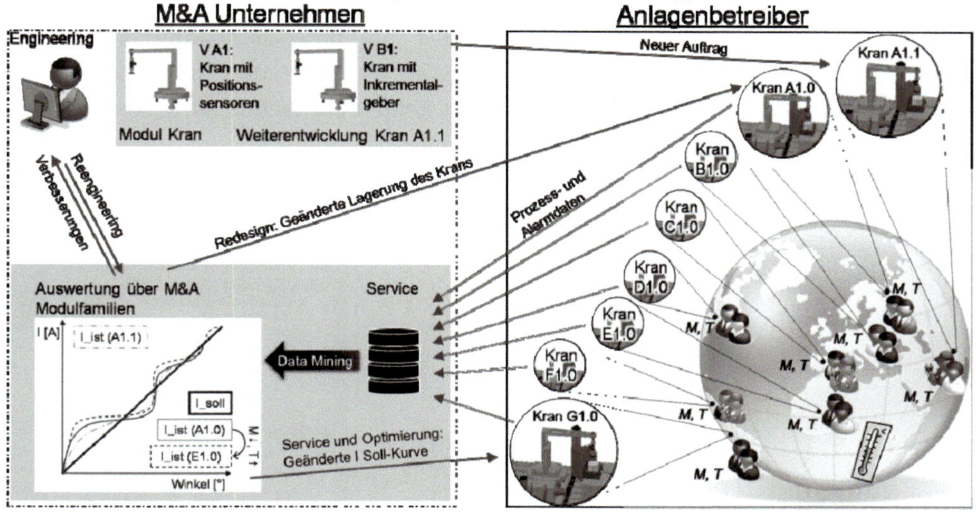

Abbildung 4: **Evolution und Analyse von Maschinenfamilien**

Die Analyse dieser Daten von den verschiedenen Betriebsorten des Krans gibt einerseits dem Service die Möglichkeit, veränderte Sollwerte für den Strom in der Steuerungssoftware in Abhängigkeit des Aufstellortes zu hinterlegen und andererseits die Möglichkeit, bei einem Umbau der Anlagen die Lagerung des Krans zu verändern bzw. für die Auslegung einer neuen Version eines Krans (D1.1) alle diese Daten zu nutzen.

3.4 Informationsaggregation und -aufbereitung für den Menschen

Selbst wenn alle Daten integriert vorhanden sind, ist die wesentliche Herausforderung, diese dem Menschen in geeigneter Form zur Verfügung zu stellen. Dies gilt sowohl für die Unterstützung im Engineering durch Assistenzsysteme genauso wie für die Bereitstellung der Vielzahl von Daten für den Operator, Wartungsmitarbeiter oder Betriebsleiter einer Produktionseinheit und der in dieser betriebenen Geräte. Es geht also nicht nur darum alle vorhandenen Daten anzuzeigen, sondern Zusammenhänge zwischen diesen herzustellen. Die Daten sollten gefiltert, geclustert und in ihren Zusammenhängen als Informationen dargestellt werden. Sie sollen dem Menschen geeignete Interaktionsformen anbieten, um in diesen Informationen zu suchen, die geeigneten Schlüsse daraus zu ziehen oder aufgrund dieser Informationen zu handeln. Diese Daten sind abhängig von der Aufgabe, die der Mensch gerade erfüllt, von seiner Rolle, in der er dies tut und von der Umgebung bzw. Randinformationen aufzubereiten und darzustellen – unter Berücksichtigung der individuellen Bedürfnissen des Menschen. Individuelle Einstellungen können altersdifferenzierte Darstellungs- und Interaktionskonzepte sein, ebenso wie abhängig von der Erfahrung oder Akzeptanz von mobilen Geräten sein. Wobei nach Sheridan nicht nur sich adaptierende Systeme vorzusehen sind, sondern auch zu adaptierende Systeme (Sheridan 2011). Zur Verdeutlichung der möglichen Informationsaggregation wird ein Wartungsszenario betrachtet.

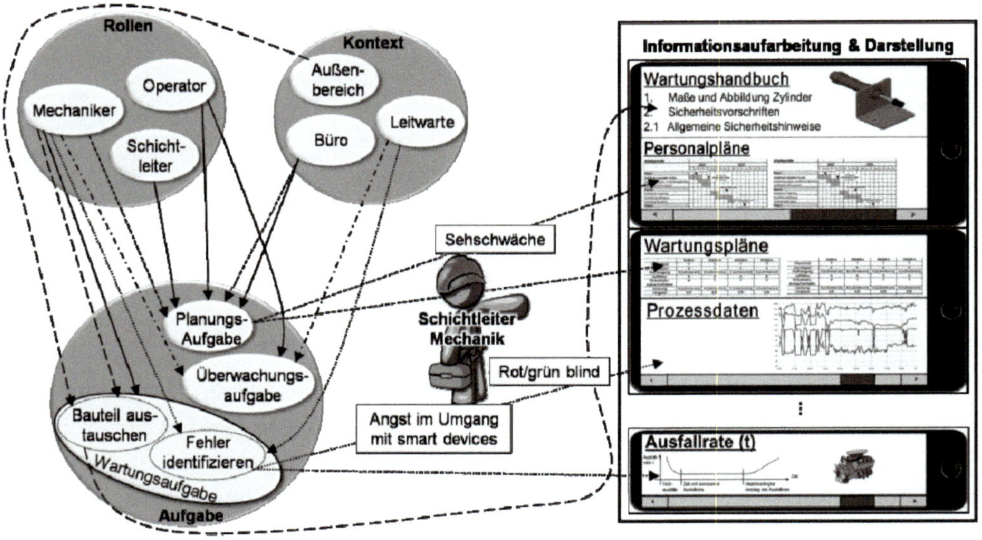

Abbildung 5: **Nutzungsumfeldspezifische Informationsaggregation**

Bezogen auf einen Mechaniker, der als Schichtleiter für die Wartung einer Anlage zuständig ist und über eine Sehschwäche, eine rot-grün Blindheit sowie eine Aversion gegen mobile Geräte verfügt, wird die individuelle, Kontext- und Rollenbezogene Informationsaggregation von Engineering Daten exemplarisch erläutert.

Das betreffende Individuum hat die Rollen Mechaniker und Schichtleiter inne und muss als Schichtleiter die Planung der Mitarbeiter für die Schicht in seinem Büro vorbereiten, dazu muss er sich die Wartungspläne aufrufen und die Personalpläne der ihm zur Verfügung stehenden Mitarbeiter. Er passt die Planung ggf. aufgrund von Krankenstand oder neuen Störungen in der Anlage am Rechner an. Er selbst übernimmt eine der Wartungsaufgaben, als er in der Leitwarte bei einer routinemäßigen Überwachung einen Fehler in den Prozessdaten erkennt: Die Temperatur der Anlage wird nicht mehr erreicht, obwohl das Heizventil soweit wie möglich geöffnet ist und die Vorlauftemperatur ausreichend hoch ist. Er arbeitet zunächst an der Fehleridentifikation, indem er die Drücke vor und hinter dem Heizventil prüft und feststellt, dass die Druckdifferenz sehr gering ist. Er prüft anschließend die Betriebsstunden des Heizventils und die Ausfallraten andere Heizventile des gleichen Typs, die alle nicht auffällig sind. Infolgedessen muss er in die Anlage in den Außenbereich gehen, um sich vor Ort ein Bild zu machen. Zunächst identifiziert er anhand der Engineeringdaten, den Aktorplänen und dem Anlagenlayout am Rechner den Einbauort des Ventils. In der Außenanlage nimmt er eine Sichtprüfung vor und prüft als nächstes den Filter vor dem Ventil auf Verschmutzung und stellt fest, dass dieser verstopft ist. Er prüft mit dem Anlagenfahrer, ob die Anlage auch kurzzeitig für den Austausch des Filters ohne diesen Heizkreis betrieben werden kann. Der Heizkreis wird abgeschaltet und das Ventil kann gereinigt werden. Zur Vorbereitung des Austauschs steht ihm das Wartungshandbuch auf seinem mobilen Gerät zur Verfügung ebenso wie die Prozessdaten (Temperatur, Druck vor dem Ventil, Druck nach dem Ventil).

Die Anzeige erfolgt entsprechend der Sehschwäche in deutlich größerer Darstellung und ohne die Farben rot oder grün zu nutzen (automatische Farbanpassung). Aufgrund seiner Angst, mit dem empfindlichen mobilen Gerät etwas falsch zu machen, wird ihm vor seiner Änderung jeweils eine Bestätigung der vorzunehmenden Handlung abgefordert. Also zum Zufahren bzw. anschließenden Auffahren des Ventils im Außenbereich muss er diese Aktion jeweils bestätigen und er erhält eine robustere mechanische Ausführung. Die Zeiten für die Eingabe werden verlängert. Darüber hinaus kann der Mitarbeiter persönliche Einstellungen auswählen und das Gerät und die Software nach seinen Wünschen adaptieren.

4 Literatur

acatech (Hrsg.): Cyber-Physical Systems - Innovationsmotor für Mobilität, Gesundheit, Energie und Produktion. In: acatech POSITION, Springer Verlag 2011 – Band 11.

Allen L V, Tilbury D M (2012) Anomaly Detection Using Model Generation for Event-Based Systems without a Preexisting Formal Model. IEEE Transactions on Systems, Man and Cybernetics, Part A: Systems and Humans 42(3):654-668. doi:10.1109/TSMCA.2011.2170418

AutomationML: https://www.automationml.org/o.red.c/home.html

Broy M (2010) Cyber-Physical Systems. Innovation durch-Software-Intensive Eingebettete Systeme. In: Broy M (Hrsg) acatech diskutiert, Springer-Verlag, Berlin, Heidelberg

CAEX. https://www.automationml.org/o.red/uploads/dateien/1375858464-AutomationML%20Whitepaper%20Part%201%20%20AutomationML%20Architecture%20V2.2.pdf. Zugegriffen 09. Januar 2014

Delsing J, Rosenqvist F, Carlsson O, Colombo A W, Bangemann T (2012) Migration of Industrial Process Control Systems into Service Oriented Architecture. IECON 2012-38th Annual Conference on IEEE Industrial Electronics Society: 5786-5792. doi:10.1109/IECON.2012.6389039

Döbrich U, Heidel R (2013) Modell zur Beschreibung cyber-physischer Systeme: Modellierung mit Merkmalen unterstützt Industrie 4.0. atp edition 55(12): 38-45

Folmer J, Vogel-Heuser B (2013) Computing Dependent Industrial Alarms for Alarm Flood Reduction. In: Transactions on Systems, Signals and Devices (TSSD) 8(1): 1-20, Shaker Verlag, München

Mahulea C, Seatzu C, Cabasino M P, Silva M (2012) Fault Diagnosis of Discrete-Event Systems Using Continuous Petri Nets. IEEE Transactions On Systems, Man and Cybernetic, Part A: Systems and Humans 42(4):970-984. doi:10.1109/TSMCA.2012.2183358

Nagl M, Marquardt W (Hrsg) (2008) Collaborative and Distributed Chemical Engineering. From Understanding to Substantial Design Process Support: Results of the IMPROVE Project (Vol. 4970). Springer

Sheridan T B (2011) Adaptive Automation, Level of Automation, Allocation Authority, Supervisory Control, and Adaptive Control: Distinctions and Modes of Adaptation. IEEE Transactions on Systems, Man and Cybernetics, Part A: Systems and Humans 41(4):662-667. doi:10.1109/TSMCA.2010.2093888

Vogel-Heuser B, Bayrak G, Frank U (2012) Forschungsfragen in „Produktionsautomatisierung der Zukunft". In: acatech MATERIALIEN, München. http://www.acatech.de/fileadmin/user_upload/Baumstruktur_nach_Website/Acatech/root/de/Publikationen/Materialien/acatech_Materialband_Nr15_WEB.pdf.

Vogel-Heuser B, Diedrich C, Broy M (2013) Anforderungen an CPS aus Sicht der Automatisierungstechnik. Automatisierungstechnik (at) 61(10): 669–676. doi:10.1524/auto.2013.0061

Vogel-Heuser B, Feiz-Marzoughi B (2013) Datenkopplung mittels UML-Modellen - Engineering- und IT-Systeme für Industrie 4.0 vernetzen. atp edition 55(12):26-37

Vogel-Heuser B, Kegel G, Bender K, Wucherer K (2009) Global Information Architecture for Industrial Automation. Automatisierungstechnische Praxis (atp) 51(1): 108-115, Oldenbourg-Verlag, München

Vogel-Heuser B, Legat C, Folmer J (2014) Researching Evolution in Industrial Plant Automation: Scenarios and Documentation of the Pick and Place Unit. Technischer Bericht. TUM-AIS-TR-01-14-02

Wannagat A (2010) Entwicklung und Evaluation agentenorientierter Automatisierungssysteme zur Erhöhung der Flexibilität und Zuverlässigkeit von Produktionsanlagen. Dissertation, Technische Universität München

Use Case Industrie 4.0-Fertigung im Siemens Elektronikwerk Amberg

Prof. Dr. Karl-Heinz Büttner, Siemens AG; Dipl-Ing. Ulrich Brück, Siemens AG

1 Das Elektronikwerk Amberg (EWA)

Unter dem Namen Simatic fertigt Siemens Produkte für die Bereiche Automatisierungstechnik, Leittechnik und MES. Die ursprüngliche speicherprogrammierbare Steuerung (SPS) wurde zu einem umfassenden Automatisierungssystem erweitert. Die Automatisierungsgeräte und die Human-Machine-Interfaces ermöglichen eine Automatisierung (Totally Integrated Automation, TIA) von der Steuerungs- bis zur Produktionsleitebene inklusive der zugehörigen Engineeringsoftware. Etwa 1000 Mitarbeiter verarbeiten auf rund 10.000 m² Fertigungsfläche drei Milliarden Bauelemente pro Jahr. Mit folgenden Fakten lässt sich die Leistungsfähigkeit des Elektronikwerks Amberg einordnen: Bei der Prozessqualität wird ein Stand von über 99,99 % erreicht. Die Lieferzeit für weltweit 60.000 Kunden und mit über 1000 Produktvarianten beträgt 24 Stunden. In 2013 wurden drei neue Produktfamilien eingeführt. Im Durchschnitt werden 20% des Produktionsequipments pro Jahr erneuert.

Abbildung 1: Siemens Produkte Simatic PLC und Simatic HMI als Beispiele für Automatisierung und Steuerung

1.1 Vision und Strategie

Aus der zunehmenden weltweiten Automatisierung leiten sich Herausforderungen für innovative Lösungen bei Produkt- und Produktionstechnologie ab. Eine solche Herausforderung ist z. B. die steigende Varianz und zunehmende Individualisierung der Produkte. Um diesen Herausforderungen besser zu begegnen, haben wir für die Kommunikation mit unseren Mitarbeitern und Geschäftspartnern unsere Vision und Strategie formuliert, die wir kontinuierlich in Gesprächen und Vorträgen nutzen und an verschiedenen Stellen des Werkes sichtbar machen. Mit dieser Formulierung möchten wir die Orientierung aller Mitarbeiter im täglichen Handeln verbessern. Die Formulierung lautet wie folgt:

Perfektion für unseren Kunden

Strategie:

- Quality first
- Höchstmögliche Liefertreue
- Innovation, Nachhaltigkeit und unsere Kultur

Alle unsere Mitarbeiter sollen wissen, dass wir höchste Perfektion für unsere Kunden anstreben und daraus für die Simatic-Steuerungen die Strategie ableiten, höchstmögliche Qualität, Lieferperformance, Innovation, Nachhaltigkeit und unsere Kultur sicher zu stellen und weiter zu entwickeln. Diese strategischen Elemente können nur durch die Beiträge jedes einzelnen Mitarbeiters erreicht werden. Wesentliche Kulturmerkmale, wie z.B. die ergonomisch optimale Gestaltung der Prozesse und Arbeitsplätze für den Menschen in der Fabrik oder die Suche nach Lösungen anstatt nach Schuldigen, sind durch weitere Detaillierungen in der Strategie nachhaltig verankert.

Die Kernkompetenzen dazu sind identifiziert. Dies sind alle Prozesse zur kontinuierlichen Steigerung der Produkt- und Prozessqualität, der Lieferperformance und der kontinuierlichen Innovation der Produkte und Technologien. Aus Vision und Strategie leiten sich Zielvereinbarungen und strategische Projekte ab.

1.2 Lösungsansätze aus Industrie 4.0 für unsere Herausforderungen

Wesentliche Teilbereiche von Industrie 4.0 sind die horizontale Datendurchgängigkeit zu Partnern, Lieferanten und Kunden und die vertikale Durchgängigkeit innerhalb der eigenen Organisation von der Entwicklung bis zum fertigen Produkt. Operativer Teilbereich ist die Schaffung von cyber-physischen Systemen in der Fertigung. Dies bedeutet, dass physische Objekte eine – wenn auch eingeschränkte – Identität erhalten. Diese Identität wird erzeugt durch vergebene Barcodes, RFID-Chips oder Mini-Rechner und durch die gleichzeitig in Echtzeit transferierten und gespeicherten Daten. Davon betroffen sind alle Objekte in der

Fabrik wie Behälter, Materialgebinde, Produkte und Maschinen. Damit ist die Basis für autonome Bewegung und Entscheidung und die Kommunikation untereinander und mit der Umgebung geschaffen. Der Vorteil von Industrie 4.0 ist, dass sich technische Standards für Identifikation und Kommunikation kontinuierlich verbessern. Damit wird die Einführung der umfassenden Infrastruktur für cyberphysische Systeme in der Praxis erleichtert und beschleunigt. In unserem Fall wird das Streben nach Perfektion für den Kunden gefördert und unsere Strategie zur Erfüllung der Kundenanforderungen abgerundet.

Für das Unternehmen bedeutet Industrie 4.0 mit den oben genannten Teilbereichen eine Herausforderung und insbesondere ein zunehmendes Kommunikationsaufkommen auf allen Ebenen. Auf der Basis von Industrie 4.0 arbeiten wir dafür an Lösungen.

Ein Lösungselement aus Industrie 4.0 im digitalen Unternehmen ist das Verschmelzen der virtuellen mit der realen Welt aus der Perspektive der Produktion. Verschmelzung bedeutet, dass sich einerseits die physischen Objekte kontinuierlich verändern und alle Veränderungen an diesen Objekten exakt in Echtzeit parallel mitdokumentiert und erforderliche Daten, beispielsweise für Aufträge, technische Spezifikationen und Qualitätssicherung, online zur Verfügung gestellt werden. Andererseits bedeutet Verschmelzung auch, dass die entstehenden Betriebsdaten entsprechend dem realen Geschehen in Echtzeit vervollständigt werden. So steht beispielsweise das Betriebsdatenprotokoll von Arbeitsschritt (n) in Millisekunden bereits an Arbeitsschritt (n+1) zur Verfügung, um sicherzustellen, dass der Arbeitsschritt des Vorgängers mit der erforderlichen Qualität fertiggestellt wurde. Die große Aufgabe der Vervollständigung der Kommunikationstrecken bis zur Fähigkeit der Selbstorganisation der Dinge wird durch zunehmend verfügbare Standards in Industrie 4.0 gelöst. Dies sieht man beispielsweise an bereits realisierten webbasierten Standards in der Maschinenanbindung, bei den Codierungs- bzw. Identifikationssystemen und in den Dialogoberflächen für die Mensch-Rechner-Interaktion. Dazu müssen die bisherigen Identifizierungs- und Kommunikationsstrukturen ausgebaut und durch autonome Systeme ergänzt werden. Die Objekte im industriellen Umfeld wie z.B. Produkte, Material, Behälter und Maschinen werden zukünftig „intelligenter" durch implementierte Mini- und Microrechner, können untereinander kommunizieren und autonom entscheiden. Durch die zunehmende Kommunikationsfähigkeit untereinander und zu den Leitrechnern steigen der Grad der Verschmelzung und daher auch die Freiheitsgrade bei der Prozess- und Arbeitsplatzgestaltung.

Die Lösungsmöglichkeiten für die ebenen-orientierte Kommunikation nehmen zu.

Die Algorithmen liegen heute noch überwiegend in der Leitrechnerebene. Ein Teil der Algorithmen und der zu treffenden Entscheidungen verlegt sich zukünftig dezentralisiert auf die Microrechner der Dinge. Erhöhtes Kommunikationsvolumen bleibt ausschließlich auf der untergelagerten Ebene, kann vor Ort einfacher und schneller erledigt werden, insgesamt sind weniger Parameter über alle Ebenen zu führen. Dies führt zur Entlastung der Leittechnik. So kann beispielsweise bei automatischem Produkttransport die „Verkehrsregelung“ vollständig auf der untersten Ebene stattfinden, ohne Beteiligung von Leittechnik.

Eine weitere Lösung aus Industrie 4.0 ist die schnell verfügbare Information und damit die Förderung der Kultur der übergreifenden Zusammenarbeit. Jeder einzelne Mitarbeiter ist motiviert, ganzheitlicher zu arbeiten, weil die definierten Standards der horizontalen und vertikalen Integration z.B. durch prozessübergreifende Teams und Workflows die gemeinsame, gleichzeitige Nutzung der gleichen Daten mit einheitlicher Terminologie ermöglichen. Die Kommunikation zwischen Produktmarketing, Entwicklung, Produktion bis zum Vertrieb, und die Rückkopplung des Produktionswissens in die Entwicklung wird damit kontinuierlich effektiver. In der vertikalen Integration nutzt Siemens dafür die Software Teamcenter als Backbone mit webbasierten Schnittstellen zu den Dialogen und den vielfältigen unterlagerten Services. Sowohl in der Prozessentwicklung als auch in der Prozessdurchführung wird der Mitarbeiter durch schnellere Information befähigt, schneller zu entscheiden. Industrie 4.0 ergänzt das Grundwissen des Mitarbeiters (z. B. über Prozess, Produkt, Technologie) durch höchste Transparenz im operativen Geschehen (z. B. Aufträge, Ressourcen, Qualitätsstatus).

Hier schließt sich der Kreis „Perfektion für den Kunden“ mit geeigneten Strategien umzusetzen und dabei die Vorteile aus Industrie 4.0 und den zugehörigen Standards zu nutzen.

1.3 Der Mensch ist das Maß aller Dinge (Protagoras)

Je ergonomischer die Arbeitsumgebung für den Menschen ist, desto effektiver kann er arbeiten. Technologien und Prozesse entwickeln sich weiter im Einklang mit dem Menschen. Im digitalen Unternehmen lassen sich die Anforderungen auf unterschiedlichen Ebenen aufteilen.

Dafür sind im digitalen Unternehmen die Arbeitsumgebungen auf der jeweiligen Ebene für den Menschen optimiert:

Auf der Ebene Montageplätze, Maschinenbedienung und den Logistikarbeitsplätzen schafft die Automatisierung Entlastung von physischer Belastung und die Automatisierung der Information Entlastung von psychischer Belastung und damit Sicherheit beim Wissen über beispielsweise die Zuordnung von Teilen, NC-Programmen und Anweisungen.

Auf der Ebene Werkstattführung unterstützt Industrie 4.0 durch umfassendere und zugleich treffsichere Information z.B. für Produkt- und Technologieneueinführung, Qualität, Maschinennutzung, Personalplanung. Auf den unterschiedlichen Werkstattführungsebenen, haben PC und Mobiltelefon den Schraubenschlüssel weitgehend ersetzt. Der PC dient zur übergreifenden Kommunikation,

Nutzung von Reports, Drill Downs, Hotlines und Barcodeleser. Auch repariert wird mit dem PC.

Auf der Ebene Engineering, für die Weiterentwicklung der Prozesse, die Innovationen, das Umsetzen seiner Kreativität braucht der Mensch ergonomische, moderne Kommunikationswerkzeuge, die seine Fähigkeiten optimal unterstützen. Die Vernetzung von Prozess und Information fördern seine Kompetenzen für Planung und Entscheidung. Für das Engineering sind automatisierte Workflows, Webservices, Live-Meetings, Watchdogs, usw. geschaffen worden. Beim Engineering steigt der Durchsatz durch die effektiven Informationsflüsse.

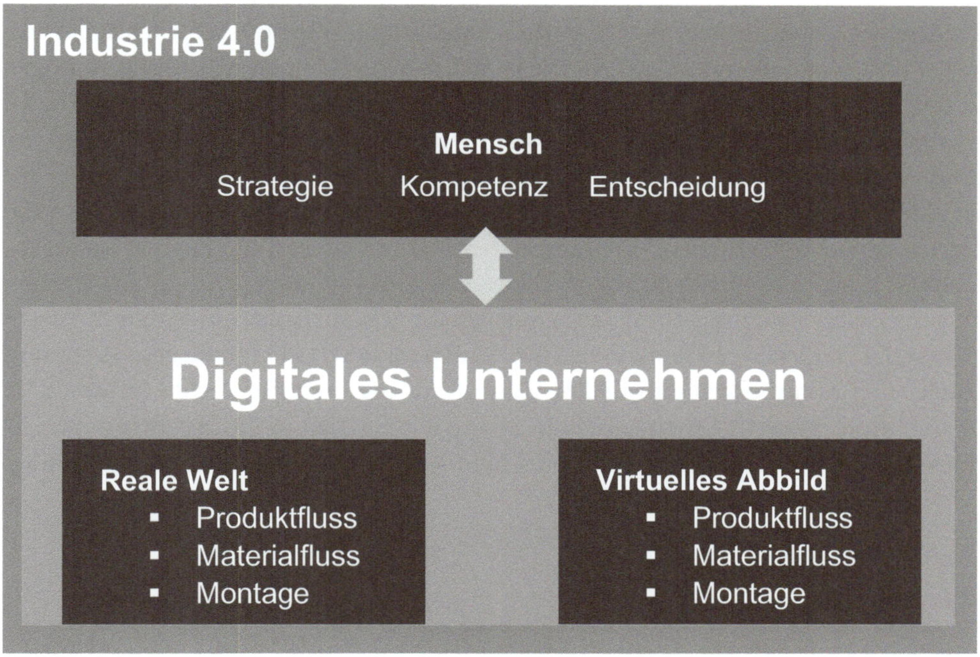

Abbildung 2: **Industrie 4.0: Der Mensch steuert mit den Instrumenten des digitalen Unternehmens**

Für alle Ebenen gilt:

Industrie 4.0-Kompetenz: Es erfolgt ein kontinuierlicher Qualifikationsaufbau anhand unseres Industrie 4.0-orientierten Kompetenzmodells. Dazu zählt neben den fachlichen Themen und dem Gesamtverständnis des digitalen Unternehmens ein Höchstmaß an Eigenverantwortung und Motivation. Zu den fachlichen Themen gehören die selbstverständliche Nutzung der vielfältig verfügbaren Online-Funktionen für Qualitäts-, OEE- und Auftragsmanagement, das Beherrschen der Kommunikationsmethoden und Werkzeuge, das Ableiten von konkreten Maßnahmen aus aktuellen Informationen und in Echtzeit eigenverantwortlich zu entscheiden.

1.4 Quality first

Für die Funktionalität und Qualität der Anlagen unserer Kunden tragen wir die Verantwortung bzgl. unserer Produkte. Daher ist die Qualität in unserer Strategie fest verankert. Aus der Strategie erwachsen beispielsweise die Zielvereinbarungen. Für die Qualität sind konkrete Ziele vereinbart. Diese beinhalten sowohl die Produkt- als auch Prozessqualität. Also im Detail z. B. Werte für die Bestück-, Löt- und Bauteilqualität. Diese werden an den zumeist automatischen Testsystemen gemessen, online übertragen und in dpm-A (siehe nächstes Bild unten) berichtet. Darüber hinaus gibt es qualitätsrelevante Ziele z. B. für Lieferanten, für die Produktentwicklung, etc. Aus der Berichterstattung werden Schwachstellen erkannt und Maßnahmen festgelegt. Diese Maßnahmen können z. B. Optimierungen in der Technologie oder bei den Produkten sein oder gemeinsam mit Lieferanten erarbeitet werden. Damit wird jeder Mitarbeiter auf den unterschiedlichen Ebenen, über Abteilungsgrenzen hinweg, prozess- und produktorientiert stetig durch die Qualitätsarbeit begleitet und dadurch die bestehende Qualitätskultur gefördert. Durch eigene Q-Kompetenz-Trainings ist der Mitarbeiter in die Lage versetzt, die Qualität seiner Arbeitsergebnisse zu beurteilen. Des Weiteren ist in der Produktion zu seiner Unterstützung ein detailliertes Echtzeit-Qualitätssystem etabliert. Dieses erfasst flächendeckend an mehr als 1000 Messpunkten das Qualitätsgeschehen und bietet allen Mitarbeitern den Online-Zugriff auf die bedarfsgerechte Information. In der Produkt- und Prozessqualität haben wir im Jahr 2013 den Stand von 12 dpm-A erreicht. Beim Bestücken und Löten sind von einer Millionen Fehlermöglichkeiten also lediglich 12 eingetreten.

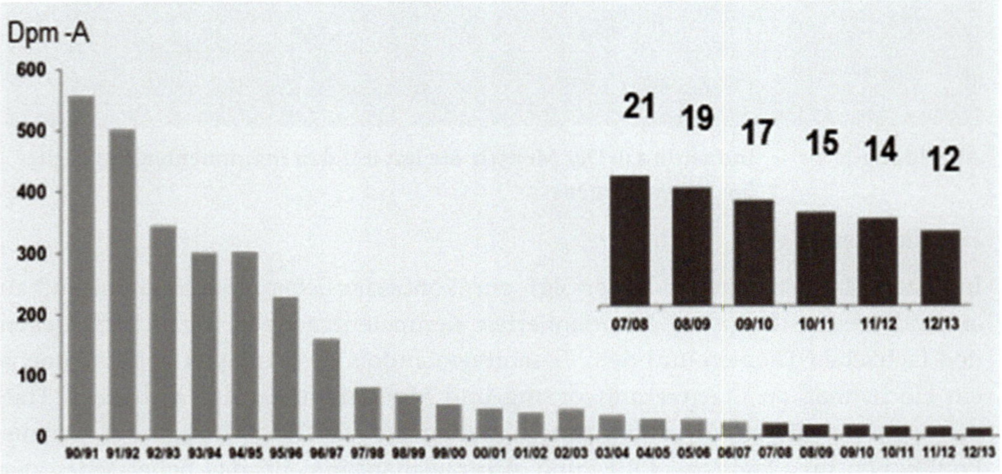

Abbildung 3: **Qualitätsverlauf der Produkt und Prozessqualität: Die Steigerung der Qualität von über 10% pro Jahr konnte über 25 Jahre gehalten werden, dpmA: defects per million, bezogen auf die Anzahl gelöteter Anschlüsse**

Mit dieser Sequenz: Strategie, Ziele, Qualitätskultur und den resultierenden Faktoren der hohen Prozess- und Produktqualität schließt sich der Kreis zu „Quality first".

2 Produktionsautomatisierung

2.1 Der Startpunkt der Automatisierung

Eine Ausgangsbasis für Automatisierung, Produktivität und für Industrie 4.0 ist die automatisierungsgerechte Gestaltung der Produkte. Dafür fließen drei wichtige Informationsströme von Anfang an zusammen: die Kundenanforderungen, die Innovationen aus Entwicklung und Fertigung und die Innovationen von Lieferanten. Die Kooperation von Anfang an erspart Nachbesserungen durch verspätete Erkenntnisse.

Angestrebt wird ein Gesamtoptimum des Produktes hinsichtlich der Erfüllung der Kundenanforderungen, innovativer und wirtschaftlicher Technologie in der Produktion verbunden mit innovativen, langlebigen Zulieferteilen. Produktentwicklungspartnerschaften mit Leitkunden sorgen in der Produktdefinitionsphase für treffsichere kundenorientierte Funktionen. Prozesselemente für quality first sind unter anderem gemeinsame Risikoanalysen von Material und die Erstellung von Material-Qualitätsplänen, als Bestandteil des Produktdesigns. Die material quality plans sorgen für die kontinuierliche Rückkopplung der Erfahrungen aus der Produktion in die Entwicklung und stellen die Einhaltung unserer Richtlinien für design for manufacturing und design for testability sicher.

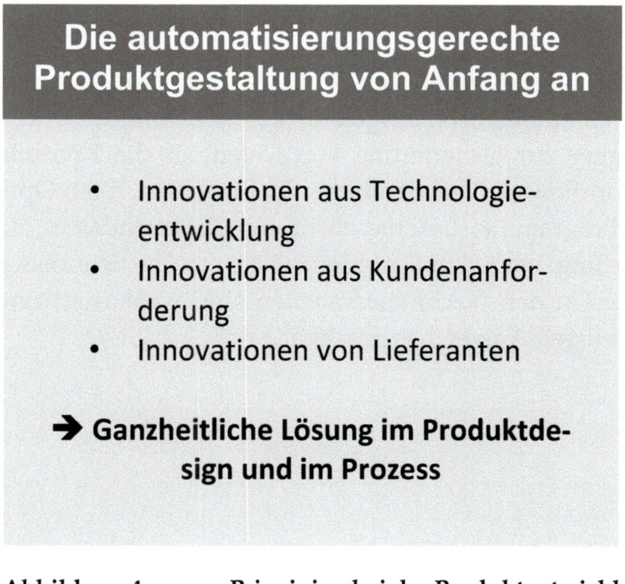

Abbildung 4: Prinzipien bei der Produktentwicklung

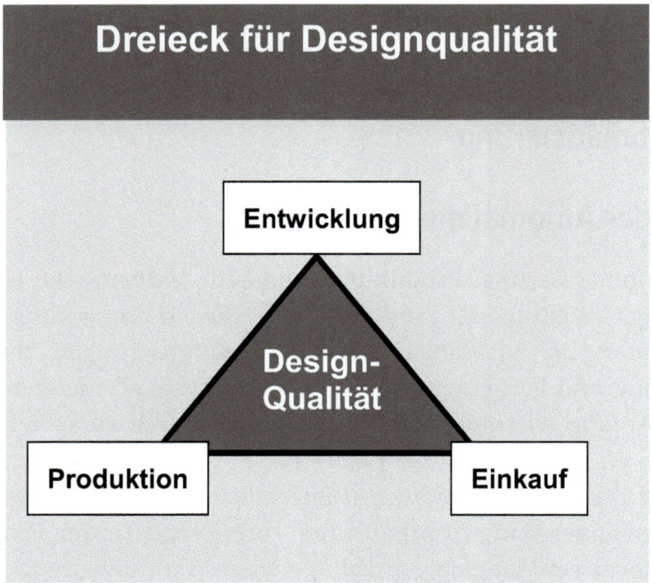

Abbildung 5: Prinzipien bei der Produktentwicklung

2.2 Die vertikale Integration

Hauptbestandteil der vertikalen Integration ist die durchgehende Informationstechnik von der Produktentstehung, über Entwicklung und Fertigung bis zum Kunden. Für die beteiligten Mitarbeiter von Produktentwicklung und Produktionsengineering ist eine gemeinsame Datenbasis mit einheitlicher Terminologie geschaffen worden, Entwicklung und Produktion sprechen somit die gleiche Sprache.

Die laufenden Datenübergaben aus Produktdesign an CAM und Manufacturing Execution System (MES) werden automatisch ausgelöst. Das MES- und die Nachfolgesysteme nutzen den Trigger zur Generierung von Daten für die Kontroll-Ebene: Null- und Vorserienworkflows, NC-Programme für Bestücken, Test, Optische Inspektionsprogramme Programme, Laserbeschriftung, Etikettendaten, automatische Arbeitsplangenerierung, vereinheitlichte Stückliste, etc. Die Schnittstellen zu den vielfältigen Services in den Nachfolgesystemen sind webbasiert und damit hochflexibel für den jeweiligen Anwender gestaltbar.

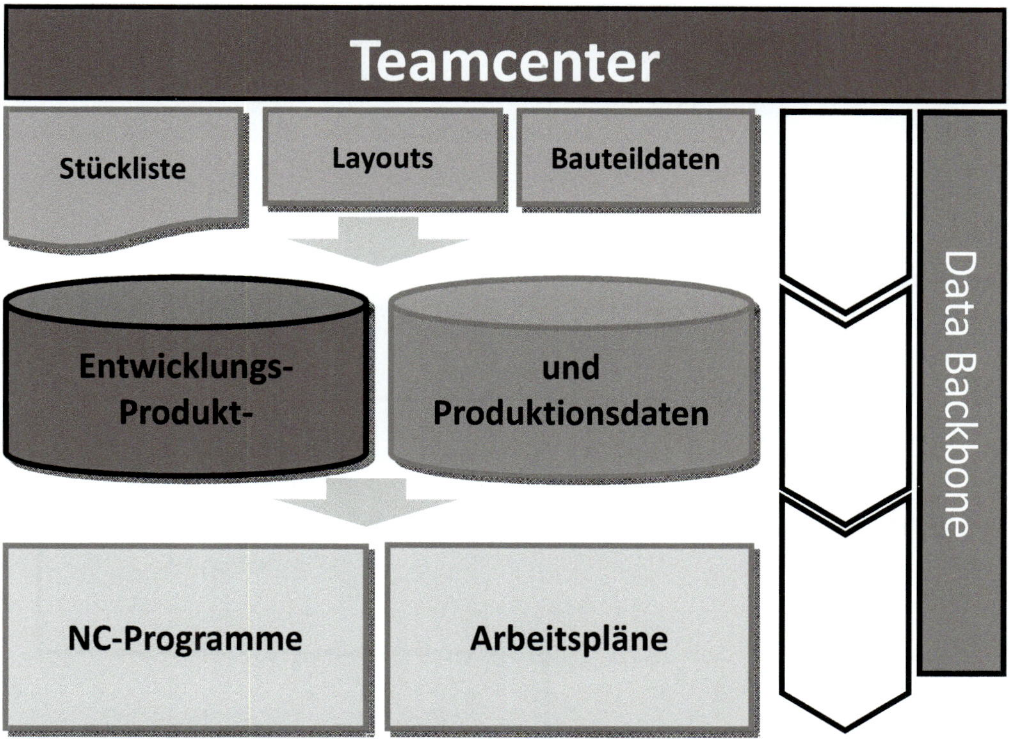

Abbildung 6: **Informationstechnik von der Produktentstehung, über Entwicklung und Fertigung bis zum Kunden.**

Das Mengengerüst für Datenübergaben:

- ca. 50 neue NC-Programme täglich
  für: Neuprodukte, Produkt-Updates, alle Technologien
- für: Datenbearbeitung mit Web-Service-Oberflächen
- für: Einheitliche Terminologie über alle Prozessschritte

Auf der Basis einer durchgehenden Infrastruktur erfolgt die Programmgenerierung automatisch.

Die Verantwortlichen in der Produktion werden über die neuen NC-Programme überwiegend nur noch informiert. Nur bei einem ganz geringen Anteil der Programme sind Ergänzungen durch die Maschinenexperten erforderlich. Dabei entscheidet die Technologie vor Ort, z. B. in welcher Form die Daten verfügbar gehalten werden. Die Zuordnung der Programme zu den Produkten wird vollständig über die Produktidentifizierung (Barcode, RFID) gesteuert. Auch hier ist zu erwarten, dass durch Industrie 4.0 sich mehr übergreifende Standards entwickeln, die das Identifizieren und das Handhaben der operativen Ident-Daten erleichtern.

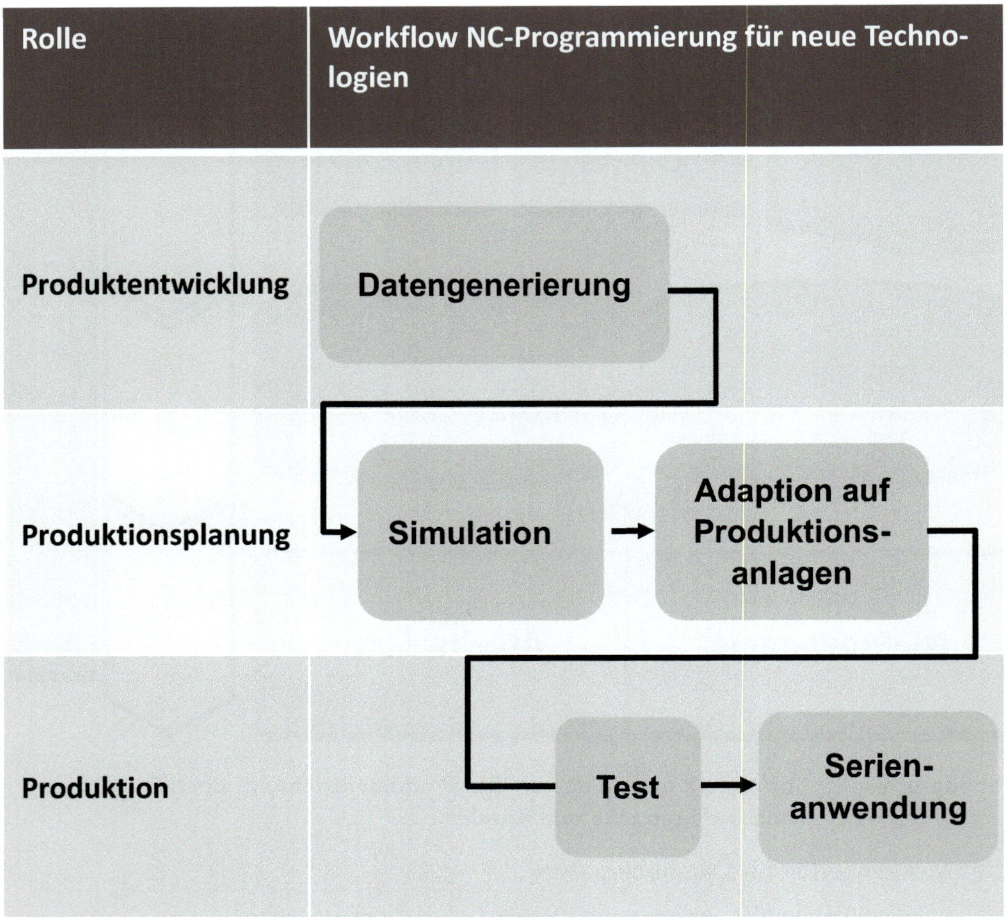

Abbildung 7: **NC-Programmgenerierung**

2.3 Die durchgehende Codierung und Identifizierung

In der Infrastruktur liegt der Hebel zur optimalen Transparenz. In der digitalen Fabrik sind alle Dinge durchgehend identifizierbar: alle Produkte, Materialgebinde, alle Transportbehälter und alle Maschinen und Anlagen sowie wichtige Anlagenteile. In der Technologie „Bestücken" sind z.B. die Zuführsysteme für Bauelemente durchgehend codiert und in Lebensläufen dokumentiert. In der bestehenden Struktur werden dafür unterschiedliche Codes, RFIDs, an den Maschinen-Steuerungen und PCs sowie als Standard verfügbare Sensorik eingesetzt.

Prozesswerte, wie z.B. Prüfergebnisse, aktuell genutzte NC-Programme, Temperaturen, aktuelle Hersteller, Bearbeitungszeitpunkte etc. werden flächendeckend erfasst, immer bezogen auf das jeweilige Individuum Produkt, Materialgebinde, Behälter, Maschine.

Die damit verbundene schnell wachsende Anzahl von Echtzeitprotokollen wird durch die vorhandene IT-Infrastruktur leichter handhabbar. Die Identifizierung aller Objekte zur Erfassung aller Prozessparameter ist die Basis für das Erzeugen aller erforderlichen Reports, der eigenverantwortlichen Prozessanalysen für alle Mitarbeiter über alle Hierarchiestufen.

Mit der durchgängigen Codierung erreichen wir:

Automatisierte Datenbereitstellung

- Online
- Eindeutige Identifizierung (Unikat)

Automatisierte Datenerfassung:

- Betriebs- und Qualitätsdaten
- Lebensläufe

Automatisierte Zuordnung:

- Produkt – NC-Programm – Maschine
- Produkt – Material

Abbildung 8: **Produktbarcode: Jedes Produkt hat seinen Ident. In dem Code sind alle relevanten Daten hinterlegt (links)**

Abbildung 9: **Gebinde-Barcode gelb zum vollständigen Logging aller Bewegungen (rechts)**

2.4 Autonomiebewegung beim Produkt

Voraussetzung für die Nutzung der zunehmenden Autonomie ist der Ausbau von flexibel verketteten Systemen und deren Wandlungsfähigkeit. In der Transportlogistik sind z.B. alternative Transportwege erforderlich, um für den autonomen Transportbehälter Entscheidungsraum zu bieten. In flexiblen Linien, wie unten abgebildet, werden für den jeweils nächsten Bearbeitungsschritt eines Produktes unterschiedliche Produktionsmodule angeboten, um entsprechend der jeweiligen Situation ausgewählt werden zu können. Situationskriterien können z.B. sein:

Anzahl zu fertigender Produkte der unterschiedlichen Typen, Aufwandsminimierung für Rüsten, Verfügbarkeiten für Material, erforderlicher Adapter und Programmen, Umbau / Wartung eines Produktionsmodules etc.

Montagelinie mit Bypass-Methodik:

- Umlaufender Werkstückträger, RFID gesteuert
- Austausch einzelner Stationen unterbrechungsfrei möglich
- Parallele Fertigung unterschiedlicher Varianten

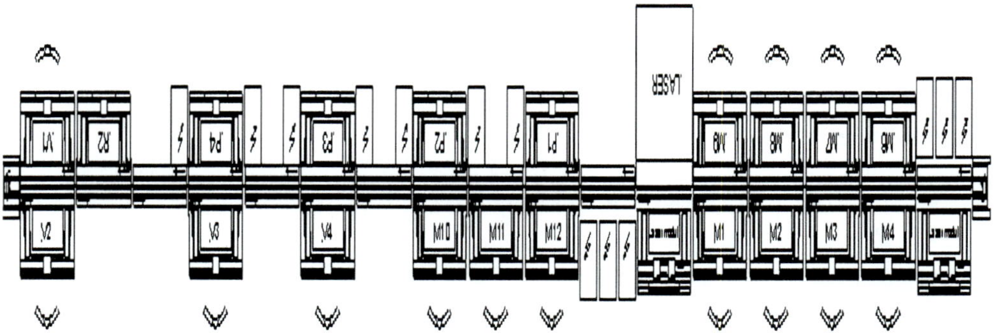

Abbildung 10: **Fertigungslinie mit angebauten, austauschbaren Produktionsmodulen. Lokale Entscheidung für den Fertigungsdurchlauf, welches Produkt als nächstes zu welchem Arbeitsplatz gesteuert wird.**

2.5 Losgröße 1 ist bei Industrie 4.0 enthalten

Wenn jedes Produkt individuell identifiziert und automatisiert gerüstet wird, wirken sich Kleinstlosgrößen nicht negativ aus. Bei diesem Beispiel (siehe Abbildung 11) wird die Frontblende unmittelbar vor der Montage individualisiert. Dazu wird das Grundteil (gleich für mehr als 20 unterschiedliche Varianten) per Laserprogramm bearbeitet. Industrie 4.0 unterstützt hier ebenfalls durch die Standards bei Produktident.

<u>Späteste Möglichkeit (Just in Time)der Variantenbildung direkt in der Linie:</u>

- Produktbeschriften und Freilegen von LED- Lichtkanälen inline und rüstfrei: Laserabrasion new generation
- Material-Neuentwicklung der Frontblende (Makrolon mit 2 Lackschichten und angespritzten Lichtleitern)
- CAD-versorgte Laserabrasion ersetzt Mehrfachprozess

➔ 80 % Reduzierung der Varianz beim Material

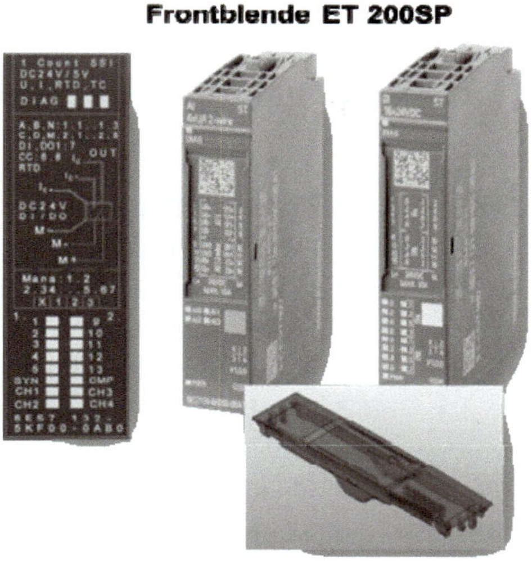

Abbildung 11: Just in Time gelaserte Produktabdeckung

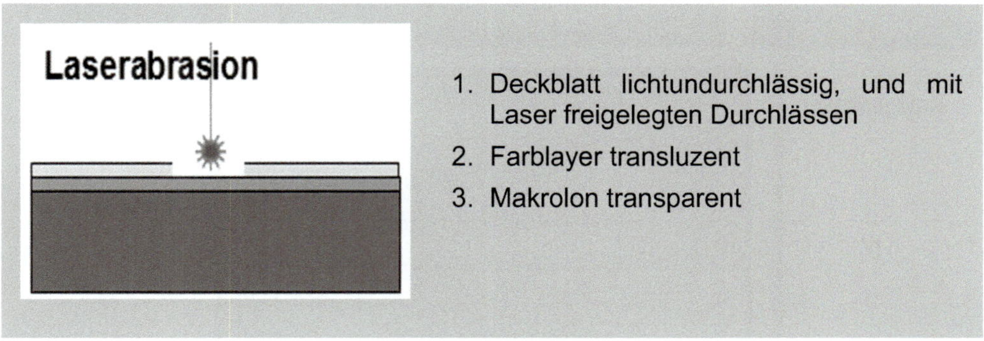

Abbildung 12: Mehrschichtproduktabdeckung

3 Mensch-Maschine-Interaktion

3.1 Alle Maschinen online mit EWA-Kommunikationsstandard Comesco

Die Abkürzung Comesco steht für "Connectivity MES Control". Zur industriellen Interaktion zwischen Mensch, Technik und zur Informationsübermittlung innerhalb der Technik wurde im Elektronikwerk Amberg (EWA) eine umfassende Infrastruktur installiert und Comesco als Standard definiert. Das folgende Bild zeigt den schematischen Aufbau. Realisierer bei der Erstellung und Konfiguration der Schnittstellen zu den jeweiligen Automaten sind der Anlagen-und Maschinenbauer sowie die IT. Hierbei werden weitere Standards aus den Betriebssystemen der Steuerungen und PCs mit einbezogen. Darüber hinaus sind im Comesco-Standard Funktionsbausteine enthalten, die für die Kommunikation der SPS-Steuerungen und Linien-PCs von Bedeutung sind. Weiter werden offene etablierte Standards wie XML und TCP genutzt. Auf dieser Basis sind alle Maschinen online angeschlossen. Die Funktionen lassen sich unterteilen in anwendungsspezifische und anwendungsunabhängige.

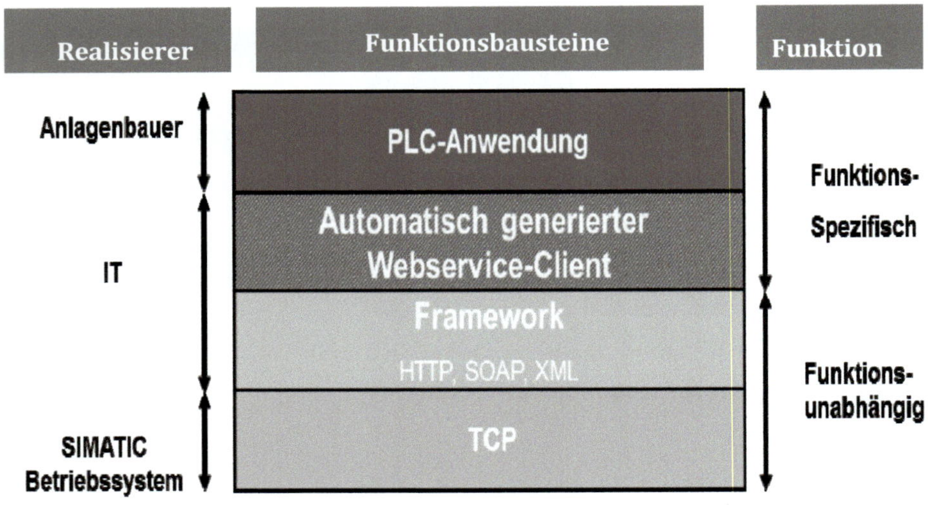

Abbildung 13: Schematischer Aufbau des Comesco-Standards

COMESCO – Connectivity MES Control

Dem Lieferanten werden die **Funktionsbausteine** als EWA-Standard übergeben:

- Automatisch generierter Webservice
- Framework
- TCP

Prinzipien:

- Automatische Code-Generierung
- Modularisierung
- Wiederverwendbarkeit

Vorteile:

- Keine Programmierfehler
- Kurze Entwicklungszeit
- Kein Expertenwissen für Webservices nötig

Abbildung 14: Comesco Eigenschaften

Die webservice-basierte Anbindung von Produktionsanlagen an die IT-Systeme im Elektronikwerk Amberg wurde intern standardisiert. Die erforderlichen Web-Services werden durch die IT gemäß dem Standard automatisch generiert. Daraus entstehende Web-Applikationen bieten z.B. die im folgenden aufgezählten Funktionen wie: anstehende Produkte identifizieren, Daten wie z.B. Lebenslauf bereitstellen, alle Requests von Clients in Echtzeit beantworten, NC-Programme laden und zuordnen, Prozess- und Qualitätsdaten erfassen und weiterleiten und die Kommunikation zwischen Control- und MES-Ebene mappen und rückverfolgen. Alle erzeugten Telegramme werden protokolliert und können je nach Fragestellung spezifisch mit Web-Applikationen ausgewertet werden.

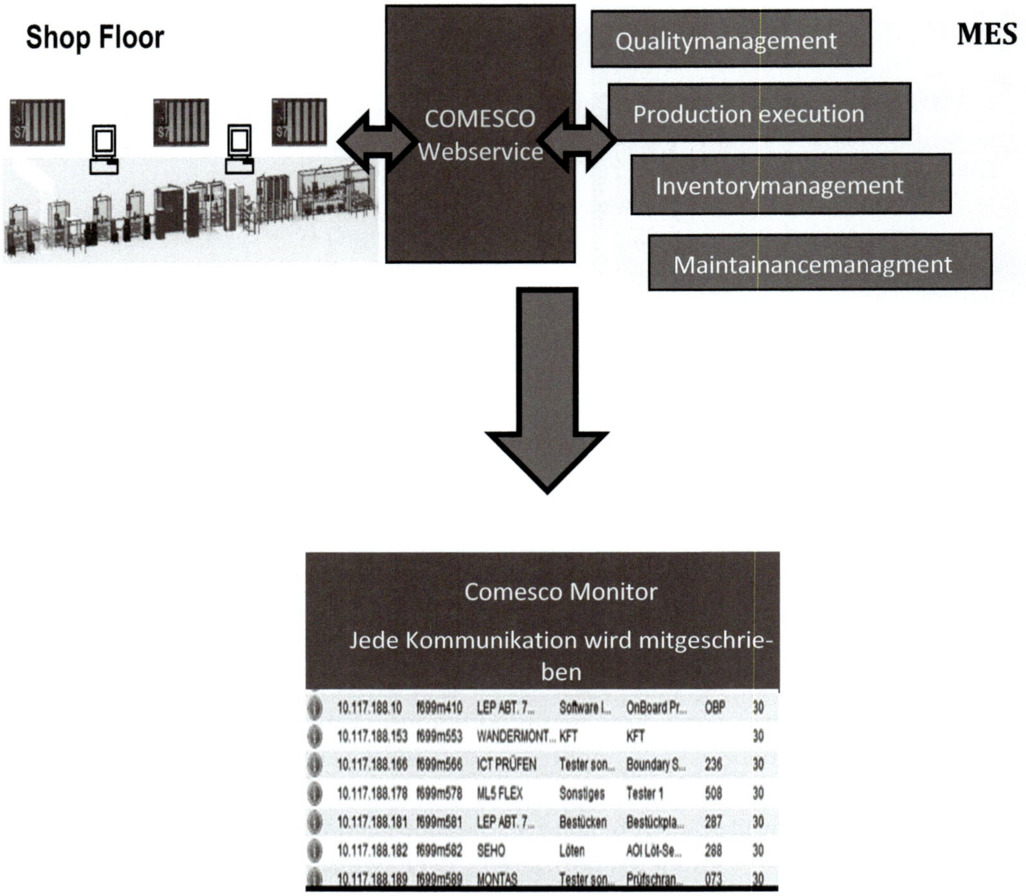

Abbildung 15: **Der Comesco-Standard gehört bei neuen Maschinen zur Liefervereinbarung, so dass jede Maschine bei Anlieferung sofort kommunikationsfähig ist.**

3.2 Augmented Reality, Suchen und Zuordnen ist Vergangenheit

Unter „Augmented Reality" verstehen wir ein fotografiertes Bild, das mit Informationen angereichert wird. An folgendem Beispiel ist zu erkennen, wie zu der ursprünglichen Fotografie der Flachbaugruppe Informationen aus dem CAD dazu generiert werden. Das schwarze Viereck am unteren Rand der Bauteile zeigt die Polungsinformation aus dem CAD, der Punkt ist die Markierung des Herstellers. Der Prüfer stellt die Übereinstimmung der Bauteil-Polung aus CAD und Fotografie (Punkt auf Viereck) sicher. Für den Mitarbeiter besteht die wesentliche Erleichterung darin, dass er Ist- und Soll-Information in demselben Bild hat und somit die Bilderzuordnung im Kopf entfällt. Darüber hinaus kann die Prüfung durch den Prüfer lokal unabhängig erfolgen, beispielsweise im Büro oder im Home-Office. Erkannte Fehler werden im gleichen Dialog per Mausklick interaktiv erfasst. Diese Augmented-Reality-Arbeitsplätze sind vielfach installiert.

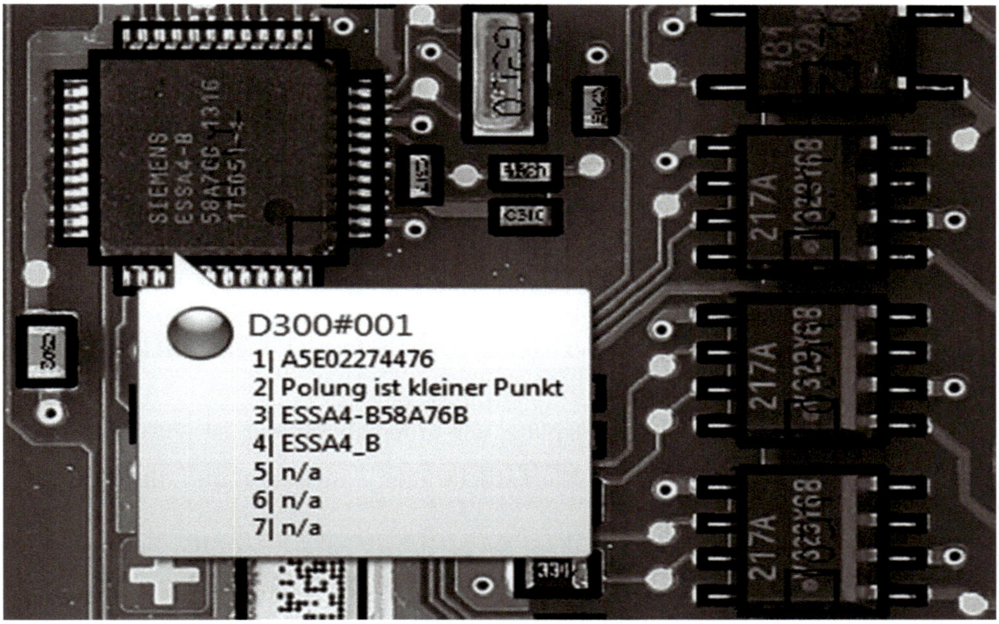

Abbildung 16: Kamerabild plus "Augmented Reality"

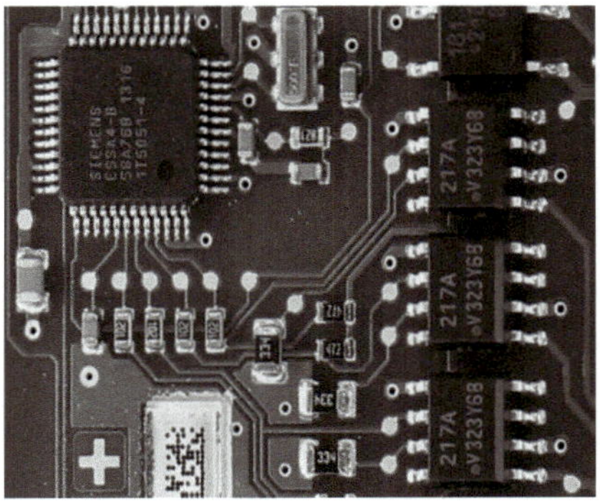

- 100% aller Prüfplätze informationstechnisch automatisiert
- Alle Informationen per Touch abrufbar
- Alle Fehler per Mausklick erfassbar

Abbildung 17: Kamerabild ohne CAD Information

4 Der automatisierte Informationsfluss am Arbeitsplatz in der Produktion

Abbildung 18 zeigt einen informationsautomatisierten Arbeitsplatz.

In der Regel sind mechanische- und informationstechnische Automatisierung gleichzeitig realisiert. Ein informationstechnischer Arbeitsplatz ohne mechanische Automatisierung verdeutlicht die Vorteile von Industrie 4.0. Auch hier kann die Herausforderung erfüllt werden, bei kleinen Losgrößen oder Losgröße 1 und bei höherer Varianz, die variantenbezogenen Detailinformationen treffsicher zuzuordnen.

Der Ablauf an dem Beispiel-Arbeitsplatz, wie unten abgebildet, ist wie folgt:

- Das Produkt wird über Werkstückträger angeliefert und über Barcode identifiziert.
- Die Identifikation startet einen Request im Leitrechner über den beschriebenen Webservice.
- Die Antwort in Millisekunden beinhaltet:
    - Die Prüfung: Bestätigung des auf Vollständigkeit geprüften Lebenslaufes gegen den Arbeitsplan. Da an allen Vorgängerarbeitsschritten ebenfalls identifiziert und rückgemeldet wurde, ist der Lebenslauf vollständig verfügbar.
    - Als nächstes wird der Prüfplan automatisch selektiert und aufgeblendet, am Arbeitsplatz abgearbeitet und bestätigt.
    - Parallel wird die Packliste am Bildschirm rechts dargestellt, und abgearbeitet. Die Entnahmen einzelner Packteile werden per Lichtschranken überwacht.
    - Wenn alle Prozess- und Arbeitsschritte „pass" sind, wird das Label gedruckt. Wenn nicht, wird „interlocked" und kein Label gedruckt.

Ohne Informationsautomatisierung müssten diese Arbeitsschritte manuell abgearbeitet werden und würden dadurch den Mitarbeiter ganz überwiegend auslasten.

Der Mitarbeiter empfindet diesen informationsautomatisierten Arbeitsplatz als angenehm, da jegliche Such- und Zuordnungstätigkeiten automatisiert werden und damit seine persönlichen Fehlermöglichkeiten reduziert sind.

An einem vollautomatisierten Arbeitsplatz sind die Informationskomponenten teilweise oder vollständig mit integriert.

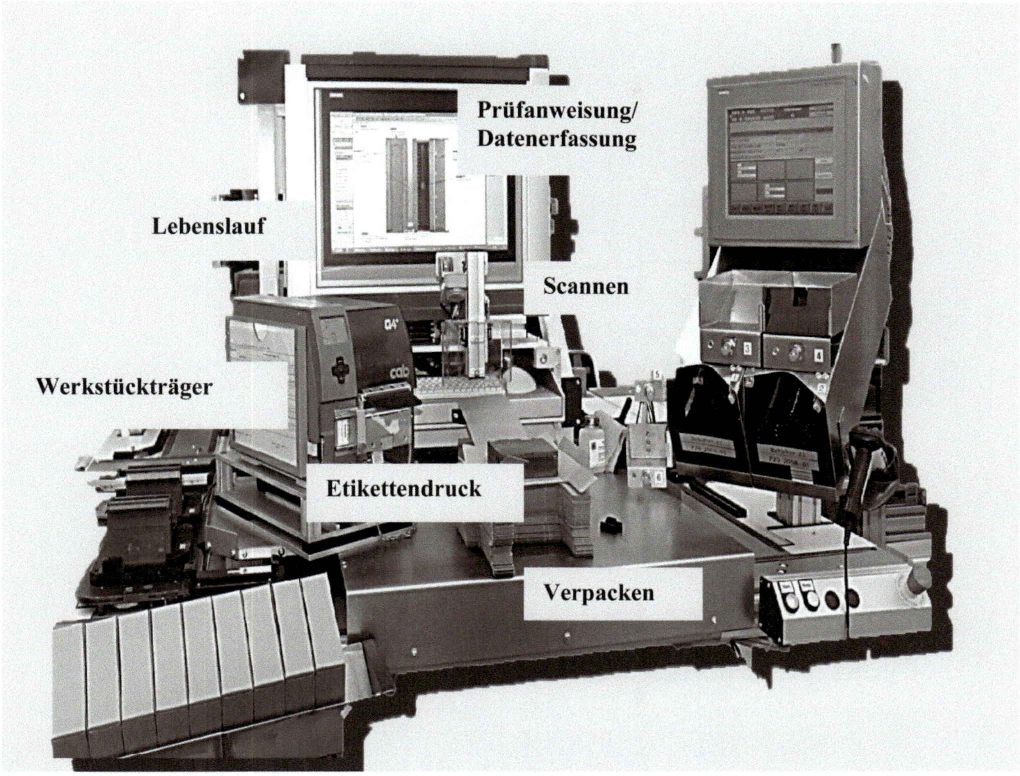

Abbildung 18: **Informationsautomatisierter Arbeitsplatz**

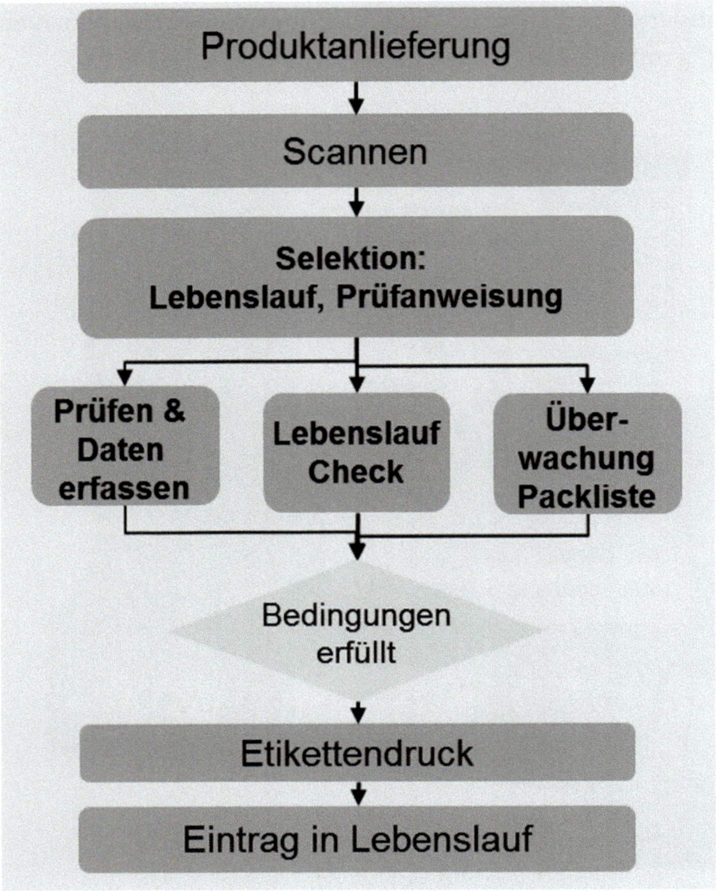

Abbildung 19: Prozessabbild am informationsautomatisierten Arbeitsplatz

5 DataMining

Durch die bisher beschriebenen Maßnahmen werden sehr viele Daten erfasst. In diesem Kapitel wird erläutert, welche beispielhaften Möglichkeiten es im Industrie 4.0-Unternehmen gibt, fachbezogene Informationen aus diesem Datenpool zu selektieren.

In der Anwendung finden sich unterschiedliche Prinzipien zum Report und zur Selektion.

5.1 Automatisierte Auswertung der laufenden Prozessdaten, das Watchdog-Prinzip

Bei diesem Prinzip sind Ober- und Unterschranken als Warngrenzen in der Datenbank eingestellt, bei deren Überschreiten die jeweils Verantwortlichen automatisch eine E-Mail erhalten. Mit einem solchen Ereignis wird dann ein Watchdog-Prozess ausgelöst, der erst wieder geschlossen wird, wenn das Problem behoben ist.

Das manuelle Überwachen von Verläufen oder Generieren von Auswertungen entfällt.

5.2 Mit der Maus in die Tiefe, das Drill-Down-Prinzip

Ein weiteres Prinzip sind die sogenannten Drill-Downs, wobei über vordefinierte Auswertestrukturen, die über zwei bis drei Mausklicks gehen, die maximal detaillierten und erwünschten Tiefen erreicht werden.

Abbildung 20: Prinzip Bild Datenbank, Report, Eingestellte Schranken, Pushmail

Die Abbildungen 20 und 21 zeigen einen solchen Drill-Down. Im ersten Balkendiagramm kann ein auffälliger Balkenabschnitt angeklickt werden, darauf folgt eine ABC- Analyse. Ein weiterer Klick gibt dann den Einbauplatz auf dem Produktplan, farblich markiert mit der Selektionsmöglichkeit weiterer Detailinformationen wieder.

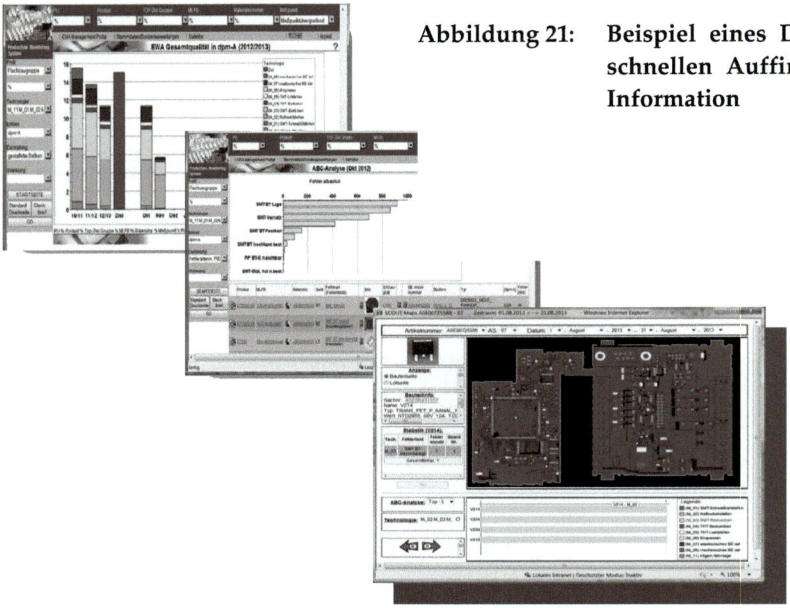

Abbildung 21: Beispiel eines Drill Downs zum schnellen Auffinden detaillierter Information

5.3 Lückenlose Auswertung aller Prozessparameter, das Prinzip Objektidentifikation

Ein weiteres Prinzip ist das Identifizieren von Objekten und Arbeitsplätzen mit sofortiger Darstellung der bekannten Objekt- und Lebenslaufdaten.

Ein Objekt wird identifiziert oder identifiziert sich selbst. Je nach Arbeitsplatz wird vom Webservice ein arbeitsplatzspezifischer Request generiert. Das Ergebnis beinhaltet die erforderlichen Daten, wie beispielsweise NC-Programme, Lebensläufe oder Informationen zu Qualität.

6 Lessons Learned, wir machen weiter

Praktische Erfahrungen aus dem Digital Enterprise:

<u>Mensch</u>

- Die Einbindung in die *Kommunikationsumgebung* von Industrie 4.0 erfordert mehr Eigenverantwortung bei allen Mitarbeitern. Jeder wird zum Empfänger von mehr Informationen. Die Erfahrung ist, dass unsere Mitarbeiter die Medien, den Umgang mit der Informationsvielfalt zunehmend beherrschen und sich mit einer fortschrittlichen, automatisierten Arbeitsumgebung identifizieren.

➔ Mensch beherrscht die Information und die Informationstechnik

- Die *Situationskompetenz* wächst: Mehr Online-Echtzeit-Informationen erfordern schnelle Kombination und kurzfristiges Reagieren und Handeln

  ➔ Mensch beherrscht die Situation

- *Veränderungskompetenz* steigern: Technik- und Prozessinnovation erfordert Qualifikation und Motivation

  ➔ Mensch beherrscht die Veränderung

Erfahrung für den Menschen: Die Menschen erkennen die Parallelen im privaten und dienstlichen Umfeld bzgl. der rasanten Entwicklung der Kommunikationsmöglichkeiten. Die Transfermöglichkeit des Wissens zwischen den parallelen Welten motiviert, nicht zuletzt, weil das erlernte doppelt Anwendung findet.

Prozess

- *Produktion*: Die Prozesse sind übergreifender, Schnittstellen sind zunehmend eliminiert, die Datentransparenz wird umfassender, weil durch die vertikale Integration Abteilungsgrenzen verschwinden und einheitlich transparent sind.

  ➔ Der *Prozesshorizont* umfasst das Gesamtoptimum für Produkt und Technologie

- *Partner*: Alle, z. B. Lieferanten und Kunden, sind eingebunden in den automatisierten Datenfluss und in die Gestaltung der Prozesse und Technologien.

  ➔ Der *Prozessfokus* dehnt sich durch Industrie 4.0 aus, beispielsweise weiß der einzelne Betroffene durch die Verfügbarkeit von Information aus der horizontalen und vertikalen Integration mehr als ohne Industrie 4.0. So sieht er bei der Klärung eines Zulieferproblems, welche Maßnahmen seitens der Partnerabteilungen bereits eingeleitet sind oder welchen Status eingeleitete Maßnahmen haben.

- *Logistik*: Zunehmende Autonomie beim Zuordnen und Transportieren von Produkten, Materialgebinden und Behältern.

  ➔ Der *Prozess* wird sicherer und schneller. (Beispielsweise muss sich der Mitarbeiter bei kleineren Losgrößen und damit verbundenem Typwechsel häufiger neu orientieren. Durch die automatisierte Zuordnung mit Industrie 4.0-Techniken wird er bei der Zuordnung entlastet.)

Information

- Die *Informationstechnik* bietet Information und Strukturierung. Jede existierende Information ist verfügbar.

  ➔ Die IT selektiert und ordnet zu. (Z. B. durch Identifikation der Produkte in einer fest verketteten Linie und dem automatischen Check der geladenen NC-Programme, Teile oder Adapter)

- Die *Informationstechnik* automatisiert Denkleistung. Wiederkehrende Anforderungen können mit hoher Qualität reproduziert werden.

  ➔ Die IT steigert die Qualität.

- Die *autonomen Systeme* und die *Services* kommunizieren untereinander. Informationen und Algorithmen finden ihre Adressaten ebenenübergreifend.
  ➔ Die IT realisiert die Kommunikation.

Status quo:

Der heutige Stand der Technik ist weitgehend eingeführt. Alle Objekte, Produkte, Behälter, Materialgebinde und Maschinen haben eine Identität erhalten. Diese Identität ist mit Echtzeitinformationen hinterlegt und diese stehen für weitere Bearbeitungsschritte unmittelbar zur Verfügung. Die Wertschöpfungsketten, horizontal und vertikal, sind durchgehend und werden weiter ausgeweitet und detailliert.

Fazit/ Ausblick:

Mit Industrie 4.0 sind eine Ausweitung und eine Qualitätssteigerung von Standards zu erwarten, die eine weitere Transparenz und Vereinfachung der Prozesse ermöglichen wird. Z.B. die Weiterentwicklung der Identität der Objekte durch integrierte Rechner wird zukünftig vereinfacht werden, weil es mehr Anbieter für diese Technik geben wird.

Autonomie der Objekte:

Zunächst wird die Kommunikation der Objekte untereinander eine Mehrfunktion gegenüber heute bieten. Der jetzt erkennbare Vorteil ist, dass Logistikdaten (z. B. Prioritäten, Verfügbarkeiten, Kapazitäten) ausschließlich auf der unterlagerten Ebene der Dinge abgehandelt werden können, ohne höhere Rechnerebenen überhaupt zu belasten.

Enabling Industrie 4.0 – Chancen und Nutzen für die Prozessindustrie

Dr. Thorsten Pötter, Bayer Technology Services; Jens Folmer, Technische Universität München; Prof. Dr. Birgit Vogel-Heuser, Technische Universität München

1 Einleitung

Häufig wird Industrie 4.0 und CPS (Cyber-Physical Systems) bzw. CPPS (Cyber-Physical Production Systems) in Zusammenhang mit Automotive oder dem klassischen Maschinen- und Anlagenbau und somit dem Bereich der Fertigungstechnik in Verbindung gebracht. Doch auch in der Prozessindustrie führt Industrie 4.0 zu neuen Strategien, z.B. in der Flexibilisierung der Produktion oder der Wartungsunterstützung etc.

2 Gründe für Industrie 4.0 in der Prozessindustrie

CPS und Industrie 4.0 werden oft im Zusammenhang mit intelligenten Produkten, wie *smart factory* und *smart product*, im Bereich der Fertigungstechnik genannt, um eine Flexibilisierung der Produktionsprozesse und somit eine Optimierung der Geschäftsprozesse zu erreichen. Informationen und Parameter werden dem fertigen Produkt zugeordnet, welches somit weiß, wie und wann es gefertigt werden soll. Diese Informationen und Parameter werden der Fertigungsstraße bzw. der Maschine mitgeteilt, die dann für das individuelle Produkt den optimalen Produktionsprozess startet.

Diese Ansätze sind in der Prozessindustrie bisher, da die Produkte durch Batch- oder kontinuierlichen Prozesse gefertigt werden, kaum umzusetzen. Einem Bauteil bzw. Bauteilträger können die notwendigen Informationen nicht mitgegeben werden. Ansätze der vertikalen und horizontalen Integration – und die dadurch gesteigerte Datendurchgängigkeit für die Prozessindustrie – sind dennoch richtungsweisend, beispielsweise zur Wartung, Diagnose und für eine deutlich flexiblere Produktion. Diskrete Produktionsschritte, wie beispielsweise die Verpackung oder der Transport der fertigen Güter, sind dennoch Teil der Prozessindustrie, so dass die intelligente Produktion auch hier ein erfolgversprechender Ansatz zur Flexibilisierung und Optimierung der Prozesse ist.

Verfahrenstechnische Anlagen produzieren heute von einigen Gramm bis zu mehreren Millionen Tonnen pro Jahr. Dabei werden die Verfahren zunehmend komplexer. Grundoperationen wie beispielsweise Zerkleinern, Trocknen, Filtration, Destillation sowie chemische Reaktionen wie Oxidation, Hydrierung oder

Polymerisation wurden um biologische Verfahren ergänzt. Die Verzahnung mit dem Anlagenbau sowie der Mess- und Regeltechnik schreitet unaufhaltsam weiter. Der internationale Wettbewerb macht es heute erforderlich, Verfahren in mehr Dimensionen zu beurteilen und zu optimieren. Neben Qualität des Produktes spielen Energieeffizient, CO_2-Footprint, Einsatzmöglichkeit von Recycling-Rohstoffen eine ebenso bedeutsame Rolle – um nur einige Aspekte aufzuzeigen.

Auch die regulatorischen Auflagen verlangen zunehmende Dokumentation von Produktionsinformationen im Detail. Im pharmazeutischen Umfeld wird über die FDA (US Food and Drug Administration) und die EMA (European Medicines Agency) das Quality by Design-Konzept vorangetrieben. Einfach gesagt, ist es die Überzeugung, dass Qualität einschließlich der Fertigungsprozesse gestaltet werden und nicht erst am Endprodukt getestet sollte. In der Theorie führt dies zu weniger Compliance-Problemen, weil ein Hersteller die Probleme behandelt, bevor sie entstehen, und noch systematischer bearbeitet, wenn sie auftreten. In der Praxis bedeutet das – auch für die Prozessindustrie – eine noch stärkere Vernetzung von Online-Analysemethoden, um Schwankungen über den gesamten Produktionsprozess aussteuern zu können. Der Automatisierungsgrad wird weiter steigen; Simulations- und Prognoseverfahren werden bedeutsamer und realisierbarer. Der Informationsaustausch wird immer umfangreicher und muss ausreichend schnell bleiben. Dabei ist zu beachten, dass sich die klassische Automatisierungspyramide auflöst, jedoch der Funktionsumfang erhalten oder erweitert wird und Datenzugriffe flexibler werden.

Als Motivation für die Prozessindustrie gilt immer die Notwendigkeit der Prozessinnovation. Technologien für Industrie 4.0 könnten beispielweise den gesamten Anlagen Life Cycle als transparenten Prozess unterstützen, wobei die Anlagenplanung, der Anlagenbau, die Inbetriebnahme und der Betrieb zu nennen sind. Im Sinne der Digitalen Fabrik wäre es besonders erstrebenswert, Trainings-Simulatoren auf Knopfdruck zu erzeugen, zustandsabhängige Wartung ebenso wie funktionierende Schnittstellen im Engineering und zum Betrieb und Wartung (vgl. Beitrag Soder „Use Case Production: Von CIM über Lean Production zu Industrie 4.0") zu realisieren. Ziel muss es sein, einen Disziplinen übergreifenden und transparenten Informationsaustausch zwischen den verschiedenen Gewerken (beispielsweise die Verfahrenstechnik und die Prozessleittechnik) und den Phasen des Lebenszyklus (beispielsweise dem Engineering und dem Maintenance inkl. der automatischen Nachbestellung von Sensoren) zu erreichen. Ein transparenter Informationsaustausch zu den bisher überlagerten Ebenen der MES und ERP-Systeme, zur Produktionsfeinplanung, und das in Abhängigkeit des Anlagenzustands bzw. der Anlagenprognose, ist mittels Industrie 4.0 zu erreichen. Die Auflösung der Ebenen der klassischen Automatisierungspyramide führt zu flacheren teils unstrukturiert wirkenden Systemstrukturen (Abbildung 1). Dennoch muss die Systemintegration auch ohne diese Strukturen flexibel integriert werden. Es darf kein Informationsverlust entstehen.

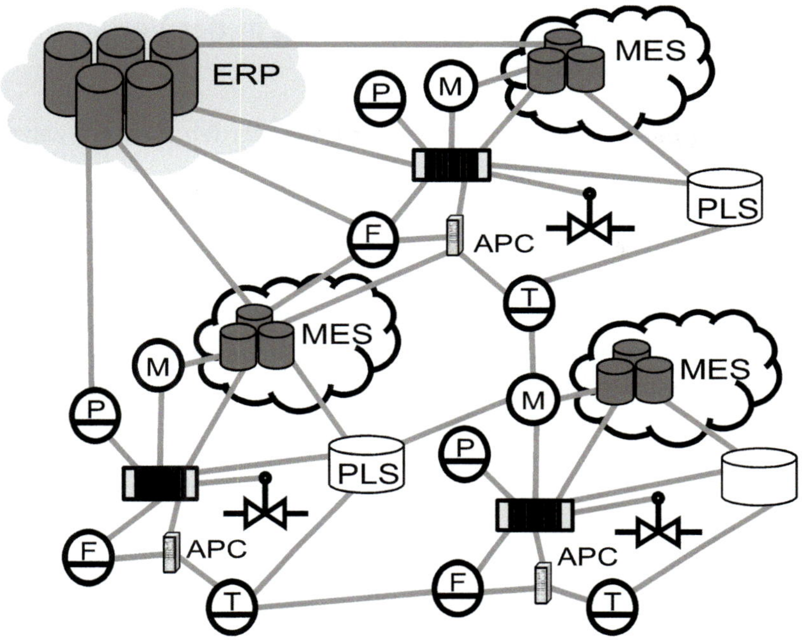

Abbildung 1: **Ablösung der Automatisierungspyramide durch flache Informationsstrukturen (APC - Advanced Process Control; MES - Manufacturing Execution Systems; ERP- Enterprise Ressource Planning)**

Assistenzsysteme wären in der Verfahrenstechnik sowohl für die Produktexperten, als auch für die Anlagenfahrer und die Wartung wünschenswert. Die Produktexperten benötigen Informationen mit Fokus auf das Produkt, das möglicherweise auf mehreren Anlagen produziert werden kann. Bei Information über anstehende Produktionsengpässe haben sie die Übersicht über Lagerbestände und Auftragseingänge und können dann gegebenenfalls umdisponieren. Sie wissen beispielweise welche Anlage die passende Qualität produziert. Das Wartungspersonal könnte über die Verschleißreserve von Automatisierungsgeräten und frühzeitig über einen notwendigen Geräteaustausch informiert werden, um Wartungsintervalle optimaler zu planen.

Ein weiterer Nutzen für die Verfahrenstechnik wäre eine Flexibilisierung der Produktion durch sich selbst-konfigurierende selbst-organisierende, flexible Produktionsanlagen, hochverfügbare Informationsdienste sowie eine optimierte Produktion über Firmengrenzen hinweg. Wichtig wäre die Abwärtskompatibilität von Industrie 4.0, d.h. die Migration mit bestehenden Systemen alleine aufgrund des langen Betriebs von Anlagen in der Verfahrenstechnik, die nicht selten mehrere Jahrzehnte genutzt werden. Industrie 4.0 schafft auch die Grundlage, um Anlagendaten von den langlebigen Systemen interpretierbarer und aggregierbar zu machen.

3 Anwendungsszenario „Datenaggregation in der Verfahrenstechnik“

In den hochautomatisierten Anlagen der Prozessindustrie werden mehrere zehntausend, meist kontinuierliche, Messwerte aufgezeichnet. In einer Anlage sind typischerweise 500 bis 2000 Feldgeräte verbaut (Kaiser, 2013), die in der Regel über HART-Schnittstelle eingebunden sind. Erst ein geringer Anteil ist über Feldbussysteme, wie Profibus-PA bzw. Foundation Fieldbus, mit der Leittechnik verbunden. Bei der Prozessführung sollten nur in Ausnahmesituationen wie Wartung, Inbetriebnahme, Rezeptwechsel usw. menschliche Eingriffe nötig sein. Gleichzeitig sind die Produktionsstandorte zunehmend über die gesamte Welt verteilt. Im Regelfall sind nur die Enterprise Ressource Planning- (ERP) und andere IT-Systeme standardisiert mit einheitlichen und unternehmensweiten Geschäftsprozessen. Die Standardisierung der Systeme und Prozesse ist in diesem Bereich häufig erreicht und ermöglicht global agierenden Unternehmen beispielsweise ein effizientes Controlling und eine Sicherung der Compliance. Im Gegensatz hierzu ist die standortabhängige Produktion mit unterschiedlichen Systemen lokal und heterogen ausgerichtet, d.h. grob vereinfacht, jeder Produktionsbetrieb ist ein Unikat.

Die Messwerte aus dem Prozess werden alleine schon aufgrund internationaler Richtlinien über Jahre von jedem Betrieb oder Werk archiviert. Zusätzlich werden diese zusammen mit Meldungen (Alarmen, Warnungen, Bedieneingriffen und anlagenspezifischen Meldungen), Prozessparametern, Produktionsaufträgen u.v.m. in mehreren hundert IT-Systemen (Prozessleit-, Asset Management-, Engineering-, MES und Laborsystemen) gesammelt und stehen durchaus für die weitere Verarbeitung zur Verfügung. Die gemeinsame Auswertung und Aggregation dieser bisher häufig unabhängig voneinander betrachteten Daten und den daraus potentiell zu ermittelnden zusätzlichen Informationen (Datenmustern) würden einen optimierten Anlagenbetrieb und ein verbessertes Anlagen- und Gerätedesign ermöglichen. Die bessere Vorhersagbarkeit der Produktionsprozesse verringert ungeplante Anlagenstillstände und steigert damit zwangsläufig die Anlagenverfügbarkeit und führt somit letztlich zu einer verbesserten Wettbewerbsfähigkeit. Teilweise sind in an einem Standort einige hundert verschiedene IT-Systeme im Einsatz, die sicherlich nicht alle so, aber doch überwiegend integriert werden müssten bzw. deren Daten anwendungsfallspezifisch zugänglich gemacht werden müssten.

4 Sicht der Gerätehersteller

Seitens der Hersteller von Geräten liegen häufig wenige Informationen über Störungen mit detaillierteren Informationen vor. Einige Zahlen sollen die Vielfalt der Geräte verdeutlichen: Endress+Hauser hat beispielsweise zurzeit 1.800 Produkte mit unterschiedlichen Optionen auf dem Markt, dazu gehören 19.000 Dokumente, wie Bedienungsanleitungen. Insgesamt befanden sich Ende 2012 ca. 18 Mio. registrierte Produkte im Feld, bei einem monatlichen Zuwachs von 230.000 Produkten aus rund 100 Produktionslinien weltweit. Endress+Hauser hat in diesem Zusammenhang seine Serviceangebote erweitert und bietet Zugriff auf geräteindividuelle Information (Dokumentation, Ersatzteile, ...) vor Ort auf mobilen Endgeräten. Dies ist sicherlich für den Betreiber und den Wartungsmitarbeiter nützlich. Der Rückfluss von Informationen an den Gerätehersteller erfolgt bisher jedoch nur durch Field Service Reports, die einer semantischen Textanalyse unterzogen werden. Die Bereitstellung von Prozesswerten (inkl. Betriebsmedium und Betriebskennlinien), Einbaudaten und ortsabhängigen Umwelteinflüssen, die häufig Aufschluss über die Ursache des Ausfall geben können, liegen in der Regel nicht vor und sind für den Gerätehersteller nicht zugänglich. Der Wunsch seitens der Gerätehersteller ist sicherlich, die Verfügbarkeit der für die jeweilige Gerätereihe typischen bzw. kritischen Prozessdaten mit dem ausgefallenen Gerät übermittelt zu bekommen. Demgegenüber steht die Forderung der Betreiber nach dem Schutz der sensiblen Prozessdaten, die häufig gleichzeitig Technologiedaten /-wissen sind. Eine solche Lösung kann nur im Einvernehmen zwischen Betreibern, Herstellern von Geräten und Anbietern von Anlagen bzw. Planern erfolgreich gelingen (siehe Abbildung 2).

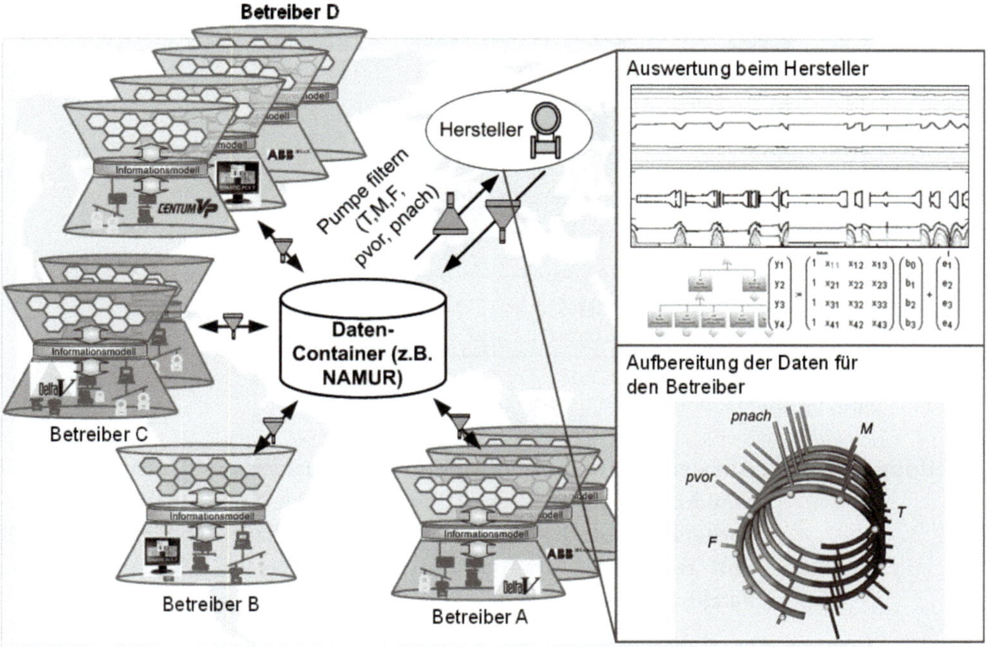

Abbildung 2: Anforderungen an eine Standortübergreifende Auswertung abstrahierter Gerätedaten verschiedener Anlagen und verschiedener Betreiber

Die Herausforderung ist es, für Gerätetypen die aus Herstellersicht notwendigen bzw. wünschenswerten Prozessdaten mit den Betreibern unter Gewährleistung der sensiblen Daten zu berücksichtigen.

Neben dieser Herausforderung der Vertraulichkeit und Abstimmung gibt es zwei weitere Herausforderungen: einerseits die Anbindung der verschiedenen IT-Systeme in den verschiedenen Werken mit ihren ggf. unterschiedlichen Leit- und IT-Systemen und andererseits die Auswertung der aus den verschiedenen Werken vorliegenden Daten für die jeweiligen Gerätetypen. In den unterschiedlichen Werken treten bei den gleichen Gerätetypen unterschiedliche Fehler auf, die beispielsweise vom Prozess und dessen Parametern abhängen. Bei der gemeinsamen Auswertung werden einerseits mehr Daten von einem Gerätetyp aus verschiedenen Anlagen und Werken gesammelt und andererseits werden unterschiedlichere Daten aufgrund der unterschiedlichen Prozessparameter aufgezeichnet. Dadurch ist für die statistische Auswertung eine größere Datenmenge in kürzer Zeit, aber auch eine Datenmenge mit einer größeren Streuung in den Daten, vorhanden, wodurch mehr Effekte gefunden werden können. Die Bereitstellung der Gerätedaten muss unter strikter Einhaltung der Vertraulichkeit für jeden Hersteller und jeden Betreiber (Werk) erfolgen.

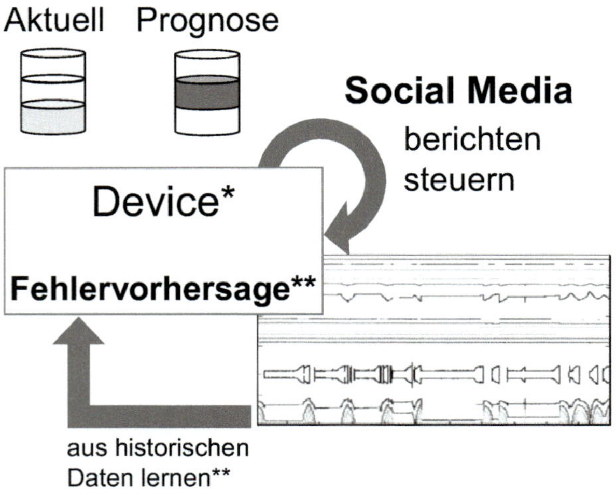

Abbildung 3: **Auswertung und Aggregation gerätebasierender Daten an einem Standort, in einem Werk (*)Device interne Logik (SW) zur Fehlervorhersage, Logik / Regeln werden außerhalb der Devices erstellt und regelmäßig als Updates auf das Device geladen (Software Patch), **Data-Mining)**

Die Einbindung der Gerätehistorie im Anlagenprozess (Abbildung 3) mit den Gerätedaten (Devicedaten, also den Prozessdaten, die das Gerät erfahren hat, sowie den Vor- und nachgelagerten Prozessbedingungen) wie der Temperatur und ebenso den Umgebungsbedingungen erlaubt es dem Gerät, sich selbst zu überwachen und zu diagnostizieren sowie sich ggf. mit gleichen Geräten oder Geräten gleichen Gerätetyps über Social Media auszutauschen und damit Fehler zu entdecken.

Dieser Ansatz kann auch über einen diensteorientierten und agentenbasierten Ansatz erfolgen (vgl. Beitrag Pantförder et al. „Agentenbasierte dynamische Rekonfiguration von vernetzten intelligenten Produktionsanlagen – Evolution statt Revolution"). Sofern z.B. ein Diagnosesystem im Falle eines Pumpenausfalls Temperaturdaten zweier weiterer IT-Systeme benötigt – historische Temperaturdaten aus einem Plant Asset Management (PAM) und aktuelle Temperaturdaten aus einem Prozessleitsystem (PLS) – muss das Diagnosesystem nicht die Details der Implementierung des PAM und des PLS kennen, sondern ruft lediglich die passenden Dienste über das Netzwerk auf, welche die gewünschten Daten holen und zurückgeben. Im konkreten Fall ruft das Diagnosesystem den Dienst zum Abrufen der aktuellen Temperatur des PLS und des historischen Temperaturverlaufs des PAM auf. Diese Dienste rufen unter Umständen weitere untergeordnete Dienste, z.B. zum Berechnen der Temperatur (eine Mittelwertbildung) auf. Dem Diagnosesystem stehen dann umfangreiche Datensätze mit feingranularer Auflösung zur Verfügung, die es im Anschluss intelligent zu aggregieren und auszuwerten gilt, um die darin enthaltenen Informationen zu extrahieren. Hierfür sind neue Ansätze und Algorithmen auf Basis bestehender Data Mining-Methoden, speziell für Diagnosefälle zu schaffen, die eine vollautomatische Arbeit mit den Daten und den damit verbundenen Informationsgewinn ermöglichen.

Ein Grund für die unzureichende Aggregation sowie den mangelnden standort-, betreiber- und branchenübergreifenden Informationsaustausch ist die bisher nur sehr begrenzt ausgeprägte logische Vernetzung der diversen IT-Systeme. Eine vertikale und horizontale Informationsvernetzung in Zuge von Industrie 4.0 über Betreiber und Hersteller hinweg und der Datenaustausch über unterschiedliche IT-Systeme über das Intranet ist technisch weltweit möglich, muss allerdings den Aspekt des Knowhow Schutzes und der Security berücksichtigen. Geräte, Anlagenteile und ganze Anlagen könnten ihren Status über das Internet bzw. Intranet bekannt geben. Fehler oder ungünstige Einstellungen von Geräten und Anlagenteilen können anderen gleichen oder gleichartigen Geräten bzw. Anlagenteilen übermittelt werden. Die Geräte können also voneinander „lernen". Die automatische Übernahme von Geräteparametern ist sicherlich unter Sicherheitsaspekten kritisch bzw. nur in bestimmten Grenzen möglich.

5 Technologien und Lösungsansätze

Im Folgenden werden zwei Technologien als Basis für Industrie 4.0 diskutiert: die Vernetzungsarchitekturen und Austauschformate sowie die Fehlerdetektion und -diagnose mittels Big Data bzw. Data Mining-Algorithmen.

5.1 Vernetzungsarchitekturen und Austauschformate

Für die Vernetzung von IT-Systemen, das heißt eigenständige Software beziehungsweise eigenständige Applikationen, sind verschiedene Architekturen denkbar. Mit dem Begriff „Vernetzung" ist dabei nicht nur die physikalische Vernetzung der IT-Systeme gemeint, sondern auch die Vernetzung und Kopplung der Applikationen. Um die physikalische Vernetzung umzusetzen, existieren bereits ausreichende Technologien. Im Gegensatz dazu ist die Kopplung der Systeme auf höheren Schichten des ISO/OSI-Modells, das heißt die logische Kopplung der Systeme und deren Daten, noch nicht gelöst. Die logische Kopplung bisher unabhängiger IT-Systeme bietet allerdings diverse Vorteile. Zunächst ist hier der einfache, schnelle und fehlerfreie Austausch von Daten zu nennen. Dort wo bisher manuelles Übertragen von Daten an der Tagesordnung war, kann durch eine Vernetzung von IT-Systemen eine deutliche Vereinfachung der Vorgänge erreicht werden.

Die Vernetzung bestehender IT-Strukturen und der damit erreichbaren Diagnosefähigkeiten, insbesondere in der Prozessindustrie, werden bisher in Forschungsprojekten wenig adressiert. Das EU-Projekt RES-COM beschäftigt sich mit der automatisierten Ressourcenschonung durch hochvernetzte und integrierte Sensor-Aktuator-Systeme. Hier liegt der Fokus allerdings nicht auf der Vernetzung übergeordneter IT-Systeme. Im Bereich CPS, Industrie 4.0 und Big Data wurde vom BITKOM Arbeitskreis Software Architektur ein Referenzmodell für Big-Data-Projekte erstellt (Bullinger et al., 2011) – es wird allerdings zusätzlich die echtzeitfähige Feldgeräteebene benötigt. Das CPM (Collaborative Production Management) der ARC (Advisory Research Council) (Biffl et al., 2012) für die Prozessindustrie setzt im Wesentlichen auf die Verwendung der ISA-Standards, wie u.a. der ISA S95 zur MES und IT-/ERP-Vernetzung, auf. Durch die Namur (Normenarbeitsgemeinschaft für Mess- und Regeltechnik in der chemischen Industrie - www.namur.de) wird aktuell die Definition eines sogenannten Namur-Containers (Nagl et al., 2008) vorangetrieben. Dieser dient der Kopplung von CAE- und Leitsystemen.

Der Namur-Container für die Integrationsarchitektur zwischen CAE und Leitsystem

„Ein Datenaustausch kann sowohl von CAE- wie auch von PLS-Seite aus initiiert werden. Im jeweiligen Ausgangssystem selektiert der Anwender die zu übertragenden Datensätze. Diese werden in einen Datencontainer (Datei) übertragen. Hierbei werden die Daten entsprechend der Schnittstellenvorgaben auf die Namur-Struktur umgesetzt" (Scherwietes, 2012). Als Vorteile des Namur-Datencontainers (Abbildung 4) gelten aus Anwendersicht (Scherwietes, 2013):

- die Standardisierung trotz des heterogenen Systemumfelds
- mit einer Schnittstelle (pro System) an beliebige Austauschpartner
- Datenaustausch mit Versionierung und Revisionierung möglich

- System-übergreifendes Datenverständnis durch Standardisierung der auszutauschenden Daten mit einem gemeinsamen Vokabular und einer vereinheitlichten Terminologie
- jederzeit möglicher Datenabgleich für eine konsistente Datenbasis und Änderungen auf beiden Seiten der Schnittstellenpartner
- herstellerspezifische Anpassung auf Basis eines Standards

Eine der wesentlichen Anforderungen ist die Neutralität und Herstellerunabhängigkeit des Datenaustauschformats. Das Format muss die Export- und Importfunktionalität der CAE- bzw. PLS-Engineering-Werkzeuge unterstützten.

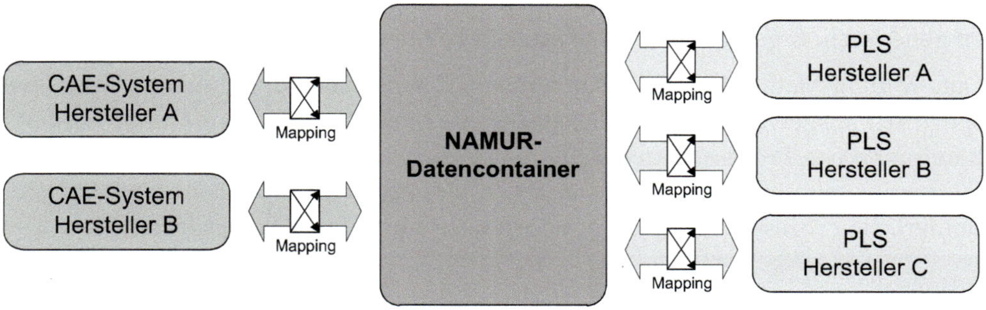

Abbildung 4: Vernetzung des Namur-Datencontainer (Scherwietes, 2013)

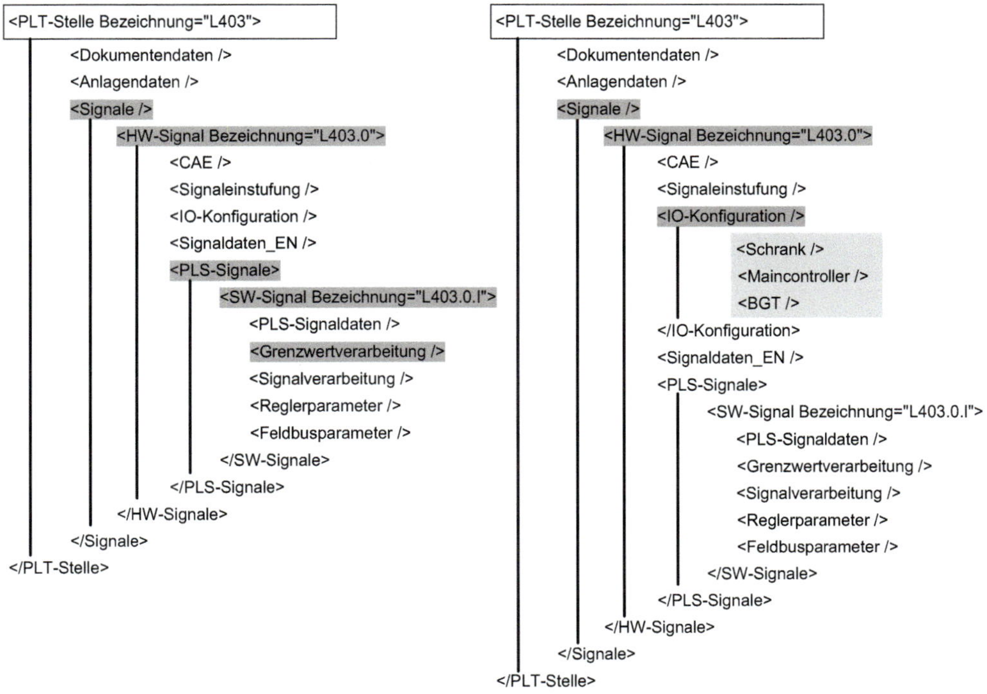

Abbildung 5: Datenaustauschformat-Hierarchie, Gruppierung und relationaler Aufbau des Namur-Datencontainers (Scherwietes, 2013)

Als Basis des Ansatzes dient die hierarchische Strukturierung der PLT-Stellen als dem initialen Element der Datenstruktur. Der PLT-Stelle werden alle Objekte und deren Attribute untergeordnet (Abbildung 5).

5.2 Data Mining für gerätespezifische und prozessübergreifende Diagnose

Methoden des Data Minings erlauben es beispielsweise Endanwendern, durch Aggregation verschiedener Datenquellen aus verschiedenen Anlagen weltweit, zusätzliche Information bezogen auf den anwenderbezogenen Betrieb von Geräten zu generieren. Ergebnisse der Analysen sind abhängig den Fragestellungen.

Data-Mining-Methoden sind nicht universell einsetzbar und müssen Use Case-spezifisch ausgewählt werden. Beispielsweise sind Clustering-Verfahren nicht auf kontinuierliche Prozessdatenverläufe einsetzbar, jedoch für diskrete Prozessparameter sehr hilfreich. Regressionsverfahren hingegen eignen sich sehr gut für kontinuierliche Prozessdatenverläufe, jedoch nicht für diskrete Prozessparameter.

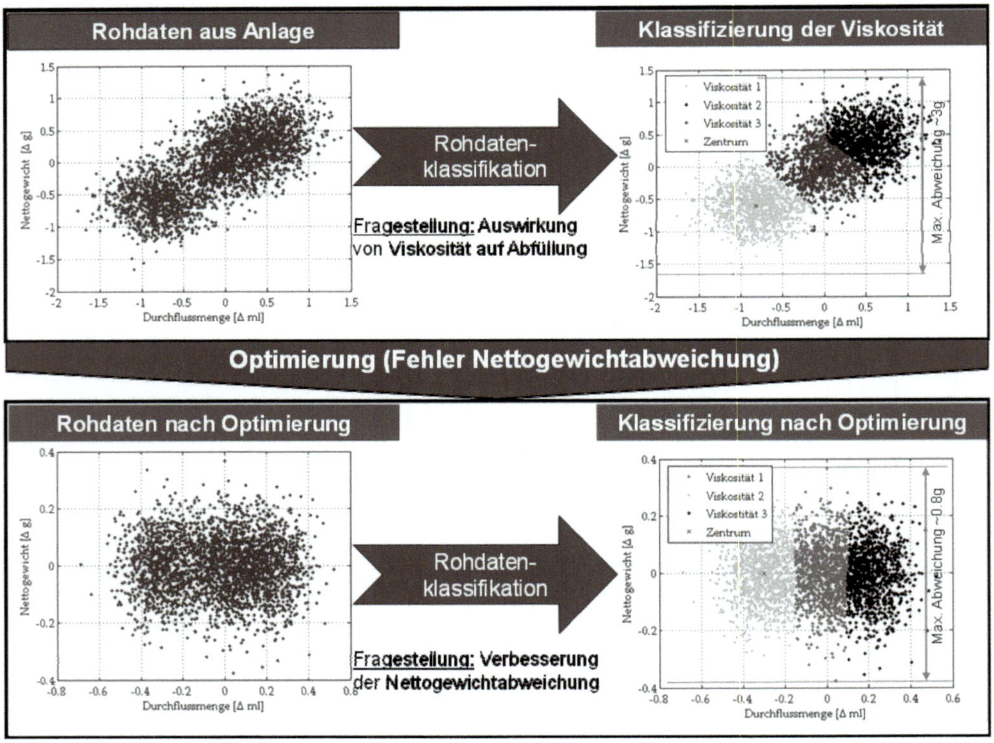

Abbildung 6: Beispiel von Data-Mining zur Prozessoptimierung

Bezogen auf eine Joghurtproduktion kann durch Data Mining-Methoden beispielsweise der Einfluss der Viskosität auf die in den Abfülleinheiten eingebauten Pumpen über Clustering-Verfahren analysiert werden (Abbildung 6), da es sich hierbei um diskrete Daten handelt. Dadurch, dass eine höhere Viskosität einen hohen Widerstand in der Pumpe erzeugt, zeichnet sich dies als Druckverlust in der Pumpe ab. Dadurch verringert sich auch die lokale Fließgeschwindigkeit des Produkts, so dass bei den Abfüllungen mit konstanter Abfüllzeit das Nettogewicht des Endproduktes abhängig von den Viskositätsschwankungen variiert – und somit auch das Nettogewicht die Toleranzgrenzen über- oder unterschreitet. Durch Aggregation der Prozessdaten (Viskosität, Nettogewicht des Endproduktes, Ist-Wert des Pumpendurchflusses und Dauer der Abfüllung) ist es möglich, zu ermitteln, dass höhere Rahmstufen aufgrund ihrer höheren Viskosität eine längere Abfüllzeit benötigen. Um die Abfüllzeit nicht zu verlängern, könnte eine höhere Soll-Wertvorgabe des Durchflusses gewählt werden. Das Ziel ist eine viskositätsabhängige Regelung, um das geforderte Nettogewicht des Endproduktes präziser zu erreichen. Durch die Analyseergebnisse kann die spezifische Abfüllzeit, respektive der Soll-Wert des Durchflusses, ermittelt werden. Die Regelung der Pumpe kann durch Softwareanpassung entsprechend optimiert werden, um die gewünschte Produktqualität zu erreichen.

Die Rahmstufe kann ebenfalls Auswirkungen auf die Alarmgenerierung von Pumpen haben. Das Fehlverhalten kann auch abhängig von der Rahmstufe variieren. Bei der Abfüllung von Joghurt wird zyklisch die Pumpe an- und wieder ausgeschaltet. Bis die Pumpe den Arbeitspunkt erreicht hat, vergeht eine entsprechende Zeit (An- und Abfahren der Pumpe). Abhängig von der Rahmstufe variiert die Zeit, die die Pumpe benötigt um den Arbeitspunkt zu erreichen (aufgrund der von der Viskosität abhängigen Fließgeschwindigkeit, bzw. Beschleunigung). Oftmals werden Alarmgrenzen statisch im Prozessleitsystem konfiguriert, so dass beispielsweise ein Alarm ausgegeben wird, sollte die Pumpe innerhalb der fest eingestellten Zeit den Arbeitspunkt nicht erreichen. Dadurch werden bei hohen Rahmstufen mehr (Fehl-)Alarme generiert, als bei niedrigeren Rahmstufen. Durch die hohe Anzahl von Pumpen im Prozess werden so viele (Fehl-)Alarme generiert, die den Anlagenbediener von seiner Aufgabe ablenken. Durch Data-Mining wird ermöglicht, solche Zusammenhänge zu analysieren, beispielsweise durch Aggregation der durchschnittlichen Alarmrate der Pumpe und abzufüllenden Rahmstufe. Ergebnisse der Analyse können entweder sein, die Alarmgrenzen dynamisch an die abzufüllende Rahmstufe anzupassen, oder die Pumpe durch eine leistungsstärkere Pumpe auszutauschen, die weniger anfällig auf unterschiedliche Joghurt-Viskositäten reagiert.

Neben der gerätespezifischen Diagnose und der Prozessoptimierung sind Data-Mining Methoden auch für die prozessübergreifende Diagnose anwendbar. Prozessübergreifende Diagnose bedeutet beispielsweise das Auffinden kausaler Zusammenhänge eines Fehlers (Ursache) und die Auswirkungen dieses Fehlers auf andere Anlagenteile respektive am Prozess beteiligte Geräte (Wirkung). Ein Phänomen von kausalen Fehlerzusammenhängen sind Alarmfluten. Zur Identifikation von Alarmfluten werden statistische Methoden des Data Minings eingesetzt, um algorithmisch kausale Zusammenhänge (Muster) in den Daten zu erkennen. Analysekriterien sind der Zeitabstand und die Häufigkeit (Frequent Pattern Mining) von einer Meldung und zwischen mehreren Meldungen, um signifikante Muster zu finden. Durch die Mustererkennung kann ein Regelwerk generiert werden, welches dann entweder zur Meldungsreduktion oder als wissensbasiertes Vorhersagesystem eingesetzt werden kann, um bei Eintreffen einer Meldung prädiktive (kritische) Folgefehler zu errechnen. Da es sich um statistische Methoden handelt, existiert ein Restrisiko, zufällig entstehende Muster ebenfalls als signifikantes Muster zu erkennen oder Muster nicht zu erkennen, da deren Vorkommen in den aufgezeichneten Daten zu gering ist, um die Signifikanz zu errechnen. Somit ist ein vollautomatischer Ansatz, der das Regelwerk identifiziert und automatisch im Anlagenbetrieb einsetzt mit den bisher existierenden Ansätzen nicht machbar. Vielmehr müssen die Ergebnisse dieser Data Mining-Ansätze durch einen Experten geprüft werden. Dennoch zeigen die Analyseergebnisse ein hohes Potential für das Re-Engineering von Alarmmanagementsystemen (AMS) oder auch für das Anlagenredesign. Bisherige Forschungsergebnisse haben gezeigt, dass Alarmfluten am häufigsten durch Flackeralarme und Materialflusszusammenhänge ausgelöst werden (Folmer et al., 2013). Flackeralarme entstehen u.a. durch falsch parametrierte Alarmkonfigurationen, bei dem Grenzwerte für das Auslösen eines Alarms und einer Warnung gleich eingestellt sind, welche durch ein Re-Engineering der Alarmkonfiguration behoben werden können. Alarmfluten, die durch Materialflusszusammenhänge ausgelöst werden, können durch zusätzliche Implementierungen auf der SPS oder im PLS vorgefiltert werden, um den kritischsten oder den ursächlichen Fehler anzuzeigen und die redundanten Meldungen durch Abruf des Anlagenbedieners zu visualisieren.

Um die Signifikanz, zw. Aussagekraft der gefundenen Kausalzusammenhänge von Fehlern zu erhöhen, existieren Forschungsansätze, die nicht nur auf die Analyse von historischen Daten abzielen, sondern vielmehr auch weitere Daten einbeziehen, um durch Data-Mining Methoden implizit vorhandenes Wissen explizit zu machen. Zu nennen sind Ansätze die für die Kausalanalyse Entwicklungsdokumente (R&I-Fließbilder nach DIN EN 62424) oder die formalisierte Prozessbeschreibung (nach VDI/VDE 3682) in die Analysen einzubeziehen (Folmer et al., 2012).

Bisher werden die oben genannten Ergebnisse individuell für jede Anlage analysiert und für das Re-Engineering derselben Anlage verwendet. Eine Übertragbarkeit von Analyseergebnissen der Anlage 1 auf eine gleichartige Anlage 2 (Abbildung 7), die vom strukturellen Aufbau oder vom Prozess ähnlich ist, ist bisher nicht erforscht. Die Bestrebungen von Industrie 4.0 würden eine essentielle Basis für solche Forschungsansätze schaffen. Analyseergebnisse und daraus erarbeitete Optimierungsstrategien können über die Industrie 4.0 Plattform auf weltweit verteile gleichartige Anlagen übertragen werden.

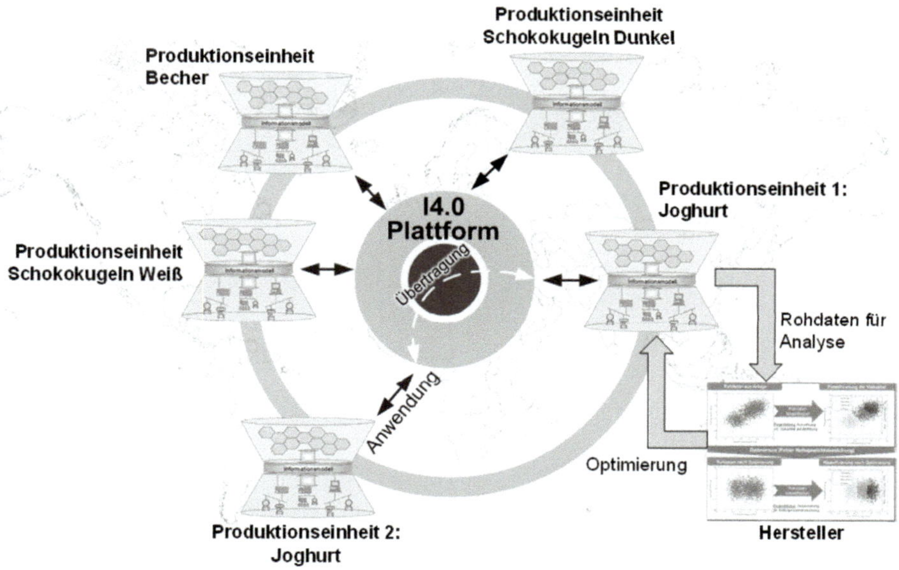

Abbildung 7: Vision für Industrie 4.0 und Data-Mining Methoden

6 Literatur

Biffl S, Mordinyi R (2012) Integriertes Engineering mit Automation Service Bus. Automatisierungstechnische Praxis (atp) 54(12):888-895

Bullinger H-J, ten Hompel M (Hrsg.) (2011) Internet der Dinge. Springer, Berlin

Folmer J, Meyer H, Weißenberger B, Vogel-Heuser B (2012) Diagnosis of Automation Devices based on Engineering and Historical Data. 17th IEEE International Conference on Emerging Technologies & Factory Automation (ETFA'12), Krakow, Polen, S 1-4

Folmer J, Vogel-Heuser B (2013) Computing Dependent Industrial Alarms for Alarm Flood Reduction. Transactions on Systems, Signals and Devices (TSSD) 1(8): 1-20, Shaker Verlag, München

Kaiser U (2013) Lebenszyklusinformationen von Feldgeräten in der Cloud. Connected Products 19.11.2013, Frankfurt

Nagl M, Marquardt W (2008) Collaborative and distributed chemical engineering. Springer Berlin/Heidelberg

Pötter T (2013) Enabling Industrie 4.0 – Chancen und Nutzen für die Prozessindustrie. In: Vortrag Namur Hauptsitzung, Lahnstein

Scherwietes T (2012) Neues CAE/PLS-Interface vereinfacht den Austausch von Automatisierungsdaten. atp edition, 1-2: 24-26

Scherwietes T (2013) Standardisierter Datenaustausch zwischen CAE und PLS. In: Vortrag Namur Hauptsitzung, Lahnstein

Vom fahrerlosen Transportsystem zur intelligenten mobilen Automatisierungsplattform

*Dipl.-Ing. Alexander Bubeck, Dipl.-Ing. Matthias Gruhler,
Dipl.-Ing. Ulrich Reiser, Dipl.-Ing. Florian Weißhardt; Fraunhofer IPA*

1 Einleitung

Die starke Individualisierung und Flexibilisierung der Produktion erfordert von den eingesetzten Automatisierungslösungen einen hohen Grad an Kognition und Selbständigkeit. Im Rahmen von Industrie 4.0 werden Systeme, die Sensoren, Aktoren und Kognition integrieren, als cyber-physische Systeme bezeichnet. Fahrerlose Transportsysteme (FTS) sind ein Beispiel für solch komplexe Elemente der Produktion. Doch erst durch eine ganzheitliche Einbindung in die Industrie 4.0-Produktionsanlage sowie eine Erhöhung der Autonomie kann die volle Flexibilität dieser Automatisierungssysteme ausgeschöpft werden. Im folgenden Kapitel soll aufgezeigt werden, wie durch neue Technologien aus der Robotikforschung FTS zu solch stark integrierten und selbständigen Systemen weiterentwickelt werden können.

2 Heutige fahrerlose Transportsysteme

2.1 Einsatzszenarien von fahrerlosen Transportsystemen

Zusätzlich zu Materialflusskonzepten, in denen beispielsweise Förderbänder zum Einsatz kommen, werden in Industrieanlagen seit vielen Jahren fahrerlose Transportfahrzeuge bzw. -systeme eingesetzt, um den Materialfluss flexibler zu gestalten und auch längere Strecken zu überbrücken [1]. Während fahrerlosen Transportfahrzeuge (FTF) flurgebundene eigenständige Fördermittel darstellen, können sie als fahrerloses Transportsystem (FTS) mit einer Leitsteuerung vernetzt werden, die die Aufgabenverwaltung übernimmt.

FTS kommen also hauptsächlich für verschiedene Intralogistikaufgaben zum Einsatz. Die Anwendung beschränkt sich nicht nur auf industrielle Anlagen, sondern schließt z. B. auch die Krankenhausautomatisierung ein.

Das Transportspektrum für die FTS ist sehr umfangreich. Es gibt Installationen, bei denen FTS kleine Container transportieren. Durch den Einsatz einer hohen Anzahl von FTF, die durch einen Leitrechner gesteuert werden, können somit sehr flexible Fahrten, wie z. B. zur Kommissionierung, durchgeführt werden (siehe KIVA Systeme [2]). Große FTF werden etwa für die Flugzeug- oder Papierproduktion verwendet und können tonnenschwere Lasten bewegen. Anhand von fahrerlosen

Staplersystemen können FTS nicht nur Transportaufträge in der Fläche bewältigen, sondern beispielsweise auch Lasten in Hochregallagern bewegen.

Betonsteinwerk Lintel, Rheda-Wiedenbrück [3]

Fa. TMS Automotion GmbH, Linz, Österreich [4]

Fa. TMS Automotion GmbH, Linz, Österreich [5]

Fa. FROG, Utrecht (NL) [6]

Fa. Bleichert, Osterburken [7]

Fa. FROG, Utrecht (NL) [8]

Abbildung 2-1: Verschiedene fahrerlose Transportfahrzeuge

2.2 Modellvielfalt und Systemintegration

Das große Anwendungsspektrum für FTS spiegelt sich auch in den Fahrzeugen selbst wider (Abbildung 2-1). Zwar haben die meisten Hersteller vor allem bezüglich der Gewichtsklasse der aufzunehmenden Lasten Grundsysteme, die sie dem Kunden anbieten, diese werden jedoch je nach Kundenwunsch stark modifiziert und sind somit für jede Installation eine Sonderkonstruktion. Die Vielfalt beginnt in der Antriebskinematik, bei der sich bei den Installationen differenzielle und auto-ähnliche 4- oder 3-Rad-Kinematiken oder gar omnidirektionale Systeme mit Lenk-/Fahrantrieben oder Meccanum-Rädern finden. Auch die eingesetzten Sensoren und Aufbauten werden für jede Installation spezifisch konfiguriert. Bei der Energieversorgung findet man sowohl batteriebetriebene Fahrzeuge als auch Fahrzeuge mit Kondensatoren, die an regelmäßig installierten Ladestationen aufgeladen werden. Für die Absicherung der Fahrzeuge gegen Kollisionen mit Hindernissen haben sich Laserscanner-Systeme durchgesetzt.

Im Gegensatz zum Aufbau von speziellen FTF bieten einige Hersteller auch Nachrüstungen für Stapler an, die damit für den autonomen Betrieb erweitert werden.

2.3 Navigationstechnologien

Eine Schlüsseltechnologie im Bereich FTF ist die Navigation. Dabei werden je nach Anwendungsfall unterschiedliche Verfahren angewendet, die im Folgenden kurz beschrieben werden.

Das am weitesten verbreitete Verfahren ist die Liniennavigation. Je nach Ausführung wird dabei einer optischen, magnetischen oder induktiven kontinuierlichen Linie mithilfe entsprechender Sensorik (Kamera, Hallsensor oder Antenne) gefolgt. Das Positionieren an Übergabestationen oder in Maschinen erfolgt über externe Referenzmarken wie z. B. RFID-Tags oder Lichtschranken. Die Liniennavigation ist einfach einzusetzen und seit langem erprobt. Zudem sind die verwendeten Komponenten preiswert und sehr robust. Daher eignen sie sich insbesondere für günstige Fahrzeuge und Anlagen. Allerdings ist ein erhöhter Aufwand bei der Inbetriebnahme und Wartung (Erstellen, Ändern, Reparieren der Leitlinien) zu erbringen. Somit ist insbesondere die geringe, bzw. nicht vorhandene Flexibilität der größte Nachteil dieses Verfahrens.

Geht man von der kontinuierlichen zu einer diskontinuierlichen Linie über (Folge von Stützpunkten), erhält man die sogenannte Rasternavigation. Dabei werden Magnete oder RFID-Tags in definierten Abständen im Boden eingelassen und vom FTF mit entsprechender Sensorik erfasst. Sobald ein Rasterpunkt detektiert wird, müssen der Positionsfehler und entsprechende Fahrbefehle zur Korrektur berechnet werden. Dies ist jedoch erst bei der Detektion eines Rasterpunktes möglich. Daher ist eine Voraussetzung dieses Verfahrens, dass die Odometrie und die Geradeausfahrt der FTF gut kalibriert sind. Eine Stützung der Odometrie kann durch die Verwendung von zusätzlicher Sensorik (z. B. von Gyroskopen) erreicht werden. Falls das Raster nicht als eindimensional (als Linie), sondern zweidimensional (als Fläche oder Gitter) angenommen wird, kann außerdem eine größere Anzahl an potenziellen Fahrwegen bereitgestellt werden. Auch dieses Verfahren ist seit langem bekannt und bewährt. Die Komponenten sind ebenfalls preiswert. Allerdings ist die Steuerung aufwendiger zu gestalten. Wie bei der Liniennavigation ist das Einbringen der Marken in die Umgebung aufwendig. Das Raster kann jedoch im laufenden Betrieb erweitert oder relativ einfach abgeändert werden. Zudem bieten insbesondere Flächenraster eine gegenüber der Liniennavigation erhöhte Flexibilität in der Fahrkursgestaltung.

Deutlich flexibler ist die auf Reflektormarken basierende Lasernavigation. Im Gegensatz zur Linien- und Rasternavigation haben die Reflektormarken keinen direkten Bezug zum Fahrkurs, sondern werden z. B. an Wänden und Regalen montiert. Zur Detektion kommt meistens ein Laserscanner zum Einsatz. In einer Recheneinheit wird dann über Triangulation die aktuelle Position des FTF berechnet (Abbildung 2-2). Anhand dieser Information können Fehler in der Odometrie korrigiert werden. Dies setzt jedoch eine entsprechende Steuerungsarchitektur voraus. Im Allgemeinen werden hierbei virtuelle Leitlinien definiert, denen die

FTF folgen sollen. Somit können neue Fahrspuren einfach hinzugefügt und vorhandene schnell abgeändert werden, ohne dass weitere Arbeiten in der Umgebung notwendig sind (vorausgesetzt, es sind in allen Bereichen bereits Reflektormarken vorhanden). Allerdings erfordern die Installation und Vermessung der Marken zu Beginn einen entsprechenden personellen Aufwand. Der finanzielle Aufwand dieses Verfahrens pro FTF ist aufgrund des teuren Sensors und der notwendigen Auswerteeinheit ebenfalls höher als bei den vorherigen Verfahren. Positiv zu bewerten ist allerdings, dass dieses Verfahren die globale Position des FTF ermitteln kann und bei der Änderung der Fahrrouten einen geringen Aufwand erfordert.

Bei all diesen Verfahren werden die Fahrspuren im Voraus festgelegt, was wiederum die Flexibilität einschränkt. Sollte eine Fahrspur blockiert sein, stoppen die FTF und die Produktion kann nicht aufrechterhalten werden. Dieses Problem kann durch den Einsatz von Leitsteuerungen auf höherer Ebene minimiert werden, indem mehrere alternative Fahrspuren zur Verfügung stehen und die Leitsteuerung auf blockierte Routen reagiert. Doch auch hier müssen sämtliche Alternativrouten vorher spezifiziert werden. Ein Umfahren eines kleinen Hindernisses auf der Spur ist nicht möglich.

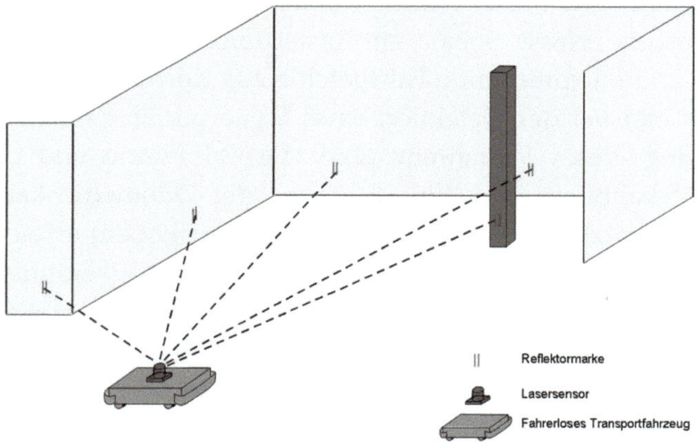

Abbildung 2-2: Funktionsprinzip der Lasernavigation [9]

3 Herausforderungen für FTS im Kontext von Industrie 4.0

3.1 Neue Anwendungsszenarien für mobile Systeme

Der Trend der vergangenen Jahre, die Automatisierung in der Fertigung flexibler zu gestalten, wirkt sich auch auf die Einsatzszenarien von FTS aus. Die hohe Produktvielfalt und kürzere Laufzeiten von Fertigungsanlagen erfordern, dass bestehende FTS-Installationen modifiziert und kostengünstig umgesetzt werden können.

Zudem werden FTS stärker in die eigentliche Fertigung integriert. Sie dienen nicht mehr nur zum Transport der Werkstücke, sondern greifen durch Manipulatoren auf dem FTF oder durch Fertigungsschritte, während das Werkstück auf dem FTF ist, direkt und aktiv in die Produktion ein. Dies stellt neue Herausforderungen an Präzision und Flexibilität dar.

3.2 Hoher Installations- und Integrationsaufwand von mobilen Systemen

Kleine und mittelständische Unternehmen haben in der Regel keine eigenen Spezialisten für die sehr aufwendige Planung, Auslegung und Ersteinrichtung heutiger Automatisierungslösungen [10]. Oft müssen Veränderungen der Böden oder der Umgebung geplant und installiert werden. Je nach Spurführungsprinzip ist es notwendig, z. B. Magnetschienen zu verlegen oder Reflektormarken an geeigneten Punkten in der Umgebung anzubringen. Darüber hinaus muss gegebenenfalls eine Verbreiterung von Durchgangswegen oder die Entfernung von tiefhängenden Hindernissen veranlasst werden, die nicht von der Sensorik der Systeme erfasst werden können. Teilweise schließt diese Anpassung somit auch bauliche Maßnahmen ein. Weiterhin ist ein für die Einsatzumgebung geeignetes Energiespeicher- und Ladekonzept für die Transportsysteme zu wählen. Kondensatorbasierte Systeme erfordern z. B. ein engmaschiges Netz an Ladestationen, das an Fahrweg und Energieverbrauch der Fahrzeuge angepasst ist.

Die Fahrzeuge sind in der Regel mit Sicherheitssensoren ausgerüstet, die auch in dynamischen Umgebungen Schäden an Personen und Gegenständen verhindern. Beim Eindringen eines Hindernisses in das Sicherheitsfeld des Fahrzeugs werden alle Motoren sofort gestoppt, sodass Kollisionen vermieden werden. Nach dem Notstopp muss die Beseitigung der sicherheitskritischen Situation jedoch vom Operator manuell bestätigt werden. Ein effizienter und reibungsloser Betrieb setzt somit eine möglichst statische Umgebung auf den Fahrwegen der FTS voraus. Dazu müssen Fabrikplaner gegebenenfalls betriebliche Abläufe entsprechend anpassen. Alternativ lässt sich das System mit entsprechender Sensorik und Steuersoftware ausrüsten, die ein vorausschauendes Fahren mit angepasster Geschwindigkeit ermöglichen, um sicherheitskritische Situationen zu vermeiden.

Teilweise ist zudem die Integration der FTS in bestehende Industrieautomatisierungssysteme erforderlich. Da sehr viele unterschiedliche Bussysteme zur Anbindung an die zentrale Produktionsplanung bzw. Lagersteuerung existieren, ist oft eine Softwareanpassung der FTS erforderlich, sodass ein standardisierter Einrichtungsprozess zusätzlich erschwert wird.

Nach erfolgreicher Durchführung aller baulichen und betrieblichen Maßnahmen zur Installation des Systems muss schließlich die eigentliche Applikation, d. h. der Fahrweg und der Programmablauf des FTS, entwickelt bzw. eingerichtet werden.

Dies erfolgt in der Regel durch manuelles Einlernen von Strecken und Stationen vor Ort.

Um größere Eingriffe in die betrieblichen Abläufe zu vermeiden, werden oft Anpassungen der Soft- und Hardware am FTS selbst vorgezogen. Daraus resultieren jedoch Systeme, die auf einen bestimmten Anwendungszweck und ein bestimmtes Einsatzumfeld spezialisiert sind. Sie sind in der Regel sehr unflexibel und lassen sich schwer warten.

Aufgrund dieser komplexen Einrichtungsvorgänge müssen kleine und mittelständische Unternehmen zur Einsatzplanung und Ersteinrichtung von Automatisierungslösungen für die Logistik meist externe Experten bzw. Systemintegratoren hinzuziehen. Aber auch spätere Anpassungen sowie die Wartung der Systeme müssen in die Aufwandsabschätzung einbezogen werden. Oft sind die Gesamtkosten für den Einsatz von FTS für Unternehmen noch schwer kalkulierbar.

Die einfache Inbetriebnahme und intuitives Bedienen, z. B. mit einem Tablet-PC, sowie die einfache Anbindung an die betriebliche IT-Infrastruktur sind daher essenzielle Voraussetzungen für eine stärkere Verbreitung dieser Systeme auf dem Markt. Als Beispiel für erste Lösungen in diese Richtung ist das iGoEasy Bedienkonzept [10] zu nennen, das von der Firma Still entwickelt wurde (vgl. Abbildung 3-1).

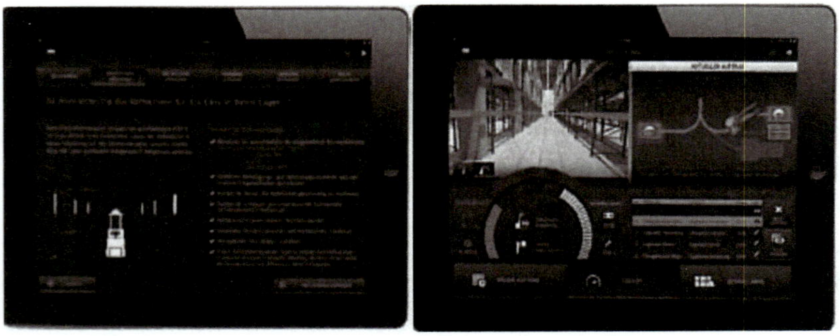

Abbildung 3-1: Still iGoEasy Bedienkonzept via iPad-App. Unterstützung bei der Reflektormontage im Lager (links), Systemmonitor nach erfolgreicher Inbetriebnahme (rechts) [10]

3.3 Bedarf an standardisierten Systemen

Der geringe Standardisierungsgrad sowohl bei Software- als auch bei Hardwaresystemen von FTS erzeugt hohe Entwicklungskosten, die im Widerspruch zu den neuen Kundenanforderungen stehen. FTS sind daher eine feste einmalige Investition in die Automatisierungslinie, ähnlich wie eine Werkzeugmaschine, und können nicht für andere Prozesse wiederverwendet werden. Auch die Softwareteile, wie die Einbindung in das Prozessleitsystem oder die Kinematikberechnung, können zwischen den FTS-Installationen nur schwer wiederverwendet werden und verursachen dabei immer wieder neue Kosten.

Zudem erzeugt die starke Varianz der Systeme auf der Endkundenseite einen hohen Beratungsbedarf und eine starke Unsicherheit bezüglich Funktionalitäten, Voraussetzungen und Einsatzmöglichkeiten von FTS-Systemen.

3.4 Intelligente Fahrzeuge vs. intelligente Systeme

FTS-Installationen werden immer als Gesamtsystem verkauft. In der Praxis sieht man jedoch entweder eine Anzahl von sehr eigenständigen Fahrzeugen, die eine sehr einfache Integration untereinander und zur Anlage haben, oder eine Anzahl von sehr einfachen Fahrzeugen, die eine zentralisierte und proprietäre Leitsteuerung haben. Gerade im zweiten Fall ist eine Integration von komplexeren Fahrzeugen, auch anderer Hersteller, nicht möglich. Insbesondere beim Einsatz von intelligenten Leitsystemen sind die Aufnahme auch komplexerer Fahrzeuginformationen und das Zusammenführen von beispielsweise Karteninformationen erstrebenswert, damit beispielsweise auch verschiedene Fahrzeugtypen miteinander kombiniert werden können. Schnittstellen und Technologien aus der Online-Welt oder dem Datamining-Bereich haben noch wenig Einzug in die Leitsteuerungskonzepte gefunden. Daher sind die Fahrzeuge meist ungenügend für die Integration in Industrie 4.0-Anlagen vorbereitet.

4 Aktuelle Entwicklungen zu mobilen Automatisierungsplattformen

Durch die Nähe zur Servicerobotik, können FTS von diversen Entwicklungen in diesem Umfeld profitieren. Der Technologietransfer von Forschungsprojekten aus diesen Bereichen erfolgt sehr direkt. Daher sollen im Folgenden einige essenzielle Neuentwicklungen dargestellt werden.

4.1 ROS als Softwareplattform

Das Open-Source-Roboter-Entwicklungssystem ROS [11] adressiert viele der oben genannten Herausforderungen und ist in der Roboterforschung und Vorentwicklung bereits weit verbreitet.

ROS bietet viele hoch entwickelte Softwarekomponenten aus den Bereichen autonome Navigation, Bewegungsplanung und 2D- und 3D-Bildverarbeitung sowie Werkzeuge zur Komponentenverwaltung und hardwareunabhängigen Applikationsentwicklung. Eine besondere Stärke von ROS ist dabei sowohl die Austauschbarkeit von Hardware- als auch von Softwarekomponenten anhand standardisierter Schnittstellen sowie komponenten- und rechnerübergreifender Kommunikationsstrukturen.

Diese Schnittstellen basieren z. T. auf HTTP-RPC-Technologien und können somit in einer Vielzahl industrieller Netzwerke betrieben werden. Zudem sind auch schon Integrationen in Web-Technologien umgesetzt worden, damit Zustandsinformationen und Nutzerschnittstellen webbasiert verfügbar sind. Die komponentenbasierte Entwicklungsmethodik mit klar definierten Schnittstellen ermöglicht die direkte Integration in Industrie 4.0-Plattformen, wie z. B. das Virtual Fort Knox [12]. Die ROS Industrial Initiative [13] greift die in ROS vorhandenen Funktionalitäten auf und wendet diese im industriellen Kontext an. Um den Technologietransfer aus der Forschung in die industrielle Anwendung zu forcieren und die Entwicklungsaktivitäten zu koordinieren, hat das South West Research Institute SwRI im März 2013 das ROS Industrial Konsortium Nord Amerika (RIC-NA) gegründet. Der Aufbau eines europäischen Pendants, ein ROS Industrial Konsortium Europa (RIC-EU) [14], wird vom Fraunhofer IPA forciert. Der Starttermin für das RIC-EU ist im Frühjahr 2014.

4.2 Standardisierte Entwicklungsplattformen

Das Problem der Varianz von Hardware- und Softwareplattform besteht auch in der Servicerobotik. Probleme wurden hier in Bezug auf hohe Entwicklungskosten und einen geringen Wiederverwendungsgrad festgestellt. Zusätzlich zur Vereinheitlichung der Softwareplattform durch ROS, wie im vorigen Abschnitt erläutert, wurde eine Standardisierung der Hardwareplattformen angestrebt. So ist eine geringe Anzahl an Robotersystemen entstanden, die für verschiedene Teilgebiete der Servicerobotik konzipiert wurden. Während der Care-O-bot 3 des Fraunhofer IPA vor allem für den Haushalts- und Pflegebereich entwickelt wurde, ist der verwandte rob@work 3 eine Entwicklungsplattform für den industriellen Logistik- und Fertigungsbereich (Abbildung 4-1).

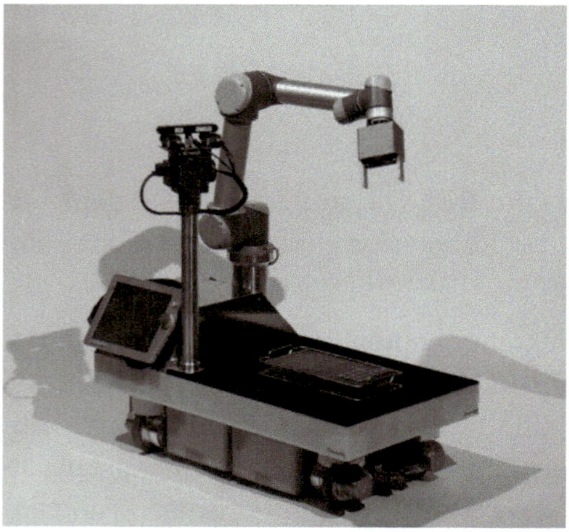

Abbildung 4-1: rob@work 3 als standardisierte Entwicklungsplattform für die industrielle Servicerobotik

Die unterschiedlichen Kombinationsmöglichkeiten mit Standardmodulen machen den rob@work 3, trotz des Plattformkonzeptes, sehr flexibel für verschiedene Anwendungsszenarien, von der Kleinteilmontage bis hin zu klassischen FTF-Aufgaben. Im Rahmen von industriellen Vorlaufforschungsprojekten, z. B. in der Automobilbranche, wird mit den unterschiedlichen rob@work 3-Systemen der Einsatz von neuartigen mobilen Automatisierungssystemen evaluiert.

4.3 Flexible Navigationssysteme

Im Gegensatz zu den klassischen Navigationsverfahren, die im FTS-Bereich angewandt werden, sollen mobile Automatisierungsplattformen ohne Änderungen und Anpassungen der Umgebung navigieren können. Sie sollen folglich adaptiv und flexibel sein, um die Anforderungen von Industrie 4.0 zu erfüllen. Daher kommen die linien-, raster- und reflektormarkenbasierte Lasernavigation nicht infrage.

Eine offensichtliche Lösung ist es, nicht spezielle Marker zur Lokalisierung zu verwenden, sondern sich direkt in der Umgebung zu orientieren. Dabei wird im Allgemeinen von der Navigation mit natürlichen Landmarken gesprochen. Da auf den meisten Plattformen aus Sicherheitsgründen ein Laserscanner vorhanden ist, wird dieser häufig auch für die Navigation verwendet. Dabei werden aus dem Scan geometrische Primitive (wie z. B. Linien und Ecken) extrahiert und diese zur Lokalisierung herangezogen. Dies geschieht über die Assoziation der extrahierten mit den in einer Karte gespeicherten Landmarken. Solche Karten können einfach anhand vorhandener Baupläne oder CAD-Daten erstellt werden (Abbildung 4-2).

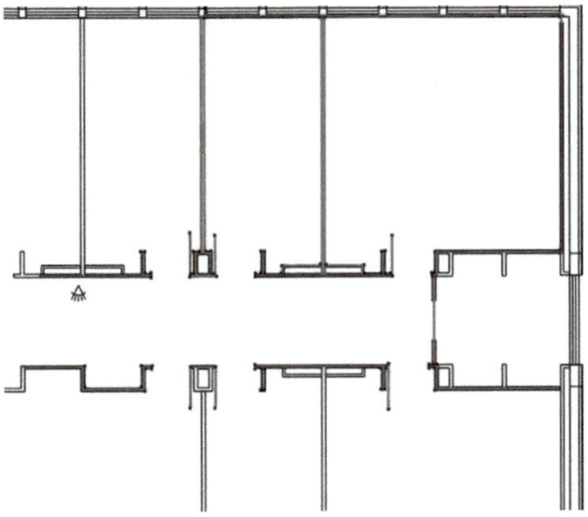

Abbildung 4-2: Linienbasierte Merkmalskarte

Da natürliche Landmarken allerdings nicht immer eindeutig sind, werden weitere Sensordaten fusioniert, um die Lokalisierung weiter zu verbessern. Die Odometrie dient dabei meist als Grundlage für eine erste Positionsschätzung. Im Prinzip können allerdings auch beliebige weitere Sensortypen integriert werden.

Die Fusion erfolgt meist über probabilistische Schätzverfahren [15] wie z. B. Kalman-Filter [16], Extended Kalman-Filter (EKF) oder Partikelfilter [17]. Somit können die inhärenten Fehlerquellen der Sensoren berücksichtigt werden. Der Kalmanfilter bedient sich dabei eines zweistufigen Verfahrens. In einem ersten Schritt, dem Prädiktionsschritt, wird eine Schätzung der aktuellen Position auf Basis der vorhergehenden Position und mithilfe gemessener interner Sensoren (meist der Odometrie) getroffen. Diese Schätzung wird dann in einem Korrekturschritt über weitere externe Sensorik, wie z. B. Laserscanner, angepasst.

Insbesondere für die Kollisionsvermeidung, aber auch zunehmend für die Lokalisierung, geraten in letzter Zeit verschiedene 3D-Sensoren in den Fokus der Entwicklungen. Dies liegt zum einen an den geringen Kosten dieser Systeme, zum anderen an den weitreichenden Anwendungsmöglichkeiten. 3D-Sensoren ermöglichen es, die Umgebung komplett zu erfassen und damit auch Hindernisse in verschiedenen Höhen zu erkennen, was bei den heutigen FTF mit 2D-Sicherheitslaserscannern meist nicht berücksichtigt wird. Erst durch die Erfassung der kompletten dynamischen, dreidimensionalen Umgebung kann eine sichere und flexible Navigation sichergestellt werden [18].

Ein weiterer wichtiger Baustein für flexible Navigationssysteme ist die freie Pfadplanung [19]. Während klassische FTF sich immer auf vordefinierten Bahnen bewegen, ist dies bei sich ständig ändernden Umgebungen nicht erstrebenswert, da andernfalls die Pfade permanent angepasst werden müssten. Daher werden Algorithmen eingesetzt, die es den mobilen Plattformen erlauben, sich selbst den Weg zu ihrem vorgesehenen Ziel zu suchen. Dabei werden nicht nur bekannte Karten, sondern auch der aktuell erfasste Zustand der Umgebung in Betracht gezogen. Dies ermöglicht den Plattformen, nicht nur von Punkt A zu Punkt B zu gelangen, sondern gegebenenfalls Hindernisse zu umfahren und auch sich bewegende Gegenstände und Personen zu berücksichtigen. Somit sinkt die Gefahr einer Kollision mit Personen, der Umgebung und anderen Plattformen. Darüber hinaus wird die Ausfallwahrscheinlichkeit minimiert.

Sollte sich die Umgebung so stark ändern, dass vorhandene Karten ihre Gültigkeit verlieren, müssen weitere spezielle Ansätze angewandt werden. Da keine bekannten Landmarken mehr vorhanden sind (oder, da verdeckt, nicht mehr detektiert werden können), ist die Lokalisierung nicht mehr möglich. Als Lösung werden sogenannte SLAM-Techniken (Simultaneous Localization and Mapping) [20] verwendet, mit denen die Umgebung gleichzeitig sowohl kartiert als auch die Plattform lokalisiert werden kann. Somit können selbst unbekannte Umgebungen befahren werden.

Mit solchen Navigationssystemen lässt sich die Flexibilität der einzelnen FTF und damit des gesamten FTS enorm steigern, da weder blockierte Routen noch unvorhergesehene Situationen zu einem Stillstand des Systems führen. Zudem sind die Systeme adaptiv und erfüllen somit die Anforderungen im Kontext von Industrie 4.0, da mit der automatischen Kartierung ein Werkzeug für die ständige Rekonfiguration in dynamischen Umgebungen zur Verfügung steht.

4.4 Mobile Produktionsassistenten

Im Rahmen von Entwicklungsprojekten werden mobile Roboter durch den Einsatz von Manipulatoren und der Umsetzung von geeigneten Sicherheitsstrategien als Assistent des Menschen in der Produktion etabliert. Als erstes Produkt ist hier der „Automatische Produktionsassistent" (APAS) der Firma Bosch entstanden, der noch als manuell rollbares System umgesetzt ist. In der Weiterentwicklung des Systems im Rahmen des Projektes PRACE wird die Mobilität durch eine aktive Plattform realisiert, um ähnlich dem Menschen verschiedene Fertigungspositionen einnehmen zu können.

Zusätzlich zur hardware- und sicherheitsseitigen Entwicklung sind bei der direkten Assistenz des Menschen auch neue Konzepte zur Mensch-Maschine-Kommunikation gefragt. Einfache Programmier- und Konfigurationsverfahren mit neuartigen Eingabemodalitäten sind im Rahmen von diversen Forschungsprojekten (ROSETTA [21], BRICS [22], SMERobot [23], PRACE [24]) entstanden und werden jetzt in ersten Feldtests evaluiert.

5 Mobilität als neues Potenzial von Automatisierungssystemen

5.1 Vom Transportsystem zur mobilen Applikationsplattform

Die Entwicklungen im Bereich der Navigation der vergangenen Jahre konnten das autonome Verhalten von FTF stark steigern. Dadurch erhöht sich die Flexibilität der Fahrzeuge und der Installationsaufwand wird gesenkt. Im Kontext von Industrie 4.0 wird daher die Kognition der Automatisierungssysteme erhöht. Die FTF können durch selbständige Optimierung der Fahrwege und der Diagnose unvorhergesehener Situationen in individuelleren Produktionsanlagen eingesetzt werden.

In gleichem Maße wird zurzeit die Standardisierung vorangetrieben, die ebenfalls eine Hauptherausforderung für die Umsetzung einer hochflexiblen Industrie 4.0-Produktion ist [25]. Die Plattform ROS findet immer mehr Verbreitung im industriellen Umfeld und damit auch im Bereich FTS. Durch die Vermengung von proprietären und offenen Softwaremodulen werden auch klassische Hersteller von FTF dazu bewegt, ihre Schnittstellen offenzulegen. Durch die Kombination dieser beiden Entwicklungen können mobile Automatisierungssysteme geschaffen werden, die zusätzlich zum sehr flexiblen Einsatz gleichzeitig viele Echtzeitinformationen an andere Teile der Automatisierung liefern können (Abbildung 5–1).

Die Entwicklung zum mobilen Automatisierungssystem eröffnet neue Märkte für die Hersteller von FTS, da diese nun einen noch bedeutenderen Mehrwert für die Produktion bieten und standardisierter angeboten werden können. Zudem reduziert sich das Investitionsrisiko für die Kunden, da die Systeme leicht auf andere Teile der Produktion transferiert werden können.

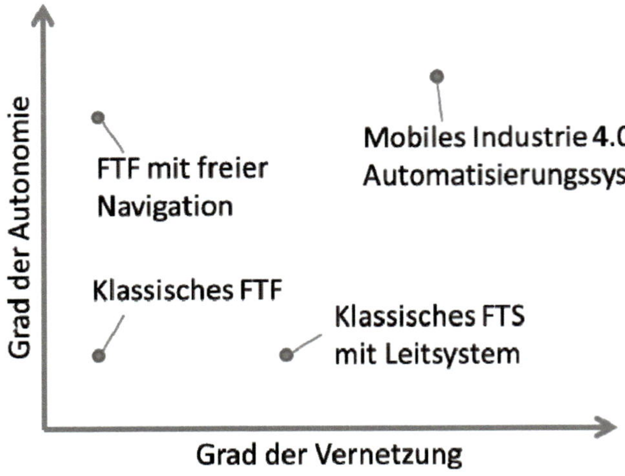

Abbildung 5–1: **Durch Steigerung der Vernetzung und des autonomen Verhaltens zum mobilen Automatisierungssystem für die Industrie 4.0**

5.2 Ausblick

Die Kombination verschiedener Navigationsverfahren ermöglicht es, die Autonomie von FTF weiter zu steigern. Durch „Plug-and-Play" von Navigationsmodulen wird es möglich sein, vor Ort Sensorsysteme, wie beispielsweise RFID, in das Fahrzeug zu integrieren. Das Wissen, das durch die Sensorik und die Datenverarbeitung der FTF generiert wird, kann noch stärker in die Fabrikautomatisierung eingebunden werden. Dies wird durch die flächendeckende Umsetzung von Industrie 4.0-Kommunikationstechnologien möglich sein. In diesem Zusammenhang werden FTF auch stärker durch Web-Technologien vernetzt werden, die bereits heute Einzug in die Entwicklungen von z. B. ROS gefunden haben.

6 Literatur

[1] Ullrich G (2011) Fahrerlose Transportsysteme. Eine Fibel – mit Praxisanwendungen – zur Technik – für die Planung. Vieweg+Teubner Verlag, Wiesbaden

[2] KIVA Systeme http://www.kivasystems.com

[3] Betonsteinwerk Lintel, *Wikimedia Commons, URL: http://commons.wikimedia.org/wiki/File:FTF_Steintransport.jpg, lizenziert unter CreativeCommons-Lizenz by-sa-3.0-de: http://creativecommons.org/licenses/by-sa/3.0/de/legalcode*

[4] Fa. TMS, *Wikimedia Commons, URL: http://commons.wikimedia.org/wiki/File:FTF_mit_Klammergreifer.JPG, lizenziert unter CreativeCommons-Lizenz by-sa-3.0-de: http://creativecommons.org/licenses/by-sa/3.0/de/legalcode*

[5] Fa. TMS, *Wikimedia Commons, URL: http://commons.wikimedia.org/wiki/File:Unterfahrschlepper-FTF.JPG, lizenziert unter CreativeCommons-Lizenz by-sa-3.0-de: http://creativecommons.org/licenses/by-sa/3.0/de/legalcode*

[6] Fa. Bleichert, *Wikimedia Commons, URL: http://commons.wikimedia.org/wiki/File:FTF_Montarail1.jpg, lizenziert unter CreativeCommons-Lizenz by-sa-3.0-de: http://creativecommons.org/licenses/by-sa/3.0/de/legalcode*

[7] Fa. FROG, *Wikimedia Commons, URL: http://commons.wikimedia.org/wiki/File:FTF_fuer_3_KLT.jpg, lizenziert unter CreativeCommons-Lizenz by-sa-3.0-de: http://creativecommons.org/licenses/by-sa/3.0/de/legalcode*

[8] Fa. FROG, *Wikimedia Commons, URL: http://commons.wikimedia.org/wiki/File:Schwerlast-FTF_Seitenlader.jpg, lizenziert unter CreativeCommons-Lizenz by-sa-3.0-de: http://creativecommons.org/licenses/by-sa/3.0/de/legalcode*

[9] Thomas A., Fraunhofer IML, April06, http://de.wikipedia.org/w/index.php?title=Datei:Lasernavigation.png&filetimestamp=20060419174144&, gemeinfrei

[10] Lacher G (2013) Seriengeräte flexibel und intuitiv automatisiert. Ein praktisches Bedienkonzept. Hebezeuge und Fördermittel, S 516-518

[11] ROS – Robot Operating System www.ros.org

[12] Virtual Fort Knox http://www.virtualfortknox.de

[13] ROS Industrial http://rosindustrial.org/

[14] ROS Industrial Konsortium EU http://ric-eu.rosindustrial.org/

[15] Thrun S, Burgard W, Fox D (2005) Probabilistic Robotics. Reihe Intelligent robotics and autonomous agents. MIT Press, Cambridge, MA

[16] Kalman R E (1960) A New Approach to Linear Filtering and Prediction Problems. Transactions of the ASME-Journal of Basic Engineering 82:35-45

[17] Dellaert F, Fox D, Burgard W, Thrun S (1999) Monte Carlo localization for mobile robots. Proceedings of the IEEE International Conference on Robotics and Automation ICRA 2:1322-1328

[18] Bostelman R V, Hong T H, Madhavan R (2005) Towards AGV safety and navigation advancement obstacle detection using a TOF range camera. Proceedings of the 12th International Conference on Advanced Robotics ICAR, S 460-467

[19] Latombe J C (1991) Robot Motion Planning. Kluwer Academic Publishers, Boston, MA

[20] Durrant-Whyte H, Bailey T (2006) Simultaneous localization and mapping: part I. IEEE Robotics & Automation Magazine 13:2:99-110

[21] ROSETTA http://www.fp7rosetta.org/

[22] BRICS http://www.best-of-robotics.org/

[23] SMErobt http://www.smerobot.org/

[24] PRACE http://prace-fp7.eu/

[25] Abschlussbericht des Arbeitskreises Industrie 4.0 http://www.bmbf.de/pubRD/Umsetzungsempfehlungen_Industrie4_0.pdf

Adaptive Logistiksysteme als Wegbereiter der Industrie 4.0

Prof. Dr.-Ing. Dipl.-Wirtsch.-Ing Willibald Günthner, Technische Universität München; Eva Klenk, Technische Universität München; Dr.-Ing. Peter Tenerowicz-Wirth, Jungheinrich AG

1 Auf dem Weg zur adaptiven Logistik

Auf dem Weg zur Industrie 4.0 nahm die Logistik ähnliche Entwicklungsstufen wie die Produktion, welche sich ausgehend vom Neo-Taylorismus über die Lean Production nun im Rahmen der vierten industriellen Revolution dem Ideal der „Smart Factory" annähert (vgl. Tabelle 1).

Als Ausgangspunkt der Logistik im modernen Sinne kann die Einführung standardisierter Paletten als universelles Transporthilfsmittel in den 50er Jahren gesehen werden: Dadurch wurde die Voraussetzung dafür geschaffen, Komponenten und Systeme für Materialfluss und Logistik ebenfalls zu standardisieren. Erste Geräte zum innerbetrieblichen Transport und Umschlagen von Ladungsträgern (Gabelstapler) sowie zu deren Lagerung (Stapelkran) wurden entwickelt (TUL-Funktionen). In der Folge konnten Ladungsträger in großen Mengen effizient gehandhabt und enorme Produktivitätssteigerungen erzielt werden (Günthner, 2007). In den folgenden Jahrzehnten entwickelte sich ein Verständnis der Logistik als Disziplin, welche den gesamten Materialfluss bis hin zum Fertigerzeugnis betrachtete – es entstanden materialflusstechnische Anlagen (automatisierte Hochregallager, Sortieranlagen). Mit dem Wandel von Anbietermärkten hin zu Käufermärkten veränderten sich auch die Anforderungen an die Logistik: Waren mussten nun für die Kunden bedarfsgerecht, Just-in-Time und möglichst individuell bereitgestellt werden. Logistikprozesse werden auf den Kunden und den von diesem geforderten Wert bei gleichzeitiger Kostensenkung durch Reduktion von Verschwendung ausgerichtet.

Tabelle 1: Entwicklungsstufen von Produktion und Logistik auf dem Weg zur Industrie 4.0

	Gestern (Industrie 1.0/2.0)	Heute (Industrie 3.0)	Morgen (Industrie 4.0)
Supersystem:	Analog-Kommunikation	Internet und Intranet	Internet der Dinge
System:	Neo-Taylorismus TUL-Funktionen	Lean Production Lean Logistics	Smart Factory Kognitive Logistik
Subsystem:	Mechanisierung	Automatisierung	Virtualisierung

Mit der vierten industriellen Revolution wird auch die Logistik den nächsten Entwicklungssprung vollziehen – hin zur „Kognitiven Logistik“, die sich auf Basis einer erhöhten Informationsverfügbarkeit auf allen Ebenen logistischer Systeme flexibel und schnell an ein volatiles Umfeld anpasst und zudem in der Lage ist, Rückschlüsse aus aufgezeichneten Daten zu ziehen und sich somit selbst zu optimieren (Maschinelles Lernen). Die Aufgaben der Logistik verschieben sich in Zeiten einer Dezentralisierung und Individualisierung der Produktion mit dem Ziel möglichst geringer Bestandshaltung mehr und mehr in Richtung einer flexiblen und hinsichtlich der Größen Kosten, Zeit und Ressourceneinsatz optimierten Wegefindung. Nur so kann Logistik auch zukünftig für den Kunden einen Mehrwert generieren, indem sie das richtige Produkt zum richtigen Zeitpunkt am richtigen Ort in der richtigen Menge und Qualität bereitstellt.

2 Innovative Technologien für die Logistik von Morgen

Bei einem genauen Blick in die Smart Factory[1] lässt sich erkennen, dass sich dort zwar Bearbeitungsstationen und Montagelinien als „Social Machines“ digital miteinander vernetzen sollen, die physische Vernetzung einer Maschine mit der nächsten –der Materialfluss – obliegt jedoch weiterhin fördertechnischen Einrichtungen. Noch offensichtlicher wird die Bedeutung der Logistik in Zeiten einer vierten industriellen Revolution an den Rändern der Wertschöpfungsnetze, wo über Warenverteilzentren der schnelle und flexible Zugang zu den immer volatiler agierenden Märkten gewährleistet werden soll. Unflexible Materialflusssysteme und starre Dispositionsstrategien sind hier fehl am Platz. Vielmehr gelten für die Logistik ähnliche Prämissen wie für Cyber-Physical Production Systems (CPPS).

Auch logistische Objekte sollen sich in Zukunft eigenständig vernetzen, untereinander Informationen austauschen und sich selbstständig durch den Materialfluss steuern. Auf diese Weise entstehen adaptive Logistiksysteme, die eine hohe Robustheit gegenüber Störungen und unvorhergesehen Änderungen im Prozessablauf aufweisen. Damit sind sie ideal an die Anforderungen moderner Wertschöpfungsnetze angepasst, welche von steigender Dynamik und Komplexität geprägt sind. Adaptivität fokussiert in Abgrenzung zur Flexibilität die Prozesssicht und kann als „aktive und schnelle Anpassung aus eigener Substanz bei sprunghaften und unvorhersehbaren Veränderungen in der Systemumwelt beschrieben werden. Synonym wird auch häufig der Begriff der Wandelbarkeit verwendet. Nopper (2011) beschreibt Wandelbarkeit im Kontext der Anwen-

[1] Smart Factory steht hier nicht für die Modellfabrik vom Deutschen Forschungszentrum für Künstliche Intelligenz (DFKI). Hier leitet sich der Begriff vom Smartphone ab. Genauso wie Smartphones unser Kommunikationsverhalten massiv verändert haben, wird die Smart Factory die Informationsaufbereitung und -darstellung in der Produktion stark beeinflussen.

dungsdomäne Intralogistik als „Fähigkeit eines Materialflusssystems […], sich über die beim Aufbau des Systems gesetzten Grenzen hinaus an die Anforderungen der Umgebung anzupassen. Dafür muss das System in geeigneter Weise erweiterbar oder veränderbar sein. Die Anforderungen der Umgebung lassen sich für Materialflusssysteme vollständig entlang der Dimensionen Fördergut, Layout und Durchsatz beschreiben."

Unterstützt wird die Entwicklung wandelbarer Logistiksysteme durch neue innovative Technologien wie leistungsstarke Kleinstcomputer (Embedded Systems), drahtlose Sensornetzwerke und umfassende, intelligente IT-Infrastrukturen und Dienste (z.B. Cloud Computing). Der folgende Abschnitt widmet sich in diesem Zusammenhang dem Internet der Dinge als Gestaltungsgrundlage für wandelbare Materialflusssysteme.

2.1 Wandelbare Logistiksysteme nutzen Technologien des Internets der Dinge und Dienste

Fördertechnische Systeme müssen in der Lage sein, sich kurzfristig, aufwandsarm und kostengünstig an sich ändernde Rahmenbedingungen anzupassen, um die für eine Industrie 4.0 erforderliche Adaptivität aufzubringen. Einen wichtigen Schritt auf dem Weg hin zu wandelbaren Materialflusssystemen stellt zunächst eine funktionsorientierte Modularisierung der Fördertechnik dar. Ziel ist es dabei, einzelne Fördertechnikmodule zu definieren, welche mechanisch, energetisch und steuerungstechnisch gekapselt sind und somit innerhalb des Systems eigenständig agieren können (Wilke, 2006). Diese Modularisierung bildet die Grundlage für eine hohe Skalierbarkeit und Anpassungsfähigkeit des Gesamtsystems.

Konventionelle, hierarchisch aufgebaute Steuerungsarchitekturen widersprechen diesem Paradigma, da jede Hierarchieebene zentrale Koordinationskomponenten für untergeordnete Komponenten enthält und somit das einzelne Fördertechnikelement auf steuernde Eingriffe von außen angewiesen ist. In einem Umfeld, im dem Logistiksysteme immer öfter auf unvorhergesehene Ereignisse reagieren müssen und immer weniger anhand vordefinierter Prozesse gesteuert werden können, birgt dieser zentrale Steuerungsansatz Gefahren. So besteht die Möglichkeit eines kritischen Komplexitätsanstiegs in zentralen Steuerungsknoten wie dem Materialflussrechner. Auch erweist sich die Wiederverwendung komplexer zentraler Steuerungsprogramme bzw. derer Bausteine in anderen Materialflusssystemen als schwierig. Ein hoher wiederkehrender Programmieraufwand ist die Folge.

Die Entwicklung dezentraler Steuerungskonzepte für automatisierte Materialflusssysteme adressiert diese Schwachstellen und verspricht ein hohes Maß an Wandelbarkeit sowie ein robustes Systemverhalten auch bei Störungen und Komponentenausfällen. Damit hält das Internet der Dinge Einzug in die Logistik (ten Hompel, 2006)(Scholz-Reiter, 2007)(Günthner, 2010). Die zu transportierenden

Güter übernehmen selbst die steuernde Rolle innerhalb des Logistiksystems. Diese neue Generation logistischer Objekte ist eindeutig identifizierbar, an jeder Stelle im Materialfluss lokalisierbar und nutzt die Transportdienste der Fördertechnikmodule, um an ihren Zielpunkt zu gelangen. Die Fördertechnikmodule selbst stimmen sich mittels Machine-to-Machine (M2M)-Kommunikation ab, um dem Transportgut einen optimalen Service (z.B. kürzeste Route - schnellste Route - ressourcenschonende Route) zu bieten. Eine automatische, dezentrale Um- bzw. Neuplanung von Transportrouten bei Störungen oder Blockaden wird auf diese Weise systemimmanent – ein großer Vorteil gegenüber konventionell gesteuerten Materialflusssystemen, bei denen Alternativrouten und Strategien zur Auflösung von Blockaden im Steuerungsprogramm vordefiniert werden müssen.

Neben Transporteinheiten und Fördertechnikmodulen bilden Dienste die dritte Grundeinheit (Entität) innerhalb des Internet der Dinge in der Intralogistik. Diese als Software-Services implementierten Dienste unterstützen die Koordination zwischen den Transporteinheiten und den Modulen (z.B. Yellow Pages zum Auffinden geeigneter Module) sowie die Systemtransparenz für den menschlichen Bediener (z.B. Monitoring, Visualisierung, manuelle Auftragsgenerierung). Die Verteilung der Steuerungsintelligenz auf Transporteinheiten, Module und Softwaredienste erfolgt mittels Softwareagenten (Jennings, 2001)(Wooldridge, 2002), die die Zielstellungen der einzelnen Entitäten situationsabhängig in einem Agentensystem repräsentieren.

Die Steuerungspyramide wird mit diesem Ansatz aufgelöst. Die gleichberechtigt agierenden Entitäten übernehmen sämtliche Funktionen selbst, die bisher in konventionellen Logistiksystemen verschiedenen Hierarchieebenen zugeordnet waren (Abbildung 1). Mittels der ihnen zugeordneten Agenten sind die Entitäten in der Lage, direkt mit anderen Fördertechnikmodulen, Transporteinheiten und Diensten zu kommunizieren, gewonnene Informationen gemäß interner Regeln zu verarbeiten und auf dieser Grundlage ihre spezifische Aufgabe bestmöglich zu erfüllen.

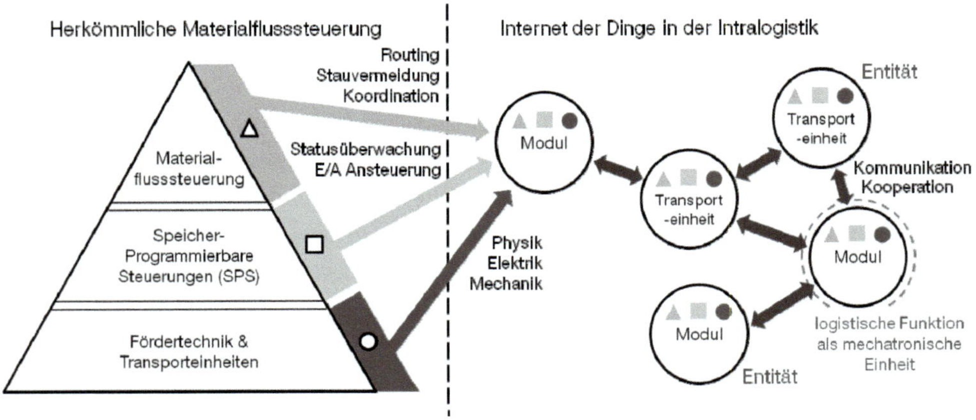

Abbildung 1: **Das Internet der Dinge ermöglicht hierarchielose Materialflusssysteme auf Basis kooperierender Entitäten (Günthner, 2008)**

Diese Kommunikationsfähigkeit birgt gleichzeitig eine große Herausforderung in sich. Um eine reibungslose Koordination und Kooperation innerhalb dezentral gesteuerter Systeme zu ermöglichen, ist ein umfangreicher Datenaustausch notwendig. Dies trifft gerade dann zu, wenn höhere Funktionen wie die Auftragsdisposition oder die Routenplanung durch das Zusammenspiel mehrerer Softwareagenten realisiert werden sollen. Dieser Problematik kann mit einem hybriden Kommunikationskonzept für dezentral gesteuerte Materialflusssysteme begegnet werden, welches sowohl die Peer-to-Peer-Kommunikation zwischen einzelnen Agenten als auch einen Datenaustausch über Informationsknotenpunkte unterstützt (Tenerowicz-Wirth, 2013).

Um die Softwareagenten in die Lage zu versetzen, den Informationsgehalt der ausgetauschten Daten korrekt zu interpretieren, wird für das Agentensystem eine Ontologie – ein gemeinsamer Sprachraum – benötigt (Abbildung 2). Die zwischen den Entitäten zu übertragenden Inhalte werden in dieser Form definiert und formalisiert. Grundelemente der Ontologie sind Konzepte (Bestandteile der Anwendungsdomäne), Prädikate (Systemzustände) und Aktionen (Veränderungen von Systemzuständen).

Für die Anwendungsdomäne Intralogistik stellen beispielsweise die Entitäten Fördertechnikmodul, Transporteinheit und Softwaredienst aber auch Transportaufträge und Systemkoordinaten Konzepte dar. Prädikate werden von den Softwareagenten genutzt, um Informationen über bestimmte Zusammenhänge im System auszutauschen (z.B. Funktionalitäten einzelner Module, Kosten eines Transports). Aktionen nutzen die Agenten schließlich, um ihre Aufgabe zu erfüllen und ihre Ziele zu erreichen (z.B. Behältertransport zu einem vorgegebenen Zielort). Aktionen und Prädikate können in der Agentenkommunikation direkt eingesetzt werden, während Konzepte nur in Kombination mit einer Aktion oder einem Prädikat einen Informationswert erlangen. Die Basisontologie bildet den Ausgangspunkt für die Modellierung und Definition sämtlicher Kommunikationsprozesse und funktionaler Zuordnungen eines Internet der Dinge innerhalb der Anwendungsdomäne Intralogistik (Chisu, 2010).

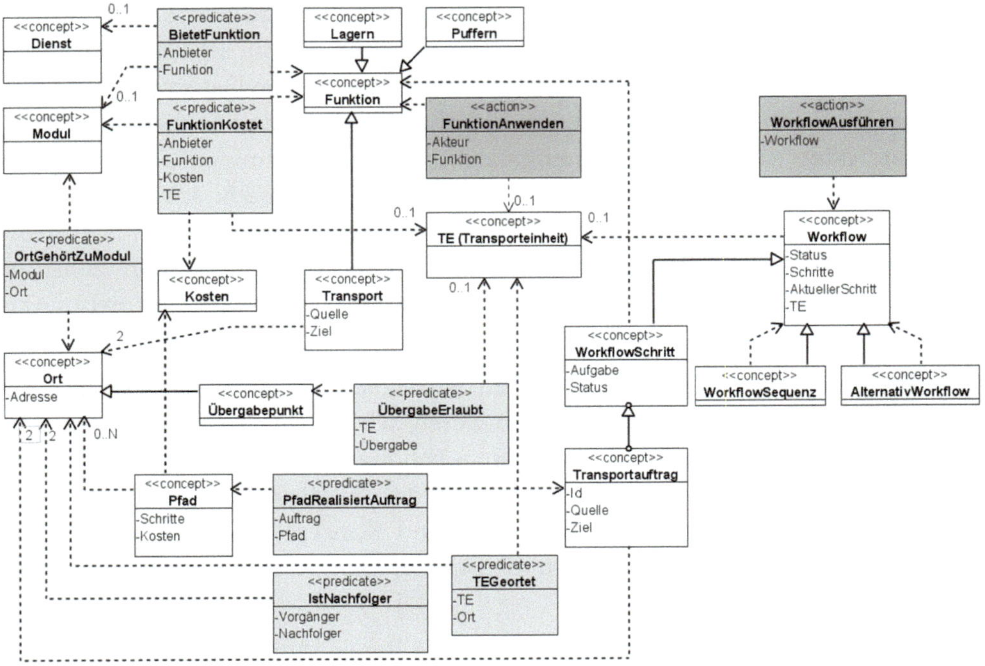

Abbildung 2: Basisontologie für das Internet der Dinge in der Intralogistik (Libert, 2010)

Eine weitere Herausforderung neben einem effektiven Informationsaustausch stellt die Verknüpfung der Softwareagenten mit den durch sie repräsentierten Entitäten dar. Um die Softwareagenten auf Transporteinheiten und Fördertechnikmodulen verorten zu können, wird Speicher- und Rechenkapazität benötigt, der direkt auf den physischen Objekten verfügbar ist.

Im Falle von Transporteinheiten können zu diesem Zweck RFID-Transponder (Agent-on-Tag) oder Microcontroller zum Einsatz kommen. Softwareagenten können somit auftragsrelevante Informationen direkt auf dem logistischen Objekt verwalten und die einzelnen Schritte des abzuarbeitenden Workflows prozessnah und dezentral steuern und überwachen (Nettsträter, 2010).

Eine Verortung der Softwareagenten auf den Fördertechnikmodulen ist auf zwei Arten möglich. Beim ersten Ansatz werden die Agenten direkt auf der Steuerung (SPS) des Fördertechnikelements implementiert (Bussmann, 1996)(Wannagat, 2010). Diese Lösung kann derzeit allerdings aufgrund der hohen erforderlichen Rechenleistung im Rahmen einer dezentralen Materialflusssteuerung nur eingeschränkt Anwendung bei wenig komplexen Systemen finden. Ein zweiter Ansatz basiert daher auf einem Zweischichtmodell, bei dem nur die Steuerung und Überwachung des physikalischen Prozesses in Echtzeit auf der SPS abläuft, während der Softwareagent – verantwortlich für die Kommunikation und Interaktion mit anderen Entitäten sowie für das Treffen strategischer Entscheidungen – in einer nicht echtzeitfähigen, aber leistungsstärkeren Laufzeitumgebung wie Windows oder Linux implementiert ist. Beide Schichten sind gemeinsam auf einer Plattform (z.B. Embedded-PC) realisiert und bilden in Kombination die komplette Modullogik ab. Damit folgt auch dieser zweite Ansatz dem Prinzip der funktionsorientierten Modularisierung, nach dem die gesamte Steuerungslogik eines Fördertechnikmoduls auf diesem zu kapseln ist. Die Programmierung der Softwareagenten erfolgt in Hochsprachen (C#, Java), während die Steuerungsprogramme in spezialisierten SPS-Programmiersprachen implementiert werden. Eine Middleware verknüpft beide Schichten und sorgt für den nötigen Datenaustausch zwischen operativer und strategischer Ebene der Modullogik (Chisu, 2010).

> Mit der engen Verzahnung zwischen physischem Materialfluss und der Agentenkommunikation und -koordination mittels Internet-Technologien entspricht das Internet der Dinge in der Intralogistik einem Cyber-Physical Logistics System (CPLS).

Für Logistiksysteme, die besonders stark von sich rasch verändernden Rahmenbedingungen betroffen sind, verspricht der Einsatz derartiger dezentral gesteuerter Materialflusssysteme erhebliche Kostenvorteile. Bei einer mit konventionell gesteuerten Systemen vergleichbaren Leistungsfähigkeit können dezentral gesteuerte und modular aufgebaute Anlagen durch ihr hohes Maß an Wandelbarkeit, Robustheit und Wiederverwendbarkeit unter wirtschaftlichen Aspekten punkten (Nopper, 2011). Kosteneinsparungen ergeben sich zunächst durch eine verkürzte Entwicklungs- und Realisierungsphase aufgrund der hohen Wiederverwendbarkeit mechanischer Module und von Bausteinen der Steuerungslogik (Kuzmany, 2010). In der Betriebsphase trägt die gesteigerte Wandelbarkeit und Robustheit dezentral gesteuerter Systeme zur Wirtschaftlichkeit bei. Adaptive Logistiksysteme begünstigen aufwandsarme Änderungen im Anlagenlayout bei Umbauten und Erweiterungen und die im System verteilte Steuerungsintelligenz sorgt dafür, dass der Ausfall einer einzelnen (selbst)steuernden Instanz lediglich den Ausfall eines Teilsystems bedingt.

2.2 Umsetzung cyber-physikalischer Materialflusssysteme

2.2.1 Fördertechnikmodule

Fördertechnische Anlagen, die sowohl in ihrer Mechanik als auch in der sie steuernden Software modular aufgebaut und dadurch aufwandsarm skalierbar sind, haben mittlerweile ihren Weg aus den Forschungslabors hinein in die industrielle Praxis gefunden. Beispiele hierfür sind Produktinnovationen wie (vgl. Abbildung 3)

- Shuttlesysteme zur automatisierten Lagerung von Behältern und Paletten (z.B. Knapp OSR Shuttle™, Dematic Multishuttle®),

- modular aufgebaute Stetigförderanlagen, bei welchen die Steuerung der Fördertechnikmodule und das Routing der Transporteinheiten durch miteinander kommunizierende und kooperierende Softwareagenten implementiert sind (z.B. Lanfer THINGtelligence®, Gebhardt FlexConveyor),
- das Lagersystem Autostore der Firma Hatteland, bei dem Waren von Roboterfahrzeugen, die sich schienengebunden auf der Oberseite eines Aluminiumgerüsts in einem rechtwinkligen Raster bewegen, transportiert sowie ein-, aus- und umgelagert werden oder
- die Transportsysteme Mobile Fulfillment System (Kiva Systems) und C-Com (Grenzebach Maschinenbau), in denen kleine Fahrroboter mobile Lagerregale direkt an den Kommissionierarbeitsplatz transportieren.

Abbildung 3: Beispiele für autonome Fördertechnikmodule

Derartige Systeme stellen bereits einen Schritt hin zu „Zellularen Transportsystemen" nach dem Internet-der-Dinge-Paradigma dar (ten Hompel, 2006). Diese basieren auf autonomen fördertechnischen Entitäten, sind hochgradig topologieflexibel und kommunizieren auf Basis von Agentensystemen. Die Materiaflusssteuerung obliegt dem zu transportierenden logistischen Objekten selbst, die ihre Workflows mit eigenen Softwareagenten verwalten. Mit dem Multishuttle Move wird eine Umsetzung derartiger zellularer Transportsysteme angestrebt (Kamagaew, 2011). Die Shuttlefahrzeuge bewegen sich hier nicht mehr nur schienengeführt in den Regalgassen, sondern können sich auch als „Fördertechnik-Schwarm" in der Lagervorzone frei bewegen (vgl. Abbildung 4).

Abbildung 4: Beispiel für ein Zellulares Transportsystem – Multishuttle Move (Fraunhofer IML)

Adaptive, selbststeuernde Materialflusssysteme stehen somit bereits für den industriellen Einsatz bereit. Dabei lässt sich ein Trend in Richtung mobiler Fördertechnikmodule und deren Einsatz in Verbünden aus vielen baugleichen Einzelfahrzeugen erkennen.

2.2.2 Transporteinheiten

Neben fördertechnischen Elementen müssen sich auch die logistischen Objekte (Transporteinheiten) weiterentwickeln, um an einem Internet der Dinge partizipieren zu können. So gibt es diverse Bestrebungen, mehr Intelligenz für die Steuerung logistischer Prozesse direkt auf den Transporteinheiten zu verorten. Allen gemein ist die Ausstattung von Ladehilfsmitteln mit Rechenkapazität, Entscheidungslogik, Sensorik und der Fähigkeit zur drahtlosen Kommunikation.

So entwickelte die Universität Bremen gemeinsam mit Partnern im Verbundprojekt „Der intelligente Container - Vernetzte intelligente Objekte in der Logistik"[2] einen auf den Transport von Lebensmitteln spezialisierten Container. Der Container ist in der Lage, sich selbst zu seinem Ziel zu routen und dabei den Zustand der in ihm transportierten Waren zu überwachen. So kann bei Obst und Gemüse mittels Messungen von Temperatur, Feuchte sowie der Konzentration des Gases Ethylen, das als Reifeindikator fungiert, einem Verderben der Ware durch den Container entgegengewirkt werden. Interpretiert der Container seinen internen Zustand während des Transports als kritisch, so stößt er eine baldige Entladung

2 Weitere Informationen unter www.intelligentcontainer.com

der Ware an. Zu diesem Zweck kann auch eine Neuplanung seiner Route bzw. das Ansteuern eines alternativen Zielorts erfolgen.

Ein intelligenter Thermobehälter für die Frische- und Tiefkühllogistik wurde im Rahmen des bayerischen Forschungsverbunds FORFood[3] umgesetzt. Ziel dieses Forschungsverbunds sind Qualitäts- und Effizienzsteigerungen bei der Herstellung, Verarbeitung und Distribution von Nahrungsmitteln auf Basis eines optimierten Ressourceneinsatzes. Das Teilprojekt „Sichere und effiziente Supply-Chain in der Lebensmittelindustrie durch einen intelligenten Behälter" fokussiert die stufenübergreifende, durchgehende Rückverfolgbarkeit von Warenströmen mit Chargentrennung. Diese Rückverfolgbarkeit ist Voraussetzung für die Erfüllung der geltenden Sicherheitsanforderungen im Lebensmittelsektor sowie für die effiziente Abwicklung von Rückrufaktionen zum Schutze sowohl des Verbrauchers als auch des Rückrufers. Das entwickelte System besteht aus intelligenten Behältern, die zu einer sensorbasierten Überwachung maßgeblicher Innenraum-Parameter (Lufttemperatur, Feuchtigkeit, Stöße, Vibrationen) und deren Speicherung fähig sind, und der notwendigen Infrastruktur zur schnellen und sicheren Übermittlung und Auswertung der gewonnenen Informationen. Die im Speicher des Behälters hinterlegten Sensordaten werden über eine Kommunikationsschnittstelle auf RFID-Basis an die logistische IT-Infrastruktur übertragen. Mithilfe spezieller Softwarealgorithmen erfolgt die sofortige Auswertung der übermittelten Daten. Die gewonnenen Echtzeit-Informationen sorgen für eine erhöhte Transparenz der Versorgungsketten und damit einhergehend für eine vereinfachte Kühlkettenüberwachung. Dies ermöglicht eine umfassende Sicherung der Lebensmittelkette vom Herstellort der Rohprodukte bis hin zum Endverbraucher.

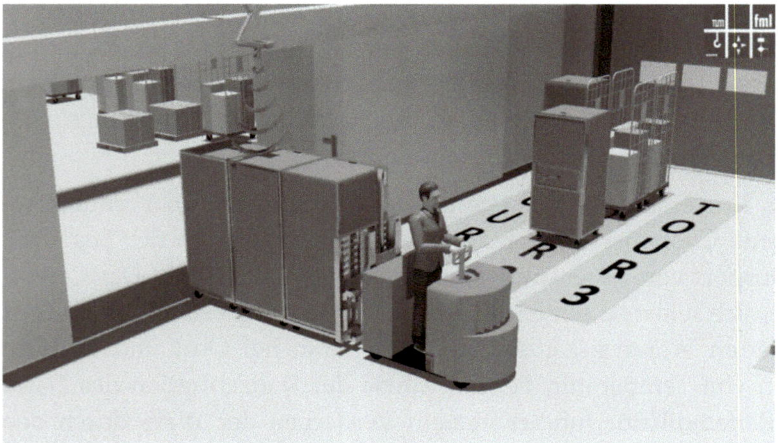

Abbildung 5: Automatischer Austausch von Echtzeit-Informationen in der Food-Supply-Chain

3 Weitere Informationen unter www.forfood.de

Auf Ebene der Kleinladungsträger (KLT) erfüllen erste smarte Behälter bereits sämtliche Voraussetzungen für das Internet der Dinge. Der vom Fraunhofer-Institut für Materialfluss und Logistik (IML) entwickelte Prototyp dieser neuen Generation an intelligenten Behältern nennt sich „inBin". Dank der Integration innovativer Komponenten wie Energy-Harvester, Energiepuffer, Microprozessor und Funkmodul direkt auf dem Behälter wird dieser energetisch und steuerungstechnisch autark. Der inBin kommuniziert mit Menschen und Maschinen in seinem Umfeld, überwacht seine Umgebungsbedingungen, trifft eigenständig Entscheidungen und steuert seinen Workflow. Die Kommunikation mit anderen Transporteinheiten, Fördertechnikmodulen oder Softwarediensten erfolgt mittels gängiger Funkstandards, menschlichen Nutzern kann sich der inBin über ein Grafikdisplay mitteilen und auf diese Weise beispielsweise Kommissioniervorgänge unterstützen.

Ein weiteres Beispiel für intelligente Kleinteilebehälter ist der von der Firma Würth Industrie Service entwickelte und vertriebene „iBin" (vgl. Abbildung 6). Der iBin nutzt eine integrierte Kamera zur Generierung von Füllstands-, Zähl- und Bestellinformationen auf Behälterebene. Das Auslösen von Nachschubbestellungen erfolgt automatisiert mittels RFID-Technologie. Damit ist ein verbrauchsgesteuertes und automatisiertes C-Teile-Management in Echtzeit entlang der gesamten Wertschöpfungskette möglich.

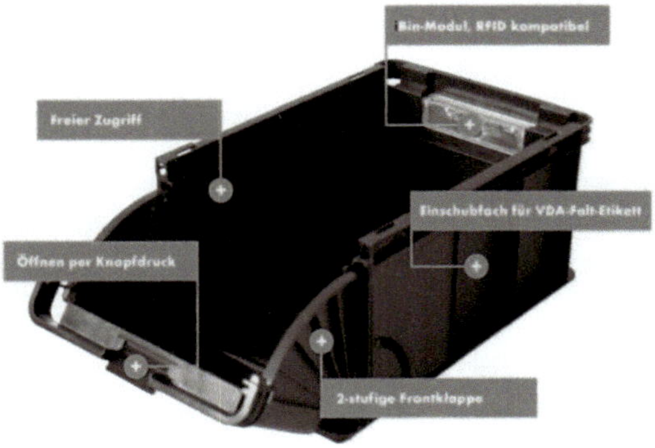

Abbildung 6: iBin - Intelligenter Behälter der Firma Würth

Im Zusammenspiel mit einem zellularen Transportsystem könnten beide Behälterneuentwicklungen ein Internet der Dinge ausbilden, indem sie selbstständig Transportdienste bei einzelnen Fördertechnikmodulen anfordern und somit in die Lage versetzt werden, ihre Mission (z.B. Warenbereitstellung für die Kommissionierung, Nachschub für Montagearbeitsplätze) ohne übergeordnete Steuerungsinstanz erfüllen zu können.

2.2.3 Softwaredienste

Neben autonomen Fördertechnikmodulen und intelligenten Objekten bilden Softwaredienste die dritte Grundeinheit eines Internet der Dinge. Diese sollen die Koordination und Kooperation zwischen den Entitäten sowie mit menschlichen Bedienern unterstützen.

Ein derartiger Softwaredienst wird im Rahmen des Verbundprojekts „ToolCloud"[4] als Teil des Zukunftsprojektes „Industrie 4.0". Das Ziel des Projekts besteht darin, die für den Werkzeugeinsatz benötigten Betriebs- und Korrekturdaten in Form digitaler Werkzeugbegleitkarten als Cloud-Dienst bereitzustellen. Dadurch wird ein unternehmensübergreifendes Lebenszyklusmanagement von Werkzeugen ermöglicht. Die einzelnen Werkzeuge müssen über eine verliersichere und eindeutige Kennzeichnung verfügen, da das ToolCloud-Konzept auf einer automatischen Identifizierung der Werkzeuge in der jeweiligen Werkzeugmaschine basiert. Nach erfolgreicher Identifikation werden die entsprechenden Daten aus der Cloud in die Maschinensteuerung übertragen. Die Datenhaltung in der Cloud erlaubt ein orts- und zeitunabhängiges Abrufen, Auswerten und Aktualisieren sämtlicher Werkzeuginformationen. Jedem Werkzeug ist somit eine informationstechnische Erweiterung im Internet der Daten zugeordnet – es entsteht ein cyber-physikalisches System.

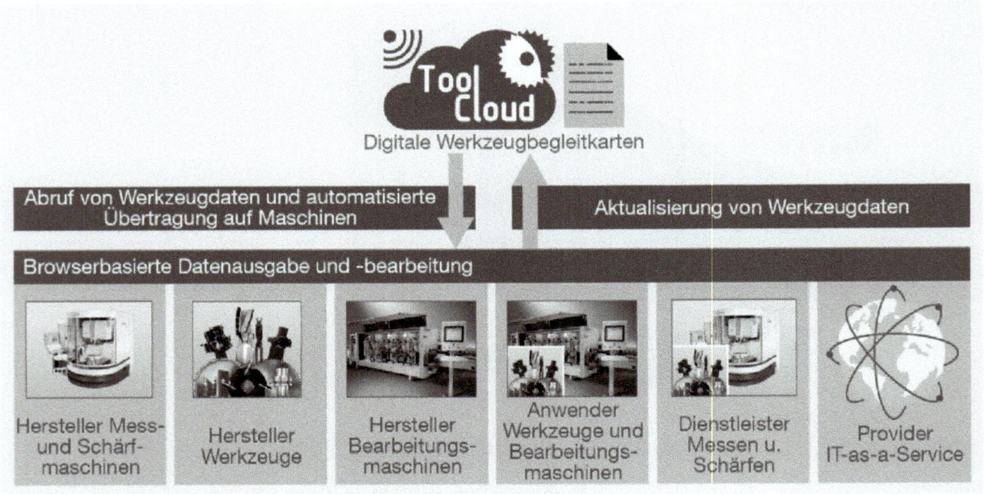

Abbildung 7: Funktionsschema der ToolCloud

Gegenüber den bisher üblichen ausgedruckten Werkzeugbegleitkarten, die bei Änderungen am Werkzeug laufend und manuell fortgeschrieben werden, weist eine digitale Begleitkarte in der ToolCloud erhebliche Vorteile hinsichtlich Flexibilität, Fehleranfälligkeit sowie Aufwand und Komfort bei der Maschineneinrichtung auf. Die ToolCloud überwacht auch die Instandhaltungsintervalle der

[4] Weitere Informationen unter www.verbundprojekt-toolcloud.de.

Werkzeuge und kann entsprechende Maßnahmen (Nachschärfen, Vermessen) und die damit verbundenen Transporte zur Prüfstelle anstoßen. Dort werden den Bearbeitungs-, Schärf- und Messmaschinen die für die Instandhaltung benötigten Werkzeugdaten ebenfalls aus der ToolCloud bereitgestellt.

Als Softwaredienst steigert die ToolCloud die Effizienz und Transparenz der informationslogistischen Prozesse im Werkzeugmanagement, indem es eine Echtzeitüberwachung von Beständen, Standorten, Zuständen und Historien sämtlicher Werkzeuge sowohl innerhalb eines Unternehmens als auch unternehmensübergreifend ermöglicht.

3 Der Mensch als Akteur in cyber-physikalischen Logistiksystemen

3.1 Cyber-physikalische Logistiksysteme erfordern den „Logistiker 4.0“

Flexibilität und Anpassungsfähigkeit sind bereits heute Kernanforderungen an Logistiksysteme, schließlich müssen logistische Aufgaben trotz hoher Varianz und Unsicherheit in den zu bearbeitenden Aufträgen und zu handhabenden Objekten effizient, effektiv und meist mit kurzen Reaktionszeiten bewältigt werden. Flexibilität und Adaptivität werden jedoch vielfach vor allem durch die Logistikmitarbeiter gewährleistet – dies spiegelt sich in einem nach wie vor hohen Anteil manueller Tätigkeiten in der Logistik wieder. Arbeitsplätze in der Logistik sind demzufolge aufgrund der heterogenen Aufgaben i.d.R. in den Arbeitsabläufen und -inhalten deutlich weniger strukturiert und standardisiert als Produktionsarbeitsplätze mit sich oftmals in sehr kurzen Zyklen (< 1 Minute) wiederholenden Arbeitsinhalten. Von Logistikmitarbeitern werden zur erfolgreichen Erfüllung ihrer Aufgaben daher ständig eine hohe Flexibilität und ein andauerndes Mitdenken gefordert.

Die zahlreichen zuvor beschriebenen Innovationen im Bereich adaptiver, cyber-physikalischer Logistiksysteme bieten hier im Vergleich zu konventionellen, automatisierten Materialflusssystemen hohes Potenzial zur Steigerung der Effizienz und Robustheit bei gleichzeitiger Sicherstellung der in der Logistik geforderten Flexibilität und Adaptivität. Dennoch kann wohl auch auf lange Sicht nicht mit einer vollständigen Automatisierung der Logistikprozesse durch autonome, dezentrale, sich selbst steuernde logistische Objekte und Strukturen gerechnet werden (Spath, 2013). Vielmehr werden Menschen mit ihren im Vergleich zu Maschinen klar überlegenen kognitiven und sensomotorischen Fähigkeiten, mit ihrer Kreativität, Erfahrung und Problemlösungsfähigkeit in cyber-physikalischen Logistiksystemen weiterhin dringend gebraucht.

Dies betrifft zum einen traditionelle „Wissensarbeiter“, beispielsweise Logistikplaner, welche zukünftige cyber-physikalische Logistiksysteme zielgerichtet gestalten, optimieren und umsetzen müssen (*Handlungsfeld Systemgestaltung und -verbesserung*). Dazu müssen sie in der Lage sein, das Verhalten derartiger Systeme zu verstehen und gezielt planen zu können. Noch stärker als bisher werden sie darin gefordert sein, in komplexen, übergreifenden Prozessen und Systemen zu denken, zu abstrahieren und interdisziplinär und hierarchieübergreifend zusammenzuarbeiten.

Auch an operative Logistik-Mitarbeiter werden zusätzliche Anforderungen gestellt. In vernetzten, technischen Systemen muss intensiv mit Maschinen und Umgebung interagiert und kollaboriert werden. Mitarbeiter werden tendenziell weniger wiederkehrende Standard-Tätigkeiten durchführen, sondern stattdessen sich häufig ändernde, kurzfristige und wenig planbare Arbeiten zu bewältigen haben. Außerdem muss bei Fehlern oder ungewolltem Verhalten des Systems steuernd und regelnd in dieses eingegriffen werden. Mitarbeiter müssen dazu aktuelle Systemzustände und Aufgaben transparent erkennen können, sie müssen Aufgaben und Probleme dezentral und selbstgesteuert bearbeiten und lösen können und dies auch dürfen (*Handlungsfeld Systembetrieb*).

Hierin liegen gleichzeitig Chancen und Risiken: einerseits bieten sich neue Möglichkeiten für selbstgesteuertes Handeln, für eine Erweiterung der eigenen Fähigkeiten und bessere Entscheidungen mit Hilfe technischer Systeme und damit eine Anreicherung der Qualität der Arbeit. Gleichzeitig muss die Arbeit beherrschbar und transparent bleiben und darf die Beschäftigten weder durch zu hohe Komplexität und Belastung überfordern, noch ihnen das Gefühl geben, durch restriktive, technische Systeme „fremdbestimmt“ zu sein (*Handlungsfeld Arbeitsschutz und Arbeitssicherheit*).

Es gilt also, cyber-physikalische Logistiksysteme so zu konzipieren und zu betreiben, dass Mitarbeiter durch diese Systeme weder über- noch unterfordert werden, sondern vielmehr ihre individuellen Fähigkeiten und Fertigkeiten optimal zum Einsatz bringen können. Um dies nachhaltig realisieren zu können, spielt neben der Entwicklung der notwendigen Fähigkeiten und Fertigkeiten der Mitarbeiter durch gezielte Qualifikationsmaßnahmen auch deren Motivation eine entscheidende Rolle für Lern- und Arbeitsleistung (Rosenstiel, 2000).

Mitarbeiter in der Logistik sind Studien zufolge in erster Linie durch soziale Faktoren wie ein gutes Betriebsklima, Spaß und Freude an der Arbeit sowie eine intensive Kommunikation mit Führungskräften und Kollegen motiviert (Miebach, 2012). Dementsprechend sollten diese Faktoren gerade bei der Gestaltung einer „technisierten“ Arbeitsumgebung wie in cyber-physikalischen Systemen mit im Fokus stehen (*Handlungsfeld Arbeitsorganisation, Qualifikation und Führung*).

Damit ein erfolgreiches Zusammenwirken von Menschen und Maschinen in cyber-physikalischen Logistiksystemen gelingen und deren volles Potenzial realisiert werden kann, sollte also das Augenmerk auf alle vier beschriebenen Handlungsfelder „Systemgestaltung und Verbesserung“, „Systembetrieb“, „Arbeitsschutz und Arbeitssicherheit" und „Arbeitsorganisation, Qualifikation und Führung" gleichermaßen gerichtet werden (vgl. Tabelle). Verschiedenste Lösungsansätze, um den sich ergebenden Herausforderungen zu begegnen, wurden in letzter Zeit entwickelt und erprobt und befinden sich teilweise bereits erfolgreich im industriellen Einsatz. Ausgewählte Lösungen sollen im Folgenden vorgestellt werden.

Tabelle 2: Handlungsfelder, Herausforderungen und mögliche Lösungsansätze für menschorientierte cyber-physikalische Logistiksysteme

Handlungsfeld	Herausforderungen	Mögliche Lösungsansätze
Systemgestaltung und -verbesserung	Komplexität beherrschbar machen Systemverhalten erklären und bewertbar machen Wissen bündeln, Planung standardisieren Kollaboratives, hierarchie- und disziplinenübergreifendes Planen ermöglichen	Durchgängige virtuelle Planungs-, Simulations- und Analysesysteme Wissensbasiertes Engineering Plattformen für kollaboratives, hierarchie- und disziplinenübergreifendes, dezentrales Planen
Systembetrieb	Ohne spezielles Fachwissen Wege zum Lösen komplexer Aufgaben finden Menschliche Fähigkeiten situativ erweitern	Adaptive, kontextbezogene, nutzerorientierte Arbeits-Assistenzsysteme Tragbare Sensorik, Aktorik und eingebettete Systeme
Arbeitsschutz und Arbeitssicherheit	ELSI[5]-Anforderungen berücksichtigen Überlastung bzw. Überforderung vermeiden, Leistungsfähigkeit erhalten Privatsphäre angemessen berücksichtigen Entscheidungsautonomie der Nutzer gewährleisten	Ansätze zur Ermittlung und Planung der gesundheitlichen Belastung Systementwicklung gemeinsam mit Mitarbeitern

[5] ELSI steht für "Ethical, Legal and Social Implication"

Arbeitsorganisation, Qualifikation und Führung	Motivation und Akzeptanz erzeugen Zielgerichtete, nachhaltige Nutzung und Wirksamkeit der Systeme sicherstellen Fähigkeiten und Fertigkeiten fördern und entwickeln	Motivierende Arbeitsorganisation und Führung Neue Kooperationsformen (z.B. soziale Netzwerke) Digitale Lerntechniken

3.2 Menschorientierte cyber-physikalische Logistiksysteme in der Praxis

3.2.1 Systemgestaltung und -verbesserung

Lösungsansätze im Bereich der Gestaltung und Verbesserung adaptiver Logistiksysteme zielen zum einen darauf ab, das Verhalten dezentraler, selbstgesteuerter Logistiksysteme zu verstehen und zu prognostizieren. Dabei können beispielsweise durchgängige, virtuelle Simulationssysteme helfen. Sie dienen dazu, die zwar in den Einzelelementen geringe aber im Gesamtsystem hohe Komplexität zu überblicken und potenzielle unerwünschte emergente Effekte bereits im Voraus zu erkennen und zu beheben. Zusätzlich zum Einsatz derartiger Erklärungsmodelle bieten sich zur zielgerichteten Planung und Entwicklung dezentraler, adaptiver Logistiksysteme ein wissensbasiertes Vorgehen und dessen Dokumentation in Form von Planungsmodellen an. In wissensbasierten Systemen können Wissen und Erfahrungen aller an Systementwicklung und -betrieb beteiligter Mitarbeiter und externer Partner gebündelt, strukturiert und kollaborativ weiterentwickelt werden. Wissen kann so transparent für alle Partner dargestellt, wiederverwendet und bei neuen Erkenntnissen einfach ergänzt werden (vgl. z.B. (Runde, 2011)). Dadurch können auch komplexe, verteilte Planungsprozesse sowie deren Koordination vereinfacht und beschleunigt werden und qualitativ gute Planungsergebnisse sichergestellt werden.

Deren Einsatz verspricht besonders hohes Potenzial bei der Konzeption und Entwicklung großer und verteilter logistischer Systeme. Eine große Herausforderung besteht hier nämlich in der Kopplung verschiedener Anlagenteile von diversen Herstellern mit ggf. spezifischen Produktphilosophien, herstellereigenen Standards und Schnittstellen. IT-Lösungen für die Unterstützung der Zusammenarbeit und den Informationsaustausch in kooperativen Unternehmensnetzwerken können hier helfen. Eine derartige Kollaborationsplattform wird beispielsweise im IGF-Projekt „KoDeMat - Befähigung von KMU zur kollaborativen Planung und Entwicklung heterogener, dezentral gesteuerter Materialflusssysteme“[6] entwickelt.

6 Weitere Informationen unter http://www.fml.mw.tum.de/fml/index.php?Set_ID=905

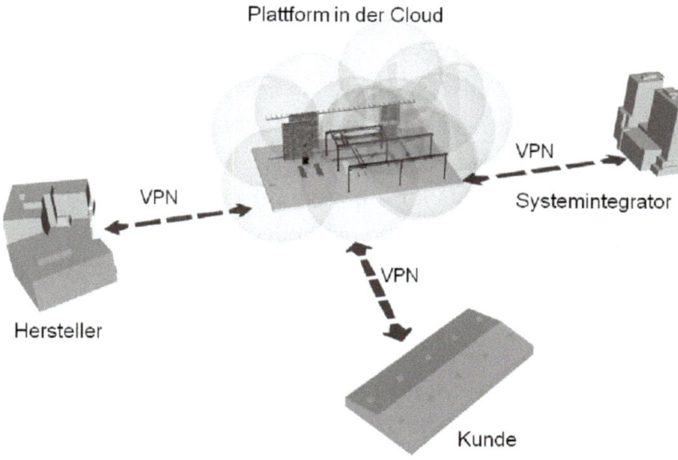

Abbildung 8: KoDeMat Einsatzszenario: verschiedene Hersteller von heterogenen, dezentralen Materialflusssystemen und deren Kunden kollaborieren mittels einer cloudbasierten Software-Plattform

Das verteilte, cloudbasierte Software-Werkzeug ermöglicht unter Zuhilfenahme von standardisierten, kollaborativen Engineeringprozessen die Zusammenarbeit verschiedener Unternehmen in verteilten Netzwerken mit evtl. unterschiedlicher IT-Infrastruktur bei Entwicklungs-, Planungs- bzw. Realisierungsprojekten (vgl. Abbildung 8).

Die explizit für das System entwickelte Softwarearchitektur unterstützt sowohl die synchrone als auch die asynchrone Zusammenarbeit zwischen Akteuren. Das Softwarewerkzeug besteht aus zwei Funktionsmodulen: einer Schnittstellenverwaltung und einer 3D-Visualisierungsumgebung. Das Visualisierungsmodul dient zur Vereinheitlichung der Darstellung von Daten der Akteure mit einem Fokus auf visuelle Metaphern, welche die kollaborativen Tätigkeiten ermöglichen. Des Weiteren bietet das Schnittstellenverwaltungsmodul Funktionen für die Unterstützung des Softwareentwicklungsprozesses durch kollaborative Bearbeitung von Telegrammdefinitionen und Protokollfestlegungen.

Durch die effektive Kooperation mehrerer Partner bei der Planung und dem Testen von Materialflusssystemen können diese nun schneller als bisher geplant, realisiert und in Betrieb genommen werden (Kipouridis, 2013).

3.2.2 Systembetrieb

Für einen effizienten Betrieb adaptiver Logistiksysteme sollten Technik und Menschen zielgerichtet zusammenarbeiten und dabei ihre spezifischen Fähigkeiten optimal einbringen können. Dies bedeutet zum einen, dass Mitarbeiter befähigt werden müssen, bei Störungen, bei unerwartetem Verhalten der technischen Systeme oder bei neuen Anforderungen steuernd und regelnd in diese einzugreifen und mit ihrer Kreativität und Erfahrung Lösungen zu finden. Dazu müssen in der jeweiligen Situation relevante Informationen vom technischen System möglichst kontextabhängig und lösungsorientiert bereitgestellt werden, so dass Mitarbeiter unterschiedlichste Problemstellungen effizient bearbeiten können. Zum zweiten sollten technische Systeme Mitarbeiter in ihren täglichen, routinemäßigen Arbeitsaufgaben unterstützen. Nutzerorientierte, mobile Assistenzsysteme können so beispielsweise durch die intuitive Bereitstellung von Informationen zum Arbeitsprozess dazu dienen, manuelle Arbeitsabläufe schneller und effizienter bzw. fehlersicherer und robuster zu gestalten. Sie können darüber hinaus Mitarbeiter beim Erlernen und Durchführen neuer, unerwarteter Aufgaben unterstützen und so ihre Fähigkeiten situativ erweitern.

Ein großes Anwendungsfeld in der Logistik stellt dabei die Kommissionierung als eine der zentralen Funktionen der Intralogistik dar. Hier müssen Teile aus einem Sortiment mit einer hohen Varianz in Größe, Form und Gewicht und meist kurzen Vorlaufzeiten zu Kundenaufträgen zusammengestellt werden – somit ist eine äußerst hohe Flexibilität gefordert, eine wirtschaftliche Automatisierung in vielen Anwendungsfällen jedoch schwierig. Aufgrund der kognitiven Fähigkeiten und des Tast- und Greifvermögens des Menschen werden Kommissioniertätigkeiten daher nach wie vor – und wohl auch zukünftig – meist manuell durchgeführt (Arnold, 2003). Fehler oder verspätet bearbeitete Aufträge in der Kommissionierung haben jedoch direkte Auswirkungen auf die Qualität einer Lieferung und damit auf die Kundenzufriedenheit – und treten in manuellen Kommissioniersystemen vergleichsweise häufig auf. So sind beispielsweise bei der Kommissionierung mit einer Papierliste etwa 0,3% der kommissionierten Positionen fehlerhaft (Lolling, 2003). Dabei stellt die Kommissionierung hohe Anforderungen an kognitive (z.B gute räumliche Orientierung), sensorische (z.B. visuelle Suche beim Ansteuern von Lagerplätzen) und sensomotorische Fähigkeiten (z.B. Abzählen und Greifen von Kleinteilen) der Mitarbeiter wodurch bei nachlassender Aufmerksamkeit oder Unachtsamkeit das Fehlerrisiko stark zunimmt. Eine gute Gestaltung von Kommissioniersystemen hinsichtlich ihrer Organisation (z.B. Bereitstellung von ähnlichen Artikeln mit Verwechselungsrisiko nicht direkt nebeneinander) oder eine Überprüfung der kommissionierten Waren in einem späteren Prozess (z.B. Scannen bei Warenausgangskontrolle) kann bei der Vermeidung bzw. dem Auffinden von Fehlern helfen (Rammelmeier, 2012). Außerdem befinden sich zahlreiche technische Systeme im Industrieeinsatz, wobei die meisten Systeme auf eine Fehlererkennung in einem der Entnahme nachgelagerten Prozessschritt setzen, was zusätzlichen Aufwand mit sich bringt (z.B. Bestätigung der richtigen Entnahme mittels Barcode-Scan des Artikels).

Cyber-physikalische Systeme bieten hier ganz neue Möglichkeiten: Durch eine direkte automatische Erfassung des Entnahmeortes bei der eigentlichen Entnahme mittels eingebetteter, vernetzter Systeme und eine sofortige Rückmeldung an den Kommissionierer im Falle eines Fehlers kann dieser sofort, dezentral und in den Kommissionierprozess integriert, korrigiert werden. Technisch realisiert werden kann dies beispielsweise durch Verwendung eines tragbaren RFID-Lesegeräts (vgl. Abbildung 9).

Abbildung 9: Gestaltung eines tragbaren RFID-Lesegerätes

In einen Handschuh, welchen der Mitarbeiter beim Kommissionieren trägt, ist ein mobiles RFID-Lesegerät im Sinne des Wearable Computing integriert. Lagerfächer bzw. einzelne Behälter im Kommissioniersystem sind mit RFID-Transpondern versehen. Bei der Entnahme von Artikeln aus einem Lagerfach bzw. Behälter wird der entsprechende Transponder gelesen, die Transponder-ID wird dem entsprechenden Lagerplatz bzw. Behälter mittels einer Software zugeordnet und mit dem laut Kommissionierauftrag richtigen Lagerplatz bzw. Behälter verglichen. Die Datenübertragung erfolgt mittels Bluetooth. Wird in ein falsches Fach bzw. einen falschen Behälter gegriffen, so bekommt der Kommissionierer ein optisches und/oder akustisches Signal und kann den Fehler sofort selbst beheben (Günthner, 2011).

In Labortests und Feldversuchen bei einem Logistikdienstleister konnte bereits nachgewiesen werden, dass die Fehlerquote bei Verwendung des RFID-Handschuhs deutlich gesenkt werden konnte – und dies bei im Vergleich zur Kommissionierung ohne Unterstützung identischen Kommissionierzeit. Auch wurde dieses Assistenzsystem von den Kommissionierern gut angenommen: in Befragungen wurde zum einen die gute Benutzerfreundlichkeit bestätigt. Außerdem gaben die Kommissionierer an, deutlich motivierter zu sein, da Fehler von Ihnen selbst bemerkt und behoben werden können und sie so selbst die Qualität ihrer Arbeit steigern können.

Auch die Orientierung und Bewegung des Mitarbeiters im Kommissioniersystem kann durch mobile Assistenzsysteme unterstützt werden, beispielsweise durch die Technologie Pick-by-Vision. Ein Pick-by-Vision System stellt Informationen für den Kommissionierer intuitiv bereit: nach dem Prinzip der Augmented Reality (AR) werden virtuelle Informationen direkt im Blickfeld des Nutzers eingeblendet.

Hierfür trägt der Kommissionierer ein sogenanntes head-mounted Display (HMD), welches als ortsunabhängiges Visualisierungsmedium dient (vgl. Abbildung 10).

Abbildung 10: Informationsbereitstellung im head-mounted Display – Realisierung am Lehrstuhl fml der TU München (Reif, 2009)

Informationen werden dem Benutzer kontextbezogen, d.h. in Abhängigkeit von Zeitpunkt, Ort und Auftragsstatus, sowie bei Bedarf lagerichtig und perspektivisch richtig zur Verfügung gestellt. Der Kommissionierer kann sich so sehr schnell im Kommissioniersystem orientieren und den nächsten Kommissionierauftrag verarbeiten. Zusätzlich stehen dem Mitarbeiter beide Hände für die eigentliche Kommissionieraufgabe zur Verfügung, es müssen keine zusätzlichen Informationen (beispielsweise Papierliste) gehandhabt werden. Ein Pick-by-Vision System kann außerdem mit Sensorik zur automatisierten Fehlerüberprüfung erweitert werden, beispielsweise durch Integration einer Kamera in das HMD. Dabei wird unmittelbar nach der Entnahme eines Artikels dieser kurz in das Blickfeld gehalten, so dass die Kamera den Artikel anhand eines optischen Codes identifizieren kann. Der Prozessablauf entspricht hierbei dem Barcodescannen mit einem Handscanner.

In mehreren Probandenstudien konnte das Potenzial der Pick-by-Vision Technologie aufgezeigt werden: die Probanden erreichten unter Verwendung von Pick-by-Vision im Vergleich zur Kommissionierliste eine höhere Kommissionierleistung, während zudem die Fehlerrate deutlich niedriger lag (vgl. (Günthner, 2012), (Günthner, 2009)). So konnte gleichzeitig die Effizienz sowie die Qualität der Kommissionierprozesse verbessert werden.

Die AR-Technologie kann nicht nur Kommissionierprozesse verbessern, sondern auch in weiteren Logistiktätigkeiten unterstützen, beispielsweise beim Fahren und Bedienen von Flurförderzeugen. Eine Herausforderung für den Mitarbeiter besteht hier darin, dass sein Blickfeld, beispielsweise beim Fahren eines Gabelstaplers, durch den Hubmast und die beförderte Ladung stark eingeschränkt ist. Die AR-Technologie kann nun eingesetzt werden, um durch intuitive und kontextbezogene Einblendung von Informationen direkt in das Sichtfeld des Fahrers diesen dabei zu unterstützen, das Flurförderzeug effizient und sicher zu bedienen. Im aktuellen IGF-Forschungsprojekt „Einsatz von Augmented Reality zur Unterstützung des Fahrers von Flurförderzeugen“[7] wird ein Einsatzszenario untersucht, bei dem ein Gabelstaplerfahrer bei der Positionierung der Gabel assistiert werden soll. Mittels AR werden dem Fahrer dabei sowohl absolute Positionen (Hubmastneigung, Hubhöhe) als auch die Position der Gabel relativ zu einem Ladehilfsmittel oder zu einem Lagerplatz widergespiegelt (vgl. Abbildung 11).

Das Tracking - die Bestimmung der Position und Lage der Gabel - wird durch eine optische Sensorik mittels Marker-Kamera-System realisiert. Dazu werden Marker an geeignete Anbringungspunkte am Gabelstapler, am Ladehilfsmittel und am Lagerplatz aufgebracht, welche per Kamera erfasst werden. Die geometrische Beziehung wird dann durch Computer Vision Algorithmen berechnet.

Für die Informationsdarstellung werden gegenwärtig zwei Optionen untersucht. Bei der ersten Technologie handelt es sich um eine Anzeige direkt auf der Frontscheibe. Ein Laserprojektor strahlt mit Laserlicht einer bestimmten Wellenlänge auf eine auf die Scheibe aufgebrachte transparente Folie, welche zu einer Leuchtreaktion angeregt wird. Vorteil hierbei ist, dass eine große Fläche, im Idealfall die gesamte Frontscheibe, als Display verwendet werden kann. Als zweite Darstellungsoption wird eine Datenbrille verwendet. Vorteil bei dieser Lösung ist, dass dem Fahrer Informationen in jeder Situation eingespielt werden können, etwa auch, wenn der Fahrer sich aus der Kabine herauslehnt.

Abbildung 11: Augmented Reality zur Unterstützung des Fahrers von Flurförderzeugen

7 Weitere Informationen unter http://www.fml.mw.tum.de/fml/index.php?Set_ID=929

Die Potenziale eines solchen AR-Systems liegen vor allem in der vereinfachten Lasthandhabung. So können auch unerfahrene Staplerfahrer oder Mitarbeiter, die nur gelegentlich einen Gabelstapler verwenden müssen, effizienter arbeiten. Zusätzlich können z. B. durch eine Einblendung des korrekten Regalfachs Fehler vermieden werden. Weitere Szenarien wie „Navigation im Lager" oder Einblendung von Warnhinweisen oder Betriebszuständen sind denkbar.

3.2.3 Arbeitsschutz und Arbeitssicherheit

In adaptiven Logistiksystemen müssen Mitarbeiter wie beschrieben intensiv mit und in technischen Systemen arbeiten. Dabei muss vermieden werden, dass Mitarbeiter an derartigen Arbeitsplätzen gesundheitlichen Gefahren ausgesetzt sind (beispielsweise bei der Zusammenarbeit mit einem Roboter), dass Mitarbeiter überlastet oder überfordert werden (beispielsweise durch zu hohe Komplexität oder zu viele Informationen) und dass sich Mitarbeiter durch die technischen Systeme „fremdgesteuert" fühlen. Zudem sind ethische, rechtliche und soziale Auswirkungen cyber-physikalischer Systeme zu beachten: beispielsweise kann es zur Steuerung der technischen Systeme notwendig sein, sensible Mitarbeiterdaten zu erheben. Hier sind rechtliche und unternehmensspezifische Regelungen hinsichtlich Datenschutz zu berücksichtigen. Neue Technologien bieten aber auch neue Möglichkeiten zum Gesundheitsschutz: beispielsweise können diese dazu dienen, physische Belastungen von Mitarbeitern in den Arbeitsprozess integriert zu ermitteln und so gesundheitlichen Schäden vorzubeugen.

Als Beispiel soll hier wiederum eine Umsetzung in manuellen Kommissioniersystemen herangezogen werden. Dort führen manuelle Lastenhandhabungsvorgänge mit einer hohen Wiederholhäufigkeit je Arbeitsschicht sowie teilweise hohen Lastgewichten und ungünstigen Körperhaltungen zu einer hohen physischen Belastung. Diese kann u.a. zu gesundheitlichen Schädigungen führen und dauerhaft eine Leistungsminderung oder Arbeitsunfähigkeit der Mitarbeiter nach sich ziehen.

Um zielgerichtet belastungsreduzierende Maßnahmen einleiten zu können, ist in einem ersten Schritt Transparenz über die Höhe der Belastung sowie deren Ursachen zu gewinnen. Die tatsächlich auftretende körperliche Belastung in der Kommissionierung ist meist schwierig zu ermitteln. Verschiedene Einflussfaktoren, wie z. B. unregelmäßige Abläufe, Auftragsschwankungen und ein breites Teilespektrum, erschweren die Erfassung mit heutigen Arbeitsanalyseverfahren. Insbesondere wird aufgrund des hohen Aufwands bei der Durchführung heutiger Papier- und Bleistift-Methoden bisher keine kontinuierliche Ermittlung der Belastung durchgeführt. Die Herausforderung besteht daher in der aufwandsarmen, automatisierten und fortlaufenden Ermittlung der Belastung.

Hierfür bestehen grundsätzlich zwei verschiedene Ansätze. So ist zum einen die Ermittlung der physischen Belastung durch den Einsatz von Sensorik/Messtechnik sowie zum andern die Bestimmung durch das Warehouse Management System (WMS) eines Unternehmens möglich. Bei beiden Varianten erfolgt die Risikobeurteilung rechnergestützt auf Basis eines Bewertungsverfahrens für die manuelle Lastenhandhabung

Der Vorteil des messtechnischen Ansatzes ist die Möglichkeit, für jeden einzelnen Handhabungsvorgang automatisiert alle für die Belastung relevanten Parameter zu erfassen. Die hierfür relevanten Einflussgrößen werden durch den Einsatz von Motion Capturing, industrieller Sensortechnik und Nutzereingaben in beleglose Kommissioniersysteme (z.B. Pick-by-Vision) fortlaufend und aufwandsarm erfasst. Durch geeignete Visualisierung der Belastung stehen somit kontinuierlich Informationen zur Belastung jedes einzelnen Kommissionierers zur Verfügung und somit Transparenz über die Belastungssituation (Rammelmeier, 2013).

Auch die Ermittlung durch das WMS ermöglicht eine aufwandsarme Bestimmung der Belastung. Für die Berechnungen werden vor allem Daten, die heutzutage im WMS gespeichert sind, verwendet (z. B. Artikeldaten). Nur wenige zusätzliche Informationen müssen in den Datenbanken des WMS hinterlegt werden (z.B. Körpergröße des Mitarbeiters). Die Implementierung im WMS ermöglicht nicht nur eine Beurteilung nach der Durchführung von Handhabungen, sondern auch die Prognose der Bewertung ist möglich (Koch, 2013).

3.2.4 Arbeitsorganisation, Qualifikation und Führung

Neben der Sicherstellung gesunder Arbeitsbedingungen muss für das Arbeiten in cyber-physikalischen Logistiksystemen schließlich ein motivierendes und lernförderliches Arbeitsumfeld geschaffen werden. Hier sind weniger technische Lösungen gefragt, sondern Führungskräfte wie Mitarbeiter gleichermaßen gefordert. Neue Technologien können hier jedoch neue Formen der Zusammenarbeit und Weiterbildung ermöglichen, beispielsweise indem in der Freizeit intensiv genutzte Vernetzungs- und Kommunikationsmedien wie soziale Netzwerke, Smartphones usw. auch in den Arbeitsalltag integriert werden. Besonders vielversprechend ist deren Nutzung in verteilten, vernetzen Systeme zum einen deshalb, weil der Umgang mit diesen Medien für die meisten Mitarbeiter zur Normalität geworden ist, zum anderen da durch sie verteilte Kommunikation deutlich vereinfacht wird – und nicht zuletzt da der Umgang mit diesen Medien Spaß macht.

Diese sozialen Faktoren kann man sich darüber hinaus sowohl zur Qualifikation als auch zur langfristigen Motivation von Mitarbeitern zunutze machen. Ein innovativer und vielversprechender Ansatz hierfür ist Gamification. Darunter wird die Integration von spielerischen Elementen in einen nicht-spielerischen Kontext (Detering, 2011) verstanden. Spielelemente werden gezielt in Arbeitsroutinen integriert, um die Arbeit interessanter, spannender und nicht zuletzt spaßiger zu gestalten. Spielelemente und deren Erfolg begründen sich motivationspsychologisch in der durch sie hervorgerufenen Spielmechanik und Spieldynamik

(Werbach, 2012). So können zum Beispiel Mechaniken wie Cooperation (Zusammenarbeit), Competition (Wettkampf), Feedback oder Selbstbestimmung einen positiven Effekt auf die Mitarbeiter haben.

Vielversprechend ist dies vor allem in einem technisierten Arbeitsumfeld mit stark standardisierten, monotonen oder auch sehr spezialisierten Arbeitsinhalten und geringer persönlicher Interaktion der Mitarbeiter untereinander, wie es in CPLS zu erwarten ist. Mitarbeiter können im Spiel Dinge selbstgesteuert erlernen, Entscheidungen treffen und mit dem Arbeitsumfeld oder zumindest der Spielwelt interagieren und erhalten so zumindest im Spiel Entscheidungsautonomie.

Ein praktisches Umsetzungsbeispiel ist die Anwendung von Gamification in der manuellen Kommissionierung, wie sie derzeit im Projekt „GameLog"[8] an der TU München erprobt wird. Kommissionierer wählen jeweils einen Avatar (virtuellen Spielcharakter) aus, der ihn im Spiel repräsentiert und verschiedene Ausprägungen in den Eigenschaften Strength (Kraft), Accuracy (Genauigkeit) und Speed (Geschwindigkeit) besitzt. Diese Eigenschaften dienen als Multiplikatoren für Punkte, die mittels der Kennzahlen Artikelgewicht, Fehlerrate und Kommissionierzeit berechnet werden. Der Spielcharakter nimmt mit einem Team aus anderen Charakteren an einer virtuellen Kommissionierliga teil, in der es darum geht die höchste Teampunktzahl zu erreichen. In einem Tutorial-Level wird er in das Spiel und parallel in die Tätigkeit des Kommissionierens eingeführt. Somit unterstützt das Spiel neben der Arbeitsmotivation auch die Anlernung neuer Arbeitskräfte. Während des Spiels kann der Spieler durch besondere Leistungen (z.B. eine bestimmte Anzahl fehlerfrei kommissionierter Aufträge) Trophäen, so genannte Badges, sammeln, die ihm helfen die Fähigkeiten seines Avatars zu verbessern und so mehr Punkte für das Team zu gewinnen. Nach jedem Kommissionierauftrag erhält der Mitarbeiter ein Feedback über die im Spiel erbrachten Leistungen, welches ihm auch dabei hilft, seine Performance im Arbeitsprozess einschätzen zu können. Als Interaktions-Schnittstelle mit dem Spiel dienen dem Spieler die mitgeführten multimedialen Barcodescanner, sowie in der Kommissionierzone angebrachte Bildschirme und Computerterminals, in denen er in den Pausen seinen Charakter bearbeiten und den Spielfortschritt steuern kann (Klevers, 2013). Wichtig ist es hierbei, den Fortschritt im Spiel eng mit der Performance des Mitarbeiters im realen Arbeitsprozess zu verknüpfen. So erhält der Mitarbeiter stets direktes Feedback über seine erbrachte Leistung und wird eine intrinsische Arbeits- und Lern-Motivation zur Verbesserung seiner Arbeit entwickeln.

Hier zeigt sich also insgesamt, wie durch ein intelligentes Zusammenwirken von Mitarbeitern, virtuellem und physischem System die Leistungsfähigkeit und Qualität von Logistikprozessen gesteigert werden kann.

---

[8] Weitere Informationen unter http://www.fml.mw.tum.de/fml/index.php?Set_ID=927

4 Logistik für die Industrie 4.0 Mensch und Maschine im smarten Zusammenspiel

Eine Industrie 4.0 wird es ohne adaptive, cyber-physikalische Logistiksysteme (CPLS) nicht geben. Zu eng sind Produktion und Logistik miteinander verwoben. Die Logistik muss als verbindendes Kettenglied in Wertschöpfungsnetzen mindestens ebenso flexibel und wandelbar sein wie die durch sie unterstützten Produktionssysteme. Auf dem damit verbundenen Entwicklungspfad sind logistische Systeme und Konzepte schon weit fortgeschritten. Smarte Logistiksysteme sind keine Zukunftsvision mehr, sondern stellen bereits in immer mehr Anwendungsfällen ihre Praxistauglichkeit unter Beweis. Dabei reicht die Spannweite innovativer Lösungen von hochautomatisierten Systemen wie selbststeuernden Roboterschwärmen über Logistikdienste aus der Cloud bis hin zur Unterstützung des Menschen durch Assistenzsysteme auf Basis der Augmented Reality. So werden in Logistiksystemen der Zukunft die einzigartigen kognitiven, kreativen und taktilen Fähigkeiten des Menschen intelligent mit den Vorteilen automatisierter Systeme hinsichtlich Produktivität und Präzision kombiniert. Es entstehen smarte Logistiksysteme, welche optimal an die Rahmenbedingungen eines von Vernetzung, Individualisierung und dynamischer Veränderung geprägten Umfeldes angepasst sind und somit sämtliche Anforderungen einer Industrie 4.0 erfüllen können.

5 Literatur

Bussmann S (1996) A Multi-agent Approach to Dynamic, Adaptive Scheduling of Material Flow. In: Perra J W, Müller J-P (Hrsg) Distributed Software Agents and Applications (MAAMAW'94). Springer, Berlin, S 191–205

Chisu R (2010) Kommunikations- und Steuerungsstrategien für das Internet der Dinge. Dissertation, Technische Universität München

Detering S, Dixon D, Khaled R, Nacke L (2011) From Game Design Elements to Gamefulness. In: Proceedings of the 15th International Academic MindTrek Conference. ACM, Tampere

Günthner W A, Blomeyer N, Reif R, Schedlbauer M (2009) Pick-by-Vision: Augmented Reality unterstützte Kommissionierung. Forschungsbericht. Lehrstuhl für Fördertechnik Materialfluss Logistik, Technische Universität München

Günthner W A, Chisu R, Kuzmany F (2008) Internet der Dinge – Steuern ohne Hierarchie. In: F+H Fördern und Heben 9:494-497

Günthner W A, Galka S, Klenk E, Knössl T, Dewitz M (2012) Stand und Entwicklung von Routenzugsystemen für den innerbetrieblichen Materialtransport. Lehrstuhl für Fördertechnik Materialfluss Logistik, Garching

Günthner W A, Hepnter K (2007) Technische Innovationen für die Logistik. Huss-Verlag, München

Günthner W A, Rammelmeier T (2012) Vermeidung von Kommissionierfehlern mit Pick-by-Vision. Forschungsbericht, Lehrstuhl für Fördertechnik Materialfluss Logistik, Technische Universität München

Günthner W A, ten Hompel M (Hrsg.)(2010) Internet der Dinge in der Intralogistik. Springer, Berlin u.a.

Günthner W A, Wölfle M (2011) Papierlose Produktion und Logistik. Forschungsbericht, Lehrstuhl für Fördertechnik Materialfluss Logistik, Technische Universität München

Jennings, N (2001) An Agent-based Approach for Building Complex Software Systems. In: Communications of the ACM 4:35-41.

Kamagaew A, Große E (2011) Multimodales Intralogistikkonzept: Zellulare Transportsysteme – Multishuttle Move. In: Hebezeuge Fördermittel 4:170-172

Kipouridis O, Roidl M, Günthner W A, ten Hompel M (2013) Kollaborative Planung dezentral gesteuerter Materialflusssysteme in der Intralogistik. Logistics Journal. DOI: 10.2195/lj_Proc_kipouridis_de_201310_01

Klevers M, Günthner W A, Sailer M (2013) Motivationssteigerung in der Intralogistik. In: Logistik für Unternehmen 10/2013. Springer-VDI, Düsseldorf

Koch M (2013) Fortlaufende Belastungsermittlung in der Kommissionierung durch das WMS. Logistikseminar - Erschließung von Produktivitätspotenzialen in der Logistik 2013, Garching

Kuzmany F (2010) Konzeption und Entwicklung von Modulen für das Internet der Dinge. Dissertation, Technische Universität München

Libert S, Chisu R, Keutner K (2010) Eine Ontologie für das Internet der Dinge. In: Günthner W A, ten Hompel M (Hrsg) Internet der Dinge in der Intralogistik. Springer, Berlin u.a., S 79-93

Lolling A (2003) Analyse der menschlichen Zuverlässigkeit bei Kommissionierprozessen. Dissertation. Shaker Verlag, Aachen

Miebach Consulting GmbH (2012) Motivationsstudie 2012 – Mitarbeitermotivation in der Logistik. Frankfurt/Main

Nettsträter A, Kuzmany F (2010) Rechenplattformen und RFID für das Internet der Dinge. In: Günthner W A, ten Hompel M (Hrsg) Internet der Dinge in der Intralogistik. Springer, Berlin u.a., S 107-118

Nopper J R (2011) Eine Methodik zur Bewertung von Wandelbarkeit in der Intralogistik am Beispiel selbstorganisierter Materialflusssysteme. Dissertation, Technische Universität Dortmund

Rammelmeier T, Galka S, Günthner W A (2012) Fehlervermeidung in der Kommissionierung. Logistics Journal. DOI: 10.2195/lj_Proc_rammelmeier_de_201210_01

Rammelmeier, T (2013) Fortlaufende Belastungsermittlung in der Kommissionierung durch Technikeinsatz. Logistikseminar - Erschließung von Produktivitätspotenzialen in der Logistik 2013, Garching

Rosenstiel L. (2000) Grundlagen der Organisationspsychologie (4. Aufl.). Schäfer-Poeschel, Stuttgart

Reif R, Günthner W A (2009) Untersuchungen zu Datenbrillen bei Kommissioniertätigkeiten. 55. Kongress der Gesellschaft für Arbeitswissenschaft. Technische Universität Dortmund, 4.-6.März 2009

Runde S, Fay A, Schmitz S, Epple U (2011) Wissensbasierte Systeme im Engineering der Automatisierungstechnik – Potenziale, Anwendungen, Defizite und zukünftige Herausforderungen. In: at Automatisierungstechnik 59. Oldenbourg Wissenschaftsverlag, S 42-49

Scholz-Reiter B, de Beer C, Böse F, Windt K (2007) Evolution in der Logistik – Selbststeuerung logistischer Prozesse. In: VDI-Berichte Nr. 1978. VDI Verlag, Düsseldorf, S 179-190

Spath D (Hrsg.), Ganschar O, Gerlach S, Hämmerle M, Krause T, Schlund S (2013) Produktionsarbeit der Zukunft – Industrie 4.0. Fraunhofer Verlag, Stuttgart

Tenerowicz-Wirth P (2013) Kommunikationskonzept für selbststeuernde Fahrzeugkollektive in der Intralogistik. Dissertation, Technische Universität München

ten Hompel M (2006) Das Internet der Dinge – Potenziale autonomer Objekte und selbstorganisierender Systeme in der Intralogistik. In: Arnold D (Hrsg) Intralogistik – Potentiale, Perspektiven, Prognosen. Springer, Berlin u.a., S 266-276

ten Hompel, M (2006) Zellulare Fördertechnik. Logistics Journal. doi:10.2195/LJ_Not_Ref_d_tenHompel_082006

Wannagat A (2010) Entwicklung und Evaluation agentenorientierter Automatisierungssysteme zur Erhöhung der Flexibilität und Zuverlässigkeit von Produktionsanlagen. Dissertation, Technische Universität München

Werbach K, Hunter D (2012) For the Win: How Game Thinking Can Revolutionize Your Business. Wharton Digital Press, Philadelphia.

Wooldridge M (2002) An Introduction to Multi Agent Systems. John Wiley & Sons, Chichester

Die horizontale Integration der Wertschöpfungskette in der Halbleiterindustrie – Chancen und Herausforderungen

Dr. Thomas Kaufmann, Infineon Technologies AG; M.Eng. Lisa Forstner, Infineon Technologies AG

1 Eigenschaften von Wertschöpfungsnetzwerken in der Halbleiterindustrie

Die Mikroelektronik ist die Schlüsseltechnologie für Industrie 4.0. Sie ermöglicht es, durch immer kleinere und leistungsfähigere Produkte die Effizienz, die Sicherheit und die Energieeffizienz von Anlagen und Geräten zu steigern. Halbleiter, sprich Mikrocontroller und Leistungsbauelemente sind das Gehirn und die Muskeln intelligenter Systeme. Die Intelligenz der Systeme entsteht in einer intelligenten Fabrik aus der Verbindung von Elektronik, Mechanik und übergreifenden Systemansätzen. Dazu kommen die enormen Fortschritte in der Informations- und Kommunikationstechnik (IKT), die es ermöglichen, zunehmend eingebettete Systeme miteinander zu vernetzen.

Die Halbleiter-Frontend-Fertigung gilt als eines der komplexesten Produktionssysteme. Dabei werden auf Halbleitersubstraten durch eine Kombination von Prozessverfahren integrierte Schaltkreise erzeugt. Eine hohe Komplexität der Materialflussbeziehungen und ein hoher Vernetzungsgrad entstehen hauptsächlich durch sich zyklisch wiederholende Prozessschrittfolgen. Abbildung 1-1 zeigt exemplarisch die Mehrfachverwendung von Fertigungsgeräten aufgrund der wiederkehrenden Produktionsschritte.

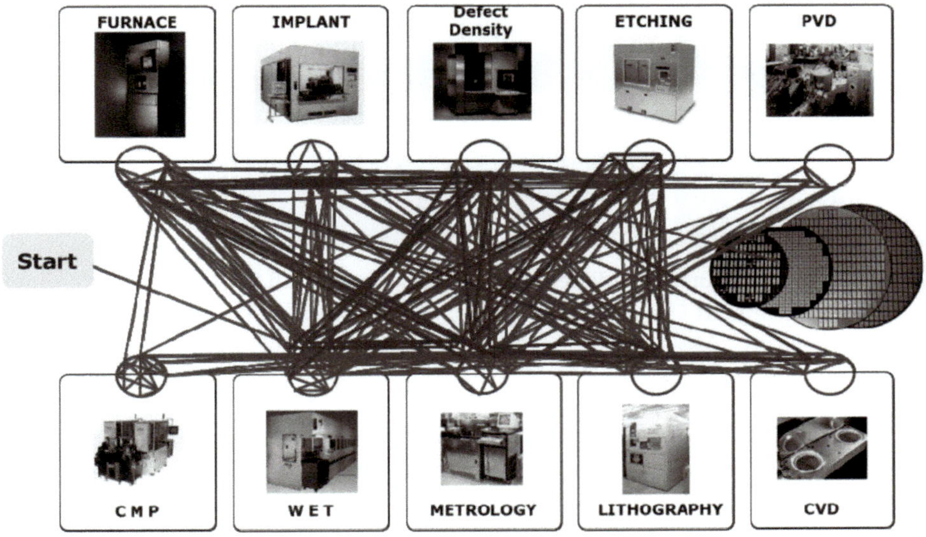

Abbildung 1-1: Hoher Vernetzungsgrad in der Frontend-Fertigung

Die Industrie hat gelernt, diese Fertigungskomplexität zu beherrschen. Vernetzte und intelligente Fertigungssysteme, Produktionsdaten in Echtzeit, beispielsweise zur Steuerung des Materialflusses in der Fertigung, sind heute schon Stand der Technik. Dies geht auf eine konsequente Automatisierung und Digitalisierung seit den 90er Jahren, damals noch unter dem Begriff CIM, zurück.

Die Halbleiterfertigungsindustrie hat also über die letzten Jahrzehnte Elemente einer intelligenten Fabrik oder Smart Factory bereits realisiert bzw. die Voraussetzungen für eine weitergehende Integration und intelligente Vernetzung geschaffen.

In einer Smart Factory im Sinne von Industrie 4.0 sind intelligente Produkte jederzeit eindeutig identifizierbar und lokalisierbar. In einer Halbleiter-Frontend-Fertigung sind die Produkte, also die Chips, jederzeit eindeutig identifizier- und lokalisierbar, beispielsweise mittels RFID-Technik. Diese Grundvoraussetzungen oder Elemente einer Smart Factory sind in dieser, aber auch in anderen Industrien erfüllt. Einige dieser Elemente im Kontext von Smart Factory und Industrie 4.0 sind exemplarisch in Abbildung 1-2 zu sehen.

Abbildung 1-2: In einer Halbleiter-Frontend-Fertigung sind bereits Elemente einer Smart Factory umgesetzt

Jedoch ist der Begriff Smart Factory im Sinne von Industrie 4.0 weiter zu fassen, denn die Smart Factory beherrscht nicht nur die Komplexität intelligenter Systeme, steigert die Effizienz der Produktion und ist gleichzeitig robust gegen Störungen, sondern verknüpft auch Wertschöpfungsnetzwerke in Echtzeit. Dieser Aspekt bedarf zukünftig besonderer Aufmerksamkeit und wird als horizontale Integration verstanden.

Die Produktion von Infineon Technologies hat sich in den letzten dreißig Jahren von einigen wenigen Standorten hin zu einem globalen Netzwerk entwickelt. D.h. es gibt dutzende weltweit verteilte In-House-Frontend- und –Backendfertigungen, zu denen externe Zulieferer hinzukommen. In der Abbildung 1-3 sind schematisch mögliche Produktionsrouten eines Chips dargestellt.

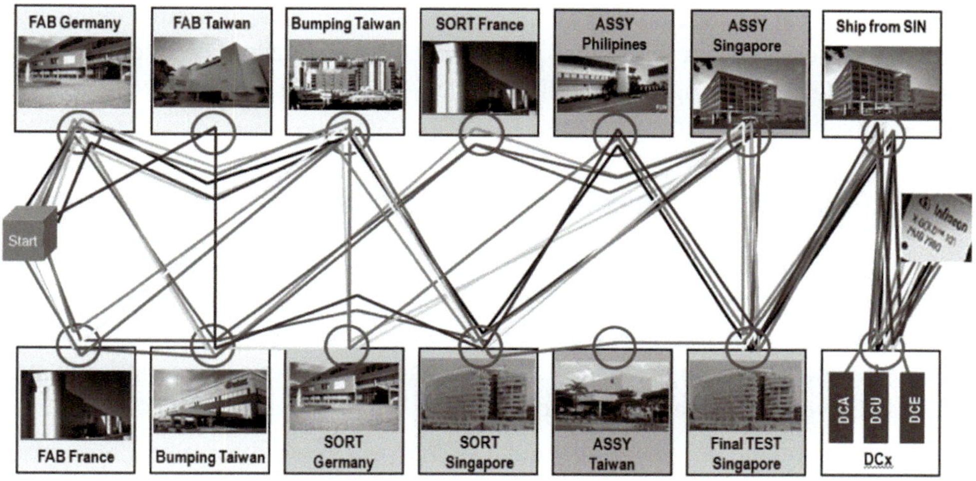

Abbildung 1-3: Darstellung unterschiedlicher Produktionsrouten für einen Chip

Häufig wird bei der Produkteinführung mit einer technisch freigegebenen Route begonnen. Eine Route beinhaltet unterschiedliche Prozessschritte, welche weltweit verteilt sind. Die Produktion startet z.B. mit der Wafer Fertigung in Deutschland, geht dann zu weiteren Veredelungsschritten nach Taiwan und wieder zurück nach Deutschland zum Waferfunktionstest. Nach dem Sägen des Wafers findet die Gehäusemontage in Korea statt, bevor die einzelnen Chips zum finalen Test nach Singapur geschickt werden. Um eine Unter- bzw. Überauslastung einzelner Standorte zu vermeiden, kommen weitere Produktionsrouten hinzu. Die Nachfrage kann somit auf unterschiedliche Standorte verteilt werden und hat zusätzlich den Vorteil, dass bei Störungen auf einer Route, die Flexibilität gegeben ist, auf eine andere Route auszuweichen.

Die Halbleiterbranche ist wegen der teuren Produktionsanlagen ein sehr kapitalintensives Geschäft. Das Erreichen einer effizienten Auslastung der Ressourcen ist deshalb unabdingbar. Abgesehen von der Vielzahl an Standorten sind die langen Produktionsdurchlaufzeiten bei immer kürzer werdenden Produktlebenszyklen und stärker ansteigenden Anlaufphasen der Produkte eine große Herausforderung. Aufgrund der langen Produktionsdurchlaufzeiten ist es schwierig, schnell auf Nachfrageveränderungen der Märkte bzw. der Kunden zu reagieren. Der Halbleitermarkt ist zudem ein sehr volatiler Markt und unterliegt starken konjunkturellen Auf- und Abschwüngen. Dies erschwert zusätzlich eine genaue Absatzprognose. Diese Charakteristiken verlangen einen hohen Grad an Flexibilität. Erweiterungen von Kapazitäten sind jedoch meist langwierig und sehr teuer (vergl. Uzsoy et al., 1992). Operative Exzellenz beschränkt sich nicht mehr länger auf eine einzelne Fabrik, sondern auf ganze Produktionsnetzwerke. Die integrierte Wertschöpfungskette wie eine „globale Fabrik" zu managen, ist eine große Herausforderung, nicht zuletzt aufgrund der halbleiterspezifischen Produkt-, Produktions- und Marktcharakteristiken.

Jede Branche hat unterschiedliche Handlungsschwerpunkte, um ein intelligentes Produktionsnetzwerk im Sinne von Industrie 4.0 umzusetzen. Die Integration der gesamten Wertschöpfungskette vollzieht sich deshalb in unterschiedlichen Geschwindigkeiten und Ausprägungen.

2 Realisierung eines integrierten Wertschöpfungsnetzwerks

Um ein ganzheitlich integriertes Wertschöpfungsnetzwerk im Sinne von Industrie 4.0 zu realisieren sind die folgenden Aspekte von besonderer Relevanz (vergl. Kagermann et al., 2013). Erstens, die horizontale Integration. Zweitens, die digitale Durchgängigkeit des Engineerings über die gesamte Wertschöpfungskette und drittens, die vertikale Integration und vernetzte Produktionssysteme.

In Industrie 4.0 sind Engineering- und Geschäftsprozesse dynamisch. Störungen können abgefangen werden, indem kurzfristig die Produktionsabläufe adaptiert werden. Die vertikale Integration der Produktion zielt auf die Integration der verschiedenen IT-Systeme auf unterschiedlichen Hierarchieebenen zu einer durchgängigen Lösung in der Produktions- und Automatisierungstechnik ab. Die horizontale Integration hingegen bedeutet die Integration verschiedener Prozessschritte zwischen denen ein Material-, Energie- und Informationsfluss verläuft. Dies gilt sowohl innerhalb eines Unternehmens, als auch über mehrere Unternehmen hinweg.

Abbildung 2-1 zeigt abstrahiert die unterschiedlichen Automatisierungs- und Integrationsebenen eines Wertschöpfungsnetzwerks. Die Komplexität der Vernetzung nimmt mit der Anzahl der beteiligten Entitäten zu. Die erste Ebene bildet eine einzelne Anlage in der Fertigung. Die zweite Ebene besteht aus einer einzelnen Fabrik. Die dritte Ebene umfasst das ganzheitliche Produktionsnetzwerk. Bei der letzten Ebene kann zudem unterschieden werden, ob es sich um ein unternehmensinternes oder ein unternehmensübergreifendes Netzwerk handelt. Herausforderungen bezüglich Automatisierung und Integration müssen auf allen drei Ebenen gemeistert werden.

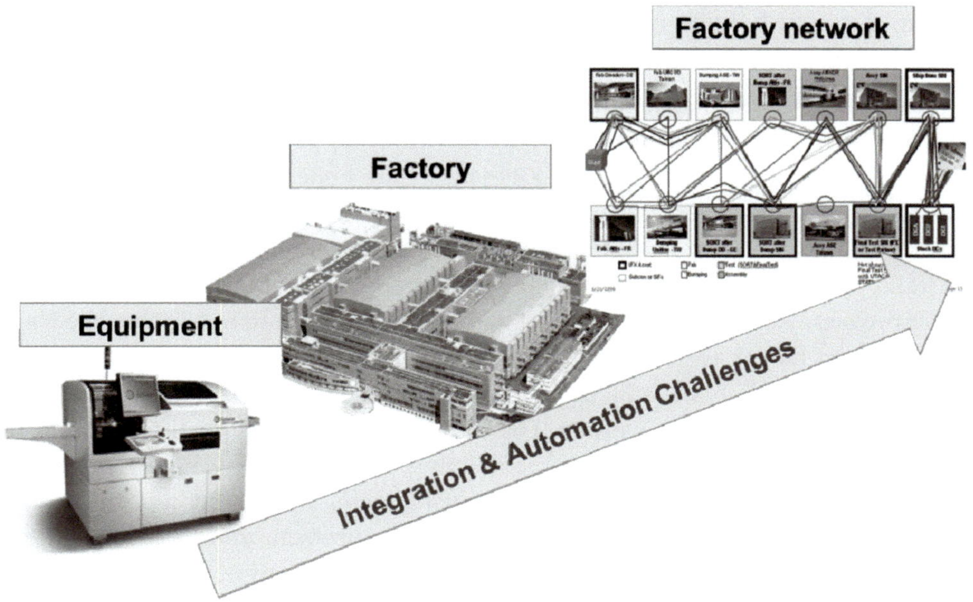

Abbildung 2-1: Integrations- und Automatisierungsebenen

Bei der Betrachtung der ersten Ebene steht die Qualität der einzelnen Produktionsprozesse im Fokus. Die Einführung einer statistischen Prozessregelung trägt erheblich zur Transparenz und folglich auch zur Ausbeuteverbesserung bei. Überschreitungen von zulässigen Wertebereichen und Prozesstendenzen können ermittelt werden. Je kürzer die Verzögerung zwischen der Fehlerdetektion und der Einleitung von Korrekturmaßnahmen ist, desto performanter wird der Produktionsprozess. Durch eine Tendenzanalyse können zudem bereits im Vorfeld vermeidbare Fehler abgefangen werden. Eine automatisierte, korrekte Datenerfassung ist eine Grundvoraussetzung für die erfolgreiche Anwendung statistischer Verfahren. Basierend auf diesen Verfahren werden die einzelnen Prozesse und Anlagen überwacht. Als Maß für die Wertschöpfung einer Anlage wird beispielsweise regelmäßig die Gesamtanlageneffektivität (GAE) herangezogen.

Zuverlässige Daten und Analysen aus der ersten Ebene bilden das Rückgrat für höhere Ebenen.

Die zweite Ebene zielt auf die Integration und Automatisierung einer einzelnen Fabrik ab. Die Infineon Technologies AG hat, wie andere Firmen in dieser Branche auch, bereits erste Elemente einer intelligenten Fabrik realisiert bzw. die Grundlagen dafür geschaffen. Dazu gehören u.a. die Erfassung von Fertigungsinformationen in Echtzeit und die papierlose Fertigung. Produkte können jederzeit identifiziert und lokalisiert werden. Die zuverlässige und einfache Identifikation wird mit Hilfe eines Indoor-GPS-Systems umgesetzt. Durch dieses System ist es möglich, nicht nur Routineabläufe genau zu erfassen und zu steuern, sondern auch bei Abweichungen flexibel zu reagieren. Ein Zugangskontrollsystem stellt zudem sicher, dass nur befugte und qualifizierte Mitarbeiter Zugriff auf bestimmte Produktionsanlagen bzw. Prozesse haben.

Zu den Hauptperformanceindikatoren einer Fabrik zählen in der Halbleiterbranche vor allem die Auslastung der Anlagen und die Produktionsdurchlaufzeiten (vergl. Leachman et al., 2007). Das Ziel ist es, eine hohe Auslastung und zugleich kurze Produktionszeiten zu erreichen. Die Variabilität innerhalb der Fertigung spielt bei diesen beiden konkurrierenden Zielen eine erhebliche Rolle. Maschinenausfälle, personelle Engpässe, Nichtverfügbarkeit von Materialien, oder auch Batchprozesse können Ursachen für eine hohe Variabilität sein. Je höher die Variabilität, desto länger werden die Produktionsdurchlaufzeiten bei gleichbleibender Auslastung. Durch gezielte Steuerung bzw. Synchronisation der Produktion kann die Variabilität verringert werden. Die exakte Lokalisierung der Produkte in der Produktion ist dafür eine Grundvoraussetzung. In einer intelligenten Fabrik sollen Werkstücke und Maschinen in Echtzeit aushandeln, wann und wo die Bearbeitungsschritte durchgeführt werden. Um dies umzusetzen, muss die Entwicklung von cyberphysischen Systemen jedoch noch weiter vorangetrieben werden.

Die dritte Ebene betrifft die Integration des gesamten Produktionsnetzwerks. Bereits bei der Optimierung innerhalb einer Fabrik ist es oftmals notwendig, eine riesige Menge an Daten zu erfassen und zu analysieren. Die Erstellung von analytischen Modellen oder Simulationsmodellen ist auch auf der Ebene einer einzelnen Fabrik eine große Herausforderung. Bei Produktionsnetzwerken steigt sowohl die Anzahl der notwendigen Daten als auch die Komplexität der Modellierung. Es ist wichtig, eine Abstraktionsebene zu finden, welche ein ausreichendes Maß an Genauigkeit liefert, ohne dass jedes Detail modelliert werden muss. Gelingt es, diese Balance zu finden, ist es möglich, nicht nur lokale Optimierungen für jeden einzelnen Standort durchzuführen, sondern ein globales Optimum zu finden.

3 Chancen und Herausforderungen der horizontalen Integration

Die Halbleiterbranche hat im Vergleich zu vielen anderen Branchen bereits eine hochautomatisierte Fertigung. Erhebliches Verbesserungspotenzial bietet deshalb nicht mehr nur die Automatisierung von manuellen Prozessschritten, sondern vor allem die schnelle Rückkopplung von Informationen und somit das schnelle Lernen über Fabrikgrenzen hinweg.

Ein Pilotprojekt, das den Benefit der horizontalen Integration demonstriert, wurde bei Infineon bereits durchgeführt. Abbildung 3-1 zeigt, dass mithilfe modernster Analysemethoden Testdaten an einem Standort ausgewertet werden und Feedback an vorhergehende Produktionsprozesse bzw. Standorte gegeben wird. Diese Regelschleife ermöglicht eine frühzeitige Erkennung von Fehlern und trägt so zur Qualitätsverbesserung der Produkte und einer stabileren globalen Fertigung bei.

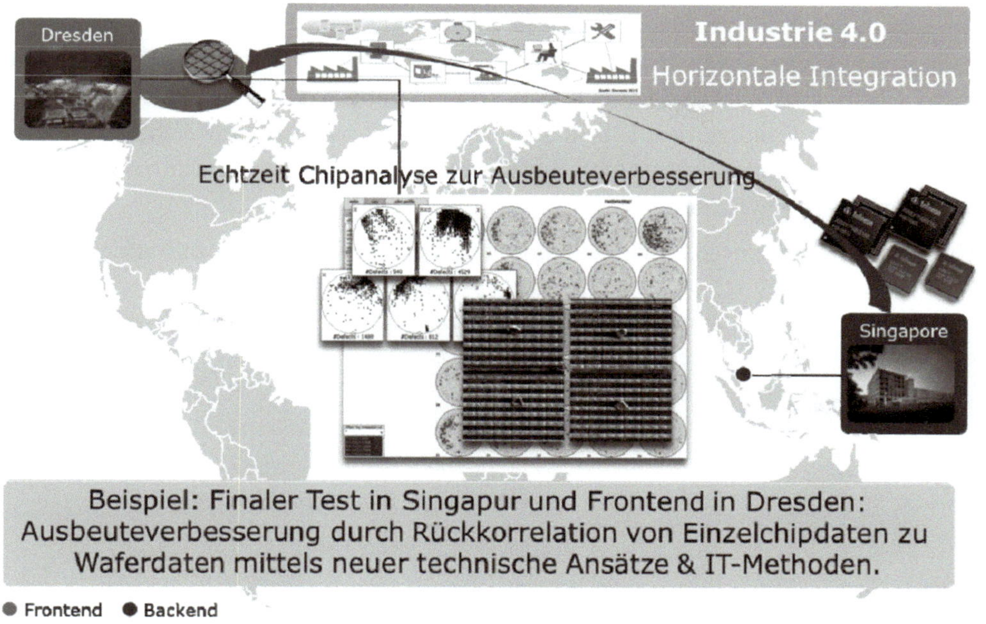

Abbildung 3-1: Qualitätsverbessrung von Produkten durch horizontaler Integration

Ein Beispiel für das Potenzial der horizontalen Integration ist die Umsetzung eines Frühwarnsystems, das anhand von aktuellen Informationen bereits sehr früh erkennt, wenn es zum Beispiel zu Kapazitätsengpässen kommt, welche eine Verspätung der Lieferung zur Folge haben. Da sinnvollerweise nicht bei jedem Produktionsschritt ein Lager vorgehalten ist, das Schwankungen in der Produktion abfängt, ist es wichtig, nachfolgende Produktionsprozesse schnellstmöglich zu informieren, sodass diese noch die Möglichkeit haben, ihre Planung anzupassen.

Anhand der Beispiele wird klar, dass Feedbackschleifen in beide Richtungen, sowohl Upstream, als auch Downstream entlang der Wertschöpfungskette wichtig sind.

Business Intelligence (BI) und Business Analytics (BA) gewinnen in diesem Zusammenhang immer mehr an Bedeutung. Der Fokus bei BI liegt auf der Problemerkennung durch Analysen, wohingegen der Fokus bei BA eher auf Vorhersagen, Zukunftsentwicklungen und Entscheidungsunterstützungs-Verfahren liegt. Ein großer Erfolgsfaktor der Zukunft ist es sicherlich, aus einer Menge von Daten, Informationen zu gewinnen und diese in Anweisungen bzw. Verbesserungsmaßnahmen zu konvertieren. Es gilt, Big Data zu Smart Data zu verdichten. Die, im Januar 2014 gestartete, Forschungsplattform Smart Data Innovation Lab (SDIL) soll helfen dies in Deutschland voranzutreiben. Technisch gesehen ist es bislang gut möglich, strukturierte Daten aufzubereiten und zu analysieren. Ein Großteil des heutigen Datenvolumens entfällt jedoch auf unstrukturierte Daten. Unstrukturierte Daten sind beispielsweise Videos, Bilder, Dokumente, Blogs, oder andere textbasierte Informationen. Diese Informationen auswertbar zu machen rückt immer mehr in den Fokus von Forschung und Industrie. Wenn Unternehmen fähig sind in Echtzeit riesige Datenströme zu verarbeiten, können sie schneller zeitkritische Entscheidungen treffen oder auch neue Phänomene bzw. Zusammenhänge aufspüren. In der intelligenten Fabrik könnten z.B. Kapazitäten effizienter bereitgestellt werden, wenn Absatzzahlen durch die Analyse von unstrukturierten Daten verbessert werden würden.

Abbildung 3-2 veranschaulicht weitere Herausforderungen von Industrie 4.0, die es zu meistern gilt.

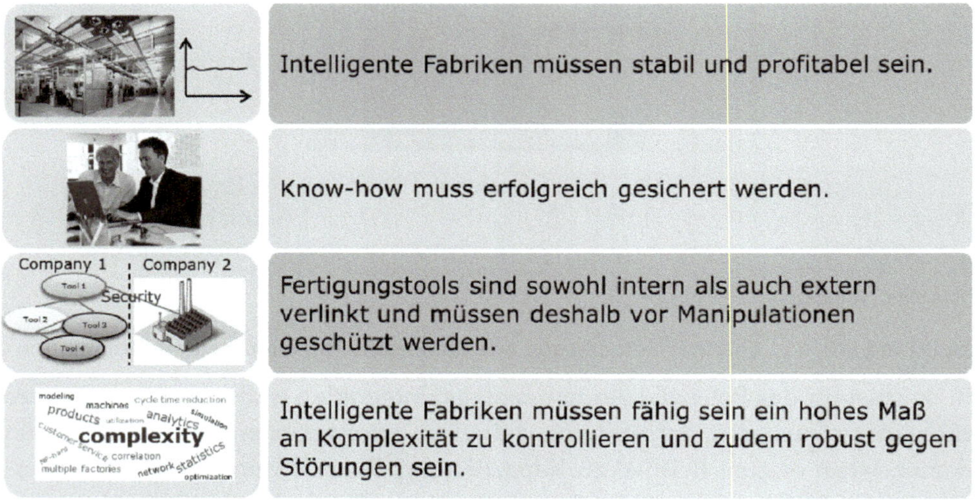

Abbildung 3-2: Herausforderungen von Industrie 4.0

Eine der größten Herausforderung ist es, sichere und robuste Produktionsnetzwerke zu gewährleisten. Dabei spielt nicht nur die Beherrschung von komplexen IT-Systemen und Prozessen eine erhebliche Rolle, sondern auch der Schutz firmeninterner Daten. Das Produktionsnetzwerk vor Sabotage und Hackerangriffen zu schützen, sind wichtige Aspekte um das Know-how erfolgreich zu sichern und um die Stabilität der Fabrik zu gewährleisten. Nur wenn dies gelingt, können die Potenziale von Industrie 4.0 erfolgreich genutzt werden.

4 Zusammenfassung und Ausblick

Infineon Technologies befindet sich auf dem Weg zum intelligenten Produktionsnetzwerk.

Es wurden bereits erste Elemente eines intelligenten Produktionsnetzwerks sowohl im Bereich der horizontalen als auch in der vertikalen Integration umgesetzt. Besonders in der horizontalen Integration wird ein hohes Maß an Optimierungspotenzial gesehen. Das schnelle Lernen über Fabrikgrenzen hinweg mit Hilfe von unterschiedlichen Analyseverfahren steht im Fokus. Zudem gewinnen die Modellbildung zur Entscheidungsunterstützung und die Vorhersage von Entwicklungen an Bedeutung. Es gilt, die steigende Komplexität unter der Voraussetzung von sicheren Netzen zu meistern.

5 Literatur

Uzsoy R, Lee C-Y und Martin-Vega L A (1992) A review of production planning and scheduling models in the semiconductor industry – part I: system characteristics, performance evaluation and production planning. IIE Transactions 24:47-60. doi:10.1080/07408179208964233

R C Leachman, S Ding, and C-F Chien (2007) Economic efficiency analysis of wafer fabrication. IEEE Transactions on Automation Science and Engineering 4:501-512. doi:10.1109/TASE.2007.906142

Kagermann H, Wahlster W und Helbig J (2013) Umsetzungsempfehlungen für das Zukunftsprojekt Industrie 4.0. Abschlussbericht des Arbeitskreises Industrie 4.0. Deutsche Akademie der Technikwissenschaften e.V., München

IT-Sicherheit und Cloud Computing

Dr. Niels Fallenbeck, Technische Universität München;
Prof. Dr. Claudia Eckert, Technische Universität München

1 Einleitung

In Industrie 4.0 in Deutschland verschwinden die Grenzen zwischen den vormals getrennten Informations- und Kommunikationstechnik-Bereichen (IKT) der Produktions-IT und der Business-IT. Diese werden vernetzt, wodurch IT-Systeme mit ganz unterschiedlichen Sicherheitsanforderungen verbunden werden. Daraus ergeben sich neue Verwundbarkeiten und den Angreifern eröffnen sich neue Möglichkeiten, in Systeme einzudringen und Schäden auch in der physischen Welt zu verursachen. So können sich beispielsweise Computer-Viren, die man von Desktop-PCs kennt, auf Produktionsanlagen ausbreiten, oder Maschinen werden zur Fernwartung freigegeben, ohne diese Zugänge ausreichend abzusichern.

1.1 Eingebettete, vernetzte Komponenten

Maschinen und Produkte werden in Industrie 4.0 zu intelligenten, vernetzten so genannten cyberphysikalischen Systemen (CPS). Viele Komponenten dieser Systeme sind beschränkt hinsichtlich ihrer Speicherkapazität oder auch ihrer Rechenfähigkeit und ihrem Energieverbrauch. Sie müssen rund um die Uhr ihre Aufgaben erfüllen, oft unter Einhaltung strikter zeitlicher Vorgaben. Sie sind zudem häufig zertifiziert, so dass es in der Regel nicht möglich ist, im Regelbetrieb Sicherheits-Patches, wie aus der Business-IT wohlbekannt, aufzuspielen. Komponenten können nicht einfach neu gestartet oder neu konfiguriert werden. Klassische Sicherheitstechnologie (vgl. [8]), wie man sie in heutiger Business-IT findet, wie Viren-Scanner, Firewalls, VPNs oder SSL/TLS-verschlüsselte Kommunikation zwischen Browsern und Servern in der Unternehmens-IT, sind nicht für die ressourcenschonende, einfache Absicherung beschränkter, vernetzter Komponenten im Automatisierungs- und Produktionsumfeld geeignet. Gleiches gilt ebenso für Techniken zur Identifikation von agierenden Nutzern, wie Zugangscodes und Berechtigungsausweise. Die Komponenten müssen in der Lage sein, sich untereinander sicher zu identifizieren, Manipulationen zu erkennen und sicher miteinander zu kommunizieren. Sichere und überprüfbare Identitäten von Maschinen, der Schutz vor gefälschten und nachgemachten Produkten und die sichere Maschine-zu-Maschine Kommunikation sind neue und wichtige Herausforderungen für die

IT-Sicherheit in der Industrie 4.0. Benötigt werden neue Sicherheitstechniken wie vertrauenswürdige Betriebssystem-Kerne für die beschränkten Komponenten, oder aber auch leichtgewichtige, aber dennoch starke Sicherheitsmechanismen, um Manipulationen zu verhindern bzw. unschädlich zu machen.

Maschinen und Anlagen in der Industrie sind für einen langjährigen Einsatz oft in der Größenordnung von zwanzig Jahren und darüber hinaus vorgesehen. Die Migration von der heutigen Industrie 3.0 auf die nächste, von intensiver Vernetzung zum Internet der Dinge geprägten Generation wird also nicht als Revolution, sondern vielmehr als Evolution stattfinden müssen. Zu diesem Schluss kommt auch die Autoren des Abschlussberichts des Arbeitskreises Industrie 4.0 der Forschungsunion [10], die als eine der großen Herausforderung auf dem Weg zu Industrie 4.0 die Anpassung vorhandener Basistechnologien und Erfahrungen an die Besonderheiten der Produktionstechnik sehen. Die Nachrüstung der Netzwerkschnittstellen von industriellen Komponenten etwa mit kryptographischen Verfahren zum Schutz des Datenaustausches ist keine Standardaufgabe. Zwar gibt es ausreichend bewährte Konzepte in der klassischen IT-Welt, diese lassen sich allerdings nicht ohne weiteres in den industriellen Kontext übertragen. Zum einen müssen die Sicherheitslösungen mit den bestehenden Standards der Systeme kompatibel sein. Zum anderen laufen die Industriesysteme unter sehr strikten Realzeitbedingungen. Das Zeitfenster für die Ver- und Entschlüsselung der Daten oder die Authentifizierung von Nutzern und Geräten ist äußerst klein. Erforderlich ist die Entwicklung von Sicherheits-Konzepten für alle Ebenen: Dazu zählt zum Beispiel auch ein durchgängiges Berechtigungsmanagement. Damit wird klar geregelt, wer welche Aktionen an dem jeweiligen System vornehmen darf und kann. Neben dem Schutz vor Angriffen über das Internet muss auch die Sicherheit bei physikalischen Angriffen gewährleistet sein. Physikalische Angriffe bezeichnen alle Angriffe, in denen der Angreifer direkten Zugriff auf das physikalische Gerät erhält und in der Lage ist, Hardware hinzuzufügen, zu entfernen oder zu manipulieren. Dies lässt sich durch die Integration von sicheren Hardware-Bausteinen erreichen, so dass ein System sich nicht mehr booten lässt, wenn eine manipulierte oder gefälschte Komponente (vgl. [9]) in das System eingebracht wurde. Sichere Hardwarebausteine können Module sein, die gegen die oben genannten physikalischen Angriffe geschützt sind und beim Start eines Systems die Integrität der am Startprozess beteiligten Komponenten überprüfen. Darüber hinaus können sichere Hardware-Bausteine einen sicheren Speicherbereich zur Verfügung stellen, in dem sensible Daten sicher gespeichert werden können.

1.2 Big Data und Cloud-Computing

Menschen, Maschinen, Produktionsanlagen, Geschäftsprozesse, Produkte und Dienste erzeugen ständig Daten. Zur Optimierung von Ressourcennutzungen und Geschäftsprozessen werden diese Daten in Realzeit zusammengeführt und effizient analysiert (Big Data). Die Daten dienen der Steuerung und Überwachung von Produktions- und sonstigen unternehmenskritischen Abläufen, sie steuern das Verhalten von Fahrzeugen oder auch von Anlagen und Maschinen. Eine gezielte Manipulation dieser Daten könnte somit verheerende Konsequenzen haben. Daten und Informationen können aber auch ein wertvolles Wirtschaftsgut sein, man denke beispielsweise an Produktionsdaten, die vor unberechtigten Zugriffen und Manipulationen zu schützen sind. Zudem wird eine Vielzahl von Aufenthaltsdaten, Bewegungsprofilen, Nutzungsprofilen oder auch Gewohnheiten von Nutzern der Anlagen und Maschinen erfasst. Dies stellt eine erhebliche Bedrohung der Privatsphäre dar. Die Gewährleistung einer datenschutzbewahrenden Verarbeitung von Daten ist eine zentrale sowohl gesellschaftliche als auch wirtschaftspolitische Aufgabe, hier ist noch ein erheblicher Forschungsbedarf erforderlich.

Die Arbeitnehmer in Industrie 4.0 sind mobil, organisieren sich global und handeln oft selbständig. Arbeitszeiten und -orte sind flexibel. Dementsprechend muss die IKT für die Arbeitnehmer mobil, vielseitig und sehr einfach verwendbar sein. Durch die Bereitstellung von Services und Daten über das Internet müssen Beteiligte an den einzelnen Prozessen nicht mehr vor Ort sein, sondern können von beliebigen Standorten die Services verwenden. Damit möglichst einfach benötigte Experten und Anwender in die Prozesse eingebunden werden können, muss sowohl der Zugang zu den Services als auch deren Verwendung einfach möglich ist. Auch hinter diesen Anforderungen verbergen sich Herausforderungen für die IT-Sicherheit, von der Kommunikationssicherheit in mobilen Netzen über Konzepte wie „Bring your own device" (vgl. [32]) bis hin zum Problem der einfachen Benutzbarkeit von IKT. Gerade die einfache, sichere Nutzbarkeit von IKT-gesteuerten Komponenten in produktiven Umgebungen wirft derzeit noch viele ungelöste Probleme auf.

Produktions- und Geschäftsprozesse werden in Industrie 4.0 entlang der Wertschöpfungskette aufgebrochen und auf unterschiedliche, oft voneinander wirtschaftlich unabhängige Parteien verteilt: Während der klassische Produktionsprozess von einem Teilnehmer entworfen, durchgeführt und überwacht wurde, erlaubt der Einsatz einer Cloud-Architektur die Einbeziehung unterschiedlicher beteiligter Partner, die verschiedene Schritte des Prozesses betreuen und in den Produktionsablauf eingreifen können. Eine langfristige Vision von Industrie 4.0 ist die völlige Automatisierung des Produktionsprozesses: „In einer Vision der flächendeckenden Durchdringung dieses Ansatzes steuern sich Aufträge selbstständig durch ganze Wertschöpfungsketten, buchen ihre Bearbeitungsmaschinen und ihr Material und organisieren ihre Auslieferung zum Kunden." [24, Seite 22] Das Internet ist dabei das zentrale Kommunikationsmedium und Cloud Computing das zentrale Paradigma zur Erbringung kostengünstiger, standardisierter IT-basierter Dienste (vgl. [28, 29]). Damit dies gelingt, werden sichere und vertrauenswürdige Identitäten auch für Dienste und Menschen benötigt. Dienste müssen sicher, dynamisch und über Organisationsgrenzen hinweg integrierbar sein. Die Kommunikation muss trotz möglicher Angriffe und gezielter Industriespionage zuverlässig und sicher erfolgen. Die Daten in der Cloud müssen gegen unerlaubten Zugriff geschützt sein und die Verarbeitung muss korrekt und sicher erfolgen.

1.3 Herausforderungen für die IT-Sicherheit

Als Zwischenfazit ist bereits an dieser Stelle festzuhalten, dass die sichere Industrie 4.0 umfassende Maßnahmen erfordert, um die Korrektheit, Vollständigkeit und rechtzeitige Verfügbarkeit der Daten, sowie die sichere Kommunikation und die Vertrauenswürdigkeit der eingesetzten IKT-Komponenten zu gewährleisten. Sie umfasst technologische, aber auch organisatorische Maßnahmen zur Steigerung von Vertrauen in IKT-basierte Systeme und Abläufe. Erforderlich sind neue methodische und technologische Ansätze, um die Sicherheit und Vertrauenswürdigkeit von IKT Systemen prüfbar und kontrollierbar zu erhöhen. Das mit der Nutzung der IKT Systemen einhergehende Risiko muss methodisch erfasst und quantifiziert werden und es müssen Prozesse und Verfahren entwickelt werden, um Risiken zu minimieren und um mit den verbleibenden Risiken verantwortungsvoll umzugehen. Langfristig tragfähige Lösungen erfordern die Entwicklung neuer Sicherheits-Technologien, die Anforderungen hochgradig (unter Umständen spontan) vernetzter und eingebetteter Systeme erfüllen, beispielsweise in Bezug auf Energie-Effizienz oder Realzeit-Anforderungen). Neue Sicherheitskontroll- und Schutzmaßnahmen müssen bereits frühzeitig in den Entwurf der Systeme integriert werden, um zukünftige IT-basierte Produkte und Systeme robuster und resistenter gegen insbesondere auch Internet-basierte Angriffe zu gestalten.

Das sichere Cloud-Computing ist für die sichere Industrie 4.0 eine zentrale Fragestellung. Den Nutzen von Cloud-Technologie hat die Forschungsunion in ihren Umsetzungsempfehlungen für das Zukunftsprojekt Industrie 4.0 [10] aufgearbeitet. Dabei steht Cloud Computing im Mittelpunkt und stellt die Plattform dar, über die alle Experten und Anwender in einem Szenario kommunizieren und an das sowohl die Akteure selbst als auch die Produktionsmaschinen angeschlossen sind. Der vorliegende Beitrag konzentriert sich deshalb in den folgenden Abschnitten vordringlich auf den Bereich des Cloud-Computings.

Der Beitrag ist wie folgt strukturiert: Zunächst gehen wir auf einige Chancen und Risiken des Cloud-Computings im Kontext Industrie 4.0 ein. Anschließend erläutern wir die zentralen Anforderungen an sichere Cloud-Systeme, nämlich die Verfügbarkeit der gespeicherten Daten und angebotenen Dienstleistungen, die Unversehrtheit der Daten sowie die Gewährleistung der Vertraulichkeit der Daten. Mögliche Einsatzszenarien für sicheres Cloud-Computing, wie die sichere Fernwartung, oder die sichere, zentrale Datenspeicherung und Analyse werden diskutiert. Abschließend skizziert der Beitrag einige technologische Ansätze sowie ausgewählte, vielversprechende Forschungsansätze. Die Technologie-Ansätze sind zum Teil bereits heute im Einsatz, sie müssen jedoch an die spezifischen Anforderungen von Industrie 4.0 Szenarien angepasst werden.

1.4 Cloud-Computing im Kontext von Industrie 4.0

Cloud Computing spielt in der Vernetzung von Komponenten eine entscheidende Rolle. Durch ihre Eigenschaft, über das Internet angesprochen werden zu können und ihren Service-orientierten Charakter können Cloud-Dienste über Schnittstellen einfach genutzt werden und ihrerseits selbst auf andere Dienste zugreifen. Diese Eigenschaften finden sich ebenfalls in der Entwicklung von Industrie 4.0 wieder: Auch Produktionsanlagen und deren Komponenten besitzen standardisierte Schnittstellen, die einen einfachen und homogenen Zugriff auf die Anlagenfunktionen und -informationen ermöglichen. Über die Schnittstellen findet eine Öffnung der Systeme statt und eine Interoperabilität zwischen unterschiedlichen Komponenten und Anlagen kann durch eine Standardisierung der Schnittstellen erreicht werden.

Chancen und Risiken

Für die Vernetzung verteilter Komponenten im Industrie 4.0-Umfeld eignen sich Cloud-Services im besonderen Maße. Sie erlauben die zentrale Speicherung von Daten, deren Auswertung und schließlich den Zugriff auf die verteilten Komponenten, um beispielsweise Softwareupdates einzuspielen oder Konfigurationsänderungen vorzunehmen. Cloud-Infrastrukturen umfassen physisch verteilte Systeme zur Speicherung und Verarbeitung von Daten, die durch eine Cloud-Management-Komponente verwaltet werden. In diesem Kontext muss erwähnt werden, dass im Folgenden häufiger von der zentralen Speicherung in der Cloud gesprochen wird, die per Definition selbst ein verteiltes System ist. Dabei können die gespeicherten Daten und die von der Cloud bereitgestellten Services innerhalb der Cloud-Infrastruktur verteilt gespeichert werden, nach außen hin – für angeschlossene Produktionsanlagen oder Anwender – stellt sich die Cloud jedoch als zentraler Dienst mit einem einzigen Eintrittspunkt dar. Die physikalische Verteilung ist für Dienste und Anwender von außen vollständig transparent.

Durch die Verteilung der Daten und Dienste auf verschiedene physikalische Server kann eine hohe Verfügbarkeit gewährleistet werden. Das Cloud-System ist in der Lage, automatisiert und sehr schnell auf Ausfälle von Cloud-Komponenten zu reagieren und die Cloud-Dienste rechtzeitig und transparent auf andere Komponenten zu migrieren und kann damit Ausfällen von Diensten vorbeugen. Diese Reaktion auf Notfälle und unvorhergesehene Ereignisse kann zu großen Teilen vollautomatisiert erfolgen, da die Maschinen neben standardisierten Schnittstellen die Daten strukturiert zur Verfügung stellen. Dies ermöglicht eine vollautomatische schnelle Analyse der Daten und ist Grundlage für eine kurze Reaktionszeit, die Schaden an Maschinen oder deren Umgebung verhindern kann.

Gleichzeitig erlaubt der hohe Vernetzungsgrad zwischen Industrieanlagen Kosteneinsparungen für Wartung und Pflege, da der Wartungsdienst nicht mehr bei jeder Anlage vor Ort sein muss, sondern zahlreiche Aufgaben über die Fernzugänge der Industrieanlagen erledigt werden können. Fernwartung ist im Industrieumfeld bereits etabliert, hat aber häufig noch das Problem der proprietären Zugänge und der verschiedenen Zugriffsmöglichkeiten über Mobilfunkanbindungen oder kabellose und kabelgebundene Netzwerkverbindungen, die jeweils unterschiedliche Konfigurationen und Tools erfordern. Die Nutzung standardisierter Schnittstellen und die homogene Organisation von Industrieanlagen über eine Cloud-Plattform bietet daher die Möglichkeit, Fernzugänge einfacher und effizienter zu nutzen, als dies zur Zeit der Fall ist. Doch bietet die Kommunikation über öffentliche Netzwerke und die Erreichbarkeit der Produktionsanlagen aus dem Internet erhebliches Gefahrenpotential, das sowohl die Funktionsweise der Anlage selbst als auch die Sicherheit der Daten in der Anlage gefährdet. Beispiele wie Stuxnet, Duqu [2, 7] und Flame haben in der Vergangenheit gezeigt, dass Industrieanlagen gezielt ins Visier von Angriffen geraten können, die eine unmittelbare Gefährdung für die Anlage selbst und deren Umgebung darstellen. Ein aktuelles Beispiel stellt eine Schwachstelle im Authentifizierungssystem eines Systemreglers eines Blockheizkraftwerks (BHKW) dar. Die Schwachstelle ermöglicht die Zugriffe auf die Kundendienst- und Technikmitarbeiterebene und erlaubt damit, das BHKW außerhalb seiner Spezifikation zu betreiben [1].

Im Unterschied zu dem Ausfall eines BHKW in einem Ein- oder Mehrfamilienhaus hat jedoch ein Ausfall oder die Zerstörung einer Produktionsanlage deutlich signifikantere Auswirkungen. Der Ausfall einer Produktionsanlage bedeutet für den Betreiber oft einen hohen Verlust, der durch den Stillstand der Anlage, die Auswirkungen auf weitere anschließende Produktionsschritte und letztlich dem Ausbleiben von Verkaufserlösen entsteht. Der Betrieb großer Kraftwerke und Produktionsanlagen außerhalb deren Spezifikationen kann die Zerstörung bedeuten, die große Auswirkungen auf die angrenzende Umgebung haben kann.

Neben den Schwachstellen in den Schnittstellen und den Industrieanlagen selbst erhöht sich die Angriffsfläche bei der Nutzung von Cloud-Systemen zur Steuerung und Planung der Produktionsabläufe. Schwachstellen in der Software können ausgenutzt werden, um als Nutzer der Plattform mehr Rechte zu erlangen, als man im System eigentlich hat (Privilege Escalation). Dadurch oder durch Schwachstellen in der Datenspeicherung können Angreifer Zugriff auf Daten anderer Produktionsanlagenbetreiber erlangen, um Informationen über die Produktionsprozesse zu gewinnen oder direkt Zugriff auf die angeschlossenen Produktionsanlagen zu bekommen.

Die Motivation möglicher Angreifer liegt dabei oft in der angesprochenen Industrie- bzw. Datenspionage oder in der Sabotage von Industrieanlagen. Weiterhin kann auch einfach Neugier als Antrieb dienen, Schwachstellen in einem Cloud-System zu suchen und auszunutzen. Oftmals werden dabei kritische Schwachstellen in den Systemen gar nicht benötigt, um unrechtmäßigen Zugriff auf Daten zu erhalten: Wenn Anwender von Cloud-Systemen durch Leichtsinn, fehlendem Bewusstsein oder Bequemlichkeit unsichere Passwörter verwenden, die einfach zu erraten oder durch Social Engineering in Erfahrung zu bringen sind. Eine weitere Herausforderung stellen vor diesem Hintergrund arbeitsteilige Prozesse dar, in denen Informationen über verschiedene Nutzer verteilt werden, da ein erfolgreicher Angriff auf den Account eines einzigen beteiligten Anwenders bereits den Zugriff auf die gesamten im Prozess benötigten Daten bedeuten kann.

2 Anforderungen an Cloud-Systeme

An das Sicherheitsniveau von Cloud-Services im Umfeld Industrie 4.0 werden hohe Anforderungen gestellt: Die Übertragung von Daten und Steuerbefehlen zwischen dem Cloud-Service und der einzelnen Maschine muss über einen sicheren Kanal erfolgen, die Speicherung der Daten in der Cloud muss abgesichert werden, ebenso wie die Nutzung, Verarbeitung und Weitergabe der entsprechenden Daten. Dies gilt insbesondere dann, wenn durch einen Cloud-Service die Daten mehrerer, gegebenenfalls konkurrierender Parteien verwaltet werden. Es muss somit einerseits eine sichere Mandantentrennung gewährleistet sein und ein Rollenmodell die Berechtigungen der einzelnen Akteure zuverlässig durchsetzen. Andererseits soll eine Cloud-Infrastruktur das sichere Zusammenarbeiten der Beteiligten der Industrie 4.0-Wertschöpfungskette ermöglichen, so dass eine vollständige Isolierung der Daten und Aktivitäten der Parteien gar nicht erwünscht ist. Die Serviceorientierung und Bereitstellung von Planungsservices durch eine Cloud-Infrastruktur ermöglicht die Einbindung von Personen unterschiedlicher Parteien an der Industrie 4.0-Wertschöpfungskette. Dies erlaubt einerseits die Einbindung von Fachpersonal an Stellen des Prozesses, an denen spezielles Fachwissen benötigt wird, und andererseits die Einbindung des Kunden, um Einfluss auf das zu fertigende Produkt bereits in der Planungsphase und darüber hinaus zu erhalten. Benötigt werden somit flexibel konfigurierbare und kontrollierbare Techniken, um die Verarbeitung und Weitergabe der Daten entsprechend der Aufgaben und Pflichten der beteiligten Parteien zu ermöglichen. Darüber hinaus muss die Verfügbarkeit gewährleistet sein, wenn der Cloud-Service wichtige Funktionen bereitstellt, ohne die eine Industrieanlage nicht weiter funktioniert. Folgende grundlegenden Schutzziele (vgl. auch [8]) müssen daher erfüllt werden:

- Verfügbarkeit der Dienste und Daten
- Unversehrtheit der Daten
- Geheimhaltung vertraulicher Daten

Ein wichtiges Merkmal von Cloud-Infrastrukturen ist der Zugriff auf die Cloud-Dienste über Netzwerkschnittstellen: Die Kommunikation mit der Cloud findet in der Regel über das Internet statt, Daten werden also über ein öffentlich zugängliches Netzwerk gesendet und passieren auf dem Weg vom Sender (beispielsweise einer Produktionsanlage) zum Empfänger (der Cloud) verschiedene Knotenpunkte im Netz. Diese liegen außerhalb der Kontrolle der Netzwerkadministratoren des Cloud-Providers und des Anlagenbesitzers. Zudem werden verschiedene technische Übertragungsmedien wie Kabel oder Funk- und Satellitenverbindungen genutzt.

Es stellen sich also hohe Sicherheitsanforderungen nicht nur bei der Speicherung und Verarbeitung der Daten in der Cloud, sondern bereits auf dem Übertragungsweg zwischen Cloud und Produktionsanlage. Wie eingangs bereits erwähnt ist natürlich auch die korrekte, vollständige und nicht manipulierte lokale Datenerhebung in den Anlagen von besonderer Bedeutung. Dies erfordert, wie bereits kurz skizziert, die Einbettung von Sicherheitsmaßnahmen direkt in die eingebetteten Komponenten der Anlage. Auf diesen Aspekt wird im Folgenden nicht eingegangen.

2.1 Einsatz von Cloud Computing in Industrie 4.0

Cloud Computing ist durch seine Eigenschaften wie der Skalierbarkeit, der hohen Verfügbarkeit, einer schnellen Netzwerkverbindung und damit verbunden der Bereitstellung von Funktionalität durch definierte Schnittstellen nach außen eine Technologie, die grundlegend für Industrie 4.0 ist und die Umsetzung der Charakteristika wie dem hohen Vernetzungsgrad der Industrieanlagen und der darauf basierenden Adaptivität und automatisierten Organisierung der Produktionsanlagen erst ermöglicht.

Die klassische Automatisierungspyramide ist in sechs Ebenen untergliedert, auf denen unterschiedliche Daten zusammenlaufen und die unterschiedliche Aufgaben haben:

ERP Die Unternehmensebene dient der groben Planung der Produktion und umfasst beispielsweise Systeme wie die Bestellabwicklung.

MES Auf der Betriebsleitebene finden feingranulare Planungen statt, wie die Produktionsprozesse im Einzelnen aussehen. Hier werden die Key Performance Indicators (PKIs) überwacht und es findet Material- und Qualitätsmanagement statt.

SCADA Auf Prozessleitebene laufen die Messwerte der unteren Schichten zusammen, daher findet hier das Monitoring des gesamten Systems statt. Falls benötigt, können von dieser Ebene auch Kommandos abgesetzt werden, um die angeschlossenen Maschinen zu steuern und auf außergewöhnliche Situationen zu reagieren. Die Archivierung der Messwerte findet ebenfalls auf dieser Ebene statt.

SPS Auf der Steuerungsebene findet die Steuerung der einzelnen Maschine statt.

Ein-/Ausgangssignale Diese Ebene stellt die technische Schnittstelle zur Produktionsprozess dar, die über Ein- und Ausgabesignale verfügt.

Produktionsprozess Diese tiefste Ebene, die Sensor- und Aktor-Ebene, dient zur einfachen und schnellen Datensammlung meist binärer Signale in den angeschlossenen Maschinen.

Cloud-Computing-Technologien finden sich auf den oberen Ebenen dieser Automatisierungspyramide wieder: In Cloud-Systemen laufen die Daten aus den Produktionsanlagen zusammen, werden dort analysiert und in Berichte und Dashboards umgesetzt, die einen genauen Überblick über alle angeschlossenen Systeme geben können und die gleichzeitig bis auf Maschinen- und Komponentenebene hinabreichen. Produktionsprozesse werden überwacht und in der Cloud graphisch dargestellt. Gleichzeitig können Cloud-Systeme dazu dienen, Prozesse selbst zu planen, in aktive Prozesse einzugreifen oder sogar automatisiert Entscheidungen zu treffen und entsprechende Steuerbefehle an die Produktionsanlagen zu senden. Dadurch kann eine Synchronisierung zwischen den Produktionsanlagen erreicht und damit Phasen unzureichender Auslastung minimiert werden, wenn diese in einem Prozess zusammen arbeiten. Durch intelligente Planung und automatisierte Umkonfiguration und Anpassung von Werkzeugen und Maschinen können darüber hinaus Nebenzeiten minimiert werden.

Die Einführung von standardisierten Anlagekomponenten ermöglicht eine immer einfachere Zugänglichkeit und erlaubt den einfachen Zusammenschluss von Industrieanlagen in Cloud-Plattformen. Nicht nur aus Kostengründen ist diese einheitliche Möglichkeit des Zugriffs auf Maschinen attraktiv: Servicepersonal kann unterschiedliche Anlagen über eine einheitliche Softwareplattform erreichen und verwalten, auch eine zentrale Sammlung von Daten wird einfacher, wenn sich die Schnittstellen der verschiedenen Maschinen gleichen. Zudem erlaubt sie eine Analyse unter Einbeziehung von Monitoringdaten sämtlicher Systeme aus den unterschiedlichen Ebenen der Automatisierungspyramide. Durch standardisierte Schnittstellen und einfache Zugriffsmöglichkeiten wird eine im Vergleich zu den vergangenen Jahren deutlich verbesserte Analyse, Fehlersuche und Simulation möglich.

In den folgenden drei Abschnitten werden drei wichtige Nutzungsszenarien für Cloud-Plattformen in Industrie 4.0 etwas detaillierter diskutiert.

2.1.1 Fernwartung von Produktionsanlagen

Die Fernwartung von Produktionsanlagen ist in der heutigen Zeit aus mehreren Gründen essentiell. Einerseits stehen moderne Industrieanlagen nicht mehr zwangsweise an einem Ort, so dass Servicetechniker lange Reisen unternehmen müssten, um alle an einem Fertigungsprozess beteiligten Maschinen zu besuchen. Andererseits sind moderne Produktionsmaschinen sehr komplex und durch Software steuerbar, so dass die Notwendigkeit von Softwareupdates und Konfigurationsänderungen deutlich größer ist als vor einigen Jahren.

Aus diesem Grund bieten auch heutige Maschinen bereits die Möglichkeit der Fernwartung. Normalerweise loggt sich ein Servicemitarbeiter des Herstellers über einen Remote-Zugang direkt auf der Maschine ein. Dabei kann er entweder eine Verbindung direkt zur entsprechenden Maschine aufbauen, oder er loggt sich in das Virtual Private Network (VPN) im Firmennetzwerk des Kunden ein, um von dort aus Zugriff auf die Maschine zu erhalten. Für jede Produktionsmaschine werden dafür in der Regel eigene Zugangsdaten und Netzwerkadressen angelegt und gepflegt. Dies ist sehr aufwändig. Eine deutliche Vereinfachung lässt sich mit der Organisation der Produktionsmaschinen in einer Cloud-Infrastruktur erreichen. Die Cloud kann als ein zentraler Zugriffspunkt auf die Anlagen genutzt werden. Hinzu kommt, dass der Zugang zu Produktionsanlagen aus verschiedenen Gründen nicht einfach hergestellt werden kann, beispielsweise aufgrund von Restriktionen aus der IT-Abteilung der Betreiberfirma der Anlage oder einem vorhandenen Mobilzugang über das Mobilfunknetz ohne öffentlich erreichbare IP-Adresse.

Die zentrale Organisation intelligenter Produktionsanlagen in einer Cloud stellt somit einen großen Zugewinn an Komfort dar, birgt allerdings auch Sicherheitsrisiken, vor allem in Mehrnutzer-Umgebungen, in denen Produktionsanlagen verschiedener Kunden auf einer einzigen Cloud-Plattform verwaltet werden.

Manche Hersteller von Produktionsanlagen stellen über die Firmware ihrer Anlagen ein, welche Funktionen während des Fertigungsprozesses zur Verfügung stehen und wie schnell die Anlage arbeitet. Kunden haben die Möglichkeit, nachträglich Leistungen und Funktionen zu kaufen, die dann in der Firmware freigeschaltet werden. Werden diese Funktionen nach dem Kauf der Produktionsanlage unrechtmäßig freigeschaltet, entsteht dem Anlagenhersteller ein finanzieller Schaden. Daher muss sichergestellt sein, dass nur vom Hersteller autorisiertes Servicepersonal Funktionen in der Firmware der Anlage freischalten oder deaktivieren kann.

2.1.2 Zentrale Verwaltung von Produktionsmaschinen

Auch im Anwendungsfall der zentralen Verwaltung der Produktionsmaschinen wird die Cloud als Plattform eingesetzt, in der Produktionsanlagen zusammengeschlossen und organisiert werden. (vgl. Beitrag Vogel-Heuser „Herausforderungen und Anforderungen aus Sicht der IT und der Automatisierungstechnik") Im Gegensatz zu der Wartung der Anlagen stehen in diesem Fall jedoch die Simulation, Planung und Ausführung von Produktionsprozessen im Mittelpunkt. Eine Cloud-Infrastruktur kann dabei als Basis für ein Expertensystem dienen, in dem verschiedene Fachkräfte zusammenarbeiten können. Neben der Kommunikation, der Planung und der Simulation von Arbeitsschritten kann durch ein solches System jedem Experten Zugriff auf die von ihm benötigten Informationen bereitgestellt werden.

Die Nutzung der Cloud-Plattform als Expertensystem erlaubt dabei die zentrale Bereitstellung von Werkzeugen, die eine Planung von Produktionsprozessen technisch unterstützen. Die Werkzeuge können zentral in der Cloud bereitgestellt werden und stehen den Nutzern zur Verfügung. Grafische Editoren erleichtern eine schnelle Planung der Prozesse und können automatisch den Steuercode für die Produktionsanlagen erzeugen. Durch die automatische Code-Erzeugung können Programmierfehler ausgeschlossen und die benötigte Zeit für die Umsetzung eines Prozesses in Steuercode wird verkürzt.

Durch die hohe Rechenleistung von Cloud-Systemen können Simulationen und Validierungen von komplexen Prozessketten in verhältnismäßig kurzer Zeit durchgeführt und weitere Cloud-Ressourcen bei Bedarf hinzugenommen werden, um die Simulationszeiten zusätzlich zu verkürzen. Graphische Darstellungen der Prozesse erlauben bei Problemen eine visualisierte und einfach verständliche

Lokalisierung von Engpässen und Fehlern. Diese Simulationen können ebenfalls zur Optimierung von Prozessen eingesetzt werden. Da diese an zentraler Stelle in der Cloud durchgeführt werden, können alle angeschlossenen Systeme einbezogen und auch Produktionsabläufe optimiert werden, die sich über zahlreiche andere Maschinen und Produktionsstandorte erstrecken. Durch das Rückfließen der Simulationsergebnisse in die Modellierung der Workflows können Optimierungen direkt und kurzfristig in die Produktionsprozesse eingebracht und realisiert werden.

Die Verlagerung der Betriebs- und Prozessleitebene in die Cloud erlaubt die Steuerung aller Maschinen durch die zentrale Cloud. Dabei können Maschinen synchronisiert werden, wenn diese in einem Prozess zusammenarbeiten und Leerlaufzeiten minimiert werden. Werden mehrere unterschiedliche Herstellungsprozesse verwaltet, kann die Cloud-Plattform die Auslastung der Anlagen optimieren und Spitzenlasten zwischen verschiedenen Maschinen verteilen, um die Gesamtauslastung auf einem möglichst hohen Niveau zu halten. Wenn es zu unvorhergesehenen Ereignissen wie dem Ausfall einer Anlage kommt, kann die Cloud-Plattform autonom wichtige Prozesse auf andere Produktionsanlagen verlagern oder die Produktionsleistung drosseln, falls die Monitoring-Daten auf einen drohenden Defekt einer Komponente hinweisen.

Durch die Vernetzung der verschiedenen Anlagen mit der Cloud kann diese Verwaltung vollautomatisch geschehen. Wartezeiten, die durch die Einbindung menschlicher Entscheider entstehen, können reduziert oder gänzlich ausgeschlossen werden, da die Experten durch die IT-Infrastruktur alarmiert werden können und direkt auf die Cloud-Plattform zugreifen und Aktionen durchführen und Entscheidungen treffen können.

Durch die Überwachung der Maschinen- und Lagerzustände kann über die Cloud-Plattform automatisiert eine Nachbestellung von Produktionsrohstoffen erfolgen bzw. der Transport an bestimmte Fertigungsorte angestoßen werden.

2.1.3 Zentrale Speicherung und Analyse von Daten

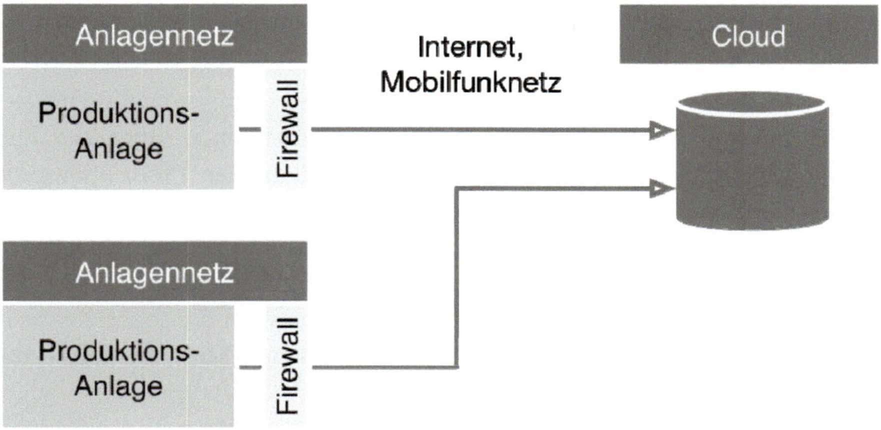

Abbildung 1: Speicherung von Daten aus den Produktionsanlagen in der Cloud.

In laufenden Produktionsprozessen fallen viele Daten direkt aus den Maschinen an, die für die Überwachung des Prozesses benötigt werden. Diese können in einer Cloud-Plattform zentral zusammenlaufen und gespeichert werden, um ein umfassendes Monitoring zu realisieren. In Abbildung 1 ist die zentrale Speicherung aus unterschiedlichen Produktionsanlagen in einer Cloud schematisch dargestellt.

Durch den Einzug von Cloud-Systemen steigt die Anzahl der Systeme, die bedroht sind und in die eingebrochen werden kann, um Daten oder Kontrolle über angeschlossene Systeme zu gewinnen. Neben den Anlagenkomponenten, die durch ihre neuen Schnittstellen nun direkt aus dem Internet erreichbar sind, stellen neu hinzugekommene zentrale Rechner und Datenspeicher neue Angriffsziele dar. Darüber hinaus müssen die Kommunikationskanäle, die Netzwerkverbindungen, die für den Daten- und Nachrichtenaustausch verwendet werden, gegen unrechtmäßigen Zugriff und Datenveränderung geschützt werden.

Dieser Anwendungsfall hängt eng mit der Simulation und Planung von Produktionsprozessen zusammen, da Daten aus vergangenen Prozessen eine wichtige Rolle spielen und erst ermöglichen, zukünftige Produktionsabläufe zu simulieren und in aktuelle Prozesse steuernd einzugreifen. Um Fehler in einem laufenden Prozess zu erkennen und steuernd eingreifen zu können, müssen diese Fehler zeitnah erkannt und entsprechende Gegenmaßnahmen eingeleitet werden.

Die zentrale Speicherung von Daten aus Produktionsanlagen an einer zentralen Stelle wie einer Cloud-Plattform, über die diese Anlagen verbunden sind und verwaltet werden, erschließt neue Möglichkeiten, Daten aus vergangenen Produktionsprozessen zu analysieren und die Erkenntnisse für die Nutzung in zukünftigen Prozessen zu verwenden. Weiterhin können Daten bereits während der Durchführung eines Produktionsprozesses ausgewertet werden, um ein umfangreiches Monitoring des Prozesses durchführen zu können. Ein solches kann Daten aus allen beteiligten Industrieanlagen verwenden und ermöglicht daher einen komplettem Überblick über den Gesamtprozess.

Durch die zentrale Analyse aller verfügbaren Daten können komplexe Zusammenhänge erkannt werden, da Daten aus unterschiedlichen Produktionsanlagen miteinander in Bezug gesetzt werden können. Diese Zusammenhänge sind nicht erkennbar, wenn man für die Analysen lediglich die Daten einer einzelnen Produktionsanlage verwendet. Durch die hohe Rechenleistung von Cloud-Infrastrukturen können dabei sehr umfangreiche Analysen durchgeführt werden, während die große Datenbasis aus den angeschlossenen Maschinen eine umfassende Grundlage für diese Analysen bildet.

2.2 Verfügbarkeit der Dienste und Daten

Verfügbarkeit meint eine nicht beeinträchtigte, generelle Möglichkeit des Zugriffs auf benötigte Informationen, Daten, Programme, Hardware oder Systeme bzw. Systembestandteile, so dass – allgemein ausgedrückt – Funktionen und Ressourcen eines Systems immer dann auch betriebsbereit zur Verfügung stehen, wenn sie benötigt werden.

Um diese Verfügbarkeit zu gewährleisten, muss ausgeschlossen werden, dass Daten unberechtigt gelöscht, der Zugriff auf die Daten gezielt behindert oder die Funktionsfähigkeit von Systemen oder Programmen beeinträchtigt wird (zum Beispiel durch so genannte „Denial of Service"-Angriffe (DOS)). Die Einführung redundanter Systeme oder Komponenten können, ebenso wie eine Durchführung regelmäßiger Backups, zu einer Erhöhung der Verfügbarkeit beitragen.

In den vorher genannten Anwendungsfällen von Cloud Computing im Industrie 4.0-Kontext ist die Verfügbarkeit der Dienste und Daten elementar. Das Problem einer nicht verfügbaren Komponente, die für die Produktionsplanung und die Steuerung des Produktionsablaufs verantwortlich ist, liegt auf der Hand: Die Planung oder Ausführung des Prozesses ist nicht möglich. Während dies in der Planungsphase ohne Auswirkungen bleiben kann, kommt es bei einer Unterbrechung der Produktionsphase sofort zu einem finanziellen Schaden, der durch den Produktionsausfall verursacht wird. Eine von Compuware 2013 veröffentlichte Studie stellt dar, dass durch den Ausfall von IT-Systemen Schäden in Millionenhöhe entstehen [11].

Da über die Cloud-Plattform das Zusammenarbeiten von Experten ermöglicht und gesteuert wird und Simulationen geplanter Produktionsabläufe durchgeführt werden, kann ein Ausfall der Plattform die Planung und Simulation und damit die tatsächliche Durchführung eines Produktionsprozesses verzögern.

Auch für die zentrale Datenspeicherung und -analyse ist ein Ausfall der Cloud kritisch, da in der Zeit des Ausfalls kein umfassendes Monitoring des Produktionsprozesses stattfinden kann. Auftretende Fehler können erst später oder überhaupt nicht entdeckt werden und der Produktionsprozess wird daher möglicherweise unterbrochen. Durch die entstandenen Ausfallzeiten kann es zu einem finanziellen Schaden kommen, den man möglicherweise mit Änderungen in den Parametern des Prozesses hätte vermeiden können.

Steht das Cloud-System nicht zur Verfügung, ist die Wartung angeschlossener Produktionsanlagen ebenfalls nicht möglich. Bereits ein sehr kurzer Ausfall kann daher zu einer Reihe größerer Probleme führen. So könnte in einer eng getakteten Produktionsplanung ein Wartungsfenster eingeplant worden sein, das aber aufgrund der Nicht-Verfügbarkeit des Cloud-Systems nicht eingehalten werden kann. Dadurch verschieben sich die nachfolgenden Schritte und im synchronisierten Arbeitsablauf im Verbund mit anderen Anlagen kann es zu einer Gesamtverzögerung der Produktion kommen. Verstreicht jedoch wegen der Nicht-Verfügbarkeit des Cloud-Systems ein Wartungsfenster einer Produktionsanlage ungenutzt, kann es aufgrund der nicht vorgenommenen Wartung und einer erhöhten Ausfallwahrscheinlichkeit zu einer Gefährdung des Produktionsprozesses kommen. Ist ein Fehler in einer Produktionsanlage bereits aufgetreten und das Cloud-System nicht verfügbar, ist eine zeitnahe Behebung des Schadens nicht möglich. Durch die übermäßig lang stehende Produktion kann zudem dem Betreiber der Anlage ein wirtschaftlicher Schaden entstehen.

2.3 Unversehrtheit der Daten

Eine Unversehrtheit (Integrität) von Daten und Informationen liegt dann vor, wenn diese nicht unautorisiert und unbemerkt manipuliert wurden. Hierzu sind zum einen vorbeugende Maßnahmen zu treffen, damit Daten und Informationen nicht zerstört, verfälscht, ersetzt oder durch die Einschleusung anderer Daten verändert werden können, zum anderen ist zu gewährleisten, dass unautorisierte Manipulationen nicht unbemerkt bleiben. Die Sicherstellung, dass Dateien wie auch das Protokoll der durchgeführten Aktionen nicht verändert wurden, ist im Falle von Rechtsstreitigkeiten von großer Bedeutung, wenn es um den Nachweis geht, welches Problem einen Schaden verursacht hat und welche Partei – vor allem in einem Produktionsprozess, an dem viele Parteien beteiligt sind – für den Schaden verantwortlich ist.

Die Datenintegrität ist für die Planung und Durchführung von Produktionsprozessen ebenso unabdingbar. Um eine korrekte Planung eines Prozesses zu gewährleisten, muss die Unversehrtheit der zugrunde liegenden Daten gegeben sein, damit keine falsche Parametrisierung der Produktionsanlagen stattfindet, die bei der Ausführung des Prozesses zu einem Ausfall der Produktion oder sogar zu einer Beschädigung der Anlage führen kann. Sollten die Produktionsplanungsdaten geändert werden, muss ersichtlich sein, welcher Nutzer welche Änderungen vorgenommen hat, um Entscheidungen und Verantwortlichkeiten während und nach der Planungsphase nachvollziehen zu können.

Auch in der Produktionsphase ist es wichtig, Änderungen des Plans nachvollziehen zu können, um zu dokumentieren, warum und von wem eine notwendige Änderung ausgelöst wurde. Während der Produktionsphase fallen außerdem viele Daten an, die über die Zustand der Produktionsanlagen Auskunft geben. Die korrekte Übertragung von den Anlagen in die Cloud-Plattform und das sichere Speichern dieser Daten ist Voraussetzung, um die Anlagen zu überwachen und auf dieser Basis Störfälle und Abweichungen zu erkennen. Es muss sichergestellt sein, dass diese Protokolldaten in der Cloud-Plattform nicht verändert werden können bzw. Änderungen zurückverfolgbar sind auf einen bestimmten und berechtigten Anwender oder Prozess in der Cloud. Nicht nur während des Produktionsprozesses sind diese Daten von Belang, da sie in späteren Planungen zukünftiger Produktionsprozesse als Grundlage für Simulationen und Vorhersagen dienen. Eine sichere und integre Speicherung und Archivierung der Daten ist daher weit über einen abgeschlossenen Produktionsprozess sicherzustellen.

Wenn die Cloud-Plattform autonom Entscheidungen treffen soll, muss zu Protokollzwecken hinterlegt werden, wie eine Entscheidung gefällt wurde, wann dies stattgefunden hat und welche Operationen im Anschluss daran durchgeführt wurden. Dies ist wichtig, um im Fehlerfall den Status des Prozesses zu rekonstruieren und kann in zukünftigen Simulationen zur Optimierung hinzugezogen werden. Doch nicht nur die Protokolldaten müssen sicher gespeichert werden, auch die Prozesse selbst und der aus ihnen automatisch erzeugte Steuercode für die Anlagen muss vor Manipulation gesichert werden. Unberechtigte Änderungen im Steuercode können zum Ausfall von Produktionsanlagen führen und die Sicherheit auch für angrenzende Menschen und Maschinen gefährden, wenn sie außerhalb ihrer Spezifikation betrieben werden und dadurch Schaden verursachen können. Gleiches gilt für Notfallpläne, die in unvorhersehbaren Situationen greifen und automatisch ausgeführt werden, um auf solche Situationen zu reagieren. Die genaue Umsetzung der in ihnen beschriebenen Prozesse kann grundlegend sein, um Gefahren und Schäden abzuwenden.

Im Fernwartungs-Szenario ist eine korrekte und zuverlässige Datenübertragung grundlegend: Um die Aufgabe der korrekten Fernverwaltung überhaupt durchführen zu können, müssen die Daten unversehrt, also vollständig und ohne Manipulation vorliegen. Ebenso müssen alle Aktionen, die im Rahmen eine Fernwartung durchgeführt werden, protokolliert und unverändert abgespeichert werden. Auch bei der Aktivierung und Deaktivierung von Leistungsmerkmalen in der Firmware der Produktionsanlage selbst muss der Zeitpunkt der Aktion sicher gespeichert werden, um sicherzustellen, dass dem Eigentümer der Anlage genau der gekaufte Funktionsumfang zur Verfügung steht. Wird eine Funktion nachträglich aktiviert oder deaktiviert, muss sicher gespeichert werden, zu welchem Zeitpunkt welcher Service-Mitarbeiter die Aktualisierung durchgeführt hat.

Ein Mittel zur Gewährleistung des Manipulationsschutzes der Daten ist die Generierung und Prüfung von Hashwerten mittels kryptographisch sicherer Hashfunktionen sowie der Einsatz digitaler Signaturen. Auch die Festlegung entsprechender Nutzungsrechte trägt zum Schutz der Integrität bei (vgl. [8]).

Zu beachten ist jedoch, dass diese klassischen IT-Sicherheitstechniken nicht dazu geeignet sind, die semantische Korrektheit oder auch die Qualität der Daten bei deren ursprünglichen Erfassung und Erhebung zu gewährleisten. Hierfür sind andere Maßnahmen erforderlich. Die IT-Sicherheitsmaßnahmen konzentrieren sich darauf, die erhobenen Daten manipulationsgeschützt, vollständig und falls notwendig auch vertraulich zu speichern und zu verarbeiten und sie rechtzeitig verfügbar zu machen. Die sogenannte zeitliche Korrektheit ist ein Sonderfall der Forderung nach Unversehrtheit der Daten. Diese ist von Interesse, wenn bei der Übertragung und Verarbeitung von Daten eine bestimmte zeitliche Reihenfolge einzuhalten ist, um den übergeordneten Sinn- und Informationsgehalt einer Nachricht bzw. eines Datums nicht zu verfälschen. Beispiele sind hier die zeitliche Abfolge innerhalb einer Kette von Funktionsaufrufen oder die Auswertung von Daten, die einen zeitlichen Ablauf charakterisieren, und Protokolldaten.

Aber auch das System selbst muss vor Manipulationen geschützt werden. Hierbei muss beispielsweise dafür Sorge getragen werden, dass das Verhalten des Systems nicht unbefugt beeinflusst werden kann, beispielsweise durch das Einbringen von veränderten Funktionen. Dies setzt besondere Verankerungen von Sicherheitsmechanismen in vertrauenswürdigen Hardware-Komponenten in den Systemen voraus, sowie spezielle Kontrollverfahren, die regelmäßig überprüfen, dass sich die Systeme noch in einem zulässigen Zustand befinden (vgl. u.a. [30, 31]).

2.4 Geheimhaltung vertraulicher Daten

Die Gewährleistung der Geheimhaltung und Vertraulichkeit der Daten heißt, dass Informationen und Ressourcen nicht unberechtigterweise (z.B. durch nicht autorisierte Nutzer oder Anwender) eingesehen, verarbeitet oder dupliziert und weitergegeben werden können. Es ist hierbei zu gewährleisten, dass mittels der Vergabe von Rechten nur berechtigte Subjekte Zugriff auf übertragene oder gespeicherte Informationen haben. Neben der Etablierung technischer Maßnahmen zum Zugriffsschutz (z.B. Zutrittskontrollsysteme, Berechtigungssysteme) oder dem Ausrollen von Zugriffsrechten stellt vor allem die sichere Verschlüsselung von Daten ein vorrangiges Instrument zur Aufrechterhaltung der Vertraulichkeit von Informationen dar.

In einem Mehrbenutzersystem ist die Vertraulichkeit der gespeicherten Daten kritisch, da kein Anwender unberechtigt auf die Daten eines anderen Anwenders zugreifen darf. Bei den Daten, die direkt in der Cloud gespeichert werden, kann es sich beispielsweise um Log-Dateien handeln, die aus Industriemaschinen direkt in der Cloud abgelegt werden, um sie dort direkt oder zu einem späteren Zeitpunkt zu analysieren. Falls Maschinen verschiedener Cloud-Anwender ihre Log-Dateien in der Cloud speichern, muss sichergestellt sein, dass kein Anwender Zugriff auf die Daten der anderen Anwender erhält.

Produktionsplanungsdaten und Protokolldaten erlauben detaillierte Schlüsse auf die zukünftige Konfiguration von Produktionsanlagen und Fertigungsprozesse von Unternehmen, deren Fertigungsanlagen über die Cloud-Plattform zusammengeschlossen sind. Produktionsprozesse und Anlagenkonfigurationen, Simulationen und Protokolldateien aus abgeschlossenen Produktionsphasen beinhalten detailliertes Wissen und Geheimnisse von Unternehmen, die ihre Produkte auf diesen modernen Produktionsanlagen herstellen.

Kann die Vertraulichkeit der Daten nicht sichergestellt werden, ist es möglich, dass andere Wirtschaftsunternehmen, die Konkurrenten sein können, Zugriff auf diese sensiblen Daten erlangen und daraus ein kaum kalkulierbarer Schaden entstehen kann. Fertigungs- und Forschungsgeheimnisse sowie zukünftig geplante Produkte, die kurz vor der Produktion stehen, können in die Hände von Mitbewerbern gelangen, die diese Informationen für die Verbesserung und Weiterentwicklung der eigenen Produkte verwenden können. Gelingt Angreifern zudem eine Veränderung der in der Cloud-Plattform gespeicherten Daten, kann dies in fehlerhafte Simulationen oder Konfigurationen der Produktionsanlagen und -prozesse münden, oder mögliche Verbesserungen in den Produktionsabläufen werden vielleicht nicht umgesetzt, da diese aufgrund der fehlerhaften Simulationen nicht erkannt werden.

Weiterhin kann es sich bei solchen Daten auch um Konfigurationsdateien handeln, die eine Produktionsmaschine in einen bestimmten Zustand versetzen, der für das Durchführen eines Produktionsschrittes benötigt wird. Auch diese Daten sind unbedingt vor fremdem und nichtberechtigtem Zugriff zu schützen, da sich bei gespeicherten Konfigurationen und Simulationsergebnissen um existentielle Daten von Produktionsunternehmen handelt. Diese Daten müssen vor anderen Benutzern der Cloud-Plattform geschützt und sicher und vertraulich gespeichert werden. Auch Parteien, die über die Cloud-Plattform zusammen arbeiten sollen, dürfen nur eingeschränkten Zugriff auf solche Daten bekommen, die für die Ausübung ihrer Tätigkeit benötigt werden. Damit kann verhindert werden, dass ein einzelner Experte eine Gesamtsicht auf die Simulation und Produktion bekommt und der Schaden im Falle eines Datenabflusses und -missbrauchs durch den Experten begrenzt werden. Zur Umsetzung derartiger Forderungen sind in der Business-IT bereits heute rollenbasierte Zugriffskontrollen üblich. Zusätzlich können die Informations- und Datenflüsse kontrollierbar gemacht werden, indem die Daten mit Sicherheitsmarkierungen versehen und deren Weitergabe kontrolliert wird.

Wenn Cloud-Systeme mit entfernten Industriemaschinen kommunizieren, ist es notwendig, dass Daten zur Authentifikation an den entfernen Systemen in der Cloud gespeichert werden. Der Schutz der Vertraulichkeit von Daten ist innerhalb der Cloud-Plattform ein sehr wichtiges Thema, da dort die Zugangsdaten zu Maschinen von unterschiedlichen Kunden oder verschiedener Abteilungen abgelegt sind. Diese Daten ermöglichen den direkten Zugriff auf die Produktionsanlagen und müssen daher sicher gespeichert und vor unberechtigtem Zugriff geschützt werden. Erlangt ein anderer Nutzer Zugriff auf diese Dateien, kann er ebenso Zugriff auf die Maschinen des Anwenders erhalten, indem er sich als das berechtigte Cloudsystem ausgibt.

Vor allem im Managementsystem, das die Cloud verwaltet, sind personenbezogene Daten gespeichert, die für die Abrechnung der Service-Nutzung benötigt werden. Hierbei handelt es sich beispielsweise um Kontaktinformationen oder um Daten, die für die Zahlung der Nutzungsgebühren verwendet werden. Diese personenbezogenen Daten unterliegen hohen Anforderungen an die Vertraulichkeit. Wenn die Wartung der Produktionsanlagen durch einen Vertragsnehmer durchgeführt werden, können im Cloud-System die Zeit erfasst werden, in denen die Wartung einer bestimmten Maschine durchgeführt wurde und wie lange diese gedauert hat. Wer der Schutz dieser Daten nicht gewährleistet, kann der Einsehende aus diesen die verschiedenen Kunden betreffenden Informationen bereits Schlüsse auf eine bestimmte Phase im Produktionsprozess oder die geplante Umkonfiguration einer Anlage ziehen. Somit ermöglichen auch unberechtigte

Zugriffe auf Daten, die sich auf den Funktionsumfang und die Leistungsfähigkeit einzelner Produktionsanlagen beziehen, tiefe Einblicke in Produktionsabläufe und stellen eine wichtige Information dar, die vor unberechtigtem Zugriff geschützt werden muss.

3 Lösungsansätze und Forschungsbedarfe

In den Beschreibungen der Anwendungsfälle von Cloud Computing im Umfeld von Industrie 4.0 wurden bereits einige technologische Lösungsansätze zur Umsetzung der Schutzziele erwähnt.

Rollenbasierte Zugriffssysteme innerhalb der Cloud-Plattform definieren Rollen gemäß den auszuführenden Aufgaben. Das hat den Vorteil, dass die Berechtigungen für den Zugriff auf Daten nicht aufwändig für einzelne Nutzer festzulegen sind, sondern eine Zuordnung anhand von Aufgabenprofilen und Zuständigkeiten erfolgt. Nutzer werden entsprechend der von ihnen durchzuführenden Aufgaben einer oder auch mehreren Rollen zugeordnet; sie agieren in einer Rolle und erben die Zugriffsrechte dieser Rolle. Die Architektur eines solchen rollenbasierten Zugriffssystems ist in Abbildung 2 dargestellt. Ein Benutzer ist einer oder mehreren Rollen zugeteilt, während Regeln festlegen, welche Rollen die einzelnen Benutzer haben müssen, um auf die Services oder Daten in einer Cloud zugreifen zu können. Eine solche Zuordnung kann flexibel und dynamisch von den Unternehmen durchgeführt werden. Die Zuordnung zwischen der Rolle und den damit verbundenen Zugriffsrechten und deren Kontrolle auf der Cloud-Plattform bleibt davon unberührt. Das Konzept der rollenbasierten Zugriffsberechtigungen gehört in der Business IT seit langem zum Standard-Repertoire [19], entsprechend sind die Konzepte bereits sehr ausgereift. Eine Übertragung der Konzepte in ein Cloud-Szenario, in dem viele Parteien unter Nutzung der Cloud kooperativ arbeiten, führt zu Problemen, die es zu lösen gilt. So müssen beispielsweise die Nutzer und der Cloud-Anbieter ein gemeinsames Verständnis für die definierten Rollen besitzen. Sollen verschiedenen Parteien der Wertschöpfungskette gezielt zusammenarbeiten und jeweils nur Ausschnitte der Daten verarbeiten und anderen Rollen zur Verfügung stellen, dann müssen die beteiligten Parteien ein gemeinsames Verständnis von der Bedeutung der Rollen und der damit verbundenen Aufgaben, Rechte und Pflichten besitzen. Erforderlich sind Rollen-Ontologien, damit nicht bereits auf der Design-Ebene Informationslecks entstehen.

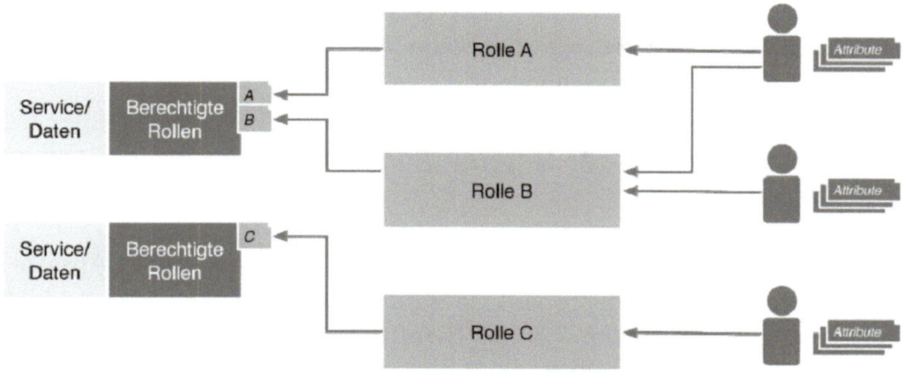

Abbildung 2: Architektur eines rollenbasierten Zugriffssystemen.

Eng verbunden mit der rollenbasierten Zugriffskontrolle sind Ansätze, die bestimmten Anwendern nur jene Informationen bereitstellen, die sie für ihre Arbeit benötigen, und den Zugriff auf andere Informationen verhindern. Derartige Technologien lassen sich unter dem Stichwort Data Loss Prevention (DLP) zusammenfassen. DLP-Technologien bieten neben der Verschlüsselung von Daten weitere Eigenschaften, wie die Dokumentation, welche Operationen auf welchen Daten ausgeführt wurden und welche Daten gelesen und kopiert wurden, sowie die Verhinderung von Operationen, mit denen die Daten aus einem System exportiert werden können. So kann das Ausdrucken bestimmter Datensätze ebenso wie das Einlesen und Verwenden von Speichermedien wie USB-Sticks unterbunden werden.

Auch bei der Datenübertragung kann auf etablierte Verfahren wie Virtuelle Private Netzwerke (VPNs) zurückgegriffen werden, die eine sichere verschlüsselte Verbindung zwischen einzelnen Kommunikationsteilnehmern oder ganzen Netzwerken aufbauen können. Durch diese VPN-Verbindungen können weitere andere Protokolle getunnelt werden, so dass die Kommunikation zwischen den Komponenten nicht neu konzipiert und ein neues Kommunikationsprotokoll eingeführt werden muss, sondern bestehende Lösungen über die abgesicherten Verbindungen weiterverwendet werden können. Die Teilnehmer an einer VPN-basierten Kommunikation sind bekannt, da diese sich für die Nutzung der VPN-Verbindung authentisieren müssen. Dies geschieht in vielen Fällen nicht mehr nur über unsichere Passworte, sondern über Hardware-Token, wie beispielsweise das RSA-SecureID-Token[1] oder über die Verwendung von digitalen X.509-Zertifikate, Diese Konzepte erlauben die sichere Identifizierung von Kommunikationsteilnehmern.

---

1 vgl. http://germany.emc.com/security/rsa-securid.htm

Abschließend werden ausgewählte, vielversprechende Forschungsansätze, diskutiert, um im Kontext von Industrie 4.0 besonders in Cloud-Computing-Umgebungen das Sicherheitsniveau zu erhöhen.

3.1 Sicherstellung der Datenintegrität durch sichere Hardware-Module

Die Integrität von Daten und Netzwerkkommunikation adressieren Ansätze wie Network Endpoint Assessment (NEA) und die Integrity Measurement Architecture (IMA). Für die Entwicklung von NEA wurde von der Internet Engineering Task Force (IETF) bereits im Jahr 2006 eine Arbeitsgruppe gegründet, die sich seitdem mit der Prüfung der Integrität von Knoten in einem Netzwerk beschäftigt. Basierend auf der Evaluation der Integrität wird dem entsprechenden Gerät Zugriff auf Netzwerkressourcen gestattet bzw. verweigert.

Ein solches System setzt das Open-Source-Projekt strongSwan [26] um. Die Architektur ist in Abbildung 3 dargestellt. Ein Client – zum Beispiel eine Produktionsanlage – möchte mit einem Server im internen Unternehmensnetzwerk bzw. in der Cloud kommunizieren. Bevor die Kommunikation zu Stande kommt, muss der Client durch eine Reihe von Messungen belegen, dass sich seine Software und Hardware in einem vertrauenswürdigen Zustand befinden. Die vom Client übermittelten Messdaten werden von einem Network Access Control (NAC) Policy Enforcement Point (PEP) überprüft, der anhand der Ergebnisse der Überprüfung Zugriff auf die internen Ressourcen genehmigt. Ist die Integrität des Clients nicht gewährleistet, kann der Zugriff entweder blockiert oder der Client mit einem Server in einem abgeschotteten Netzwerk verbunden werden, über den Aktionen ausgeführt werden können, um den Client durch Installation von Patches zurück in einen vertrauenswürdigen Zustand zu überführen.

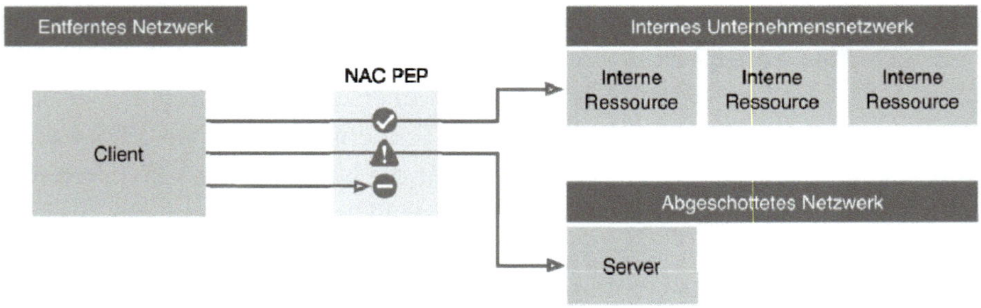

Abbildung 3: Architektur zur Entscheidung von Netzwerkzugriffen basierend auf Integritätsmessungen.

Eine weitere Herausforderung stellen falsche Antworten der Clients dar. Falls der Client erfolgreich angegriffen und bösartige Malware erfolgreich installiert wurde, kann die Korrektheit der Antworten nicht sichergestellt werden und es muss davon ausgegangen werden, dass diese von der installierten Malware gefälscht wurden. Ein Ansatz um dieses Problem zu lösen, ist der Einsatz eines speziellen Hardware-Chips, wie beispielsweise ein Trusted Platform Modul (TPM) [27]. Ein solches Modul dient als sicheres Wurzel-Element, in dem Schlüssel und Messwerte eines Systems sicher und nicht-veränderbar gespeichert werden können. Weiterhin kann das TPM Messungen durchführen und die aggregierten Messwerte intern sicher abspeichern und signieren. Durch die Signatur kann überprüft werden, ob eine im System installierte Malware die Messwerte verändert hat oder ob die Daten auf dem Transportweg verändert wurden (vgl. u.a. [16, 15]). Die Nutzung eines solchen Konzepts setzt voraus, dass sichere Hardwaremodule wie TPMs in Produktionsanlagen verfügbar sind und die bisherige Software auf den Anlagen erweitert und angepasst wird, um die Integrität von einzelnen Anlageteilen und Softwarekomponenten auch während des operativen Betriebs überprüfen zu können.

3.2 Produkt- und Know-how-Schutz

Smarte Produkte in Industrie 4.0 werden in erhöhtem Maße der Gefahr des Nachbaus und des Diebstahls von Know-how ausgesetzt sein, da schützenswerte Produktions- und Produkt-Daten zunehmend in der Firmware des Produkts gespeichert wird. Bereits heute verursacht die Produktpiraterie immense betriebswirtschaftliche Schäden. Um diese abzuwehren oder zumindest deutlich zu erschweren, können vorhandene technische Schutzmaßnahmen gezielt eingesetzt und adaptiert werden, um piraterierobuste eingebettete Systeme zu gestalten. In [9] werden entsprechende Maßnahmen ausführlich erläutert.

Forschungsaktivitäten beschäftigen sich mit der Entwicklung von spezifischen und maßgeschneiderten Schutzmaßnahmen für Hard- und Software in eingebetteten Systemen. Auf der Hardwareebene werden u.a. Physical Unclonable Functions (PUFs) und deren Einsatz im Produktschutz erforscht (vgl. u.a. [18]). PUF-Technologien dienen zur eindeutigen Identifizierung von Produkten und allgemein von Objekten. Alle Produktteile können dadurch eine eindeutige Identität erhalten und diese kann beim Zusammenbau geprüft werden. Dadurch entstehen Produkte, die in der Produktion auf Verwendung von original geplanten Teilen geprüft werden können. Speichert man die Produktionsdaten im Produkt, dann kann sich das Produkt im späteren Einsatz selbst überprüfen und den Einsatz von nicht zugelassenen Teilen oder von Modifikationen am Produkt erkennen. Die Identitäten können auch dazu benutzt werden, einzelne Bauteile, wie z.B. Mikrocontroller und Speicher miteinander eindeutig zu verknüpfen, indem der Speicherinhalt so verschlüsselt wird, dass er nur von einem Mikrocontroller entschlüsselt werden kann. Dadurch wird einerseits das Auslesen des unverschlüsselten Programmcodes wirksam verhindert, andererseits kann auch nicht der verschlüsselte Speicherinhalt einfach auf andere Produkte kopiert werden. Solche Konzepte haben jedoch einen erheblichen Einfluss auf Logistik und Produktionsprozesse. Es müssen große Mengen von Identitäten und Schlüsseln verwaltet werden. Fehler in diesen Prozessen führen zu Produktionsstillstand.

Mit vertrauenswürdigen Hardwareankern lassen sich angriffsrobuste Sicherheitsmaßnahmen auch auf der Softwareebene realisieren, um etwa Binärcodeanalyse, Firmware-Manipulationen und Softwarepiraterie zu erschweren. Zum Schutz von Binärcode sowie Binärcodeanalyse werden u.a. Techniken der Code Obfuscation entwickelt. Sie erschweren die Binärcodeanalysen, die z.B. bei Bytecode wie .NET oder Java zur Anwendung kommen. Das Ziel ist es, Programmcode durch eine Softwareschutzmaßnahme (Obfuskator) absichtlich zu verschleiern, um das Verständnis eines Programms bei einer Analyse zu erschweren. Herkömmliche Techniken der Code Obfuscation verändern jedoch häufig das Laufzeitverhalten der Programme und erfordern zusätzlichen Speicher, so dass sie in eingebetteten Systemen nicht nutzbar sind. Für den Einsatz in smarten Produkten sind deshalb Anpassungen, Erweiterungen bzw. neue Techniken erforderlich.

Eine elektronische Platine als Bauteil in eingebetteten Systemen bietet zahlreiche Schnittstellen für vielfältige Angriffsmöglichkeiten. So ist es durch technische oder chemische Verfahren möglich, Zugriff auf die einzelnen Bausteine auf der Platine zu erhalten und so das Zusammenwirken der Komponenten zu analysieren. Auch die Firmware lässt sich auslesen, was deren Manipulation, aber insbesondere auch deren Nachbau durch Verfahren wie das Reverse Engineering ermöglicht. Zum Schutz des in Komponenten, Systemen und Produkten enthaltenen Know-hows wird in Forschungsarbeiten unter anderem eine spezielle Schutzfolie PEP (Protecting Electronic Products)[2] entwickelt. Die Folie verschließt als elektronisches Siegel das Gehäuse und alle kritischen Bauteile der Geräte manipulationssicher und deaktiviert die Funktionalität des Produkts bei Siegelbruch. Im Gegensatz zu anderen Abschirmungen ist PEP auch ohne Stromzufuhr voll funktionsfähig und hält allen Angriffen stand. Die Innovation von PEP besteht in der untrennbaren Verbindung von Hardware und Schutzfolie. Die Materialeigenschaften der Schutzhülle werden als Sensoren genutzt und zum festen Bestandteil der Messschaltung gemacht. Die für die Verschlüsselung der Firmware notwendigen Schlüssel werden aus den Folieneigenschaften erzeugt und sind damit bei der

---

2 siehe http://www.aisec.fraunhofer.de/de/fields-of-expertise/product-protection/pep-protecting-electronic-products.html

geringsten Veränderung dieser Eigenschaften, wie beispielsweise Form oder Oberflächenstruktur, nicht mehr verwendbar. Jede Folie erhält bei der Herstellung einzigartige Identifikationsnummern, die für die Erzeugung einzigartiger kryptografischer Schlüssel genutzt werden. Wird eine Manipulation jeglicher Art an der Schutzfolie vorgenommen, werden Daten wie der Programmcode der Firmware gelöscht und das Gerät dadurch funktionsunfähig. Auch das Auslesen der Firmware wird damit natürlich verhindert. Durch diese Hardware-basierte Verschlüsselung in enger Verknüpfung mit einer Software-basierten, d.h. der Firmware-Verschlüsselung und durch zusätzlich verwendete Verschleierungsmaßnahmen wird ein sehr hohes Sicherheitsniveau erreicht.

3.3 Erhöhung der Verfügbarkeit und Integrität von Daten in der Cloud

Weitere Forschungsansätze, die sich auf die Verarbeitung von Daten in der Cloud konzentrieren, haben zum Ziel, die Integrität der Daten in der Cloud zu gewährleisten und deren Verfügbarkeit zu erhöhen. Dies ist wichtig, um eine unterbrechungsfreie Bereitstellung des Services zu erreichen. Einen solchen Ansatz verfolgt beispielsweise das Cloud-Dateisystem Iris [25, 13], das Mechanismen bereitstellt, um die Integrität der Daten auf dem Dateisystem in der Cloud zu überprüfen und deren Verfügbarkeit zu erhöhen. In Abbildung 4 ist die Architektur dieses Dateisystems dargestellt. Neben der Dateiübertragung zwischen dem Client, der eine Produktionsanlage oder ein Nutzer der Cloud-Infrastruktur sein kann, und dem Speicher-Service der Cloud gibt es einen Auditierungsservice, der in regelmäßigen Abständen überprüft, ob bestimmte Rahmenbedingungen vom Speicherservice eingehalten werden (Compliance). Der Auditierungsservice kann dabei entweder im geschützten Netzwerk eines Unternehmens oder von einer vertrauenswürdigen Dritten Partei betrieben werden. Zusätzlich zu den Daten wird eine Versionsnummer gespeichert, um die Aktualität der gespeicherten Daten überprüfen zu können, als auch eine Checksumme, mit deren Hilfe Speicherfehler in den einzelnen Datenblöcken erkannt werden können.

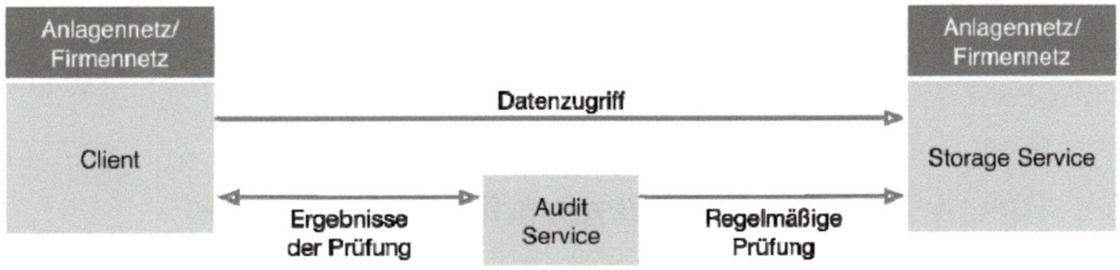

Abbildung 4: Architektur von Iris, eines Cloud-Dateisystems zur Erhöhung der Verfügbarkeit und Integrität von Daten.

Der Auditierungsservice führt zur Überprüfung des Services regelmäßig Prüfungen aus. Eine solche Prüfung kann die einfache Messung der Verfügbarkeit des Service an sich oder eine komplexe Messung auf die Korrektheit und Vollständigkeit gespeicherter Daten sein. Für letzteres bieten sich Ansätze wie Proofs of Retrievability (POR) [12, 5] an, die es gestatten, auch große Datenmengen in einer Cloud auf Vollständigkeit und korrekte Speicherung zu überprüfen, ohne diese Daten herunterladen zu müssen. Im Falle eines Fehlers kann mit POR-Mechanismen anschließend die ursprüngliche Datei wieder hergestellt werden. Bereits 2007 wurde das erste Verfahren vorgestellt, das auf sogenannten Sentinel-Blöcken basiert, die in die eigentliche verschlüsselte Datei injiziert werden. Diese Blöcke enthalten zufällige Prüfsummen, deren Korrektheit vom Auditierungsservice überprüft wird. Die Prüfsummen sind allerdings unabhängig von den eigentlichen Daten des Anwenders, deren Korrektheit damit nicht überprüft werden kann.

Iris kann ebenfalls TPMs einsetzen, um zu verifizieren, ob die Cloud-Infrastruktur in einem vertrauenswürdigen Zustand ist, Software also unverändert ausgeführt wird und die Hardware nicht verändert wurde.

Falls der Auditierungsservice feststellt, dass der Storage-Service nicht den Anforderungen entspricht, bedeutet dies, dass die Daten nicht verfügbar sind. Um die Verfügbarkeit der Daten zu erhöhen, kann ein System wie HAIL [4] eingesetzt werden, mit dessen Hilfe die Daten auf verschiedene Storage-Services verteilt werden können. Diese Idee ist vergleichbar mit RAID, einer Technologie, mit der Daten auf verschiedene Festplatten verteilt werden können, um den Ausfall von einer oder sogar mehrerer Festplatten tolerieren zu können, ohne einen Datenverlust zu erleiden.

Jedoch lassen sich sowohl Iris als auch HAIL nicht ohne weiteres auf verfügbaren kommerziellen Cloud-Diensten einsetzen: Viele kommerzielle Cloud-Anbieter stellen nur einen einzigen Speicher-Service zur Verfügung, so dass für die Verwendung von HAIL die Daten auf mehrere Provider verteilt werden müssen. Gleichzeitig muss die Cloud-Software um die Funktionalität von Iris erweitert werden, da diese Komponente oberhalb der vom Cloud-Anbieter bereitgestellten Infrastruktur in der Service-Ebene bereitgestellt werden muss.

3.4 Beschränkung von Datenzugriffen in der Cloud

In den Anwendungsfällen von Cloud Computing in Industrie 4.0 besteht oft die Anforderung, bestimmte Daten nur für einen eingeschränkten Personenkreis sichtbar zu machen. Eine Technologie, um dieses Ziel zu erreichen, kann natürlich eine rollenbasierte Zugriffskontrolle wie oben bereits vorgestellt implementiert werden. Der Nachteil eines solchen Ansatzes besteht jedoch darin, dass die Daten im Speicher dennoch im Klartext vorliegen und die Zugriffe nur durch Software-basierte Kontrollen geregelt werden. Besitzt ein solches System eine Schwachstelle, die für bösartige Anwender oder Angreifer von außen ausnutzbar ist, können die Software-basierten Kontrollen auf umgangen und es kann direkt ohne Berechtigung auf alle gespeicherten Daten zugriffen werden.

Die Problematik ist bekannt, jedoch legen viele dieser Systeme die Daten dennoch nicht verschlüsselt ab, da die Verwaltung der kryptographischen Schlüssel in einem Szenario, in dem nur bestimmte Daten mehreren Benutzern zur Verfügung gestellt werden sollen, kompliziert zu realisieren ist. An alle Mitglieder einer Gruppe, die Daten miteinander teilen, muss ein Schlüssel verteilt werden, der die entsprechenden verschlüsselten Daten entschlüsseln kann. Diese Schlüssel müssen sicher verteilt werden und von einer Gruppe von Nutzern gemeinsam, aber dezentral verwaltet werden. Scheidet beispielsweise ein Nutzer aus der Gruppe aus, müssen neue Schlüssel für alle anderen Nutzer der Gruppe erzeugt und an diese verteilt werden.

Attributbasierte Verschlüsselungssysteme adressieren das Problem der Geheimhaltung vertraulicher Daten und erinnern mit ihrem Konzept, Attribute zur Entscheidung von Zugriffsberechtigungen zu nutzen, an rollenbasierte Zugriffssysteme.

Bei attributbasierten Verschlüsselungssystemen [22, 21, 14] handelt es sich um asymmetrische Verschlüsselungsverfahren, in denen spezielle Schemata für die Verschlüsselung eingesetzt werden, die es erlauben, dass nur Schlüssel, die eine bestimmte Menge von Attributen besitzen, die Daten entschlüsseln können. Dies verlagert die Durchsetzung der Zugriffsberechtigungen aus einem komplexen Softwaresystem in die verschlüsselten Daten selbst – eine Schwachstelle in der Software führt nicht mehr dazu, dass nicht berechtigte Dritte Zugriff auf Informationen erhalten, für die sie keine Berechtigung besitzen. Die Zugriffsberechtigungen sind direkt in die verschlüsselten Daten oder die kryptographischen Schlüssel kodiert.

In Abbildung 5 ist die Funktionsweise eines attributbasierten Systems dargestellt. Der Sender, der die Daten verschlüsselt, legt während der Erzeugung des öffentlichen Schlüssels, der für die Verschlüsselung verwendet wird, fest, welche Attribute die Schlüssel der Anwender besitzen müssen, die zur Entschlüsselung der Daten verwendet werden können. Der öffentliche Schlüssel wird von einer vertrauenswürdigen Dritten Instanz ausgestellt, dem Private Key Generator (PKG). Mit diesem neu erzeugten Schlüssel werden die Daten schließlich verschlüsselt. Ein Empfänger, der auf diese Daten zugreifen möchte, kann diese nur entschlüsseln, wenn sein privater Schlüssel, den er zur Entschlüsselung verwendet, die geforderten Attribute besitzt. Auch dieser private Schlüssel wird vom PKG ausgestellt.

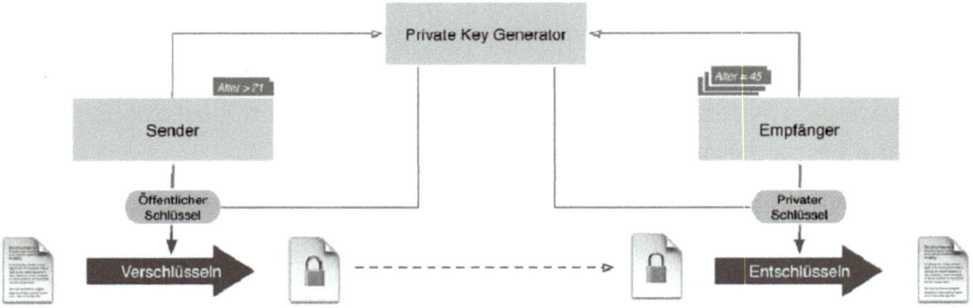

Abbildung 5: Darstellung eines attributbasierten Verschlüsselungssystems.

Zwar vereinfachen attributbasierte Verschlüsselungssysteme das Management der kryptographischen Schlüssel deutlich, jedoch haben auch sie Probleme, wenn es um den Entzug von Zugriffsrechten geht, etwa weil ein Nutzer die zugriffsberechtigte Gruppe verlässt. In einem solchen Fall muss ein neuer Schlüssel vom Public Key Generator erzeugt und die Daten müssen neu verschlüsselt werden. Dabei muss dem nun nicht mehr berechtigten Mitglied entweder der Schlüssel entzogen werden oder neue Attribute an die berechtigten Teilnehmer verteilt werden, die bereits bei der Verschlüsselung der Daten berücksichtigt werden müssen.

3.5 Suchen in verschlüsselten Datenbeständen

Um einen großen Datenbestand zu durchsuchen, muss dieser unverschlüsselt vorliegen. Eine kontinuierlich Analyse von Daten, wie beispielsweise Protokolldaten, erfordert zudem durchgängig einen ungehinderten Datenzugriff, so dass klassische Daten-Verschlüsselungen zur sicheren Archivierung der Daten nicht angewandt werden können. Um verschlüsselt archivierte Daten dennoch durchsuchen zu können, muss zumindest eine unverschlüsselte Datenstruktur vorliegen, in der Metainformationen abgelegt werden, die für eine spätere Suche und das Wiederfinden der Informationen genutzt werden können. Damit lässt sich zwar die Menge der offen in der Cloud gespeicherten Daten minimieren, allerdings sind mögliche Suchoperationen auf die in den Metadaten abgelegten Informationen beschränkt und es ergeben sich Probleme im Hinblick auf die Geheimhaltung sensibler Daten.

Alternativ zum aufwändigen, wiederholten Ver- und Entschlüsseln großer Datenbestände zur Durchführung von Suchanfragen in der Cloud, können die erforderlichen Datenbestände verschlüsselt auf lokale Rechner kopiert, dort entschlüsselt und analysiert werden. Die Übertragung sehr großer Datenmengen über Kommunikationsleitungen, mit denen beispielsweise mittelständische Firmen in ländlichen

Gegenden mit dem Internet verbunden sind, ist allerdings ebenfalls sehr aufwändig und Suchanfragen, bei denen das Ergebnis schnell vorliegen muss, können häufig nicht rechtzeitig abgeschlossen werden.

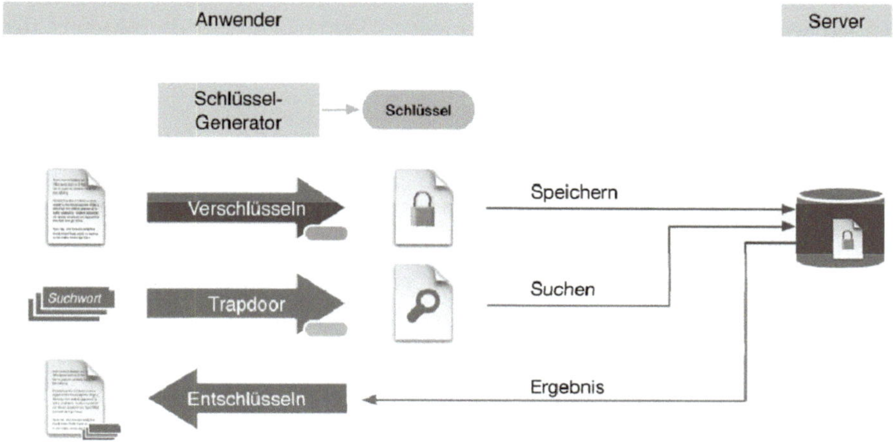

Abbildung 6: **Darstellung eines Searchable-Encryption-Systems.**

Einen Ausweg aus dieser Problematik stellt die Technik der Searchable Encryption dar [23, 3, 20]. Bei Searchable Encryption werden Daten mit speziellen kryptographischen Schemata verschlüsselt, die eine Suche auf verschlüsselten Daten zulassen. Daten müssen vor dem Durchsuchen also nicht mehr entschlüsselt werden und liegen zu keinem Zeitpunkt unverschlüsselt in der Cloud. In Abbildung 6 ist die Funktionsweise eines solchen Systems dargestellt. Der Anwender, dem die Daten gehören und der diese Daten selbst verschlüsselt, erzeugt einen kryptographischen Schlüssel, der für die Verschlüsselung verwendet wird. Anschließend können diese Daten auf einem Server in einer Cloud gespeichert werden, in der auch andere Nutzer arbeiten, die keinen Zugriff auf diese Daten bekommen sollen. Suchanfragen werden ebenfalls mit einem Schlüssel verschlüsselt, den der Anwender erstellt und den dieser nie aus der Hand gibt. Anhand dieser verschlüsselten Suchanfrage werden die Daten auf dem Server durchsucht. Werden Ergebnisse gefunden, liegen diese auf dem Server ausschließlich verschlüsselt vor und werden zurück zum Anwender übertragen. Dieser kann mit Hilfe seines kryptographischen Schlüssels die Suchergebnisse entschlüsseln und auf die gefundenen Daten zugreifen.

Eine Einschränkung aktueller Schemata, die bei Searchable Encryption verwendet werden, ist die Komplexität der Suchanfragen. Aktuelle Searchable-Encryption-Systeme erlauben die Suche nach Schlüsselwörtern, aber selbst Boolesche Verknüpfungen, also die Kombination mehrerer Schlüsselwörter mit Operationen wie UND, ODER oder NICHT sind problematisch. Eine Ähnlichkeitssuche ist bisher noch nicht realisierbar und auch die aus aktuellen Internet-Suchmaschinen bekannten Ersetzungsvorschläge im Falle eines Tippfehlers in der Suchanfrage oder das Vorschlagen alternativer Suchbegriffe, die mehr Ergebnisse liefern würden und kontextuell zu dem eingegebenen Suchbegriff passen, ist nicht möglich. Hier sind noch weitere Forschungsanstrengungen erforderlich, um den Ansatz für die Praxis nutzbar zu machen.

3.6 Vertrauliche, privatsphärenbewahrende Zusammenarbeit mehrerer Parteien

Arbeiten verschiedene Parteien zusammen und hängen die Ergebnisse von Daten ab, die den unterschiedlichen Parteien gehören, müssen alle Parteien diese Daten für die jeweils anderen bereitstellen. Für die Regelung der Zugriffs- und Nutzungsrechte kommen dabei in der Regel vertragliche Vereinbarungen zum Einsatz, die allerdings nicht verhindern können, dass Informationen von einer Partei missbraucht werden. Dieses Problem im Bereich der Geheimhaltung sensibler Daten wird mit dem Konzept der Secure Multi-Party Computation (MPC) adressiert.

Das Konzept von Secure Multi-Party Computation wurde bereits 1982 eingeführt, um Berechnungen zwischen zwei Parteien durchzuführen, ohne dass diese ihre Informationen der jeweils anderen Partei bereitstellen müssen [33]. Ein Beispiel, das bereits in der ersten Veröffentlichung zu diesem Thema dargestellt wurde, ist die Ermittlung der Antwort auf die Frage zweier Millionäre, welcher von beiden reicher ist, ohne dass diese ihre Vermögensverhältnisse voreinander offenlegen müssen (*The Millionaires' Problem*). Allgemein gesprochen erlaubt MPC das Berechnen von Ergebnissen anhand mehrerer Eingabedaten, ohne dass die Besitzer der Eingabedaten genaue Kenntnis von den jeweils anderen Eingabedaten erlangen.

In einem idealen Szenario [6] senden alle Parteien ihre Informationen zu einer vertrauenswürdigen Dritten Instanz. Diese führt die Berechnungen durch und sendet das jeweilige Ergebnis an die beteiligten Parteien zurück. Eine schematische Darstellung eines solchen Systems findet sich in Abbildung 7. Da die Vertrauenswürdigkeit der zentralen Instanz kritisch für das gesamte Konzept ist, wird an Protokollen geforscht, die eine solche zentrale Instanz überflüssig machen [17].

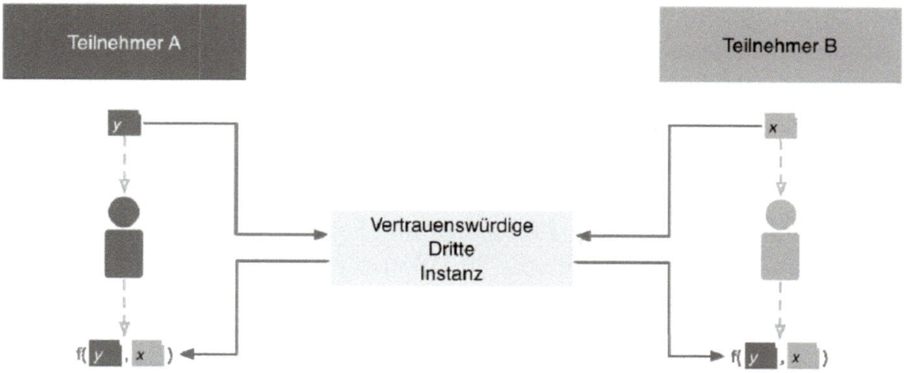

Abbildung 7: **Schema von einem Sicheren Multi-Party-Computation-System.**

Ein Cloud-System, in dem verschiedene Parteien zusammenarbeiten, kann die Rolle einer solchen Instanz einnehmen, da es von allen Parteien genutzt wird und dem System und seinem Betreiber ein großes Vertrauen entgegengebracht wird. Die Nutzung der Cloud-Plattform als vertrauenswürdige Dritte Instanz bietet den Vorteil, dass die kooperierenden Parteien sich nicht mehr gegenseitig vertrauen müssen sondern allein der Cloud-Plattform, in der schließlich die Berechnungen durchgeführt und die Ergebnisse den beteiligten Parteien zur Verfügung gestellt werden.

4 Zusammenfassung und Ausblick

Die Entwicklung von Industrie 4.0 und Cloud Computing gehören eng zusammen. Durch den hohen Vernetzungsgrad der Produktionsanlagen werden neue Werkzeuge benötigt, um die Maschinen zu überwachen und zu verwalten. Die Intensivierung der Zusammenarbeit verschiedener Partner, die ebenso wie die Produktionsmaschinen räumlich verteilt sind, erfordert die Nutzung sicherer Cloud-Plattformen, die eine Zusammenarbeit einfach und effektiv gestalten. Durch die steigende Komplexität von großen und verteilten Produktionsprozessen werden hohe Rechenkapazitäten benötigt, um diese Abläufe zu planen, vorab zu simulieren und in der Folge ständig zu überwachen und zu optimieren. Große Speicherkapazitäten sind erforderlich, um die Fülle der Produkt-, Produktions-, Monitoring- und Protokolldaten, die über den gesamten Lebenszyklus von Anlagen und deren Produkten anfallen, verlässlich zu speichern.

Eine Cloud-Infrastruktur eignet sich für diese Aufgaben in besonderem Maße, da sie über hohe Rechen- und Speicherkapazitäten verfügt. Zusätzlich können Lastspitzen durch dynamische Hinzunahme von weiteren Ressourcen abgefedert werden. Eine Cloud-Plattform kann darüber hinaus als Expertensystem dienen, in dem Experten unterschiedlicher an Produktionsprozessen beteiligter Teilnehmer gemeinsam an Prozessen und Problemen arbeiten können. Cloud-Infrastrukturen sind über gute Netzwerkverbindungen mit dem Internet verbunden und können daher problemlos mit vernetzten Produktionsanlagen kommunizieren. Sie dienen dabei als zentraler Punkt, an dem alle Daten gespeichert werden und damit gearbeitet werden kann. Diese Datenfülle erlaubt neue Ansätze zum Monitoring und dem Auffinden von Anomalien, Problemen und Fehlern. Dadurch können frühzeitig und automatisiert problematische Situationen erkannt und auf der Basis eines in der Cloud verfügbaren aktuellen Lagebildes schnell und zielgerichtet reagiert werden.

Durch ihre zentrale Stellung als zentraler Datenspeicher, in dem alle Informationen zusammenlaufen und mit ihren Schnittstellen zu Produktionsanlagen, über die Produktionsprozesse gesteuert werden können, zählen die Cloud-Strukturen für Industrie 4.0 zu den kritischen Infrastrukturen. Ausschlaggebend für die Akzeptanz und die flächendeckende Nutzung von Cloud-Technologien zur Verbesserung der Geschäftsprozesse in Industrie 4.0 ist, dass die Technologie vertrauenswürdig und sicher, aber gleichzeitig auch einfach und effizient nutzbar ist. Hier sind noch einige Forschungs- und Entwicklungsanstrengungen erforderlich, um dieses Ziel zu erfüllen. Es gibt zwar bereits ausgereifte Ansätze für den Bereich der Business-IT. Diese können aber meist nicht direkt übertragen werden, sondern müssen an die speziellen Anforderungen und Gegebenheiten der Industrie 4.0-Szenarien angepasst bzw. erweitert werden. Insbesondere die vertrauenswürdige, vertrauliche Bereitstellung von Daten in Cloud-Szenarien, in denen ein kooperatives Arbeiten von zum Teil untereinander in Konkurrenz stehenden Unternehmen unterstützt werden muss, ist derzeit noch nicht zufrieden stellend gelöst. Einige vielversprechende Forschungsansätze wurden skizziert; sie verdeutlichen aber gleichzeitig, dass für einen Einsatz im operativen Betrieb noch weitere Forschungsanstrengungen erforderlich sind.

Bereits eingangs wurde darauf hingewiesen, dass IT-Sicherheit im Kontext von Industrie 4.0 sehr viele Facetten umfasst; das sichere Cloud-Computing deckt hiervon nur einen Teil ab. Zur Absicherung von eingebetteten, vernetzten Komponenten müssen neue Sicherheits-Technologien entwickelt werden, die die spezifischen Industrie 4.0 Anforderungen, wie Ressourcenbeschränktheit, Realzeitfähigkeit und ununterbrochene Verfügbarkeit erfüllen. Neue Sicherheitskontroll- und Schutzmaßnahmen müssen bereits frühzeitig in den Entwurf der Systeme integriert werden, um zukünftige IT-basierte Produkte und Systeme robuster und resistenter gegen insbesondere auch Internet-basierte Angriffe zu gestalten. Erforderlich sind zudem neue methodische und technologische Ansätze, um die Sicherheit und Vertrauenswürdigkeit von IKT Systemen prüfbar und kontrollierbar zu erhöhen. Das mit der Nutzung der IKT Systemen einhergehende Risiko muss methodisch erfasst und quantifiziert werden und es müssen Prozesse und Verfahren entwickelt werden, um Risiken zu minimieren und mit den verbleibenden Risiken verantwortungsvoll umzugehen. Hierfür ist es wichtig, Referenzarchitekturen zu konzipieren und umzusetzen, an denen die entwickelten Technologien im operativen Betrieb unter realistischen Randbedingungen erprobt werden können.

5 Literatur

[1] Kritische Sicherheitslücke ermöglicht Fremdzugriff auf Systemregler des Vaillant ecoPOWER 1.0, April 2013.

[2] BENCSÁTH, BOLDIZSÁR, GÁBOR PÉK, LEVENTE BUTTYÁN MÁRK FÉLEGYHÁZI: Duqu: A Stuxnet-like malware found in the wild. , Laboratory of Cryptography and System Security (CrySyS), Budapest University of Technology and Economics, Department of Telecommunications, October 2011.

[3] BONEH, D., G. DI CRESCENZO, R. OSTROVSKY G. PERSIANO: Public Key Encryption with Keyword Search. Advances in Cryptology-Eurocrypt 2004, 506–522. Springer, 2004.

[4] BOWERS, KEVIN D, ARI JUELS ALINA OPREA: HAIL: A High-Availability and Integrity Layer for Cloud Storage . Proceed of the 16th ACM Conference on Computer and Communications Security, 187–206, New York, New York, USA, 2009. ACM Press.

[5] BOWERS, KEVIN D, ARI JUELS ALINA OPREA: Proofs of Retrievability: Theory and Implementation. ACM Cloud Computing Security Workshop, 43–54, 2009.

[6] CANETTI, RAN: Security and Composition of Multi-party Cryptographic Protocols. Journal of Cryptology, 13(1):143–202, January 2000.

[7] CRYPTOGRAPHY, LABORATORY OF SYSTEM SECURITY (CRYSYS): W32.Duqu - The precursor to the next Stuxnet. , Symantec, November 2011.

[8] ECKERT, CLAUDIA: IT – Sicherheit – Konzepte, Verfahren, Protokolle. Oldenbourg, 8th , 2013.

[9] FILIPOVIC, BARTOL OLIVER SCHIMMEL: Schutz eingebetteter Systeme vor Produktpiraterie: Technologischer Hintergrund und Vorbeugemaßnahmen. AISEC Studie, 2012.

[10] FORSCHUNGSUNION: Umsetzungsempfehlungen für das Industrieprojekt 4.0, April 2013.

[11] INTELLITRENDS: Measuring the Impact of Technology Performance: A Global Perspective – 2013. , Compuware, 2013.

[12] JUELS, ARI BURTON S KALISKI JR: PORs: Proofs of Retrievability for Large Files. Proceedings of the Seventh ACM Conference on Computer and Communication Security CCS, 2007.

[13] JUELS, ARI ALINA OPREA: New Approaches to Security and Availability for Cloud Data. Communications of the ACM, 56(2):64–73, 2013.

[14] KATZ, J., A. SAHAI B. WATERS: Predicate encryption supporting disjunctions, polynomial equations, and inner products. Advances in Cryptology–EUROCRYPT 2008, 146–162, 2008.

[15] KIENING, ALEXANDER, CHRISTOPH KRAUß CLAUDIA ECKERT: Verifiable Trust between Electronic Control Units based on a single Trust Anchor. 11th Embedded Security in Cars (escar), 2013.

[16] KRAUß, CHRISTOPH VOLKER FUSENIG: Using Trusted Platform Modules for Location Assurance in Cloud Networking. Proceedings of the 7th International Conference on Network and System Security (NSS 2013), Lecture Notes in Computer Science. Springer, 2013.

[17] LINDELL, YEHUDA BENNY PINKAS: Secure Multiparty Computation for Privacy-Preserving Data Mining. May 2008.

[18] MERLI, DOMINIK GEORG SIGL: Physical Unclonable Functions - Identitäten für eingebettete Systeme. Datenschutz und Datensicherheit, 12, 2012.

[19] NYANCHAMA, MATUNDA SYLVIA OSBORN: Role-based Security: Pros, Cons, & some Research Directions. SIGSAC Rev., 11(2):11–17, 1993.

[20] PARK, D., K. KIM P. LEE: Public Key Encryption with Conjunctive Field Keyword Search. Information Security Applications, 73–86, 2005.

[21] PIRRETTI, M., P. TRAYNOR, P. MCDANIEL B. WATERS: Secure Attribute-Based Systems. Proceedings of the 13th ACM conference on Computer and communications security (CCS '06), 99 – 112, 2006.

[22] SAHAI, A. B. WATERS: Fuzzy identity-based encryption. Advances in Cryptology–EUROCRYPT 2005, 557–557, 2005.

[23] SONG, D.X., D. WAGNER A. PERRIG: Practical techniques for searches on encrypted data. Security and Privacy, 2000. S&P 2000. Proceedings. 2000 IEEE Symposium on, 44–55. IEEE, 2000.

[24] SPATH, DIETER, OLIVER GANSCHAR, STEFAN GERLACH, MORITZ HÄMMERLE, TOBIAS KRAUSE SEBASTIAN SCHLUND: Produktionsarbeit der Zukunft – Industrie 4.0. , Fraunhofer-Institut für Arbeitswirtschaft und Organisation IAO, 2013.

[25] STEFANOV, EMIL, MARTEN VAN DIJK, ALINA OPREA ARI JUELS: Iris: A Scalable Cloud File System with Efficient Integrity Checks. 1–33, 2012.

[26] STEFFEN, ANDREAS: The Linux Integrity Measurement Architecture and TPM-Based Network Endpoint Assessment. 2012.

[27] TRUSTED COMPUTING GROUP: Trusted Platform Module (TPM) Summary. http://www.trustedcomputinggroup.org/resources/trusted_platform_module_tpm_summary.

[28] TSVIHUN, IRYNA GERD STEFAN BROST: Cloud Security – Sicherheit in der Wolke. ISIS Cloud & SaaS Report, 10–11, 2011.

[29] TSVIHUN, IRYNA NIELS FALLENBECK: Cloud-Leitstand: Die Schaltzentrale für die Cloud. ISIS Cloud & SaaS Report, 1, 2012.

[30] VELTEN, MICHAEL, SASCHA WESSEL, FREDERIC STUMPF CLAUDIA ECKERT: Active File Integrity Monitoring using Paravirtualized Filesystems. Proceedings of the 5th International Conference on Trusted Systems (InTrust 2013), LNCS, Graz, 2013. Springer.

[31] WAGNER, STEFFEN, CHRISTOPH KRAUSS CLAUDIA ECKERT: Lightweight Attestation and Secure Code Update for Multiple Separated Microkernel Tasks. Proceedings of the ISC 2013: The 16th Information Security Conference, LNCS, Dallas, Texas, USA, 2013. Springer.

[32] WESSEL, SASCHA, FREDERIC STUMPF, ILJA HERDT CLAUDIA ECKERT: Improving Mobile Device Security with Operating System-level Virtualization. 28th IFIP International Information Security and Privacy Conference (SEC 2013), 2013.

[33] YAO, ANDREW C.: Protocols for Secure Computations. Annual IEEE Symposium on Foundations of Computer Science, 160–164, 1982.

iProduction, die Mensch-Maschine-Kommunikation in der Smart Factory[1]

Dr. Alexander Schließmann, FORCAM GmbH

1 Zur Rolle des Menschen in der Produktion von morgen

Die Schlagworte zum Thema Industrie 4.0 sind zahlreich: Internet der Dinge, Cloud, Big-Data, Real-time, intelligente Maschinen, Teile und Produkte, voll vernetzte Instandhaltung und Wartung. Der Mensch scheint in der Produktion von morgen keine Bedeutung mehr zu haben. Naheliegend erscheint, sich nur noch auf technologische Aspekte wie Smart Devices, Big Data Processing und Interfaces zu konzentrieren. Doch das wäre ein Fehler. Blickt man zurück, gab es zwischen der dritten industriellen Revolution mit SPS-gesteuerten Maschinen und der zukünftigen vierten industriellen Revolution schon einmal einen Ansatz, die Fertigungsebene EDV-technisch zu durchdringen. Er hieß Computer Integrated Manufacturing (CIM). Doch CIM verschwand in den 90er Jahren sang- und klanglos. Der CIM-Ansatz war stark technik- und automatisierungszentriert und reduzierte die Aufgabe des Menschen auf die Beobachtung in einem Kontrollzentrum, ähnlich der Aufgabe von Überwachungspersonal in einem Kernkraftwerk.

Heute ist man weiter: In den letzten 30 Jahren hat sich die Erkenntnis durchgesetzt, dass die Fähigkeiten der Maschinenintelligenz eingeschränkt sind. Dies wird deutlich in einer Aussage von Professor Walster in der Studie „Produktionsarbeit der Zukunft": „Nach über 35 Jahren Forschung im Bereich künstliche Intelligenz bin ich überzeugt, dass jeder Grundschüler selbst den besten intelligenten Computersystemen bezüglich seiner Alltagsintelligenz überlegen ist. Bei Entscheidungen unter Unsicherheit, die nicht einem klaren Muster folgen, und im sensormotorischen Bereich haben Menschen daher einen klaren Vorteil selbst gegenüber den leistungsfähigsten Maschinen aus dem KI-Bereich." [1] Wesentlich in der Industrie 4.0 wird sein, eine Positionierung des Menschen zu verfolgen, die seine natürlichen Kompetenzen Intelligenz, Kreativität, Einfühlungsvermögen und Motorik adäquat berücksichtigt und klug einbindet.

Hinzu kommt, dass sich die Möglichkeiten der Hard- und Software revolutionär verbessert haben. Es gibt auf Shop-Floor-Ebene heute keine Diskussion mehr, was

---

1 Smart Factory steht hier nicht für die Modellfabrik vom Deutschen Forschungszentrum für Künstliche Intelligenz (DFKI). Hier leitet sich der Begriff vom Smartphone ab. Genauso wie Smartphones unser Kommunikationsverhalten massiv verändert haben, wird die Smart Factory die Informationsaufbereitung und -darstellung in der Produktion stark beeinflussen. Teile davon sind schon heute realisiert.

das richtige Netzprotokoll oder welches das geeignete Betriebssystem ist. Man kann sich umfänglich auf die Produktionsaufgabe konzentrieren und braucht nicht mehr zu fürchten, dass selbst einfache Funktionen nicht zuverlässig erledigt werden.

Damit sind zwei zentrale Bausteine für modernes Shop Floor Management definiert (der kreative Mensch und leistungsfähige IT), die folgendes Zwischenergebnis nahe legen: Die EDV-technische Revolution in der Fertigung durch das Internet der Dinge kommt ohne die Kompetenzen und Fähigkeiten der Menschen nicht aus. Diese Einschätzung wird gestützt durch die Studie „Produktionsarbeit der Zukunft", auf die im Weiteren näher eingegangen wird. Sie fasst die Ergebnisse aus der Befragung von 661 Unternehmen und 21 Industrie 4.0-Experten zusammen. Laut dieser Studie wird auch in Zukunft menschliche Arbeit in der Produktion eine sehr wichtige (60,2%) oder wichtige (36,6%) Rolle spielen, siehe Abbildung 1-1. Dabei gibt es zwar im Detail geringe Abweichungen zwischen Unternehmen mit schon hohem Automatisierungsgrad und Unternehmen mit noch hohem manuellem Arbeitsanteil. Aber die Tendenz ist klar: Auch die Produktion in der Smart Factory der Industrie 4.0 bleibt menschzentriert.

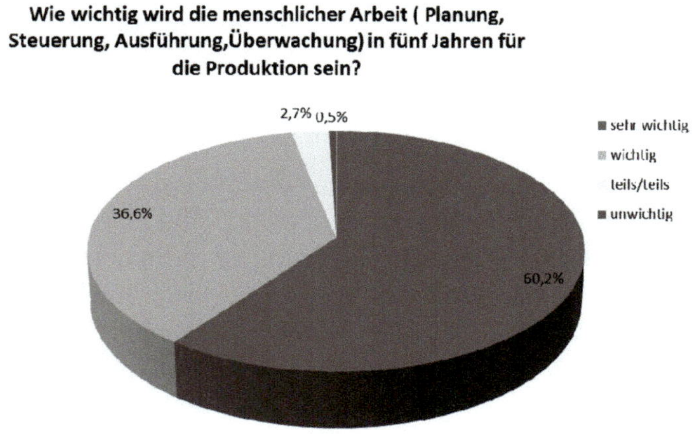

Abbildung 1-1: Eine deutliche Mehrheit von Experten in Unternehmen erwartet, dass menschliche Arbeit in der Produktion auch in Zukunft „sehr wichtig" oder „wichtig" sein wird (Quelle: „Produktionsarbeit der Zukunft")

Auch zu der Folge-Frage „Wo wird künftig produziert werden?" hat die Studie „Produktionsarbeit der Zukunft" einen klaren Trend herausgefunden: Für mehr als 90 % aller Unternehmen soll der Produktionsstandort auch künftig Deutschland heißen, siehe Abbildung 1-2. Auch hierzulande wird menschliche Arbeit in der Fertigung weiter eine wichtige Rolle spielen.

Wie aber sieht die Produktionsarbeit der Zukunft aus? Was wird sich ändern? Wie muss sich die IT darauf einstellen? Was muss sie liefern? Wie wird die IT so flexibel, dass Lean-Manager und Mitarbeiter sie als Alternative zu Flipchart und Zettelwirtschaft akzeptieren?

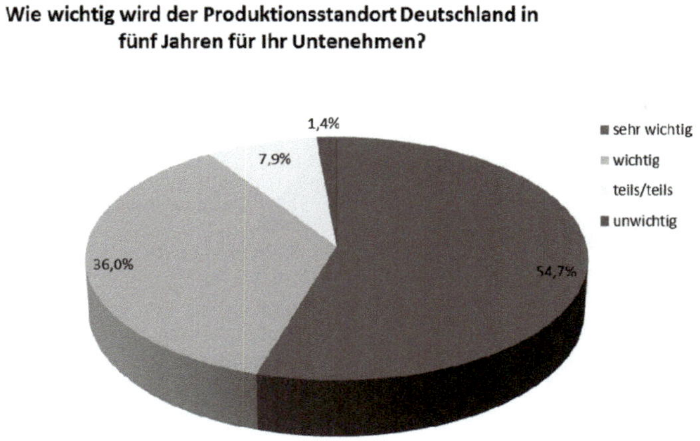

Abbildung 1-2: **Mehr als 90 % der befragten Experten prognostizieren, dass Deutschland als Produktionsstandort wichtig bleibt (Quelle: „Produktionsarbeit der Zukunft")**

1.1 Vollautomatisierung wird kürzeren Produktlebenszyklen nicht gerecht

Die Experten der Studie sind fast einig: Auf der einen Seite wird, falls möglich, eine Vollautomatisierung angestrebt, um die Lohnkosten zu senken. Auf der anderen Seite wird klar aufgezeigt, dass hohe Investitionen in spezialisierte Vollautomaten mit Blick auf niedrigere Stückzahlen und kürzere Produktlebenszyklen wirtschaftlich nicht mehr vertretbar sind. Denn für die Zukunft werden sehr kurze Produkteinführungszeiten *(time to market)* prognostiziert, spezialisierte Geräte mit mehrmonatigen Hochlaufzeiten sind dafür zu teuer.

Die Zukunft gehört daher flexiblen Gesamtsystemen, bei denen der Mensch eine zentrale Größe darstellen muss, um diese notwendige Flexibilität sicherzustellen, siehe Abbildung 1-3.

1.2 Assoziationsfähigkeit des Menschen vs. Künstliche Intelligenz (KI)

Die Aufgabe des Menschen darf sich dabei nicht auf die Rolle des Lückenbüßers reduzieren, dem alles, was zu teuer ist, als Aufgabe zugewiesen und er zu einem integralen Bestandteil des Produktionstakts reduziert wird. Dieses Horrorszenario beschrieb Charlie Chaplin 1936 in seinem Film *Modern Times*. Zur Zukunft der menschlichen Arbeit urteilt Broy: „Ich glaube, dass der Anteil der Arbeit, der automatisierbar ist, immer mehr automatisiert wird. An die Vorstellung aber, dass der Mensch der gesteuerte Handlanger des Systems ist, an die glaube ich nicht. Ich denke, eine mögliche Vision an der Stelle ist, dass ein Großteil dieser stumpfsinnigen Arbeit nicht mehr stattfindet und von Systemen übernommen wird. Das kann gar nicht anders sein." [1]

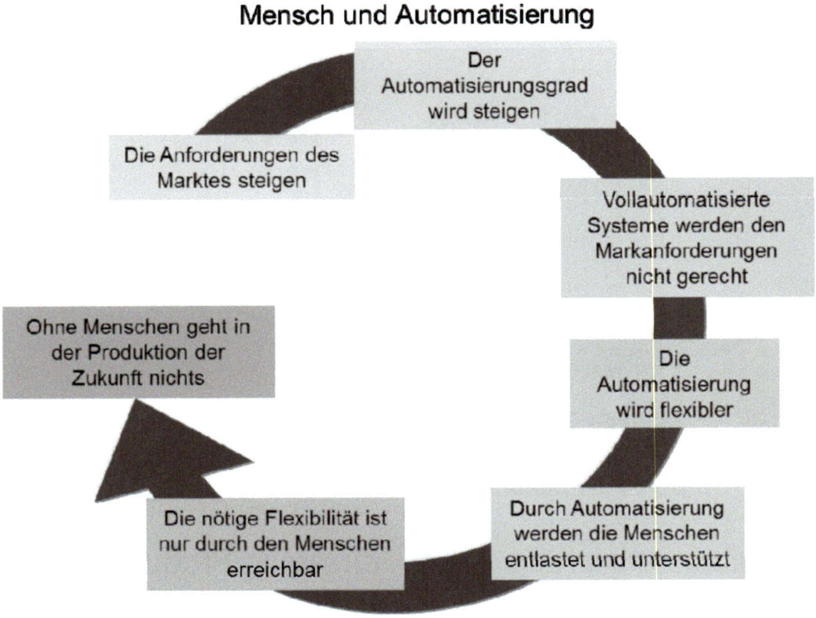

Abbildung 1-3: **Produktion der Zukunft: Gesamtsysteme, bei denen der Mensch als zentrale Größe die notwendige Flexibilität sicherstellt, Quelle: Fraunhofer IAO, Studie Produktionsarbeit der Zukunft – Industrie 4.0**

Der Mensch besitzt taktile Fähigkeiten, die sich mit Sensoren nur sehr schwer realisieren lassen. Mit seiner Assoziationsfähigkeit ist der Mensch künstlichen Intelligenzlösungen überlegen. Die Mitarbeiterin oder der Mitarbeiter kann je nach Vorbildung auf neue Aufgaben relativ schnell umgeschult werden oder stellt sich auf Veränderungen kurzfristig ein. Die Maschine dagegen kann nur das erledigen, wofür sie entwickelt wurde. Sie reagiert nur auf die Situationen, welche im Vorfeld schon erdacht wurden, das allerdings sehr schnell und mit hoher Wiederholgenauigkeit.

Auch im Lean-Management oder TPM (ursprünglich **T**otal **P**roductive **M**aintenance, heute **T**otal **P**roductive **M**anagement) hat sich die Erkenntnis verbreitet, dass der Mitarbeiter mehr als nur die eigentliche Produktionsaufgabe ausführen sollte. Er steht Tag für Tag an der Maschine oder am Montagearbeitsplatz, er entwickelt ein Gespür für den optimalen Prozess, er hat schon in mehreren Unternehmen Erfahrungen zur kontinuierlichen Optimierung der Prozesse gesammelt. Es geht darum, diese kreativen und assoziativen Kompetenzen zu würdigen und zu nutzen, indem sie durch zusätzliche Informationen aus dem Prozess ergänzt werden. Unsere jahrelange Erfahrung zeigt, dass Menschen Probleme an Ihrem Arbeitsplatz sehr subjektiv definieren. Erst durch die Unterstützung durch objektive Prozessdaten konzentriert sich die Problemlösung auf tatsächlich aufgetretene Probleme und nicht auf gefühlte Schwachstellen.

Weil der Mensch in immer komplexere Prozesse eingebunden wird, muss er in die Lage versetzt werden, durch eine deutlich reduzierte Komplexität die richtigen Entscheidungen zu treffen.

Diese Anforderung gilt nicht nur für die Werker, sondern auch für den Produktionsverantwortlichen. Wenn er durch die Fertigung läuft, möchte er auf einen Blick wissen, welche Probleme eine Maschine bereitet, wie lange sie schon stillsteht, ob die Verantwortlichen informiert sind, ob der Auftrag rechtzeitig fertig wird, ob die Schichtleistung stimmt oder wie viel Ware im Umlauf ist. Diese Fragen wurden bis vor kurzem häufig mit den Mitteln des Lean-Management beantwortet: einfache und übersichtliche Prozesse, Flipchart, handschriftliche Aufzeichnungen. Motto: pragmatische Mittel statt kostenintensive, monolithische und schwerfällige EDV.

Das war die Antwort der Produktion auf das CIM-Desaster. Dass es auch anders geht, ist die zentrale Herausforderung in der Industrie 4.0.

1.3 Nutzung mobiler Kommunikationstechnik im Arbeitskontext

Es liegt nahe und ist ratsam, die aus dem Privatleben gewohnte Vernetzung der Menschen untereinander auch in der Produktion einzusetzen. Mobile Endgeräte wie Smartphones und Tablets gehören heute zum Alltag vieler Menschen. Unterhalb einer Altersgrenze sind diese Geräte gar nicht mehr wegzudenken. Selbst auf der kleinsten griechischen Insel mit minimalem Komfort fordern die Gäste inzwischen eine umfängliche Kommunikationsfähigkeit mit der Heimat. Menschen sind monatelang von zuhause weg und bleiben trotzdem im täglichen Kontakt mit ihren Lieben daheim. Diese Kompetenz und Technologiefreundlichkeit durch gleiche Infrastrukturen auch in Unternehmen zu nutzen, geschieht bereits vielerorts und wird geradezu erwartet.

Zwei Beispiele aus der Praxis: Bei einem großen Automobilunternehmen gingen die IT-Verantwortlichen durch die Arbeitsvorbereitung. Da rief ihnen ein Werker sprichwörtlich die Arbeitsanweisung zu: „Mein iPad habe ich schon, jetzt müsst Ihr nur noch die Anwendung liefern." Ein anderes Unternehmen setzt seit Jahren auf die bewährte Dateneingabe mit Touch-Pads. Jüngst aber wunderte man sich über eine nicht nachvollziehbare Fehlermeldung. Die Lösung: Jüngere Mitarbeiter bedienen das System nicht mehr mit nur einem Finger, sondern sie nutzen die von ihren Smartphones gewohnte Zweifinger-Technik.

Den Trend zur mobilen Kommunikation bestätigt die Studie „Produktionsarbeit der Zukunft", siehe Abbildung 1-4. 52 % der befragten Unternehmen sehen demnach die mobile Kommunikationstechnik als einen Bestandteil ihrer zukünftigen Kommunikation mit der Shop-Floor-Ebene. Gleichzeitig sehen die Skeptiker auch die Chancen, Informationen frühzeitig und mit hoher Geschwindigkeit an die Zielpersonen zu verteilen. „IT ist nicht grundsätzlich etwas „Schlimmes". Vielmehr ein „Befähiger" - wenn sie... intelligent eingesetzt wird. Die Zukunft wird dem Echtzeit-Management gehören", schreibt der Unternehmensberater Remco [10].

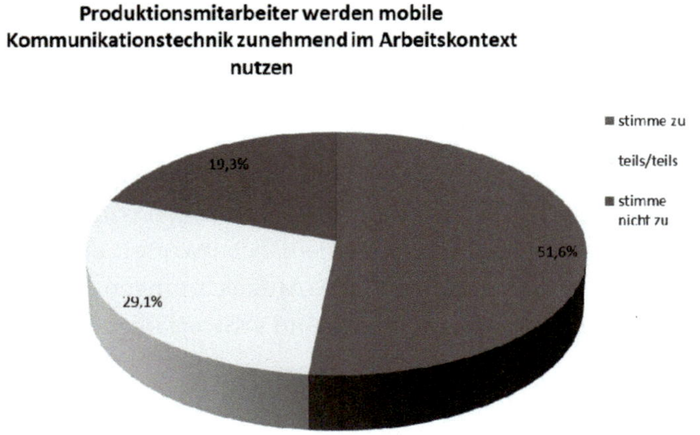

Abbildung 1-4: Mobile Kommunikationstechnik wird im Arbeitskontext zunehmen (Quelle: „Produktionsarbeit der Zukunft")

Wir dürfen eine analoge Entwicklung wie in der Vergangenheit erwarten: Zuerst waren Laptops Statussymbole nur für Manager. Mittlerweile werden sie von einem hohen Prozentsatz der Mitarbeiter eingesetzt, um ihre Daten in jedem Besprechungsraum des Unternehmens mit anderen zu teilen. Heute sind es Smartphones, mit denen Manager über ihre Produktionsdaten informiert werden, morgen dürfte ein hoher Prozentsatz der gesamten Belegschaft mit mobilen Geräten agieren. Als nächster Schritt darf erwartet werden, dass sich die Informationsgeräte zu Bediengeräten wandeln.

Der Trend ist klar: Innovative Unternehmen haben schon vor Jahren angefangen, sich mit Shop Floor Management zu beschäftigen. Heute profitieren sie von dem Wissen, wie sie Daten aufbereiten müssen, damit ihnen aktuelle und zukünftige Technologien einen Informations- und damit Produktionsvorsprung verschaffen. Mittelbach geht in „Produktionsarbeit der Zukunft" noch einen Schritt weiter: „Wenn die Geräte, die Objekte und Maschinen miteinander reden können, können sie das genauso gut mit dem Menschen via Tablet, via Augmented-Reality-Brille, usw." [1].

1.4 Potenziale von Social Media in der Produktion

Im Rahmen von Bachelor- und Masterarbeiten beschäftigen wir regelmäßig Studenten. Sie sind es gewohnt, mit ihren Professoren über Social Media wie Facebook, StudiVZ etc. zu kommunizieren und sie trotz räumlicher Trennung am

Fortschritt ihrer Arbeiten teilhaben zu lassen. Schon elfjährige Schüler müssen sich im Internet über Stundenpläne und Raumverschiebungen ihrer Schule informieren. Es wird nicht mehr gefragt, ob die technischen Voraussetzungen gegeben sind, das wird vorausgesetzt. Die Generation der *digital natives* sieht das Leben mit dem Internet, die ständige Verbindung mit allen wichtigen Personen und Organisationen in Wort, Bild und Filmen, als selbstverständlich an.

In der Produktion kommen Social Media dagegen bisher so gut wie nicht zum Einsatz, obwohl erkennbarer Bedarf besteht, siehe Abbildung 1-5. Es gibt ungezählte Situationen, in denen mehrere Mitarbeiter kurzfristig und verlässlich informiert werden müssen oder selbst informieren müssen: Aufträge, auf die ein besonderes Augenmerk zu legen ist; Lieferanten, die sich geändert haben; neue oder beendete Maschinenprobleme etc.. Bei einem führenden Automobilzulieferer wurde für den Fall eines Maschinenstillstands eine komplette Eskalationskette installiert:

Leadperson	→ Alarmierung nach 30 Min
Groupleader	→ Alarmierung nach 90 Min
Sectionleader	→ Alarmierung nach 3 Std
Manager	→ Alarmierung nach 6 Std
Director	→ Alarmierung nach 8 Std
VP President	→ Alarmierung nach 10 Std
President	→ Alarmierung nach 24 Std

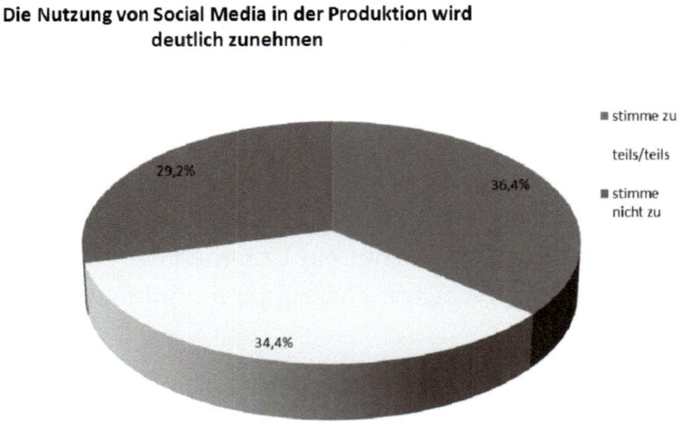

Abbildung 1-5: 70 % der Befragten erwarten, dass die Nutzung von Social Media in der Produktion eher zunehmen wird (Quelle: „Produktionsarbeit der Zukunft")

Die beschriebene Alarmierungskette lässt sich mit E-Mail-Stafette umsetzen, sie aber über Social Media abzubilden, würde noch auf Akzeptanz-Probleme stoßen. Was sich bei der Einbindung sozialer Netzwerke ändern sollte, beschreibt Dr. Holfelder: „Die Nutzung von Social Media im Unternehmen ist nicht nur eine Technikfrage, sondern in erster Linie eine Kulturfrage. Es muss zum Beispiel in

Ordnung sein, dass ich von Zuhause aus an einem Meeting teilnehmen kann, ohne dass die anderen sich wundern." [1]. Im Unternehmen des Autors wird in der Entwicklung mit vielen Mitarbeitern zusammengearbeitet, die nur zwei Tage im Büro sind und die Hauptzeit im Home Office verbringen. Für Remote-Diskussionen wird auf Videokonferenzen zurückgegriffen. Die Akzeptanz für einen so gestalteten Arbeitsalltag ist kein Problem, wenn die Technik in den Hintergrund tritt, weil ihre Bedienung nicht aufwändiger als ein Telefon ist.

Dabei darf ein Factory Social Media nicht nur eine Kopie der schon genannten Systeme sein. Denn diese haben aus berechtigtem Grund Akzeptanzprobleme. Die seit längerer Zeit nun schon geführte Debatte zum Thema Datensicherheit zeigt auf, dass sichergestellt sein muss, dass die Kommunikation nur innerhalb des Firmennetzwerks erfolgt (vergleichbar dem Einsatz von WLAN in der Produktion) bleiben müssen. Außerdem muss sichergestellt sein, dass nur definierte Firmengeräte zum Einsatz kommen. Schon jetzt beschweren sich Produktionsleiter über Qualitätsprobleme die durch Mitarbeiter verursacht werden, die durch ihre privaten Smartphones von der Durchführung ihrer Aufgaben abgelenkt werden.

1.5 Möglichkeiten der Unterstützung der Mitarbeiter durch mobile Assistenz

Zum Schluss der Betrachtung über die Zukunft der menschlichen Arbeit in der Fertigung noch ein Blick in die Vergangenheit: Vor Einführung der EDV in die Produktion war der Informationsstand zum Status der Fertigung ein Erfahrungswert, im Grunde ein vages Gefühl. Mit der Einführung der ersten EDV-Systeme kam dann das Gegenteil: Alles wurde protokolliert und 1:1 an den Produktionsleiter weitergegeben. Folge: Kiloweise Papier und ein nicht mehr zu bewältigender Auswertungsaufwand. Schließlich waren alle Beteiligten nur so schlau wie vorher. Was ist daraus zu lernen? Das Thema Big Data Processing muss eine ganz neue Ausrichtung erhalten. Die Aufgabe lautet: Wie bringt ein Unternehmen die Fülle an Daten so auf den Punkt, dass die entsprechende Zielgruppe produktiver arbeiten und rascher agieren kann?

Im Rahmen der visuellen Fabrik wird heutzutage dem Bediener eine Bildersammlung mit richtigen und falschen Prozessergebnissen am Arbeitsplatz angeboten. Das ist aber organisatorisch aufwändig und die Aktualisierung steht häufig im Konflikt mit kurzfristigen Änderungen (Bilder des geänderten Produkts müssen erstellt werden, die Verfahrensanweisung ist zu aktualisieren, Aushänge sind auszudrucken und die Bilder vor Ort sind auszutauschen. Zusätzlich ist die Übersicht zu wahren, was sich auf welchem Änderungsstand befindet). Die Ablösung durch mobile Lösungen wird neue Möglichkeiten schaffen, wie von Experten erwartet, siehe Abbildung 1-6, und zum Beispiel die Reaktionsfähigkeit erhöhen. Der Instandhalter einer Pressenstraße begibt sich mit seinem Tablet oder Smartphone direkt an den Problemort und muss nicht zwischen Problem und

Informationsdarstellung hin und her pendeln. Zudem kann eine Individualisierung realisiert werden, die sich am Qualifikationsstand des Mitarbeiters orientiert.

Der lean-orientierte Produktionsmanager will beim Gang durch die Produktion ohne aufwändige EDV-Recherche direkt sehen, wie der Fertigungsstatus ist. Heute wird das durch entsprechende Produktionstransparenz erreicht. Zukünftig könnte das wie von Rode beschrieben funktionieren: „Ich gehe durch die Halle und sehe sofort, wo mein Auftrag ist und was es mit dem Stapel Material auf sich hat, anstatt den Warenbegleitschein zu suchen. Wenn Augmented Reality zusammen mit den Google-Glass-ähnlichen Techniken mal vernünftig benutzbar und bezahlbar ist, dann werden wir sehen, dass die Informationen irgendwo im Raum schweben und die Produktion und Wartung damit vereinfachen." [1].

Ob hier tatsächlich Techniken wie die Google-Brille notwendig sind oder diese Informationen direkt auf dem Organizer der Zukunft, zum Beispiel einem Tablet-PC, angezeigt werden, welcher aufgrund eines „firmeninternen GPS" weiß, wo er sich befindet, sei dahin gestellt.

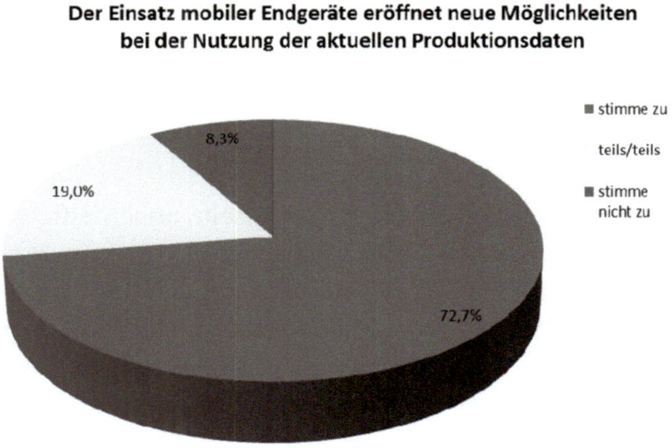

Abbildung 1-6: Mobile Endgeräte werden als Teil der Produktion von morgen erwartet (Quelle: „Produktionsarbeit der Zukunft")

Bei Automobilen der Premiumklasse gibt es schon heute Head-Up-Displays, die Informationen in das reale Sichtfeld des Fahrers virtuell einblenden. Entscheidend ist, dass dabei nicht die komplette reale Cockpitansicht in das Sichtfeld kopiert wird, sondern nur die gerade sinnvolle Information. Dieses Beispiel im Kleinen ist die Aufgabe auch im Großen: Die Flut der Daten muss aufbereitet werden, damit der Mensch die richtigen Entscheidungen treffen kann. Holfelder sieht darin eine nicht triviale Aufgabe: „Es werden hier neue und komplexere Daten generiert, (...) und zur Bewertung der Relevanz gibt es bisher noch wenig Erfahrung." [1].

Zusammenfassend kann als Anforderung für eine Mensch-Maschine-Konfiguration der Zukunft gesagt werden: Der Mensch bleibt mit seinen kreativen und assoziativen Kompetenzen die entscheidende Größe auch in der Smart Factory. Er benötigt ein „iProduction-Tablet", auf dem ihm alle für die Erfüllung seiner aktuellen Aufgabe notwendigen Informationen übersichtlich aufbereitet zur Verfügung stehen, damit er schnell die notwendigen Entscheidungen treffen kann. Insgesamt muss er seine Zeit ganz überwiegend für die Produktionsaufgabe verwenden können statt für die Informationsbeschaffung. Ob das „Tablet" dabei ein stationäres oder mobiles System ist oder die reale Welt die virtuelle Welt ergänzt, ist dabei nicht die Hauptaufgabe. Diese heißt vielmehr: Wie lässt sich das System schnell und intuitiv bedienen und zeitnah an neue Anforderungen anpassen?

2 Beispielszenario aus einer Smart Factory

Für die Smart Factory in der Industrie 4.0 gilt aktuell eine Aufgabentrennung zwischen Planung und Produktion, zwischen ERP (Enterprise Resource Planning) und MES (Manufacturing Execution System) – kurz: zwischen Top und Shop Floor.

Mit ERP werden die Unternehmensprozesse horizontal verknüpft. Aus Sicht der Produktion ist dabei der Baustein Produktions-Planung und -Steuerung (PPS) elementar. Dominant bei der Planung sind sowohl die Einbeziehung des Themas Material (MRP I, Material Requirement Planning) als auch, nach einer Erweiterung der Definition, die Berücksichtigung aller relevanten Produktionsressourcen (MRP II, Manufacturing Resource Planning).

Weil die Ressourcenplanung in der Vergangenheit aber nur sehr unbefriedigend erfolgte und die Produktionssteuerung überhaupt nicht abgedeckt war, entwickelten sich in den 90er Jahren zwei Strömungen, die Antworten auf diese operativen Schwächen geben wollten. Aus der Sicht des Produktionsmanagements lautete die Antwort Lean-Management – basierend auf dem Toyota Produktionssystem. Aus Sicht der IT lautete die Lösung: das MES als Layer zwischen den Produktionsressourcen (Maschinen etc.) und der Unternehmensebene, siehe Abbildung 2-1. Beide Ansätze sind bis heute konträr zueinander. Lean Management ist im Kern ein Ansatz, der weniger auf technische Ablaufautomation abhebt, als vielmehr die Prinzipien einer schlanken Organisation betont oder wie es Remco [10] sehr anschaulich beschreibt „Erzeugen Sie Transparenz, indem Sie mit einem einfachen Blatt Papier arbeiten, das anschließend an der Shopfloor-Tafel ausgehängt wird. Schlechte Nachrichten für Laptop-Freaks und Digitalwelt-Gurus, die alles elektronisch haben wollen und dann auf Nimmerwiedersehen archivieren." MES setzt auf Führung, Lenkung und Steuerung der Produktion in Echtzeit. Dazu gehören klassische Datenerfassungen und Aufbereitungen wie Betriebsdatenerfassung (BDE) und Maschinendatenerfassung (MDE) [12]. In der künftigen Smart Factory jedoch lassen sie sich unter einen Hut bringen. MES steht damit für die IT in der Smart Factory.

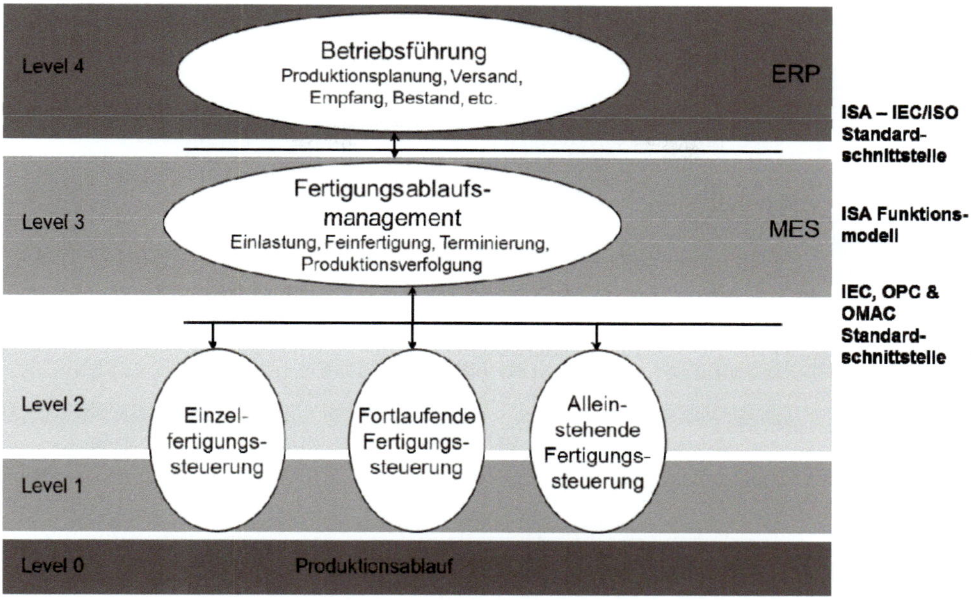

Abbildung 2-1: Funktionen und Aufgaben gemäß ISA-95 [2] und deren Zuordnung zu den IT-Lösungen ERP und MES

Die Fertigungsaufträge werden im ERP aus Kundensicht (Kundenaufträge) gegen unbegrenzte Kapazität terminiert und die entsprechenden Materialien disponiert. Die Aufträge werden durch die Fertigungssteuerung mit der Feinplanung / Auftragssteuerung unter Berücksichtigung der tatsächlichen Maschinenkapazität so geplant, dass die kürzest mögliche Durchlaufzeit entsteht. Produktionsleitung und Teamleiter sehen auf einer elektronischen Plantafel, siehe Abbildung 2-2, wie ihre Maschinen in der Zukunft ausgelastet und welche Aufträge wann eingeplant sind. Die Plantafel zeigt auch die gerade in Bearbeitung befindlichen Aufträge an – entweder nach dem Kriterium Termineinhaltung oder in der Farbe des entsprechenden Betriebszustandes.

Die eingeplanten, aber noch nicht frei gegebenen Aufträge werden an die Werkzeugkommissionierung übergeben. Dabei wird das Werkzeugmagazin der Maschinensteuerung ausgelesen und geprüft, in welchem Zustand sich die magazinierten Werkzeuge befinden, damit die Standzeit dieser Werkzeuge auch für die Folgebearbeitung ausreicht. Danach gehen die Werkzeuge zur Vermessung und die korrigierten Werkzeugmaße werden auf einen in das Werkzeug integrierten Chip geschrieben. Wenn die Werkzeuge zusammengebaut sind, werden die Aufträge freigegeben und in der gewünschten Reihenfolge am Werker-Informationsterminal angezeigt, siehe Abbildung 2-3. Der Mitarbeiter weiß somit, welches die nächsten für ihn eingeplanten Aufträge sind.

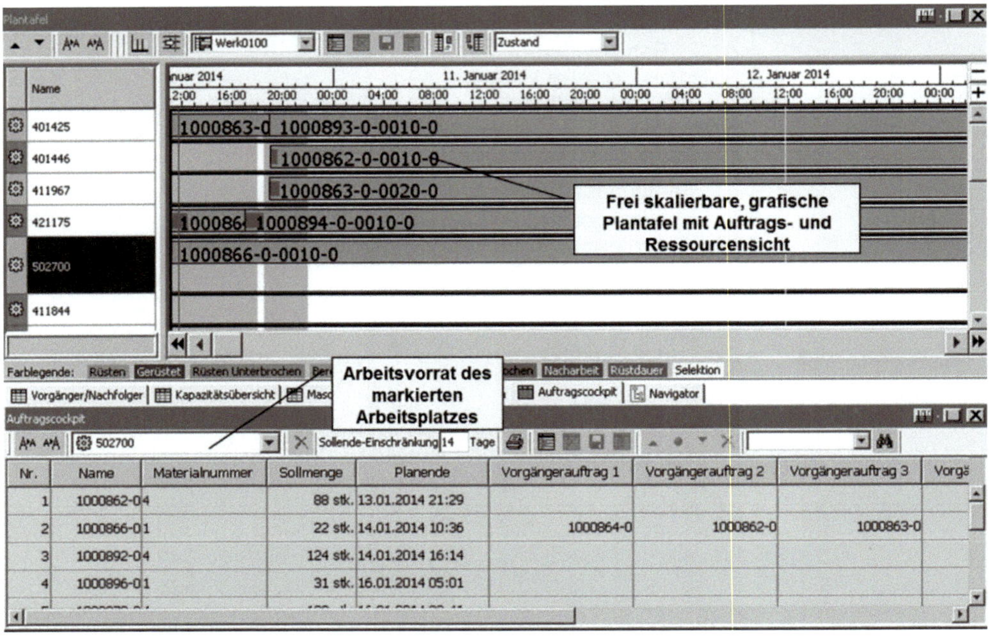

Abbildung 2-2: **Plantafel mit komprimierter Auftragsinformation**

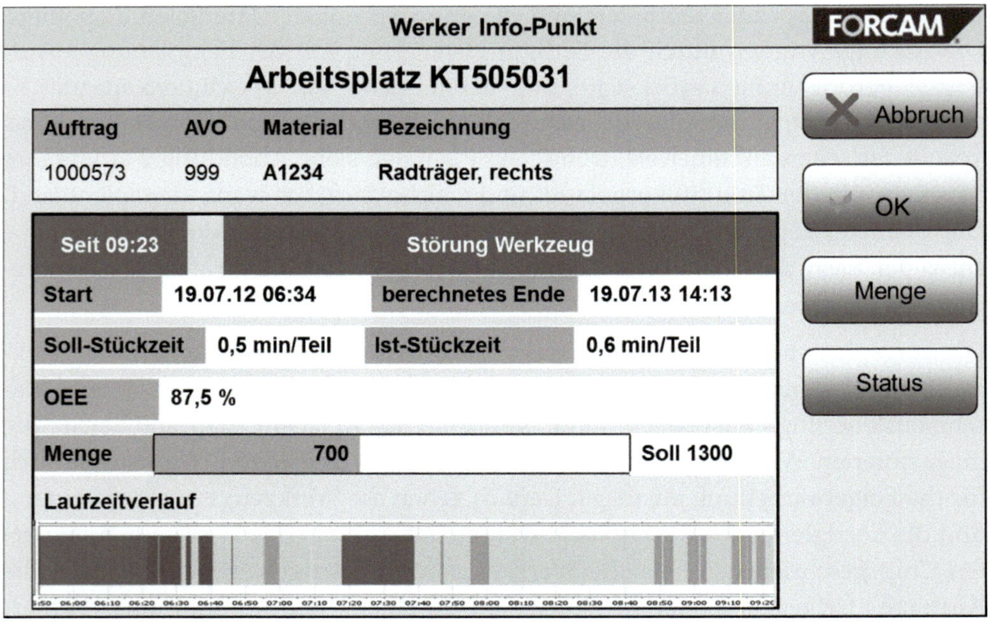

Abbildung 2-3: **Auftragsliste und Auftragsstatus aus der Sicht des Werkers**

Zur Bearbeitung wählt der Bediener einen Auftrag aus dieser Auftragsliste aus und startet damit die Bearbeitung. Gleichzeitig werden auch Folgeaktivitäten initiiert. Der aktuelle Auftrag wird in der Plantafel angezeigt und das ERP-System erhält eine Startmeldung.

Der Werker überträgt das für den Auftrag bestimmte NC-Programm (Numerische Steuerung). Alternativ sind die NC-Programme schon auf der Maschine installiert und durch Start des NC-Programms beginnt die Auftragslaufzeit. Die Maschinensteuerung liest von den Werkzeugen die Werkzeugkorrekturdaten und passt die Stellbefehle der Maschinenachsen entsprechend an.

Während der Bearbeitung werden die Maschinensignale kontinuierlich gelesen, von dem Manufacturing System interpretiert und in Betriebszustände umgerechnet. In der Regel sind die Maschinensignale nicht ausreichend für eine eindeutige Statusbestimmung. Deswegen kann der Maschinenbediener die Zustände mit den Werten eines mehrstufigen Qualifikationsbaums weiter detaillieren.

Die von der Maschine erfassten Mengen können durch den Bediener ebenfalls weiter qualifiziert und bei Ausschussmengen die entsprechenden Gründe aus einem Katalog zugeordnet werden. Nach Ablauf des NC-Programms wird der Auftrag entweder durch das Programm oder durch den Bediener beendet.

Bei Montageaufgaben entfallen die Schritte der NC-Programmübertragung. Dann werden alternativ die zu verbauenden Komponenten geprüft. Die Komponentenbereitstellung erfolgt über Materialboxen, die mit einem Barcode versehen sind. Der Werker scannt die Boxen. Das MES gleicht den Boxeninhalt mit dem ERP ab und prüft gleichzeitig mit der Materialliste des Auftrags, welche Teile verbaut werden sollen, siehe Abbildung 2-4. Erst, wenn alle Teile vorrätig sind, wird die Montagebearbeitung frei gegeben.

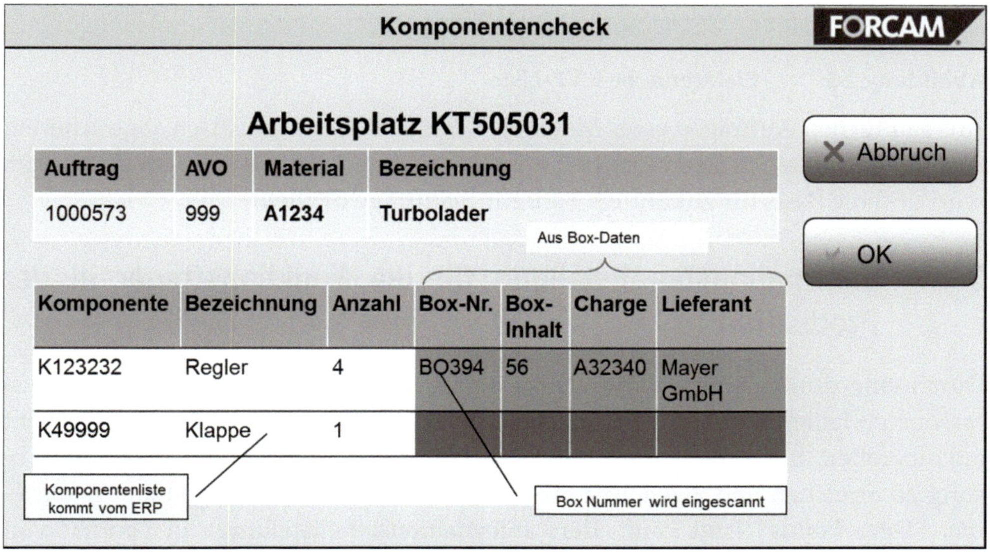

Abbildung 2-4: Liste zu verarbeitender Komponenten

Nach der Bearbeitung oder Montage wird das Material für die weitere Identifikation mit einer Datamatrix versehen. Damit ist es für weitere Bearbeitungsschritte und für die Teilerückverfolgung (Traceability) lesbar. Das gefertigte Teil wird in einen Warenträger gelegt. Dieser ist durch einen Transponder ebenfalls identifizierbar. Wenn die im Auftrag festgelegte Weitergabemenge erreicht ist, wird der volle Ladungsträger an das ERP-System gemeldet und der Weitertransport veranlasst.

Während der Bearbeitung kann der Bediener besondere Probleme in ein elektronisches Flipchart eintragen, siehe Abbildung 2-5 oder bei besonders schweren Problemen ein Instandhaltungsticket an das ERP senden. Sämtliche während der Bearbeitung aufgezeichneten Zustände werden zu Schichtende verdichtet und stehen für weitere Analysen zur Verfügung. In der Morgenrunde des nächsten Tages können die Daten auf einem Großbildschirm als Basis für den Verbesserungsprozess dargestellt werden.

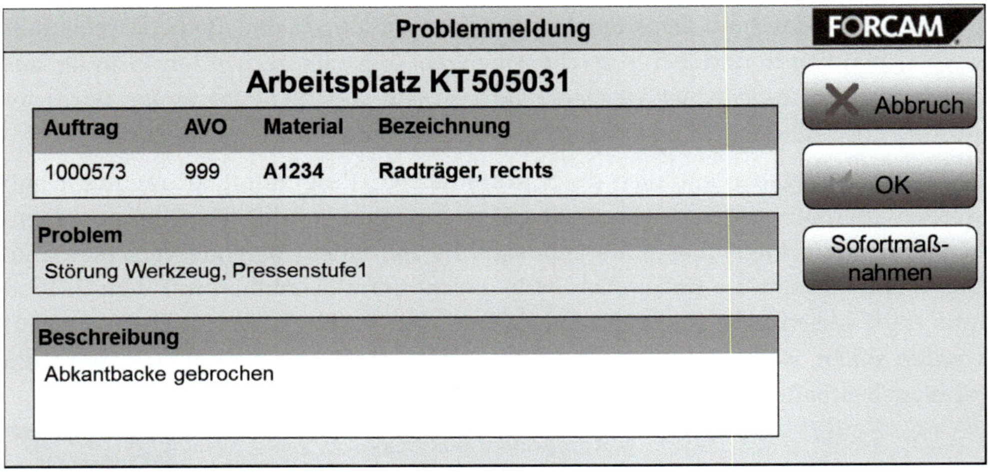

Abbildung 2-5: Elektronische KVP-Liste

Aus sämtlichen Aufträgen eines Materials kann nach einer statistisch abgesicherten Anzahl eine neue Stückzeit ermittelt werden, die dann ans ERP-System übertragen wird und die Basis für zukünftige Fertigungsaufträge darstellt.

3 Informationsbereitstellung für die Funktionsträger in der Produktion

Durch eine durchgängige EDV-technische Verknüpfung sämtlicher Produktionsressourcen fallen in hoher Frequenz viele Daten an. Diese sind zielgruppengerecht aufzubereiten, um erstens kulturelle Akzeptanz für die neue technologische Lösung zu erreichen und zweitens funktional schnelle Entscheidungen zu organisieren. Der Fokus liegt auf der Informationsbereitstellung in Form von Visualisierungen und Besprechungen zur Unterstützung des Shop Floor Managements, siehe Abbildung 3-1. Die Informationsbereitstellung soll im Folgenden anhand der drei Funktionsträger Produktionsleiter, Teamleiter und Werker beschrieben werden.

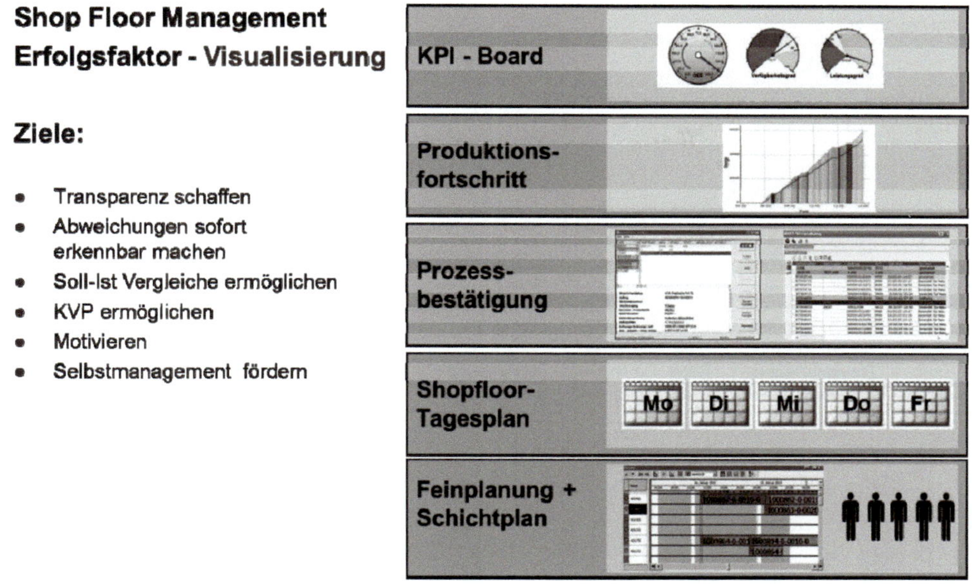

Abbildung 3-1: **Visual Management und regelmäßige Diskussion der Produktionskennzahlen sind die Basis für ein funktionierendes Shop Floor Management**

Der **Produktionsleiter** sieht in seinem Büro auf einem touchfähigen Großbildschirm das Layout seines Verantwortungsbereichs mit dem Produktionsstatus der Maschinen. Durch einen Fingerklick auf eine der Maschinen erhält er weitere Informationen – zum Beispiel über einen „Auftragsstau" vor den Maschinen, bei Serienfertigern beispielsweise den aktuellen Produktionsrückstand, siehe Abbildung 3-2. Wenn eine Maschine einen längeren Stillstand hat, wird der Produktionsleiter darüber auf dieser Tafel informiert und er erhält eine SMS oder Email auf sein Smartphone. Für die tägliche Produktionsbesprechung werden ihm die wichtigsten Produktionskennzahlen (produzierte Mengen, häufigste Störungen, Auftragsrückstand etc.) auf seinem Tablet-PC dargestellt.

Für eine vollautomatische Informationsdarstellung wäre es notwendig, dass mit einem „Indoor-GPS-System" die aktuelle Position des Produktionsleiters festgestellt wird und dann die Maschinen in seinem Umkreis auf seinem Tablet-PC dargestellt werden. Weil dafür aber noch keine marktreifen Systeme vorhanden sind, ist manuelle Arbeit notwendig. Diese Aufgabe lässt sich aber einfach bewerkstelligen. Ausgehend von einem Werkslayout am Bildschirm kann man sich über die Hallenansicht in einen Bereich und von dort aus auf eine einzelne Maschine zoomen. Entscheidend ist nicht die Technik, sondern – das stellen Unternehmen bei der Entwicklung von Apps fest – wie man die Daten aufbereitet und aktuell hält. Mit diesem Stand der Technik ist zwar die in Kapitel 1 beschriebene Vision von Rode [1] nicht ganz erfüllt, aber man kommt der Anforderung schon sehr nah.

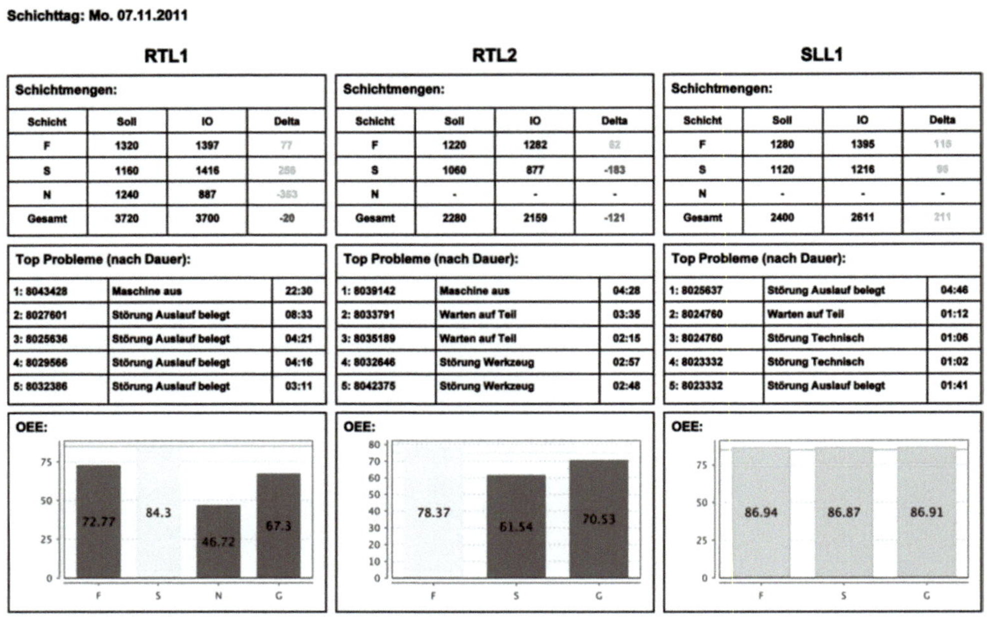

Abbildung 3-2: Beispiel für das Leistungscockpit eines Serienfertigers

In regelmäßigen Besprechungen und Rundgängen („Walk the talk" – vgl. Abbildung 3-3) werden Leistungsabweichungen diskutiert und auf einem elektronischen KVP-Board festgehalten (KVP, Kontinuierlicher Verbesserungsprozess).

Der **Teamleiter** sieht die für den einzelnen Arbeitsplatz frei gegebenen Aufträge und ihren aktuellen Bearbeitungszustand. Er kann eingreifen, wenn das Schichtergebnis nicht dem Plan entspricht oder wenn sich die Bearbeitung eines Auftrags massiv verzögert. Zusätzlich sieht er die eingelasteten Aufträge für die nächsten Wochen und kann seine Personaleinsatzplanung durchführen. Genau wie alle anderen Beteiligten sieht er zudem die komprimierten Arbeitsergebnisse und kann gezielt auf Problemmaschinen eingehen.

Der **Werker** erhält alle für die Erfüllung seiner Aufgabe notwendigen Informationen am Bildschirm visualisiert dargestellt. Diese sind vorrangig diejenigen Aufträge, welche er in einer bestimmten Reihenfolge zu bearbeiten hat. Dabei gelten die gleichen Kriterien wie bei der papierbasierten Auftragsbereitstellung. Darzustellen sind nur die Aufträge, welche kurz- und mittelfristig zu bearbeiten sind – in der Regel nicht mehr als zehn. Was in zwei Wochen zu erledigen ist, ist zu diesem Zeitpunkt nicht relevant.

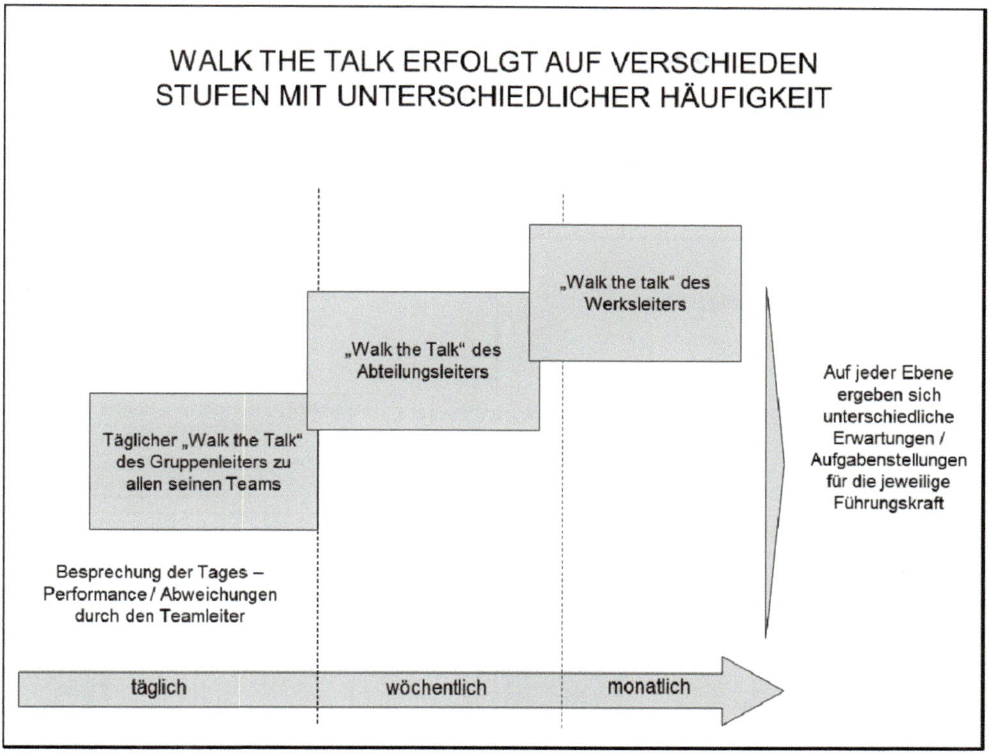

Abbildung 3-3: Trotz EDV: Der regelmäßige Produktionsrundgang und das Definieren von Maßnahmen sind unerlässlich

Dem Werker werden Störungen der Maschine visualisiert und ggf. durch ihn genauer qualifiziert. Auch die Auswirkung von Störungen auf seine geplante Schichtleistung sieht er direkt am Bildschirm. Bei längeren Stillständen erzeugt er eine Instandhaltungsmeldung mit Details zum aktuellen Problem. In der Instandhaltung wird daraus ein Instandhaltungsauftrag im ERP für diese Maschine erzeugt. Dieser Auftrag wird auf das Smartphone des zuständigen Instandhalters weitergeleitet. Zeitverluste durch lange Laufwege werden vermieden.

Aus den während der Schicht gemeldeten Störungen, Produktionszeiten, Gut- und Ausschussmengen werden die täglichen / wöchentlichen / monatlichen Performance-Kennzahlen berechnet. Damit diskutieren Werker und Vorgesetzte auf der Basis derselben Daten. Schnell nachvollzogen werden kann beispielsweise, wie sich Stillstände in einer Schicht ergeben haben. Das fördert das Verstehen, woher die Kennzahlen kommen – mit dem wesentlichen Ergebnis: Die Diskussion richtet sich nun auf das Produktionsproblem und nicht mehr auf die Glaubhaftigkeit der Kennzahlen.

Auch ein führungskultureller Aspekt spielt beim modernen Shop Floor Management eine erfolgskritische Rolle, siehe Abbildung 3-4. Es geht darum, wie Beteiligte, insbesondere Vorgesetzte, mit den Daten umgehen. Man könnte die Daten verwenden, um seine Mitarbeiter zu kontrollieren. Dies ist jedoch, im Lean-

Vokabular ausgedrückt, Verschwendung. Durch eine rein auf Kontrolle ausgerichtete Einbeziehung der Mitarbeiter wird man nie eine Produktivitätssteigerung erreichen. Ein auf Befehl und Gehorsam basierender Umgang mit den Mitarbeitern funktioniert in einem *Smart* Shop Floor Management nicht. Notwendig ist hingegen ein offener, transparenter Führungsstil, welcher allen Beteiligten eine eigenverantwortliche Mitarbeit und Selbstkontrolle ermöglicht.

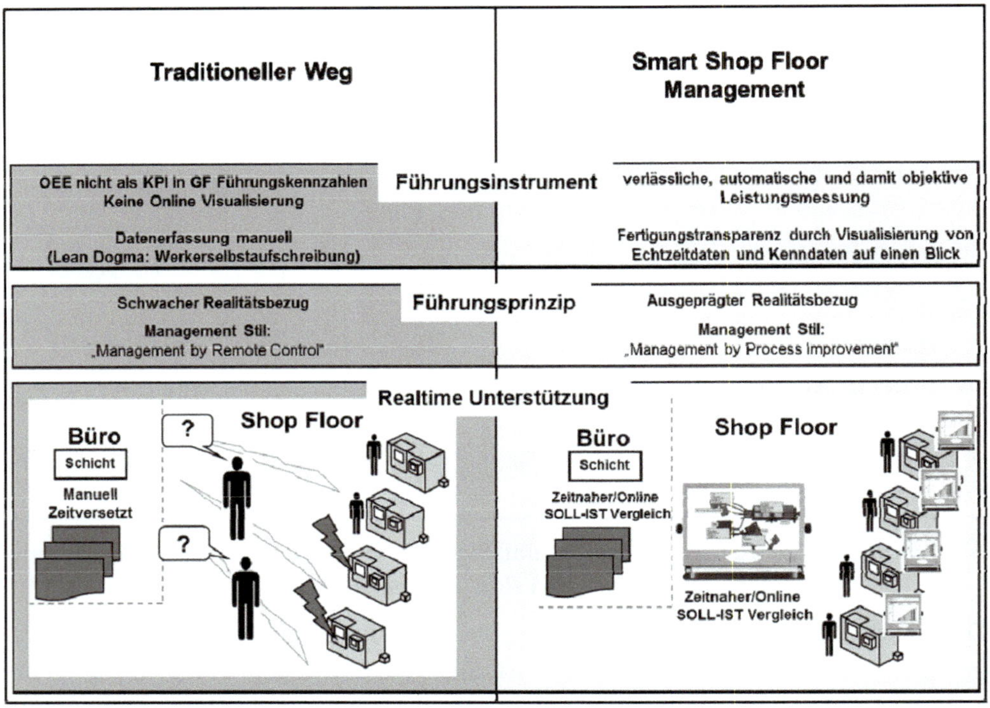

Abbildung 3-4: Die Smart Factory erfordert auch ein Smart Shop Floor Management – eine offene und transparente Führungskultur und -organisation

Blicken wir am Schluss der Betrachtung zur Informationsverarbeitung auf die Kriterien des Performance-Managements aus der Sicht der Lean-Philosophie. Es wurde eingangs angesprochen, dass mit der Industrie 4.0-Initiative auch eine Abneigung der Lean-Vertreter gegen IT überwunden werden muss. In der IT der Industrie 4.0 wird ein starkes Augenmerk auf die schnelle Sichtbarkeit von Sollprozessabweichungen gelegt. Dieses Performance-Management verfolgt zwei Ziele: auf der einen Seite die Überwachung der aktuellen Performance aller Ressourcen, auf der anderen Seite das Führen und Umsetzen umfangreicher Prozessverbesserungen. Auf Letzteres, das Führen und Umsetzen, hat die IT weniger Einfluss, das ist eine Führungsaufgabe. Den ersten Punkt kann IT jedoch zielführend unterstützen und papiergestützte Abläufe vollständig ablösen. Um die täglichen Abweichungen sichtbar zu machen, sind die vom Team erhobenen Daten zu visualisieren. Die für die Ermittlung der Kennzahlen notwendigen Daten sind vom

Team so weit wie möglich eigenständig zu erfassen, was, wie beschrieben, zu 100 % computergestützt erfolgen kann.

4 Produktionsdatenintegration bei heterogenen Maschinenparks

Die technologische Hauptvoraussetzung für den Erfolg der Smart Factory ist eine effektive Produktionsdatenintegration. Das bedeutet, größte Datenmengen unterschiedlicher Quellen sicher und hochperformant aufzunehmen, zu analysieren und reaktionsnah auf allen benötigten Geräten für alle Funktionsebenen zu visualisieren. Die Schlagworte lauten Big-Data, Realtime und Cloud. Insbesondere die Fähigkeit, die Daten von Maschinen unterschiedlicher Hersteller sowie über Ländergrenzen hinweg in verschiedenen Sprachen (Unicode) zu verarbeiten und darzustellen, wird mit 100 Prozent webbasierten Daten in einer J2EE-Architektur erreicht.

Der Regelfall ist ein über Jahrzehnte gewachsener Maschinenpark, der mit heterogenen Steuerungen arbeitet. Häufige Aufgabe ist es daher zunächst, diese Schranken zu überwinden. Eine moderne Produktionsdatenintegration auf Basis einer High-Tec-Webtechnologie leistet das. In ihr können verschiedene Quellen Datenlieferanten und -abnehmer sein – heterogene Steuerungen von Anlagen und Maschinen (SPS, CNC, PC) ebenso wie Messgeräte oder Prüfeinrichtungen. Zweitens ist es möglich, Maschinendaten über Sensoren und Aktoren mittels sogenannter Feldbuscontroller anzubinden. Drittens können Maschinenbediener und Instandhalter Daten eingeben oder korrigieren. Viertens ist es möglich, auch Werte zu den Anlagen hin zu übertragen, zum Beispiel Programme, Prüfparameter oder Befehle wie etwa das Auslösen von Alarmen.

Unabhängig von der vorhandenen Technik erfolgt die Produktionsdatenintegration in drei Schritten: 1. Daten bereitstellen, 2. Daten über eine individuell angepasste Software (Plugin) einlesen, 3. Interpretation der Daten.

4.1 Schritt 1: Datenerfassung

Bei heterogenen Steuerungen können drei Wege der Maschinendatenerfassung (MDE) genutzt werden. Die Wahl der Anbindung ist abhängig vom Maschinenpark, dem gewünschten Detaillierungsgrad der Daten und vom Budget. Grundsätzlich sollte die MDE möglichst auf allen Wegen kombiniert werden, denn es gilt: Je höher der Anteil an automatisch erfassten Maschinendaten, desto höher die Datenqualität bei geringerem manuellen Meldeaufwand.

Signalerfassung mit Wandler: Auch Maschinen, die keinen Kommunikationsprozessor haben, lassen sich mit dem Internet verbinden. Dazu ist ein „I/O- Ethernet-Wandler" im Steuerungsschrank der Maschine zu installieren. Die benötigten Signale werden aus der Steuerung der Maschine über digitale Signalausgänge aus-

und in den Wandler eingegeben. Dieser sorgt für die nötige Ethernet-Konvertierung. Gängig dafür ist ein mit der Firma WAGO abgestimmter Felsbuscontroller. Nachteil: Die Anzahl der Signale, die erfasst werden können, ist begrenzt. Klassische Maschinendaten sind „Maschine ein/aus", „Produktion/Stillstand", „Menge(n)" und eine „Störung" als Sammelmeldung.

Signalerfassung über herstellerspezifische Protokolle: Neuere Maschinen sind bereits vom Hersteller mit Prozessor und Software zur Kommunikation ausgerüstet. Beispiele sind Heidenhein virtual TNC 0, Siemens RPC [8] oder FANUC FOCAS [9]. Bei diesen Anlagen können die Daten direkt aus der Maschine ausgelesen werden, zudem stehen zahlreiche weitere Funktionen und Daten zur Verfügung. So lässt sich auch die Übertragung von NC-Programmen zur Maschine realisieren oder die aktuelle Werkzeugbelegung abfragen.

Steuerung mit Server: Bei moderner Maschinenanbindung erfolgt die Datenaufbereitung schon in den Anlagen. Dazu gibt es in jeder Maschine einen zusätzlichen Rechner, in der Regel einen PC. Auf diesem laufen Programme, die schon einen Teil der Datenaufbereitung wie eine einheitliche Formatierung übernehmen. Die Datenweiterleitung erfolgt über Ethernet. Zusätzliche Rechner und Programme sind kostenrelevant. Dafür lassen sich selbst komplexe Größen und Prozesse gut darstellen. Das System ist universell einsetzbar, was vor allem für international tätige Unternehmen wichtig ist. Zentraler Vorteil: IT-Verantwortliche werden mit offenen Kommunikationsprotokollen in die Lage versetzt, integrierte und effiziente Fertigungssysteme zu organisieren, die die Produktion nachhaltig optimieren und die Produktivität steigern helfen.

Als Standardkommunikation für die Maschinensteuerung via Server hat sich zum einen OPC (OLE for Process Control) etabliert. OPC ist frei konfigurierbar, geregelt ist lediglich, wie zwei Maschinen miteinander „sprechen" (die Syntax). Was kommuniziert werden muss, ist individuell zu regeln. Einen anderen Weg geht die Open-Source-Plattform MTConnect [3]. Technologisch ist sie mit OPC vergleichbar. Allerdings ist MTConnect für die Aufgabe „Kommunikation mit Werkzeugmaschinen" schon ausgerichtet. Diese Lösung hat in Nordamerika eine hohe Verbreitung. Auch erste Unternehmen und IT-Dienstleister in Europa nutzen die lizenzfreie Anwendung MTConnect. Sie verbindet Anlagen, Anwendungen und ganze Fabriken flexibel miteinander und bietet ein integriertes Gesamtfertigungssystem. Eingeführt wurde MTConnect vom Verband der US-Fertigungsindustrie (AMT - Association for Manufacturing Technology), der auch das MTConnect Institut sponsort [3].

4.2 Schritt 2: Datenzuordnung

Sind alle Prozess- und Messdaten gesammelt, werden sie in der Lösung des Unternehmens des Autors, FORCAM, in so genannten DCUs (Data Collection Units) eingelesen. In den DCUs findet die eigentliche Kommunikation mit den Anlagensteuerungen statt: Eigens programmierte Software-Plugins fungieren als „Middleware“ zwischen Maschine und übergeordnetem FORCAM-Applikationsserver, der dafür zuständig ist, dass ausschließlich aktuell interessierende Daten hocheffizient übermittelt werden (ereignisgesteuerte Differenztelegramme). Verschiedene Plugin-Bausteine sorgen dafür, dass die oben genannten sowie weitere Protokolle verarbeitet werden können. Bei heterogenen Steuerungen wird je Maschinenhersteller ein jeweils individuell programmiertes Plugin benötigt, denn jede Steuerung spricht ihre eigene Sprache. Jede DCU kann bis zu 100 Steuerungen unterschiedlichster Bauart gleichzeitig bedienen, ohne besondere Anforderungen an die PC-Hardware zu stellen. Jeweils zwei DCUs können so konfiguriert werden, dass sie sich gegenseitig überwachen und im Störfall ersetzen. In der Regel ist diese DCU auf dem FORCAM-Applikationsserver installiert. Wenn jedoch zwischen der Maschinen und dem Server lange Strecken „überwunden“ werden müssen und die Kommunikation über eine nicht jederzeit verfügbare Leitung erfolgt, empfiehlt es sich die DCU auf einem maschinennahen Server zu installieren. Eine solche Konstellation ergibt sich, wenn das Mutterwerk in Deutschland einen kleineren Standort in Südamerika oder Asien anbinden möchte und eine komplett separate MES-Installation zu teuer wäre.

4.3 Schritt 3: Daten-Interpretation

Die originären Maschinensignale sind noch nicht jene Informationen, die für ein effektives Produktionscontrolling benötigt werden. Dazu ist ein Logikbaustein notwendig, der aus mehreren Signalen und zusätzlichen Informationen die gewünschten Betriebszustände berechnet. Erst, wenn die Betriebszustände aus der Fertigung wie „Produktion“, „Rüsten“, „Störung“ usw. vereinheitlicht und damit von der Art und Ausprägung der Maschine unabhängig gemacht sind, werden die Informationen zum übergeordneten System in der Unternehmensplanung übertragen. Dort werden sie weiterverarbeitet und in der Datenbank abgelegt.

Die Verarbeitung erfolgt in 2 Stufen. Zuerst werden den Maschinensignalen logische Namen zugeordnet und daraus mittels einer Skriptsprache die entsprechenden Betriebszustände ermittelt, siehe Abbildung 4-1.

4.3.1 Aufbereitung der Kennzahlen

Schon vor der aktuellen Industrie 4.0-Thematik gab es eine Initiative zur Strukturierung der Aufgaben im Bereich der fertigungsnahen Datenverarbeitung. Dabei hat sich in den letzten zehn Jahren der Begriff MES (Manufacturing Execution System) als Oberbegriff für alle Funktionen der fertigungsnahen Datenerfassung etabliert. Deswegen wird auch hier der Begriff MES im Weiteren als Softwaremodul zur Umsetzung von iProduction verwendet.

Ein zentrales Element des MES ist die Aufbereitung von Kennzahlen für die Fertigungssteuerung und -überwachung. Damit für MES-Hersteller und MES-

Anwender einheitliche Definitionen der geläufigsten Kennzahlen (Key Performance Indicator – KPI) und deren Berechnung vorhanden sind, wurden diese vom Arbeitskreis 3 des VDMA im Einheitsblatt VDMA 66412-1 festgelegt [4].

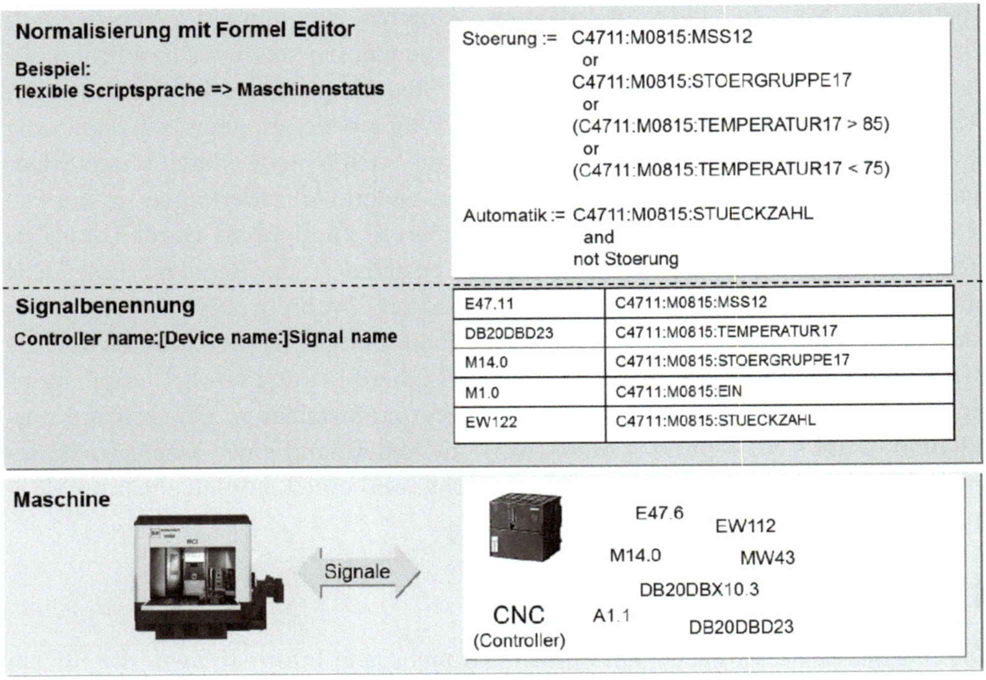

Abbildung 4-1: Signalerfassung, -transformation und -interpretation

Durch den Arbeitskreis wurden innerhalb von zwei Jahren nahezu 200 Kennzahlen zusammengetragen, von denen für den Bereich MES ca. 20 betriebswirtschaftliche Kennzahlen übrig blieben. Dabei handelte es sich jedoch um die Kondensation sehr vieler, nahezu identischer Kennzahlen, welche aus den Anwendungen beteiligter Firmen gesammelt wurden. Daraus legte der weitere Arbeitskreis „**Prozessgrößen für MES-Kennzahlen**" die Berechnung der Kennzahlen fest und definierte die zur Berechnung notwendigen Prozessgrößen. Zentrales Element ist, dass die Definition unabhängig von der technologischen Umsetzung erfolgt, also ohne Vorgabe von IT-Protokollen. Dazu gibt es andere Standardisierungs- bzw. Normierungsgremien.

Wie bei der Definition der Kennzahlen steht man auch bei Prozesswerten, welche innerhalb der Produktion anfallen können, zunächst vor einer riesigen Anzahl. Mit der Einschränkung, nur kennzahlenrelevante Größen zu definieren, relativiert sich die Zahl jedoch sehr rasch. Damit fallen alle Prozessdaten, die für die Teilerückverfolgung oder zur Detaillierung von Störungen notwendig sind, aus der Betrachtung heraus.

Die Prozessgrößen lassen sich in drei Gruppen einteilen: Prozesswerte aus der Maschine (Automatisierung), logistische Größen, die in der Regel im MES bekannt sind oder von der übergeordneten Produktionsplanung bezogen werden, sowie Personalzeiten.

Ausschließlich für die Kennzahl „Mitarbeiterproduktivität" wird die Anwesenheit von Mitarbeiterkennzahlen benötigt, welche in der Regel von Personalzeiterfassungs-Systemen (PZE) geliefert werden.

Logistische Größen wie Auftragslaufzeit und geplante Arbeitsplatzkapazität (Schichtplan) sind dem MES bekannt. Damit bleiben als Definitionslücke die Prozesswerte, die aus der Maschine (Automatisierung) bezogen werden müssen.

Schaut man sich die Kennzahlen detaillierter an, wird deutlich, dass sie sich sämtlich aus den Mengen (Gutmenge, Ausschuss, Nacharbeitsmenge), den Stillstandsdauern und der Produktionszeit ermitteln lassen. Als Produktionszeit ist die Zeit definiert, in welcher ein Teil hergestellt bzw. montiert wird.

Im Einheitsblatt VDMA 66412-1 [4] sind ausschließlich die Kennzahlen definiert. Ob die dazu notwendigen Daten handschriftlich ermittelt oder von den Maschinen geliefert werden, ist nicht festgelegt. Für das handschriftliche Notieren spricht die vermeintlich schnelle und unkomplizierte Umsetzung. Dabei wird aber übersehen, dass dieses Verfahren mit großen Genauigkeitsverlusten verbunden ist. Die Vergleichbarkeit der Daten wird durch menschliche Individualität beeinträchtigt und ein Zusammenführen der Daten ist mit erheblichem Aufwand verbunden.

Bei der maschinellen Erfassung im Rahmen von CIM-Projekten ist Produktionsverantwortlichen noch der große finanzielle und kapazitive Aufwand im Hinterkopf. Seither sind 20 Jahre vergangen. In dieser Zeit hat sich die Computertechnologie deutlich weiterentwickelt und mit dem Einzug der LAN-Technik in der Produktion ein wesentlicher Teil der Problemstellung schon von selbst gelöst. Nämlich: „Wie komme ich an die Maschine ran?"

Übrig bleibt noch die Bereitstellung der notwendigen Signale seitens der Maschinen- und Steuerungshersteller. Dieser Punkt ist bis heute entweder überhaupt nicht definiert oder sehr herstellerspezifisch. Auf die Definition spezieller Übertragungsprotokolle wird hier jedoch nicht näher eingegangen, diese lassen sich von den MES-Herstellern mit vertretbarem Aufwand realisieren. Im Folgenden geht es vielmehr um die Bereitstellung der notwendigen Werte für die Steuerung.

4.3.2 Zusammenhang zwischen Bearbeitungsprozess und Betriebsarten

Die Signale an einer Maschine lassen sich in folgende Gruppen einteilen:

- Sicherheit
- Prozess & Bedienung
- Visualisierung

Allen Kriterien gemeinsam ist, dass eine Signaländerung auch eine Veränderung im Bearbeitungsprozess signalisiert. Zum besseren Verständnis sollen die Signalgruppen genauer beschrieben werden.

In die Gruppe Sicherheit sind alle Signale eingeteilt, die für die Bediensicherheit relevant sind. Ein typisches Signal dieser Gruppe ist „Not-Halt". Grundsätzlich gilt, dass jedes Sicherheitssignal anzeigen kann, dass die Maschine nicht produziert.

In der Gruppe Prozess & Bedienung sind alle Funktionen enthalten, die die Maschine steuern. Diese können mehr oder weniger komplex sein, bei einer Werkzeugmaschine zum Beispiel ein einfaches binäres Signal „an/aus" für Kühlmittel. Ein komplexes Signal ist dagegen „Halt nach Taktende". Dieses wird durch ein Makro (Set von Einzelbefehlen) in der SPS ausgelöst und ist gleichzeitig im Bearbeitungskanal der NC (Numerische Steuerung) wirksam.

Zur Gruppe Visualisierung: Die SPS Signale, die Funktionen an der Maschine zugeordnet sind, werden weiter verdichtet. Beispiele wie „Störung an der Maschine liegt an" oder „Teil im Arbeitsraum fertig bearbeitet" findet man im VDMA Einheitsblatt 34180 [5]. Bei Störungen ist die Auswirkung stark abhängig vom Bearbeitungsprozess. So kann ein Fräsprozess je nach Werkzeug und Material in einem Fall fertig bearbeiten, in einem anderen nicht. Hier fließt zusätzliches Prozesswissen in die Auswertung der Warnungen und Störungen ein.

Zusätzlich zu den Maschinesignalen gibt es die **Betriebsarten**. Angelehnt an Sicherheitsnormen lassen sich diese einteilen in:

- Betriebsart 1 - der Automatikbetrieb
- Betriebsart 2 - der Einrichtbetrieb
- Betriebsart 3 - die Prozessbeobachtung in der Fertigung
- Betriebsart 4 - die Prozessbeobachtung in der Fertigung ohne Zustimmeinrichtung

Das Einfahren eines neuen Teils geschieht zum Beispiel in Betriebsart 2 (Einrichten), der Testbetrieb nach Fehlerbehebung in Betriebsart 3 (Prozessbeobachtung in der Fertigung). In beiden Betriebsarten kann prinzipiell produktiv gearbeitet werden, allerdings nicht mit voller Bearbeitungsgeschwindigkeit. Die Bearbeitung in der Betriebsart 1 (Automatik) entspricht der eigentlichen Produktion [11].

4.3.3 Auswertung und Ableiten des Zustands „Produktion"

Aus den SPS Signalen lassen sich nicht generell Kennzahlen ermitteln. So erlaubt das Signal „Kühlmittel ein" keinen Rückschluss auf den Ressourcenverbrauch der Maschine. Dazu wären weitere Informationen wie Verbrauch an Energie und Kühlmittel relevant.

Weitere Werte, die zur Ermittlung der Zustands „Produktion" verwendet werden können, sind kontinuierliche Größen wie Vorschub, Spindelvorschub, Drehzahl, Temperatur etc.. Abhängig vom Maschinentyp sind dann besondere Betrachtungen nötig für mehrkanalige Maschinen, Multistation oder Mehrspindler.

Eine beispielhafte Definition der Zustands „Produktion“ kann sich aus dem gleichzeitigen Anliegen folgender Signale bzw. Betriebsarten ergeben: Automatik-Betrieb und Programm läuft und Vorschubschalter = 100% und Eilgang = 100% und Spindeldrehzahl = 100% und NC betriebsbereit. Signale bzw. Signalkombinationen, die nicht in dieser Produktionsdefinition enthalten sind, führen zu „Maschinenstillstand“ bzw. „Maschinenstörung“. Zusätzlich zu diesen Maschinensignalen gibt es noch **Maschinenmeldungen** (wie z.B. NC-Alarme, Bedienerunterbrechungen, Betriebs-und Fehlermeldungen). Diese führen aber nicht zu einem Statuswechsel der Maschine und sind deswegen für die Ermittlung der Kennzahlen nicht relevant.

Mit diesen Festlegungen lässt sich eine verallgemeinerte Regel zur Ermittlung von Betriebszuständen und zur Berechnung von Kennzahlen definieren.

4.4 Transformation von Maschinendaten in Betriebszustände

Es gibt nur einen Zustand, der ausschließlich aus Signalen der Maschine definiert werden kann – der Zustand „Produktion“. Hier sind Maschinenzustand und Betriebszustand identisch. Ist die Bearbeitung eines Werkstücks beendet, lässt sich mit den Signalen der Maschine keine eindeutige Betriebszustandsdefinition mehr erreichen. Dazu sind zusätzliche Informationen notwendig. So kann die Wartezeit für „Werkstückbeladung“ oder „Warten auf Auftrag“ nicht mit Maschinensignalen ermittelt werden. Die Zuordnung ergibt sich aus dem Betriebskalender des übergeordneten Systems der Fertigungsplanung oder aus Auftragslaufzeiten, die im MES bekannt sind.

4.4.1 Transformation 1: Maschinensignale in Maschinenstatus

Aus der Kombination von Betriebsarten und Störungen, im weiteren Maschinensignale genannt, wird der Maschinenstatus erzeugt. Dieser repräsentiert den Status aus der Sicht der Produktion. Produziert die Maschine, „fallen“ Teile, wenn nicht, steht sie. Ggf. kann dieser Stillstand durch Maschinensignalkombinationen weiter detailliert werden. In der Regel erfolgen diese Detaillierungen durch den Menschen, da eine exakte Statusbestimmung aufgrund fehlender Signale oder mangels eindeutiger Logik zu keinem zweifelsfreien Ergebnis führt.

Die folgende Grafiken 4–2 und 4–3 zeigen exemplarisch den Zusammenhang von Maschinensignal, Auftragsstatus und Betriebskalender zur Berechnung von Betriebszuständen. Als Bedingung für den Betriebszustand Produktion ist hier beispielhaft definiert, dass das NC-Programm läuft und die programmierte Bahn mit 100 % der programmierten Bahngeschwindigkeit – nicht langsamer – gefahren wird (Override = 100%).

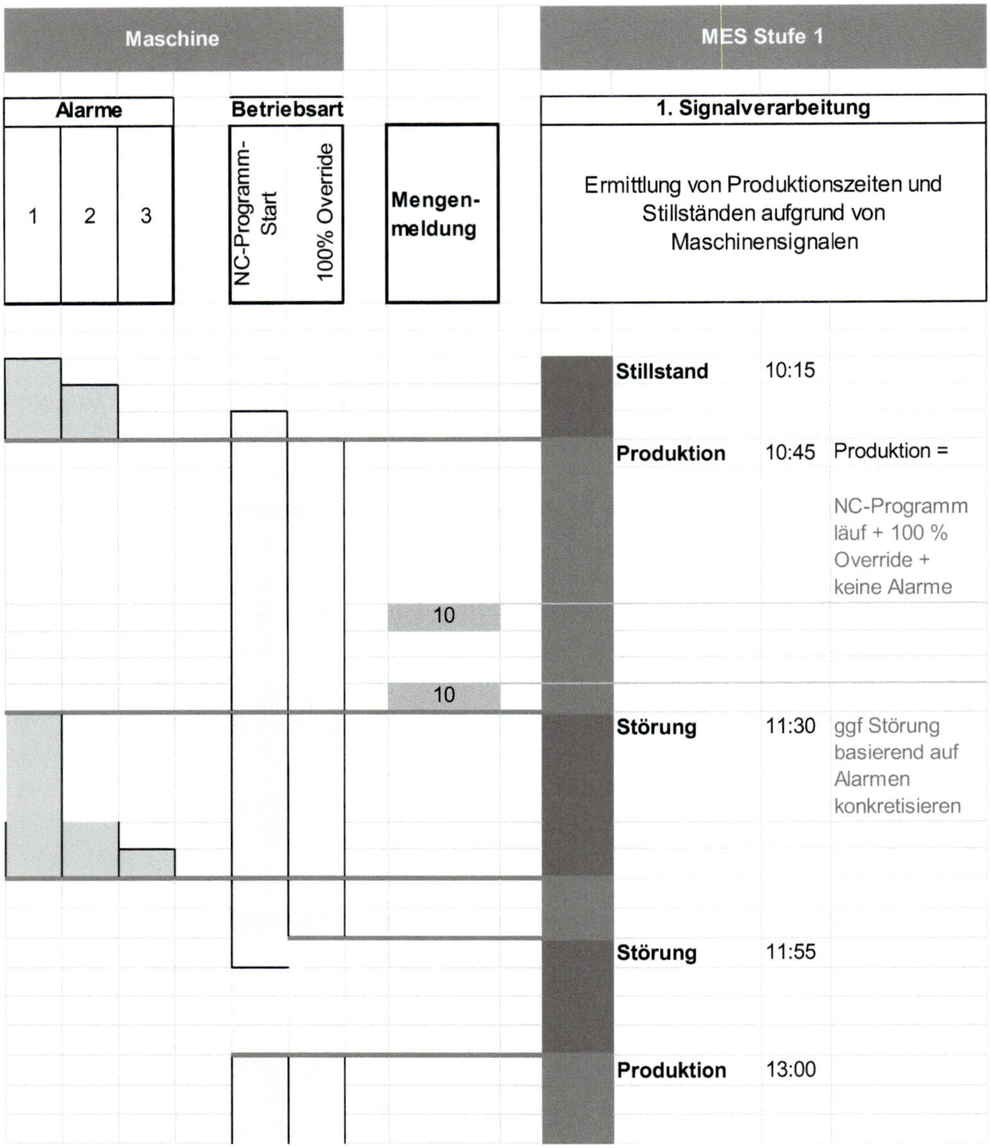

Abbildung 4-2: Transformation Maschinensignale in Maschinenstatus, Teil 1

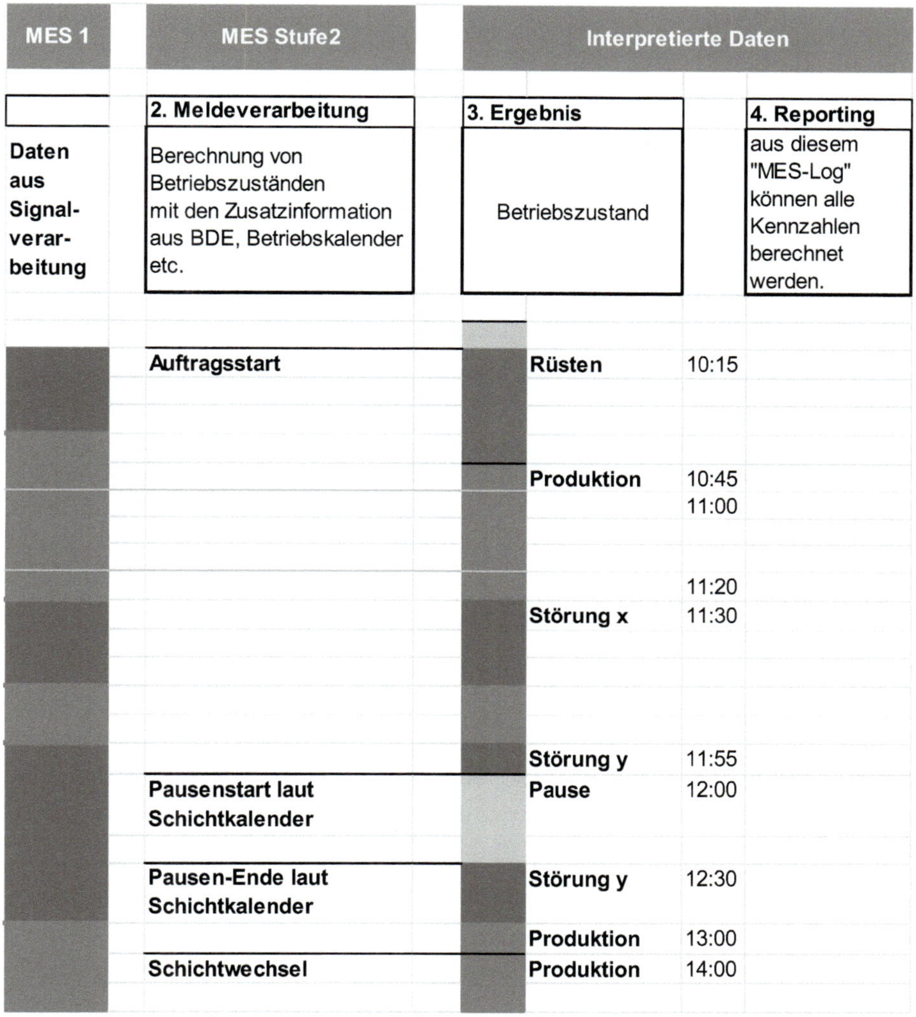

Abbildung 4-3: **Transformation Maschinensignale in Maschinenstatus, Teil 2**

Der Betriebszustand „Produktion" wird aus den Maschinensignalen ermittelt. Alle Stillstände wie zum Beispiel „Störung Anlage/Maschine" werden durch den Bediener qualifiziert. Die Auftragsinformationen werden vom MES zum Maschinenzustand hinzugefügt.

4.4.2 Transformation 2: Maschinenstatus in Betriebszustand

Damit aus dem Maschinenstatus für MES-Kennzahlen verwertbare Zeitdauern werden, müssen diese durch weitere Produktionsdaten wie eine chronologische Liste der Betriebszustände (vergl. Abbildung 4–4) angereichert werden. So ist ein Maschinenstillstand, der ohne Auftrag oder während einer Schichtpause entsteht, aus der MTBF (Mean Time Between Failure) herauszurechnen. Diese zusätzlichen Informationen werden dem Auftrag oder dem Betriebskalender entnommen.

Meldezeitpunkt	Dauer [hh:mm:ss]	Auftrag	AVO	Phase	Betriebszustand
15.03.2013 16:14	00:45:33	1066777	9999	Bearbeitung	Produktion
15.03.2013 16:10	00:04:08	1066777	9999	Bearbeitung	Störung Anlage/ Maschine
15.03.2013 16:10	00:00:01	1066777	9999	Bearbeitung	Produktion
15.03.2013 16:07	00:03:14	1066777	9999	Bearbeitung	Störung Anlage/ Maschine
15.03.2013 16:01	00:05:30	1066777	9999	Bearbeitung	Produktion
15.03.2013 15:57	00:04:29	1066777	9999	Bearbeitung	Störung Anlage/ Maschine
15.03.2013 15:56	00:00:13	1066777	9999	Bearbeitung	Produktion
15.03.2013 15:55	00:01:11	1066777	9999	Bearbeitung	Störung Anlage/ Maschine
15.03.2013 15:55	00:00:01	1066777	9999	Bearbeitung	Produktion
15.03.2013 15:54	00:01:09	1066777	9999	Bearbeitung	Störung Anlage/ Maschine
15.03.2013 15:54	00:00:00	1066777	9999	Bearbeitung	Produktion
15.03.2013 15:54	00:00:00	1066777	9999	Bearbeitung	Störung Anlage/ Maschine
15.03.2013 15:43	00:10:51	1066777	9999	Bearbeitung	Produktion
15.03.2013 15:39	00:04:28	1066777	9999	Bearbeitung	Geplante IH/ IS
15.03.2013 15:29	00:09:37	1066777	9999	Bearbeitung	Produktion

Abbildung 4-4: Chronologische Liste der Betriebszustände

So wie eine Maschine einen Stillstand ohne Betriebskalender nicht als Pause erkennen kann, ist es aus Maschinensicht auch nicht möglich, den Stillstand zwischen Auftragsstart und Produktionssignal als Rüstzeit zu interpretieren. Deswegen wird der Begriff „Betriebsphase“ eingeführt. Dabei gibt es „Freie Kapazität“, das heißt die Maschine steht und es ist kein Auftrag gestartet. Auch nach dem Auftragsstart steht die Maschine.

Mit der zusätzlichen Auftragsinformation wird diese Phase als Rüsten erkannt. Durch zusätzliche manuell eingegebene Informationen kann danach definiert werden, ob auch der Betriebszustand Rüsten ist (so wird es bei den meisten Unternehmen gehandhabt) oder ob es sich um eine Störung während der Phase Rüsten handelt. Dieser Zustand liegt bis zum Auftreten eines Produktionssignals an. Gleichzeitig startet damit die Betriebsphase „Bearbeiten“.

4.5 Architekturansatz zur Meldeverküpfung

Die Gesamtarchitektur untergliedert sich in die vier Teilebenen:

- Signal-Ebene (Maschinensignale)
- Melde-Ebene (Schichtereignisse, Personalmeldungen und Auftragsmeldungen)
- Interpretations-Ebene
- Verdichtungs-Ebene

Die Historien der einzelnen Ebenen resultieren aus direkten Erfassung oder Eingaben von Daten in Form von Signalen und Meldungen.

In der Signal-Ebene werden Signale der Maschinensteuerungen in Status und Hub- bzw. Mengenmeldungen zum Arbeitsplatz umgesetzt. Dazu sind maschinenindividuelle Signalinterpretationen notwendig um dem gewachsenen heterogenen Maschinenpark gerecht zu werden. Die Signale werden i.d.R. nicht gespeichert.

In der Melde-Ebene laufen Meldungen aus den Quellen

- Signalebene (Maschinenstatus/Maschinenmengen)
- Automatisch generierte Meldungen aus Zeitmodellen (Schichtwechsel und Pausen)
- Manuell erfasste Meldungen (Personalmeldungen, Auftragsmeldungen)

zusammen. Die Meldungen werden in eine zeitlich korrekte Abfolge gebracht und an die Interpretations-Ebene weitergeleitet. Die erfassten Meldungen werden gespeichert und dadurch eine Original-Historie aufgebaut.

In der Interpretations-Ebene gilt es die logisch gewünschte Darstellung aus den Daten der Meldeebene abzuleiten und je nach Aufgabenstellung die Basisgrößen für die gewünschten Kennzahlen zu ermitteln. Aufgabenstellungen sind dabei:

- Bereitstellen von online mitlaufenden aktuellen Kennwerten (Status, Mengen, Zeiten)
- Erstellung der für die Auswertung notwendigen Report-Historie in der Datenbank
- Erzeugung von Rückmeldungen an ein überlagertes ERP-System.

Beispielsweise bestimmt die Interpretationslogik zur Ableitung des Arbeitsplatz-Status das ein Maschinenstillstand während der Bearbeitung eines Fertigungsauftrags unter Berücksichtigung des Schichtplans als Störung, Pause oder „Stillstand außerhalb Schicht" zu interpretieren ist.

Durch diese Aufteilung ist sichergestellt, dass die Interpretationsebene auch „korrekturfest" ist. Korrekturfest bedeutet dabei, dass vergessene oder falsche Meldungen wie z.B. Mitarbeiter hat sich auf den falschen Auftrag angemeldet oder hat das Abmelden vergessen, nachträglich in der Melde-Ebene ergänzt oder verändert werden können und durch die Interpretations-Ebene nachgerechnet werden können.

In der letzten Ebene, der Verdichtungs-Ebene, werden die Historischen Daten so aufbereitet, dass sie für die Ermittlung von Kennzahlen leicht und performant zu interpretieren sind. Dazu wird i. d. R. eine statische Verdichtung der Daten (Mengen, Zeiten) mit Schichtbezug durchgeführt.

Die abschließende Abbildung 4–5 gibt in Form eines Zeitstrahlkonzepts einen schematischen Überblick über die Echtzeit-Datenflüsse in der Produktion sowie die nachgelagerten Datenflüsse für aktuelle Berichte, über die Unternehmensplanung (SAP) sowie über historische Funktionen.

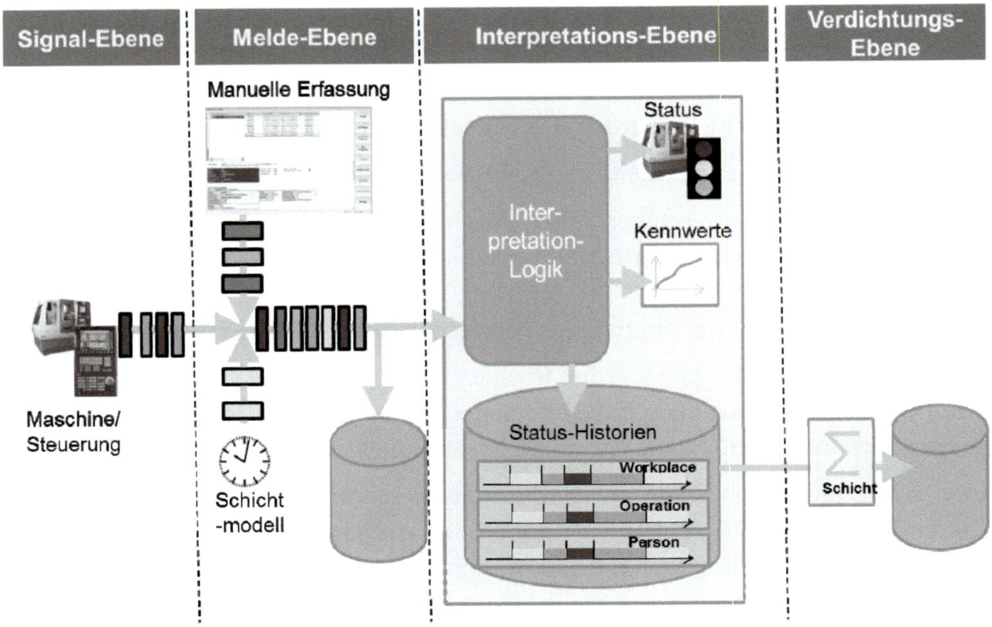

Abbildung 4-5: **Zeitstrahlkonzept**

5 Literatur

[1] Spath, D. (Hrsg.): Produktionsarbeit der Zukunft – Industrie 4.0. Fraunhofer Verlag, Stuttgart 2013

[2] ISA95, Enterprise-Control System Integration, http://www.isa.org

[3] MT Connect Institut, http://www.mtconnect.org/

[4] VDMA-Einheitsblatt 66412-1, Oktober 2009. Manufacturing Execution Systems (MES) – Kennzahlen. www.vdma.org

[5] VDMA Einheitsblatt 34180, Juli 2011. Datenschnittstelle für automatisierte Fertigungssysteme. vdma.org

[6] VDMA Einheitsblatt 66412-3, September 2013 Manufacturing Execution Systems (MES) – Ablaufbeschreibungen zur Datenerfassung. vdma.org

[7] HEIDENHAIN DNC Remote Tools SDK virtualTNC, www.heidenhain.de

[8] SINUMERIK 840D/840Di/810D Rechnerkopplung RPC SINUMERIC, www.automation.siemens.com

[9] FANUC FOCAS, NCGuidePro FOCAS2 Function OPERATOR'S MANUAL, www.fanucfa.com

[10] Peters, Remco: Shop Floor Management. Führung am Ort der Wertschöpfung, LOG_X Verlag, Stuttgart 2009

[11] WIKIPEDIA, http://de.wikipedia.org/wiki/Betriebsarten_von_automatischen_Werkzeug maschinen_ (Bearbeitungszentren)

[12] WIKIPEDIA, http://de.wikipedia.org/wiki/Manufacturing_Execution_System

Mensch-Maschine-Interaktion

Dipl.-Ing. Martin Naumann, Fraunhofer IPA; Dipl.-Ing. Thomas Dietz, Fraunhofer IPA; Dipl.-Ing. Alexander Kuss, Fraunhofer IPA

1 Einleitung

Roboter sind per Definition in ISO 8373 [1] universelle Betriebsmittel. Durch diese universelle Einsetzbarkeit und die Notwendigkeit, den Roboter und seine Peripheriekomponenten für eine konkrete Fertigungsaufgabe zu konfigurieren, finden sich in der Robotik ideale Anwendungsfälle für Industrie 4.0-Technologien. Die Einbeziehung des Menschen in diesen Prozess der Konfigurierung und Nutzung eröffnet zahlreiche neue Anwendungsszenarien, wirft aber auch neue Fragen auf.

Diese Fragen beziehen sich z. B. auf die Art und Weise des Informationsaustausches zwischen Mensch und Roboter und die Informationsverarbeitung durch den Roboter. Aus diesem Grund sollen die kognitiven Fähigkeiten der Roboteranlage verbessert und die Leistungsfähigkeit gesteigert werden. Des Weiteren müssen Fragen der Anlagensicherheit bei direkter physischer Interaktion von Mensch und Roboter und bei kontinuierlicher Anpassung und Rekonfiguration der Roboteranlage beantwortet werden. Die entwickelten Ansätze müssen dabei definierten Sicherheitskriterien genügen und die Aspekte der Zertifizierung und Organisation der Anlagensicherheit einbeziehen. Darüber hinaus müssen mögliche Anwendungs- und Einsatzszenarien in Hinblick auf die Wirtschaftlichkeit des Gesamtsystems unter unsicheren Ausgangsbedingungen untersucht und bewertet werden. Für alle diese Fragen sind Industrie 4.0-Technologien nutzbar, da sie die hierfür notwendige situative Zusammenführung und Nutzung von Daten aus verschiedenen Quellen ermöglichen. So können einmalig in der Zusammenarbeit mit dem Menschen erlernte Fähigkeiten an weitere Anlagen weitergegeben und die Robotersysteme automatisch oder teilautomatisch für neue Aufgaben konfiguriert werden.

Der Stand der Technik, offene Forschungsfragen, aktuelle Forschungsansätze und Potenziale für neue Anwendungsszenarien und Geschäftsmodelle durch die Mensch-Maschine-Interaktion werden in den folgenden Kapiteln behandelt.

2 Stand der Technik in der Mensch-Roboter-Interaktion

2.1 Informatorische Interaktion von Mensch und Roboter

Die informatorische Interaktion von Mensch und Roboter hat zum Ziel, den Roboter für eine Aufgabe zu instruieren oder direkt im Prozess zu steuern. Damit soll insbesondere der Robotereinsatz für kleine Stückzahlen wirtschaftlich werden, da sich das Verhältnis von Programmieraufwand zu Fertigungszeit deutlich senken lässt. Die informatorische Interaktion umfasst dabei keine Sicherheitsfunktionen des Robotersystems. Sie werden aufgrund der besonderen Anforderungen gesondert betrachtet.

Die Programmierung von Roboteranlagen erfolgt üblicherweise auf zwei Arten. Kleinere Anlagen werden in der Regel im Lead-Through-Verfahren programmiert. Dabei wird der reale Roboter in der Zelle verfahren und Programmpunkte per Knopfdruck aufgenommen. Alternativ dazu wird insbesondere in größeren Produktionsanlagen die Offline-Programmierung eingesetzt. Hier wird das Programm mit einer Simulationssoftware am Computer erstellt. Hierzu ist ein genaues 3D-Modell der Roboteranlage und der durch den Roboter produzierten Produkte erforderlich. Zudem lässt sich ein gewisser Aufwand zur Nachprogrammierung aufgrund von Abweichungen des Modells zur realen Welt und Toleranzen der Komponenten nicht vermeiden. Neue Interaktionsformen zwischen Mensch und Roboter eröffnen neue Möglichkeiten, den Roboter für seine Aufgabe zu programmieren.

Dabei wird die klassische Trennung zwischen der Online- und Offline-Programmierung aufgehoben. Bei der sogenannten „Programmierung durch Vormachen" wird der Roboter durch intuitive Eingabemethoden direkt oder indirekt belehrt. Dadurch kann größtenteils auf die zeitaufwendige und komplexe Eingabe von Programmcodes verzichtet werden. Eine Möglichkeit zur direkten Interaktion mit dem Roboter sind taktile Eingabegeräte. Meyer [2] beschreibt ein System zum Handführen von Robotern (siehe Abbildung 1).

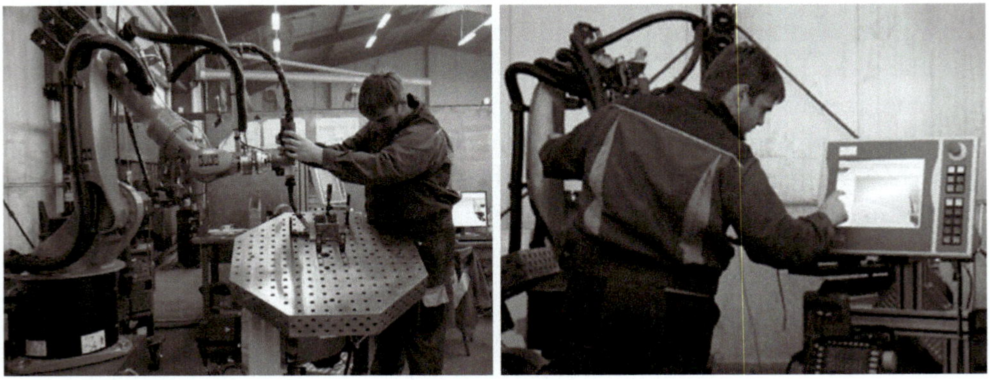

Abbildung 1: Intuitive Roboterprogrammierung durch Handführen von Robotern und interaktiver Nutzerschnittstelle

So kann der Mensch den Roboter über ein haptisches Interface, basierend auf Kraft-Momenten-Sensorik, an beliebige Raumpositionen bewegen. Ein optisches Interface ermöglicht es zudem, Bahnpunkte zu speichern und mit Roboterprogrammen zu verknüpfen, ohne auf einen nativen Roboterprogrammcode zurückgreifen zu müssen. Im Bereich der Kleinrobotik existieren ferner bereits Systeme mit integrierter Kraft-Momenten-Sensorik. Zwar gibt es erste Ansätze, aus den Vorgaben des Menschen Programmbefehle zu extrahieren, die Fähigkeiten der hierfür notwendigen Technologien sind jedoch eher grundlegend und für den industriellen Einsatz nicht robust genug. Industrie 4.0-Technologien ermöglichen eine zentrale Auswertung von Eingaben mehrerer Roboterzellen als Service. Durch diese Verarbeitung komplexer Daten aus vielen Roboterzellen in der Cloud bieten Industrie 4.0-Technologien ein enormes Potenzial zur Verbesserung der kognitiven Fähigkeiten von Robotersystemen. Es stehen zudem erheblich mehr Informationen zur Optimierung der Algorithmen zur Verfügung. Damit wird die Bereitstellung geeigneter Auswertungstechnologien, die heute fest in die einzelnen Anlagenkomponenten einprogrammiert sind, zu einem Service. Dieses Prinzip wird bereits heute im Bereich der Consumer-Elektronik, z. B. bei der Spracherkennung von Mobiltelefonen, erfolgreich angewendet.

Die Offline-Programmierung bietet heute Assistenzfunktionen, mit denen Programmzüge auf einfache Weise erstellt werden können. So können Punkte am Bauteil ausgerichtet oder gezielt Punktezüge an Bauteilkanten und Oberflächen erzeugt werden. Demgegenüber etablieren sich in der Forschung Ansätze, die eine vollautomatische Erzeugung von Roboterbewegungen auf Basis eines Umgebungsmodells des Roboters ermöglichen. Hierbei ist jedoch in der Regel ein Sensorsystem erforderlich, um Abweichungen zu kompensieren.

2.2 Physische Interaktion von Mensch und Roboter

Für eine intuitivere Zusammenarbeit von Mensch und Roboter, wie z. B. dem bereits genannten Programmieren durch Handführen, und zur Erhöhung der Wandlungsfähigkeit der Produktionsanlagen wird angestrebt, künftig weitestgehend auf trennende Schutzeinrichtungen wie Zäune zu verzichten und flexibel konfigurierbare Software-Sicherheitssysteme einzusetzen. Heute steht jedoch die statische Konfiguration der Schutzeinrichtungen einer Nutzung des vollen Potenzials von Industrie 4.0-Technologien entgegen.

Seit 2006 ist die physische Interaktion von Mensch und Roboter sicherheitstechnisch in der Normung erfasst. ISO 10218 [3, 4] regelt, welche Sicherheitsanforderungen zu erfüllen sind, damit Mensch und Roboter direkt miteinander kooperieren können. Hierbei ist die Leistung des Roboters zu beschränken, um Gefährdungen für den Menschen auszuschließen. Die Festlegung dieser Leistungsgrenzen erfolgt dabei während der Gefährdungsbeurteilung und erfordert die Mitwirkung von Fachexperten aus verschiedenen Bereichen. Zudem ist es notwendig, die konkreten Arbeitsabläufe der Roboterzelle zu betrachten. Künftig werden experimentell ermittelte Belastungsgrenzwerte des menschlichen Körpers verwendet. Einmal festgelegt, können diese Grenzen oder der Anwendungsbereich der Roboteranlage ohne eine Wiederholung des Beurteilungsprozesses nicht geändert werden. Dies verhindert bisher eine Ausnutzung der Fähigkeiten von Industrie 4.0-Technologien zur Ad-hoc-Umkonfigurierung von Roboterzellen, da bei jeder Rekonfiguration eine Neubewertung der Anlage notwendig wird.

Die Möglichkeit, Roboteranlagen ohne trennenden Schutzzaun zu betreiben, existiert seit vielen Jahren und ist heute durch die breite Verfügbarkeit von Sicherheitssensoren wie Laserscannern oder Lichtgittern möglich und technisch etabliert. Die eingesetzten Schutzsysteme übernehmen jedoch lediglich das Sicherheitsprinzip eines Schutzzauns (räumliche Trennung). Sie erfordern nach ISO 13855 [5] zudem meist größere Sicherheitsabstände, da Reaktionszeiten und Bremsdistanzen einbezogen werden müssen. Sicherheitsabstände sind meist statisch und werden auf Basis der Gefährdungsbeurteilung festgelegt. Nur Sicherheitsexperten können diese Abstände anpassen. Auch hier verhindern die statischen Grenzwerte die durch Industrie 4.0-Technologien erreichbare Flexibilisierung des Roboters als Betriebsmittel.

3 Technologiebedarf und offene Forschungsfragen

Im Folgenden werden aktuelle Forschungs- und Entwicklungsfragen formuliert, die für einen weitreichenden Einsatz von Industrie 4.0-Technologien in der Robotik zu beantworten sind.

3.1 Datenmodelle für die Nutzung von Robotern in Industrie 4.0-Anwendungen

Um die Aufgaben des Roboters automatisch zu planen und Informationen aus Anlagen-, Produktmodell, Sensordaten und menschlichen Eingaben zusammenzuführen, sind Modelle als abstrakte Beschreibungen der realen Welt notwendig. Diese Datenmodelle erlauben die maschinenlesbare Erfassung der entsprechenden Information und den Austausch mit anderen cyber-physischen Systemen. Eine solide Basis für die Verknüpfung verschiedener Datenmodelle bietet das ursprünglich für den Dateiaustausch von Planungswerkzeugen entwickelte Datenformat AutomationML [6]. Es basiert auf dem Datenformat CAEX und umfasst die Datenformate COLLADA für Geometrie- und PLCopen für Logikdaten. Alle diese assoziierten Formate sind offene Standards und lassen sich entsprechend der konkreten Bedürfnisse erweitern und anpassen. Diese Formate bieten jedoch lediglich ein Rahmenwerk, das für eine Nutzung in der Robotik konkretisiert und erweitert werden muss. Zum einen ist es notwendig, Arbeitsabläufe in einer stärker abstrahierten Form im Vergleich zu PLCopen zu beschreiben. Dadurch lassen sich die durchzuführenden Arbeitsschritte, ihre Abfolge und Übergangsbedingungen abstrakt darstellen. Dies ermöglicht auch die Definition der in einer kollaborativen Anwendung durch den Menschen und durch den Roboter durchzuführenden Tätigkeiten und deren gegenseitige Abhängigkeiten. Wie in Abbildung 2 dargestellt, ist ein hierarchisches Modell notwendig, das eine iterative Detaillierung von Aufgaben in Unteraufgaben ermöglicht. Hierbei werden Aufgaben miteinander verknüpft dargestellt und so lange in Unteraufgaben zerlegt, bis diese durch einzelne Hardware-Komponenten ausführbar sind. Die Aufgabenbeschreibungen auf den einzelnen Ebenen können dabei von unterschiedlichen Herstellern (z. B. Komponentenlieferanten, Systemintegratoren) geliefert werden. Offen ist jedoch noch eine konkrete Ausgestaltung der eingesetzten Formate und der Standardisierung.

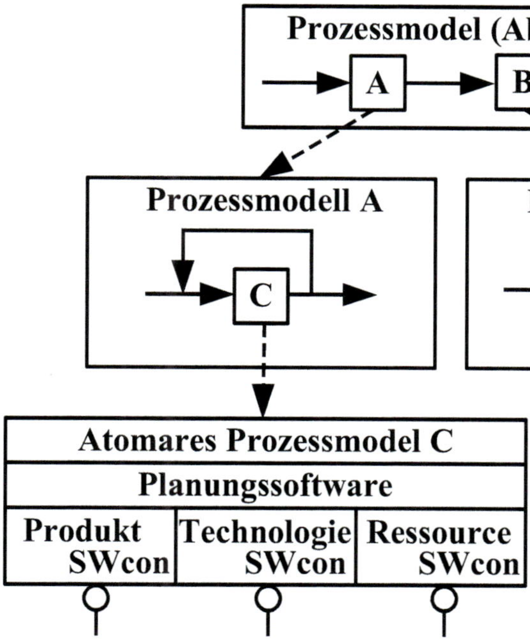

Abbildung 2: **Programmierebenen mit formaler Sprache zur Aufgabenbeschreibung**

Für die Repräsentation von Daten über das zu fertigende Produkt wird eine Integration von Planungs- und Messdaten in einem gemeinsamen Datenformat angestrebt. Insbesondere Abweichungen des Werkstücks müssen hierfür durch die eingesetzten Geometrieformate beschreibbar sein. Roboteranlagen wird es somit ermöglicht, diese Abweichungen bei der Planung von Arbeitsabläufen und Roboterprogrammen explizit einzubeziehen. Dabei erlaubt eine abstrahierte Beschreibung der Fertigungstechnologie die automatisierte Übertragung des Fertigungswissens auf verschiedene, mit der gleichen Fertigungstechnologie produzierten Bauteile. Algorithmen für die Planung von Handhabungsvorgängen werden bereits in der Forschung und teilweise auch in der industriellen Praxis angewandt. Um ihre Robustheit und Rekonfigurierbarkeit für verschiedene Prozesse zu verbessern, werden Ansätze erforscht, diese Algorithmen in abstrakte Modelle zu integrieren.

Darüber hinaus erlaubt die mit Datenmodellen erreichte Abstraktion des Fertigungswissens eine kontinuierliche Anpassung durch Lernalgorithmen. Das Robotersystem passt sich somit kontinuierlich an veränderte Bedingungen an und optimiert dadurch die Produktionsleistung. Allerdings sind diese Verfahren heute noch nicht robust und generisch genug, um für eine Vielzahl produktionsrelevanter Probleme einsetzbar zu sein.

Geeignete Modellformate für den Robotereinsatz ermöglichen es, unvollständige Planungsdaten z. B. durch Nutzereingaben zu erweitern oder durch Messdaten zu vervollständigen. Zudem kann Wissen, wie z. B. das Wissen über bestimmte Fertigungstechnologien, vom Menschen auf die Datenmodelle des Robotersystems übertragen, gespeichert und anschließend wiederverwendet werden. Die modellbasierte Repräsentation und Austauschbarkeit von Daten ist somit eine Schlüsseltechnologie für die wirtschaftliche Realisierung interaktiver Robotersysteme.

3.2 Semantische Integration der Komponenten eines Robotersystems

Neben der steuerungstechnischen Integration ist die semantische Integration der Komponenten einer Roboterzelle nötig, um die Funktionalitäten der Komponenten bei der High-Level-Programmierung ansprechen zu können. Für verschiedene Feldbusse definierte Geräteprofile sowie das bereits erwähnte in AutomationML eingeführte abstrakte Rollenkonzept sind die einzigen Vorarbeiten zur semantischen Integration im Bereich Industrierobotik. Die im Rahmen des Semantic Web für Web Services entwickelte Sprache OWL-S stellt Konzepte und Sprachkonstrukte zur Beschreibung der Funktionalität, der Struktur und der Schnittstelle eines Web Service zur Verfügung, die auch zur semantischen Integration der Komponenten einer Roboterzelle verwendet werden können. In der Industrierobotik besteht Bedarf an Verfahren, die eine einfache Inbetriebnahme und Anpassung eines Robotersystems erlaubt, ohne Expertenwissen über die zugrunde liegende Hard- und Software besitzen zu müssen. Dadurch kann das Robotersystem schnell für neue Fertigungsaufgaben anpasst werden (siehe Abbildung 3). Die semantische Integration der Komponenten einer Roboterzelle ist dafür von entscheidender Bedeutung, da sie eine Abstraktion der steuerungstechnischen Implementierung der einzelnen Komponenten erlaubt und stattdessen deren Funktionalität in den Vordergrund stellt. Die Voraussetzungen hierfür sind mit der Entwicklung von Protokollen zum automatischen Aufbau von Kommunikationsverbindungen, der Entwicklung von Architekturparadigmen für verteilte Systeme und der Entwicklung modellbasierter Verfahren zur automatischen Codegenerierung geschaffen. Zudem existieren im Rahmen der Semantic-Web-Initiative etablierte Vorarbeiten zur semantischen Integration von Web Services, die sich teilweise auf die Industrierobotik übertragen lassen.

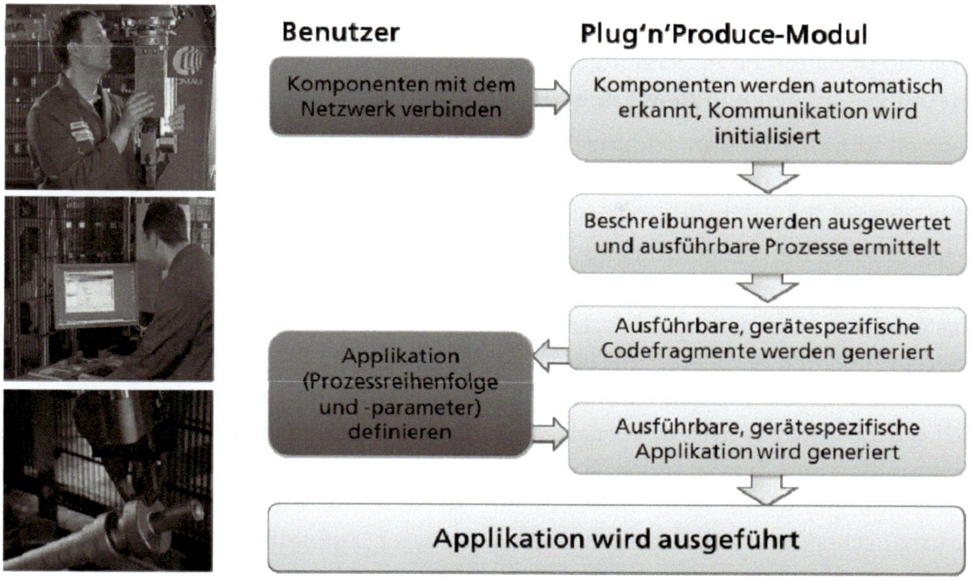

Abbildung 3: **Integration von neuen Anlagenmodulen durch Plug'n'Produce am Beispiel eines Greifers**

3.3 Erkennung von Handgesten und kinematischen Parametern des Menschen

Gesten sind Teil der nonverbalen Kommunikation zwischen Menschen. Zeichenhafte Bewegungen werden selbst als wichtiges Mittel der Kommunikation benutzt oder um verbale Aussagen zu bekräftigen [7]. Gesten sind also Handlungen, denen Bedeutung zugewiesen wird.

Die Erkennung spontaner Gesten wurde schon 1998 in [8] untersucht. Dabei wurden Differenzbilder einer Grauwertkamera zur Lokalisation bewegte Regionen im Bild eingesetzt. Die Schwerpunkte dieser Regionen wurde zur Extraktion von Gesten genutzt. So lassen sich jedoch nur Kommandogesten einer ansonsten stillstehenden Person erkennen. Bewegungsgesten sind nicht umsetzbar, da eine semantische Zuordnung der Regionen zu Körperteilen fehlt. In [9] werden die Bewegungen der Hände mithilfe von Hautfarbensegmentierung extrahiert. Durch Hidden-Markov-Modelle werden diese Bewegungen klassifiziert und Gesten identifiziert. Das System wurde zur Erkennung von Gesten und Kommandierung mobiler Roboter entwickelt. Entsprechend sind auch keine Bewegungsgesten abgebildet. Sie können nicht ermittelt werden. Ein ähnliches Vorgehen wird in [10] vorgeschlagen, wobei nur Zeichen einer einzelnen Hand direkt vor der Kamera erkannt werden können.

Die Erkennung von Gebärden wird in [11] untersucht. Dabei spielen Relationen zwischen Handflächen und Gesicht eine Rolle, weshalb eine entsprechende semantische Zuordnung notwendig ist. Die Gebärden spiegeln ein Alphabet wider, weshalb dynamische Anpassungen und deren Übertragungen auf mögliche Roboterkonfigurationen und damit Bewegungsgesten nicht möglich sind.

Speziell durch die Entwicklungen in der Unterhaltungselektronik (MS Kinect, Nintendo Wii, Playstation Move) ist die gestenbasierte Kommunikation zwischen Mensch und Computer einer breiten Masse zugänglich geworden. Dabei ermöglicht speziell die Kinect-Kamera eine Interaktion, ohne weitere Hilfsmittel. Sie erfasst dabei jedoch nur menschliche kinematische Parameter. Eine weiterführende Gestenerkennung muss durch Drittanbieter (meist Spiele-Entwickler) realisiert werden. Folglich erleichtert die Kinect-Kamera ausschließlich die Sensorverarbeitung und die semantische Abbildung von bewegten Pixeln auf Extremitäten. In [12] wird bspw. ein System vorgestellt, in dem die menschliche Kinematik auf die Kinematik eines humanoiden Roboters abgebildet wird. Somit ist die direkte Übertragung menschlicher Bewegungen auf den Roboter möglich. Durch die kinematischen Ähnlichkeiten müssen bei dieser Abbildung, die auch Motion Retargeting genannt wird, lediglich Achsbegrenzungen berücksichtigt werden. Eine direkte Übertragung auf industrielle Mehrachsroboter ist nicht möglich.

Eine wesentliche Herausforderung für die Anwendung von Gestenerkennung im industriellen Umfeld ist die Erreichung der erforderlichen Robustheit und Ergonomie. Notwendig ist hierzu insbesondere auch eine Kapselung der Funktionalitäten zur Sensordatenerfassung, die dem Prinzip von Industrie 4.0 entspricht und Endanwendern eine Nutzung der komplexen Technologie ermöglicht. Dadurch wird auch eine Ausführung der Gestenerkennung in der Cloud als Service und ein kontinuierliches Lernen bezüglich der zur Erkennung verwendeten Parameter möglich.

3.4 Sensoren als cyber-physische Systeme

Sensordaten werden in heutigen Robotersystemen lokal ausgelesen und verarbeitet. Erforderlich sind dafür erhebliche Integrationsaufwände, da die Formate zur Sensordatenübertragung häufig herstellerspezifisch sind und in der Regel Rohdaten übertragen werden. Demgegenüber wird durch Industrie 4.0 der Ansatz verfolgt, dass die Sensoren Messdienste über eine gemeinsame Infrastruktur der Zelle bereitstellen, die durch andere Komponenten der Zelle nutzbar sind. Daher werden Sensoren in künftigen Produktionsszenarien vermehrt als cyber-physische Systeme ausgeführt, die eine Verbindung zu einer cloud-basierten Infrastruktur besitzen. Durch geeignete Cloud-Services erfolgen Prozesse zur Datenauswertung zentral, sodass Rechenleistung und Softwaresysteme ausgelagert werden können. Es ergeben sich schlankere Roboterzellen sowie die Möglichkeit, die Software für die Sensordatenauswertung zentral zu verwalten. So lassen sich zeitliche Schwankungen im Bedarf für Rechenleistung ausgleichen. Zudem können verschiedene sensorspezifische Prozesse, wie Kalibrierung oder Parametrierung, als Online-

Dienste der jeweiligen Sensorhersteller angeboten und durchgeführt werden. Entwicklungsbedarf besteht vor allem hinsichtlich standardisierter Datenschnittstellen für unterschiedliche Sensortypen. Abbildung 4 zeigt die Datenaufnahme eines optischen Sensors mit externer, cloud-basierter Auswerte-Software.

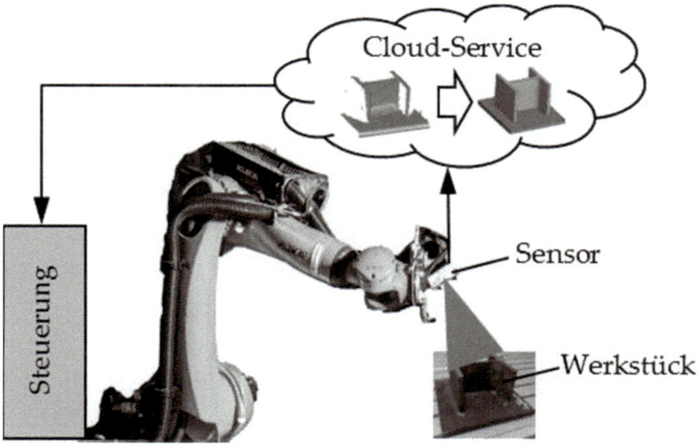

Abbildung 4: **Sensor als cyber-physisches System mit cloud-basiertem Auswertesystem**

3.5 Sicherheit kollaborativer Roboteranlagen im Kontext von Industrie 4.0

Heute verfügbare Sicherheitssensoren beherrschen die sicherheitsgerichtete Überwachung von statisch definierten Abstandsgrenzwerten. Um die flexible Nutzung von Roboterzellen durch Industrie 4.0-Technologien realisieren zu können, müssen die Möglichkeiten zur automatisierten Rekonfiguration jedoch deutlich verbessert werden. So müssen diese Sensoren künftig für komplexe Überwachungsaufgaben konfigurierbar sein. Beispiele sind die Festlegung geschwindigkeitsabhängiger Überwachungsbereiche auf Basis von Gefährdungsmodellen und das Einlernen von Störgeometrien, wie z. B. Boxen, neuen oder ungenau platzierten Bauteilen, die heute zu einer Abschaltung der Anlage führen. Die Sicherheit des Bedieners muss stets gewährleistet sein. Daher müssen auch die Prozesse zur Qualifizierung von Sicherheitseinrichtungen innerhalb der Unternehmen berücksichtigt werden. Durch diese Rekonfiguration werden auch die Sicherheitselemente der Roboterzelle zu cyber-physischen Systemen. Diese cyber-physischen Systeme müssen aufgrund der durch sie ausgeführten Sicherheitsfunktionen besondere Anforderungen in Hinblick auf ihre Verlässlichkeit erfüllen.

Um situativ geeignete Sicherheitsprinzipien und Schutzparameter zu nutzen, ist bei Modifikationen der Anlage mit potenziellen Auswirkungen auf die Anlagensicherheit abstraktes, maschinenlesbares Sicherheitswissen erforderlich. Dieses Sicherheitswissen soll die Informationen über zuvor durch den Menschen durchgeführte Sicherheitsbewertungen enthalten und in gewissem Rahmen eine automatisierte Risikobewertung mit Auswahl geeigneter Schutzprinzipien und -parametern (z. B. Abstände, Geschwindigkeiten) ermöglichen. Dadurch wird eine automatische Rekonfiguration von Schutzeinrichtungen erst möglich.

3.6 Wirtschaftlichkeit

Die Interaktion von Mensch und Roboter erzeugt im Betrieb der Roboteranlage fortlaufend neue Anwendungsszenarien durch das Zusammenspiel von Bediener, Planungssystemen und Roboter. Dabei entsteht zwangsläufig die Frage, wie verschiedene Designoptionen bei der Ausgestaltung des Robotersystems die Nutzbarkeit und Wirtschaftlichkeit der Roboteranlage beeinflussen. Da die Anwendungsszenarien jedoch aus den dargestellten Gründen im Gegensatz zu herkömmlichen Anlagen a priori nicht vollständig bekannt, also mit Unsicherheiten behaftet sind, müssen Unsicherheiten bezüglich des Nutzungsszenarios in die Wirtschaftlichkeitsbewertung einfließen. Hierzu sind Kostenrechnungsmethoden erforderlich, die mit diesen Unsicherheiten umgehen können und Informationen aus durchgeführten Projekten und Nutzungsszenarien für eine spätere Nutzung entsprechend aufarbeiten können. Diese Kostenrechnungswerkzeuge können dann im Betrieb der Anlage auch zur Unterstützung von Entscheidungen bezüglich der Nutzung des Systems herangezogen werden.

4 Aktuelle Forschungsansätze

Aktuelle Forschungsprojekte adressieren die genannten offenen Fragen. Beispielhaft hierfür werden im Folgenden einige Projekte beschrieben, die Lösungen zu den genannten Fragen untersuchen.

Das europäische Forschungsprojekt SMErobotics (The European Robotics Initiative for Strengthening the Competitiveness of SMEs in Manufacturing by integrating aspects of cognitive systems) [13] hat zum Ziel, den Einsatz von Robotersystemen in kleinen und mittelständischen Unternehmen (KMU) wesentlich zu vereinfachen. Die speziellen Anforderungen in der Produktion der KMU werden dafür berücksichtigt. Die Forschungsaktivitäten liegen im Bereich von kognitiven Robotersystemen, die auch in unstrukturierten Umgebungen und für Losgröße-1-Produktion wirtschaftlich einsetzbar sind. Durch modellbasierte Daten- und Planungskonzepte werden Unsicherheiten in der Produktion einbezogen und Robotersysteme entwickelt, die selbstadaptierend und wesentlich robuster sind als konventionelle Automatisierungslösungen. Zudem werden Konzepte erforscht und umgesetzt, die eine optimale Interaktion zwischen Mensch und Roboter in allen Phasen des Produktionsprozesses ermöglichen. Weiterhin erfolgt die Entwicklung von Methoden, wie Robotersysteme von den Erfahrungen des Menschen lernen können und sich auf diese Weise über die Zeit selbst optimieren. Durch die Einbindung mehrerer KMU in das Gesamtprojekt wird ein kontinuierlicher Austausch zwischen Forschungsergebnissen und den realen Produktionsszenarien sichergestellt. Abbildung 5 zeigt die wesentlichen Arbeitspunkte von SMErobotics. Im Kontext von Industrie 4.0 sind hier insbesondere die formale Beschreibung von Fertigungswissen und das kontinuierliche Lernen des Systems auf Basis dieser formalisierten Beschreibung relevant. Zudem beschäftigt sich das Projekt mit einer nahtlosen Interoperabilität eigentlich inkompatibler Geräte. Hierzu werden Kommunikationsprotokolle und Werkzeuge zur automatischen Übersetzung von Informationen in verschiedenen Formaten entwickelt, die auch in Bezug auf Industrie 4.0 an Bedeutung gewinnen werden. [vgl. www.SMErobotics.org]

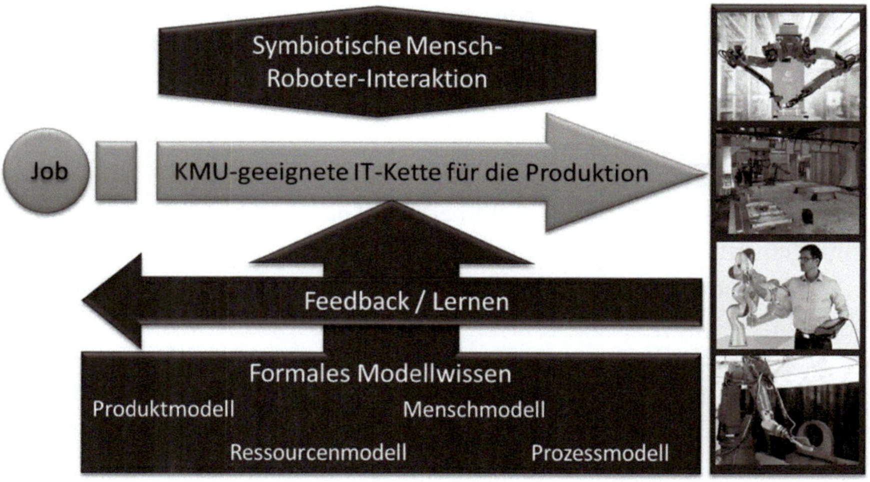

Abbildung 5: SMErobotics Toolchain

Der vom Bundesministerium für Bildung und Forschung (BMBF) geförderte Forschungscampus ARENA2036 (Active Research Environment for the Next Generation of Automobiles) [14] der Universität Stuttgart erforscht die Automobilproduktion der Zukunft. Eine große Rolle spielt dabei die Erzeugung von mehr Wandlungsfähigkeit in der Produktion. Ziel ist es, die Betriebsmittel der Fahrzeugproduktion modular und universell zu gestalten. Ein wesentlicher Aspekt ist in diesem Zusammenhang auch die Einbeziehung von Industrie 4.0-Technologien zur automatischen, unmittelbaren Konfiguration der Betriebsmittel bei Änderungen an der Maschine oder Linie. Zudem wird das Ziel verfolgt, für bestimmte Fertigungsschritte die starre Verkettung der heutigen Produktion aufzulösen und durch flexibel verkettete Produktionsinseln zu ersetzen (siehe Abbildung 6). Hiermit wird die einzelne Roboterzelle zu einem cyber-physischen System, das mit weiteren Produktionsmodulen im Verbund operieren muss. Zur Realisierung dieser Vision ist insbesondere auch eine weitestgehend schutzzaunlose Fabrik notwendig, um Einschränkungen durch die Hardware so weit wie möglich zu vermeiden.

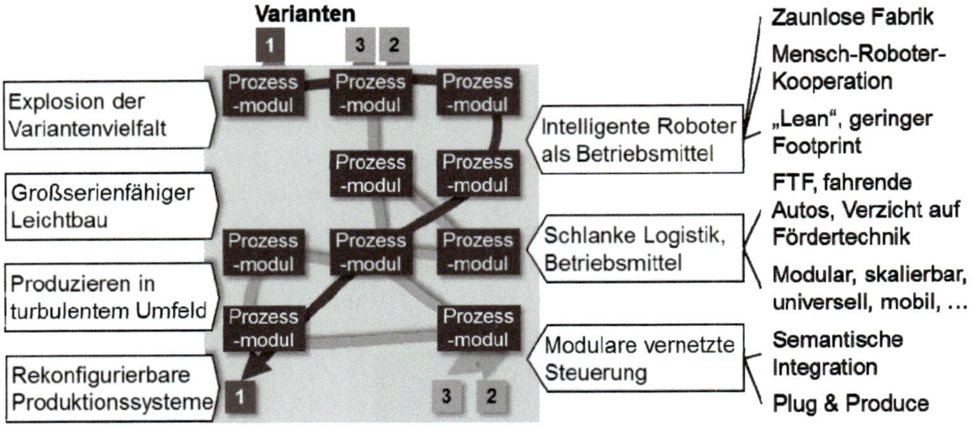

Abbildung 6: **Lose Verkettung von Prozessmodulen anstelle sequenzieller Linienfertigung**

In LIAA (Lean Intelligent Assembly Automation) [15] arbeiten führende europäische Forschungsinstitute, Komponentenhersteller, Technologieanbieter und Endanwender zusammen. Ziel des Projekts ist es, ein einheitliches Software-Framework für Montagesysteme zu entwickeln, das die Stärken von Mensch und Roboter vereint. Je nach Prozess und Kapazitätsauslastung des Werkers können die Montagearbeitsplätze gleichzeitig sowohl vom Roboter als auch vom Menschen genutzt werden. Während der Roboter z. B. repetitive und schwere Arbeiten übernimmt, soll sich der Werker auf kognitiv anspruchsvolle und feinmotorische Aufgaben konzentrieren.

Im Rahmen des vom BMBF geförderten Projekts Effirob [16] wurden verschiedene Szenarien in der Servicerobotik in Hinblick auf ihre grundsätzliche Wirtschaftlichkeit und auf notwendige Rahmenbedingungen untersucht. Damit wurde es möglich, aus der Gesamtbetrachtung der Serviceroboter-Szenarien sowohl ökonomische Einflussfaktoren als auch Forschungs- und Entwicklungsbedarfe abzuleiten, um Kosten-Nutzen-Relationen in Bezug auf Schlüsseltechnologien, Komponenten und Systementwicklungsprozessen zu verbessern. In dieser Untersuchung wurden neue Methoden zur Kostenanalyse von Robotersystemen entwickelt und implementiert.

5 Neue Anwendungsszenarien

Die in den vorherigen Abschnitten beschriebenen innovativen Technologien zur Mensch-Roboter-Interaktion werden neue Anwendungsszenarien für die Robotik ermöglichen und den Markt für Roboteranlagen daher erheblich vergrößern. Insbesondere Produktionsszenarien, in denen der Einsatz von Robotern heute aufgrund der hohen Aufwände zur Neukonfiguration des Robotersystems nicht möglich ist, werden damit für die Automatisierung erschließbar. Eine Schlüsselrolle spielt besonders die im Kontext von Industrie 4.0 mögliche Neukonfiguration von Teilkomponenten als Service. Durch diese Möglichkeiten zur Neukonfiguration erfüllen Roboteranlagen aber auch insbesondere die aus Industrie 4.0 resultierenden Anforderungen von Produktionssystemen an die eingesetzten Betriebsmittel bezüglich Wandlungsfähigkeit und Flexibilität.

Roboter werden zukünftig den Arbeitsplatz mit Menschen teilen. Dies kann sowohl simultan (workplace sharing) als auch zeitlich sukzessiv (time sharing) erfolgen. Möglich werden dadurch neue Geschäftsmodelle für den Robotereinsatz, wie z. B. Leihroboter. Diese Leihroboter können an für Menschen gebauten Arbeitsplätzen arbeiten. Damit kann die Produktion weiter flexibilisiert und auf Nachfrageschwankungen mit geringen Investitionen reagiert werden.

Neue Anwendungsszenarien für die Mensch-Maschine-Interaktion ergeben sich auch in der Produktion und Lohnfertigung von KMU. Um Robotersysteme auch in unstrukturierten, unsicheren Produktionsumgebungen der KMU wirtschaftlich einsetzen zu können, werden neue Interaktionsmodalitäten benötigt, die den optimalen Informationsaustausch zwischen Mensch und Roboter ermöglichen. Auf diese Weise lassen sich Robotersysteme auch bei veränderlichen Prozessen und schnell wechselnden Produkten einfach an die neuen Produktionsanforderungen anpassen. Die Integration von modellbasierten Lernverfahren bietet zudem die Möglichkeit, Erfahrungen vom Menschen auf den Roboter zu übertragen. Somit kann auf den demographischen Wandel und den Fachkräftemangel reagiert und spezifisches Wissen der Unternehmen gespeichert werden. Zur Realisierung dieser Vision sind jedoch Teilkomponenten erforderlich, die deutlich komplexere Dienste anbieten als heute möglich und daher ein hohes Maß an eigener Intelligenz mitbringen.

Das zugrunde liegende Geschäftsmodell basiert auf der in Abbildung 7 gezeigten Rollentrennung von Plattformexperten (Komponentenzulieferern), Domänenexperten (Anwendungsentwicklern), Systemintegratoren und Endanwendern. Benötigte Komponenten sind:

1. Hardware-Komponenten mit standardisierten oder semantisch beschriebenen Schnittstellen und Plug'n'Produce-Funktion,
2. semantisch beschriebene Software-Komponenten, sogenannte Roboter-Apps,
3. eine Integrationsplattform zur weitestgehend automatisierten Integration von Plug'n'Produce-Komponenten und Roboter-Apps zu einem lauffähigen Robotersystem,
4. eine intuitive Entwicklungsumgebung und ein Programmierassistent zur Erstellung von Anwendungsprogrammen auf Basis der von den Plug'n'Produce -Komponenten und Roboter-Apps zur Verfügung gestellten Funktionen,
5. eine (cloud-basierte) Simulationsumgebung zur systematischen Durchführung von Komponenten-, Integrations- und Applikationstests.

Für alle genannten Schlüsselkomponenten sind die Grundlagen vorhanden. Diese Forschungsansätze müssen jedoch auf die Produktion übertragen, für diese spezialisiert, ausgestaltet und in großem Umfang implementiert werden.

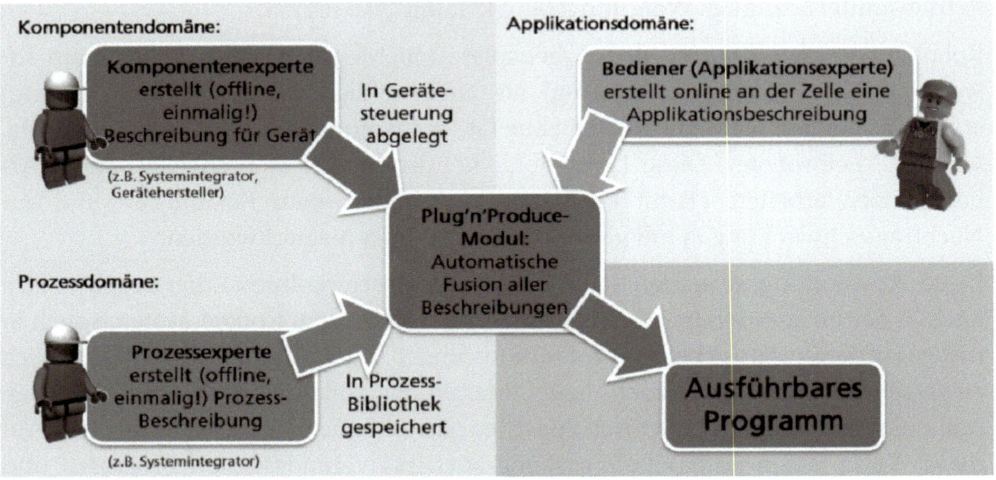

Abbildung 7: Rollentrennung zur Bereitstellung von Plug'n'Produce Komponenten

Im besten Fall ermöglicht der beschriebene Ansatz die (Re-)Konfiguration eines Robotersystems für eine neue Aufgabe oder geänderte Produkte in kurzer Zeit durch den Endanwender selbst und dadurch den bedarfsgesteuerten Einsatz von Robotern in der Kleinserienproduktion. Diese Fähigkeit zur Rekonfiguration und Wandlung macht Robotersysteme zu einem elementaren Baustein von Produktionssystemen im Sinne von Industrie 4.0.

Durch den verstärkten Fokus der Robotik auf informationstechnische Systeme ergibt sich eine neue Wettbewerbssituation für die oftmals kleinen bis mittelgroßen Systemintegratoren. So ist zukünftig mit einem verstärkten Angebot von Services für die Robotik seitens großer Softwarehäuser zu rechnen. Diese neue Konkurrenz ist dabei für die Systemintegratoren Bedrohung und Chance zugleich. Zum einen wandern bisher beim Systemintegrator liegende Arbeitsumfänge für Integration und Entwicklung von Teilkomponenten zu anderen Unternehmen. Zum anderen bietet sich durch ein breites Angebot an Services seitens dieser Softwarehäuser die Möglichkeit die eigenen Anlagen zu veredeln und Anlagen mit erweiterter Funktionalität anzubieten. Letztendlich erlauben die Industrie 4.0-Technologien und insbesondere die Bereitstellung von bisher fest in die Anlage integrierten Funktionalitäten als Services eine weitere Spezialisierung einzelner Marktteilnehmer in der Robotik die zu Robotersystemen mit deutlich erweiterten und leistungsfähigeren Softwaresystemen führen wird.

6 Literatur

[1] ISO 8373:2012 Robotik und Robotikgeräte – Wörterbuch, ISO, 2012

[2] Meyer C (2011) Aufnahme und Nachbearbeitung von Bahnen bei der Programmierung durch Vormachen von Industrierobotern. Dissertation, Universität Stuttgart

[3] ISO 10218-1:2011 Industrieroboter – Sicherheitsanforderungen – Teil 1: Roboter, ISO, 2011

[4] ISO 10218-2:2011 Industrieroboter – Sicherheitsanforderungen – Teil 1: Robotersysteme und Integration, ISO, 2011

[5] ISO 13857:2010 Sicherheit von Maschinen – Anordnung von Schutzeinrichtungen im Hinblick auf Annäherungsgeschwindigkeiten von Körperteilen, ISO, 2010

[6] Draht R (Hrsg.) (2010) Datenaustausch in der Anlagenplanung mit AutomationML – Integration von CAEX, PLCopen XML und COLLADA. Springer Berlin Heidelberg

[7] Kendon A (2004) Gesture: Visible action as utterance. Cambridge University Press, Cambridge

[8] Eickerler S and Rigoll G (1998) Kontinuierliche Erkennung von spontan ausgeführten Gesten mit neuen stochastischen Dekodierverfahren. Workshop Dynamische Perzeption

[9] Ehrenmann M, Lütticke T, Dillmann R (2000) Erkennung dynamischer Gesten zur Kommandierung mobiler Roboter. Autonome Mobile Systeme, S 20–26

[10] Elmezain M, Al-Hamadi A, Michaelis B (2009) Improving Hand Gesture Recognition Using 3D Combined Features. 2nd International Conference on Machine Vision, S 128–132

[11] Akyol S (2003) Nicht-intrusive Erkennung isolierter Gesten und Gebärden. Dissertation, RWTH Aachen

[12] Liebhardt M (2013) Motion Retargeting. http://www.ros.org/wiki/reem_teleop. Zugegriffen: 15. Januar 2013.

[13] SMErobotics Projekt. www.smerobotics.org. Zugegriffen: 14. Januar 2014

[14] Forschungscampus ARENA2036. www.arena2036.de. Zugegriffen: 14. Januar 2014

[15] Projekt LIAA. www.project-leanautomation.eu. Zugegriffen: 14. Januar 2014

[16] Studie Effirob. http://www.ipa.fraunhofer.de/index.php?id=1643. Zugegriffen: 14. Januar 2014

Mensch-Maschine-Interaktion im Industrie 4.0-Zeitalter

Dominic Gorecky, DFKI GmbH; Mathias Schmitt, DFKI GmbH;
Dr. Matthias Loskyll, DFKI GmbH

1 Einleitung

Dem Industrie 4.0-Paradigma folgend sind alle Gegenstände der Fabrikwelt mit integrierter Rechenleistung und Kommunikationsfähigkeit ausgestattet. Dies betrifft keineswegs nur die Maschine-zu-Maschine(M2M)-Kommunikation, sondern wird auch weitreichende Folgen für das Zusammenspiel zwischen Mensch und Technik mit sich bringen.

Vor dem Hintergrund des technologischen Fortschritts ist davon auszugehen, dass sich sowohl das Aufgaben- als auch das Anforderungsspektrum des Menschen in der Fabrik verändern werden. Wenn sich Maschinen und Werkstücke zunehmend autonom organisieren, werden auch komplexe Produktionsszenarien, wie die kundenspezifische Fertigung von Einzelstücken, ohne das Zutun des Menschen beherrschbar. Doch im Gegensatz zum CIM-Ansatz der 80er Jahre wird in einer Industrie 4.0 nicht eine Entwicklung hin zu menschenleeren Produktionsanlagen angestrebt – vielmehr soll der Mensch unter optimalem Einsatz seiner ureigenen Fähigkeiten in das cyber-physische Gefüge eingebunden werden.

Ein cyber-physisches Gefüge beschreibt auf abstrakte Weise die Beziehung zwischen Mensch und Cyber-Physischem System (CPS), welches darin in eine physische und virtuelle, digitale Komponente aufgeteilt wird (vgl. Abb. 1). Die Wechselwirkung zwischen Mensch und CPS erfolgt dabei entweder durch unmittelbare Manipulation (Beziehung *Mensch-Physikalische Komponente*) oder mit Hilfe einer vermittelnden Benutzungsschnittstelle (*Mensch – Virtuelle, digitale Komponente*).

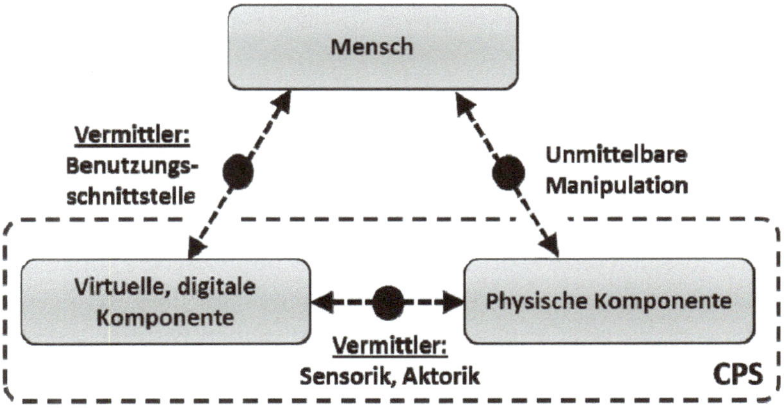

Abbildung 1: Cyber-physisches Gefüge, in Anlehnung an (Zamfirescu et al., 2012)

Ein solch enges Zusammenspiel zwischen Mensch und CPS wirft allerdings auch sozio-technologische Fragen bezüglich der Autonomie und Entscheidungsbefugnis auf. Mit dem *Gesetz von der erforderlichen Varietät* liefert die Kybernetik hierzu eine Antwort, wonach ein System, welches ein anderes steuert, umso mehr Störungen in dem Steuerungsprozess ausgleichen kann, je größer seine Handlungsvarietät ist. Als flexibelste Entität im cyber-physischen Gefüge wird dem Menschen genau diese Rolle zuteil – sozusagen als übergeordnete Steuerungsinstanz.

Die primäre Aufgabe des Menschen wird es also sein, eine Produktionsstrategie vorzugeben und deren Umsetzung innerhalb der selbstorganisierten Produktionsprozesse zu überwachen. Dabei wird der klassische, ortsgebundene Arbeitsplatz (z.B. Leitstand oder Büro) aufgrund der umfassenden Vernetzung und mobilen Verfügbarkeit von Echtzeit-Informationen zunehmend an Bedeutung verlieren. Die Entscheidungs- und Überwachungsprozesse können sowohl unmittelbar am Ort des Geschehens also auch aus der Ferne – und für eine Vielzahl von unterschiedlichen Produktionsanlagen – erfolgen. Damit einher geht die Annahme, dass der einzelne Mitarbeiter zukünftig einen – auch in räumlicher Hinsicht – größeren Wirk- und Verantwortungsbereich übernehmen wird. Weiterhin wird dem Menschen bei Vorliegen von komplexen Problemen – und als eine Art letzte Instanz innerhalb des cyber-physischen Gefüges – die Rolle des kreativen Problemlösers zuteil. Dieser Fall tritt beispielsweise ein, wenn es eine vorliegende Störung zu beheben oder ein implizites Optimierungspotential zu erschließen gilt (vgl. Abbildung 2).

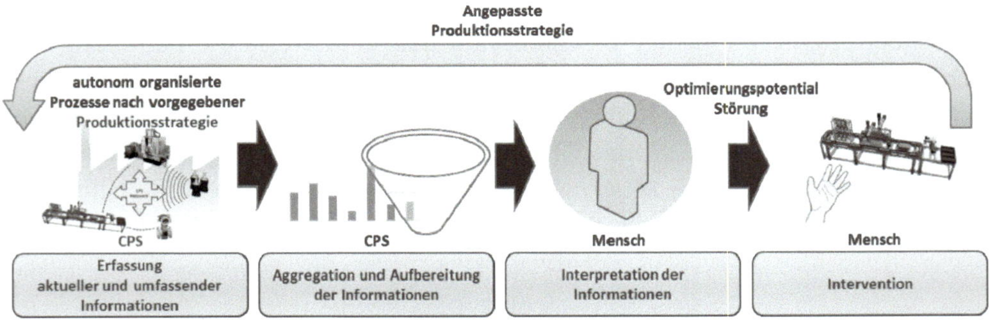

Abbildung 2: Der Mensch als Überwacher der Produktionsstrategie und letzte Instanz im Entscheidungsprozess

Insgesamt ist davon auszugehen, dass in einer Industrie 4.0 jeder einzelne Mitarbeiter ein breites Aufgabenspektrum übernehmen wird, welches sich überwiegend – aber nicht ausschließlich – durch planerisch-schöpferische Tätigkeiten („Kopfarbeit") auszeichnet. Ebenso ist es allerdings vorstellbar, dass der Mensch – wann immer erforderlich – am Ort des Geschehens mit seinen Fertigkeiten in die Prozesse eingreift („Handarbeit"), um beispielsweise ein defektes Feldgerät auszutauschen.

Definition: Rolle des Menschen in Industrie 4.0

Der Mitarbeiter in einer Industrie 4.0 wird die überordnete Produktionsstrategie festlegen, die Umsetzung dieser Strategie überwachen und im Bedarfsfall intervenierend in das Cyber-Physische Produktionssystem (CPPS) eingreifen. Als Teil eines cyber-physischen Gefüges wird er insgesamt ein größeres Maß an Verantwortung übernehmen und seine Aufgaben mobil und unterstützt durch verschiedene Mensch-Technik-Lösungen erledigen.

Die veränderte Rolle des Menschen und die damit einhergehenden Anforderungen müssen durch die Umsetzung von organisatorischen wie technologischen Maßnahmen adressiert werden. Erstens bedarf es angepasster Qualifizierungsstrategien, welche die für eine Industrie 4.0 nötige Interdisziplinarität widerspiegeln und den sich bereits heute abzeichnenden Umbruch durch eine Adaption der Qualifikationsanforderungen kontinuierlich mitbegleiten. Dabei ist ein grundlegendes Verständnis bezüglich des Umgangs mit Informationen und des daraus resultierenden Mehrwerts ebenso gefragt wie das Wissen zu den Methoden und Technologien (z.B. das Wissen wie TCP/IP funktioniert), die zur Implementierung von cyber-physikalischen Produktionssystemen (CPPS) unabdingbar sind.

Zweitens erfordert es geeignete Mensch-Technik-Lösungen, welche dem Menschen transparente Einblicke in die vernetzten und dezentral verteilten Produktionssysteme gewähren und ihn befähigen, auf der Basis aktuell vorliegender Informationen seine Aufgaben optimal zu erfüllen. Gegenwärtige Trends der Mensch-Maschine-Interaktion wie die *iPhonisierung*, die in den letzten Jahren im privaten Bereich Einzug hielten, eröffnen hierfür vielversprechende Möglichkeiten, die allerdings für den Produktionskontext weiter erforscht und zur Reifen gebracht werden müssen.

Das vorliegende Kapitel beschäftigt sich schwerpunktmäßig mit Lösungen zur technologieseitigen Unterstützung des Menschen, welche die Repräsentation einer cyber-physischen Welt und die darin stattfindende Interaktion in Form von intelligenten Benutzungsschnittstellen implementieren. Dazu werden in Kapitel 2 Ansätze zur Akquise, Aggregation, Darstellung und Wiederverwendung von Daten und Informationen skizziert, während Kapitel 3 den technologischen Möglichkeiten zur intuitiven Handhabung von Daten und Informationen gewidmet ist. Mobile, kontext-sensitive Benutzungsschnittstellen, denen bei der Implementierung einer Industrie 4.0 eine zentrale Bedeutung zukommt, werden in Kapitel 4 beschrieben. Als eine spezielle Ausprägung kontext-sensitiver Benutzungsschnittstellen werden in Kapitel 5 Assistenzsysteme beschrieben, die den Menschen bei seinen unterschiedlichen Tätigkeiten aktiv unterstützen. Abschließend werden in Kapitel 6 und Kapitel 7 Paradigmen zur Entwicklung von Benutzungsschnittstellen vorgestellt, die den Anforderungen einer Industrie 4.0 Rechnung tragen.

2 Repräsentationsformen einer cyber-physischen Welt

Der zunehmenden Implementierung von CPS und deren umfassende Fähigkeit zur Erfassung, Austausch und Verarbeitung von Daten führen zu einem höheren Informationsaufkommen in der Produktion. Damit verbunden sind eine Reihe von Anforderungen bezüglich der Akquise, Aggregation, Darstellung und Wiederverwendung der Daten:

- Um das Geschehen in den Produktionssystemen trotz erhöhter Verteiltheit und Vernetzung nachvollziehen und strategisch steuern zu können, benötigt der Mensch leicht verständliche Visualisierungen der ablaufenden Produktionsprozesse sowie der darin anfallenden Daten.
- Die zur Überwachung und Steuerung des Produktionssystems erforderlichen Informationen stammen zukünftig aus einer Vielzahl unterschiedlicher Datenquellen, wobei der Anteil von feingranular erfassten Daten aufgrund des vermehrten Einsatzes von CPS zunehmen wird. Es gilt Wege zu schaffen, die CPS mittels standardisierter und plattformunabhängiger Schnittstellen möglichst aufwandsarm an die bestehende Produktions-IT anzubinden. Werden die erfassten Daten in konsistenten und übergreifenden Informationsmodellen mit weiteren relevanten Daten zusammengeführt, erschließen sich neue Möglichkeiten der Auswertung und Nutzbarkeit.

Eine vermittelnde Schnittstelle zwischen Mensch und CPS kann mit Hilfe der virtuellen und erweiterten Realität geschaffen werden. Die *Virtual Reality* (VR) befähigt den Menschen durch das Nachbilden eines möglichst realistischen Abbilds des Produktionsprozesses, das Verhalten eines cyber-physikalischen Produktionssystems zu simulieren und auf interaktive Weise zu explorieren. Weitere Impulse werden durch die Fortschritte im Bereich der *Augmented Reality* (AR) gesetzt, welche die computergestützte Erweiterung der menschlichen Wahrnehmung mittels virtueller Objekte darstellt. Damit können relevante Informationen unmittelbar in das Sichtfeld des Arbeiters eingeblendet werden. Ermöglicht wird dies durch den Einsatz mobiler Plattformen, wie *Smartphones*, *Tablets* und *Smartglasses*, die zukünftig das wichtigste Werkzeug im Umgang mit CPS und den durch sie bereitgestellten Informationen darstellen werden (vgl. Abbildung 3).

Die bereitgestellten Informationen stammen dabei aus einer Vielzahl an verschiedenen Datenquellen, wie dem Produktentstehungsprozess (CAD-Modelle von Produkten und Betriebsmitteln, Prozessbeschreibungen), der *Technischen Dokumentation* (z.B. Datenblätter, Betriebsanleitungen) oder dem operativen Produktionsprozess selbst (z.B. Auftragsfortschritt, Betriebsstatus, Prozessparameter, Ortskontext oder Energieverbrauch der CPS). Im Zuge der einfachen Wieder- und Weiterverwendung dieser Daten wird es notwendig sein, die Schaffung geeigneter Standards für den Informationszugriff und -austausch zu fokussieren. So lassen sich die von den CPS erfassten Informationen durch standardisierte und plattformunabhängige Schnittstellen wie OPC-UA in die bestehende Produktions-IT integrieren. Durch die Verwendung einer formalen, expliziten Semantik, beispielsweise bezüglich der Informationsherkunft, können Informationen computergestützt in konsistenten Informationsmodellen zusammengeführt und angereichert werden.

Eingebettet in Assistenzsysteme werden die aggregierten und aufbereiteten Informationen wiederum einen direkten Weg zu den Akteuren in der Produktion finden (Gorecky et al., 2012) und damit eine Vielzahl an unterschiedlichen Anwendungsszenarien unterstützen. Dazu gehören:

- Instandhaltung (d.h. Wartung, Inspektion, Instandsetzung und Verbesserung) von Produktionsanlagen durch Bereitstellen von interaktiven, virtuellen Handlungsanweisungen
- Überwachung von Produktionsprozessen sowie Qualitätskontrolle durch das kontextsensitive Abrufen und Bereitstellen von Informationen, z.B. bezüglich des Status eines CPS
- Planung und (Co-)Simulation von Produktionsprozessen, indem z.B. das Verhalten von CPS (z.B. Verfahrbewegungen von Linearachsen oder Materialfluss von Produkten) vorgezeichnet wird.

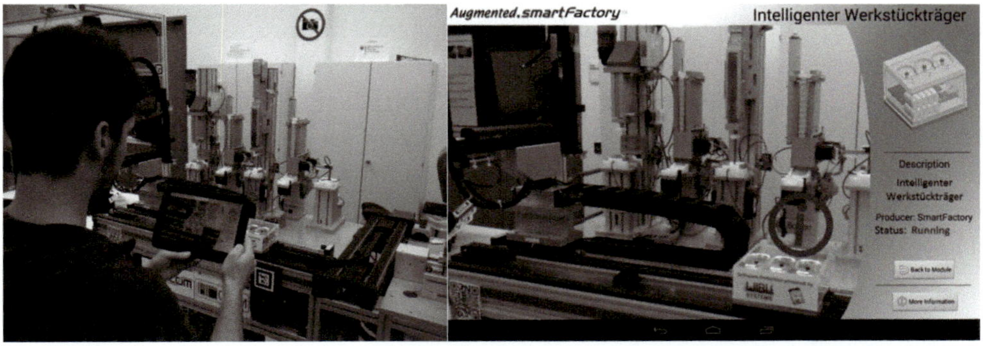

Abbildung 3: Augmented.SmartFactory-App als ein Beispiel für die Informationsbereitstellung mittels Augmented Reality

3 Interaktionsformen einer cyber-physischen Welt

Vor dem Hintergrund einer zunehmenden *Informatisierung* der Produktion im Zuge von Industrie 4.0 muss es Zielsetzung sein:

- die Handhabung von Informationen und virtuellen Objekten so intuitiv wie möglich zu gestalten.
- die produktionsspezifischen Anforderungen an die Interaktionsmittel (z.B. bzgl. Robustheit und Sicherheit) gebührend zu berücksichtigen.

Eine Interaktion kann als intuitiv bezeichnet werden, wenn die gleichen Erfahrungen, die wir im Umgang mit realen Objekten erlernt haben, auch auf die virtuelle, digitale Welt übertragen werden können. Traditionelle, industrielle Benutzungsschnittstellen zeichnen sich durch eine unimodale Interaktion aus, bei der dem System i.d.R. mittels mechanischer Eingaben (z.B. Tastatur, Maus oder Touchscreen) ein Befehl übermittelt wird, während die Rückmeldung des Systems in Form einer visuellen Darstellung (z.B. Bildschirm) erfolgt. Der auditive Kanal spielt dabei eine untergeordnete Rolle und wird beispielsweise dazu verwendet, um den Menschen mittels Signaltönen das Vorliegen eines Fehlers zu vermitteln. Dabei bietet eine Orientierung an der natürlichen, zwischenmenschlichen Kommunikation, welche mehrere Modalitäten wie Sprache, Gesten und Mimik simultan nutzt, eine Chance, den Informationsaustausch erheblich zu vereinfachen.

Die *iPhonisierung* ist ein eindrucksvolles Beispiel dafür, wie mittels natürlicher Interaktionsformen eine intuitive Bedienung realisiert werden kann. Der Umgang mit einem Smartphone ist heutzutage weitgehend selbsterklärend, was sich in dem minimalen Lernaufwand und dem grundsätzlichen Verzicht auf Anwenderdokumentationen bemerkbar macht. Der Transfer von innovativen, auf Multitouch- und Sprachbedienung basierenden Bedienphilosophien in den Fabrikkontext bietet nicht nur ein Mehr an Gestaltungsfreiraum für die Komponentenhersteller und Systementwickler, sondern schafft darüber hinaus einen verbesserten Bedienkomfort, welcher nicht zuletzt aufgrund der persönlichen Erfahrung von den zukünftigen Bedienern geradezu erwartet wird (Schmitt et al., 2013). Eine 1:1-Übertragung von Trends aus dem Konsumbereich in die industrielle Produktion wird allerdings kaum von Erfolg gezeichnet sein. Vielmehr bedarf es bei der Entwicklung von fortschrittlichen, industriellen Benutzungsschnittstellen einer Vorgehensweise, welche die Beachtung von produktionsspezifischen Anforderungen wie Robustheit und Sicherheit konsequent miteinbezieht.

Abbildung 4: Beispiele für den mobilen Informationszugriff

Das wichtigste Werkzeug im Umgang mit CPS und den durch sie bereitgestellten Informationen werden mobile Geräte, wie *Smartphones*, *Tablets* und *Smartglasses*, sein (vgl. Abbildung 4). Sie vereinen prinzipiell die Möglichkeit zur Bedienung mittels Touchscreen, Spracherkennung und Gestenerkennung. Wichtigste Interaktionsform wird dabei die Touchscreen-Bedienung darstellen. Neue Technologien – wie z.B. die *Dispersive Signal Technology* – ermöglichen den Einsatz von Touchscreens auch in rauen, industriellen Umgebungen und unter Verwendung von Handschuhen. Einige Hardwarehersteller bieten bereits sog. *ruggedized* Hardwarelösungen für den mobilen Einsatz im Produktions- und Logistikbereich an, die industrietaugliche Eigenschaften wie Staub- und Spritzwasserschutz sowie eine hohe Robustheit gegenüber Stürzen mitbringen.

Für die Interaktion in mobilen Anwendungen bietet auch die Sprachsteuerung viele Vorteile. So kann z.B. in Fällen, in denen die visuelle Aufmerksamkeit des Nutzers oder sein motorisch-haptisches Vermögen durch die jeweilige Nutzungssituation beansprucht wird, die Steuerung der relevanten Anwendung durch Spracheingaben erfolgen (vgl. den seit 2011 angebotenen „persönlichen Assistenten“ *Apple Siri*®). Das Spektrum an Sprachinteraktion reicht von der kommandosprachlichen Interaktion mit Schlüsselwörtern, z.B. bei hoher Umgebungslautstärke, bis hin zur natürlichsprachlichen Interaktion mit ganzen Sätzen oder Satzgliedern.

Die Steuerung von Geräten mittels natürlicher Gesten gilt ähnlich wie die Sprachsteuerung als besonders intuitiv und unmittelbar. Das Erkennen von Stellung und Bewegung der Hände kann dabei bild- oder gerätebasiert ablaufen. Bei der gerätebasierten Variante zeichnen am Körper getragene Beschleunigungs- oder Positionssensoren die Bewegung des Bedieners auf. Häufig werden dazu sog. Datenhandschuhe und sog. *On-Body-Sensor*-Netzwerke eingesetzt. Kamerabasierte Verfahren nutzen dagegen Methoden der Objekterkennung und Bildverarbeitung, um z.B. Handgesten zu erfassen. Hier gilt es wiederum zu unterscheiden zwischen hochpräzisen, aber aufwendigen Verfahren (z.B. VICON®) und kostengünstigen und flexibel einsetzbaren Interaktionsmitteln aus dem Konsumelektronikbereich (z.B. *Microsoft Kinect*®). Die Gestenerkennung eignet sich nicht nur zum Erkennen von explizit formalisierten Gesten, sondern auch zum Interpretieren von komplexen Tätigkeiten und Handlungsabläufen („Schließen eines Ventils“, „Anschluss von Stromkabeln“ etc.). Eingebettet in entsprechende Assistenzsysteme kann damit die Tätigkeiten des Bedieners verfolgt, überprüft und in den richtigen Bedienkontext eingeordnet werden (siehe Kapitel 6).

4 Mobile, kontext-sensitive Benutzungsschnittstellen

Die Benutzungsschnittstelle stellt das vermittelnde Element zwischen Mensch und CPS dar. Sie muss dem Menschen transparente Einblicke in Status und Funktionsweise von CPS gewähren (Kapitel 2) und ihm Möglichkeiten bieten, damit zu interagieren (Kapitel 3). In einer Industrie 4.0 zeichnen sich verschiedene Tendenzen ab, aus welchen neuartige Anforderungen an die Benutzungsschnittstelle resultieren:

- Immer mehr automatisierungstechnische Komponenten besitzen mechatronische Fähigkeiten, die parametriert und überwacht werden können und damit einer Benutzungsschnittstelle bedürfen. Anstatt jedes einzelne CPS mit einem proprietären Bedienpanel auszustatten, erfolgt der Zugriff auf eine Vielzahl unterschiedlicher Komponenten und Anlagen zukünftig mittels einer mobilen Benutzungsschnittstelle (1:m-Zugriff).
- Der in der Benutzungsschnittstelle abzubildende Funktionsumfang von automatisierungstechnischen Komponenten steigt kontinuierlich. Damit steigt die Komplexität, mit der sich der Mensch als Benutzer des Systems auseinandersetzen muss.
- Aufgrund der stärkeren Verteiltheit und Vernetzung von automatisierungstechnischen Komponenten und den Möglichkeiten zur drahtlosen Kommunikation wird es immer wichtiger, die Position dieser Komponenten zu kennen und dem Menschen darzustellen.
- Gleichzeitig steigt die Mobilität des Menschen als flexibler Problemlöser in Industrie 4.0. Auch seine Position muss bekannt sein, um ihm bedarfsgerecht die aktuell benötigten Informationen direkt am Ort des Geschehens (z.B. auf einem mobilen Endgerät zur Wartung) bereitzustellen.

Definition: Kontext und Kontext-sensitive Systeme

Kontext wird als die Menge an Informationen definiert, die für die Charakterisierung der Situation von Personen oder Objekten und der Interaktion zwischen Benutzer und einer informationstechnischen Applikation relevant ist (Dey, 2001).

Kontext-sensitive Systeme ermöglichen die anwendungsbezogene Nutzung von Kontextinformationen sowie die Anpassung ihres Verhaltens an eine auf der Basis der ermittelten Kontextinformationen abgeleitete Situation (Loskyll, 2013).

Um diesen neuen Anforderungen in cyber-physischen Produktionssystemen entgegenzutreten, bedarf es mobiler, kontext-sensitiver Benutzungsschnittstellen, die eine aktive Informationsfilterung ermöglichen und den Benutzern lediglich die für ihre aktuelle Aufgabe relevanten Informationen und Interaktionsmöglichkeiten aufzeigen (z.B. in Abhängigkeit des aktuellen Bedienorts und der Aufgabe). Kontext wird als die Menge an Informationen definiert, die für die Charakterisierung der Situation von Personen oder Objekten und der Interaktion zwischen Benutzer und einer informationstechnischen Applikation relevant ist (Dey, 2001). Kontext-sensitive Systeme ermöglichen die anwendungsbezogene Nutzung von Kontextinformationen sowie die Anpassung ihres Verhaltens an eine auf der Basis der ermittelten Kontextinformationen abgeleitete Situation (Loskyll, 2013). Zur Identifikation der vorliegenden Situation müssen verfügbare Sensorrohdaten von verschiedenen Quellen gesammelt, zu höherwertigen Kontextinformationen aggregiert und schließlich interpretiert werden. Zu diesem Zweck eignen sich sog. *Kontext-Broker*-Systeme (Stephan et al., 2011). Abbildung 5 zeigt die Systemarchitektur eines solchen Kontext Brokers, der in der *SmartFactory*^{KL} umgesetzt wurde.

Die oberste Schicht (Provision Layer) zeigt verschiedene Ortungssysteme als mögliche Kontextquellen, deren Daten in Form von proprietären Formaten zur Verfügung gestellt werden. Diese werden zunächst durch eine Abbildungsschicht (Mapping Layer) in ein einheitliches Datenformat überführt. Der Kontext Broker (Distribution Layer) macht diese Informationen schließlich über standardisierte Schnittstellen für beliebige Anwendungen (Application Layer) zugreifbar. Darüber hinaus besteht mittels einer Interpretationsschicht (Interpretation Layer) die Möglichkeit, die vorliegenden Kontextinformationen zu einer höherwertigen Information über die vorliegende Situation auszuwerten. Dazu können semantische Technologien zur Repräsentation des benötigten Domänenwissens als Ontologie und entsprechende Reasoning-Systeme zur logischen Schlussfolgerung genutzt werden (Loskyll, 2013).

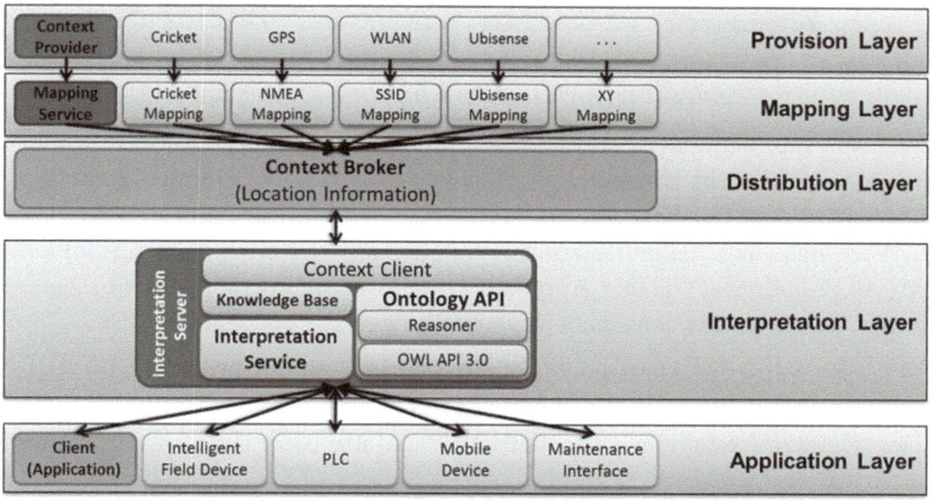

Abbildung 5: **Kontext-Broker-Architektur zur technologieunabhängigen Bereitstellung und Interpretation von Ortsinformationen (Stephan et al., 2011)**

Neben Umgebungsbedingungen oder aktuellen Zuständen der Produktionsanlage spielen Ortsinformationen insbesondere bezüglich der im Umlauf befindlichen Rohprodukte, Anlagenkomponenten oder mobile Wartungs- und Instandsetzungsarbeiter eine zentral wichtige Rolle. Mittels dieser Ortsinformationen kann die Benutzungsschnittstelle, z. B. eines mobilen Endgeräts, zur Laufzeit an die aktuell vorliegende Situation angepasst werden (vgl. Abbildung 6). Dazu ist es notwendig, die Benutzungsschnittstelle als abstraktes Modell mit verschiedenen Sichten (Aufgabe, Dialog, Präsentation) zu beschreiben (Seißler, 2013). Damit wird es möglich, dass zukünftig Anlagenkomponenten und Geräte ihr eigenes spezifisches Modell mit sich tragen, das an das mobile Endgerät übertragen und zur Generierung einer passenden Benutzungsschnittstelle genutzt wird.

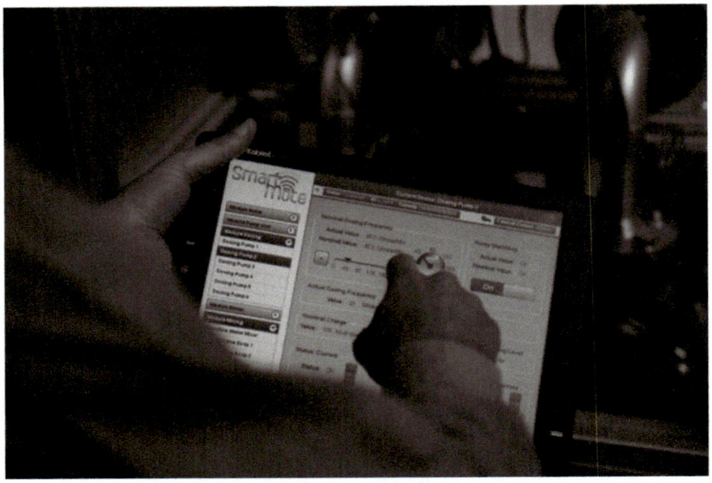

Abbildung 6: **Laufzeitgenerierte, kontext-sensitive Benutzungsschnittstellen auf einem Tablet-PC in der SmartFactoryKL (Schmitt et al., 2013)**

Neben der Anpassung der Benutzungsschnittstelle zur Laufzeit können Kontextinformationen auch zur Umsetzung völlig neuartiger Anwendungen genutzt werden. So wurde in der *SmartFactory*^{KL} eine Applikation zur nahtlosen Navigation von Wartungs- und Instandsetzungsarbeitern zum Ort einer Störung implementiert (vgl. Abbildung 7). Die Applikation zeigt abhängig von der vorliegenden Situation des Arbeiters verschiedene Darstellungen zur Navigation:

- eine Karte des Außengeländes mit dem Weg zum Fabrikgebäude,
- eine Karte der Fabrikhalle inklusive Pfad zum defekten Gerät,
- Zusatzinformationen zur Wartung/Reparatur beim Erreichen des Zielorts.

Abbildung 7: **Nahtlose Navigation zur defekten Anlagenkomponente in der SmartFactoryKL**

Der Übergang zwischen diesen verschiedenen Ansichten geschieht nahtlos, da das mobile Endgerät durchgängig mit Informationen über seine aktuelle Position versorgt wird. Zu diesem Zweck werden die Daten verschiedener Ortungssysteme (GPS, WLAN-Access Points, Indoor-Positionierungssysteme in der Fabrik) ermittelt und kombiniert (Stephan et al., 2011).

5 Adaptive, lernende Assistenzsysteme

In einer Industrie 4.0, in der der Mensch ein erweitertes Aufgaben- und Verantwortungsspektrum übernehmen wird, kommt der konsequenten Umsetzung von praxisgerechten Unterstützungskonzepten eine Schlüsselrolle zu. So wird der Mensch im Fall auftretender Störungen oder bestehender Optimierungspotentiale intervenierend in das CPPS eingreifen – und manuelle Tätigkeiten, wie den Austausch eines Ventils, selbst durchführen. Ob er dazu überhaupt berechtigt ist, welchen Arbeitsschritten er dabei folgen muss und welche Sicherheitsvorkehrungen es dabei zu beachten gilt, wird ihm durch das mitgeführte Assistenzsystem (z.B. in Form einer Assistenz-App auf seinem Tablet) vermittelt.

Zielsetzung muss daher die Entwicklung von adaptiven, lernenden Assistenzsystemen sein, die:

- den Menschen auch in schwierigen, selten vorkommenden oder bisher unbekannten Situationen bestmöglich unterstützen.
- die den Kontext der Unterstützungssituation sowie das menschliche Handeln dynamisch erfassen und sich daran adaptieren.
- die auf Wissenskomponenten basieren, die möglichst aufwandsarm und intuitiv aus dem im Unternehmen vorhandenen Wissen generiert und stetig angereichert werden.

Die technologischen Grundlagen für die Realisierung fortschrittlicher Assistenzsysteme haben bereits in das Fabrikumfeld Einzug gehalten. In einer Industrie 4.0 verfügt jeder Mitarbeiter mit einem mobilen Endgerät über einen persönlichen Assistenten, um mit Kollegen in Kontakt zu treten, Unterstützungsfunktionen auszuführen oder relevante Informationen aus dem CPPS abzurufen. Die Unterstützung erfolgt unmittelbar am Ort des Geschehens und unter Einbeziehung des Arbeitskontexts (z.B. Ort, Aufgabe, Person). Mittels *Indoor Positioning Systemen* oder integrierter Kamera und Objekterkennung kann der aktuelle Arbeitsort erfasst und in der Logik der Assistenzanwendung ausgewertet werden. Die natürliche Interaktion mittels *Multitouch,* dialoggeführter Sprachsteuerung und Gestenerkennung stellen eine effektive, effiziente und zufriedenstellende Nutzung solcher Technologien sicher, während auf Basis virtueller und erweiterter Realitäten umfangreiche Informationen verständlich aufbereitet und visualisiert werden können.

Eine darüberhinausgehende Unterstützung des Menschen kann durch die automatische Erkennung von Aktivitäten und Arbeitsabläufen realisiert werden. Dazu wird zunächst die Handlung des Menschen, z.B. mittels kamerabasierter Erkennung von relevanten Objekten wie Bauteilen, Werkzeugen und Händen, erfasst. Die erfassten Daten werden von der Applikationslogik mit einem bereits hinterlegten Referenzmodell (sog. *Workflow-Modell*) abgeglichen, wodurch der aktuelle Arbeitsschritt erschlossen und etwaige Abweichungen vom festgelegten Arbeitsablauf identifiziert werden können. Auf diese Art wird es möglich, kontext-sensitive Handlungsanweisungen in Form von virtuellen Inhalten (z.B. AR-Einblendungen, Sprachausgabe) bereitzustellen und den Menschen Schritt-für-Schritt durch komplexe, manuelle Tätigkeiten zu führen.

Ein Beispiel für ein solches Assistenzsystem ist die manuelle Montagestation in der *SmartFactory*^{KL}. Sie dient zur Montage (als Alternative zur vollautomatischen Fertigung), Qualitätskontrolle, Nacharbeit und Inbetriebnahme eines Beispielprodukts (vgl. Abbildung 8). Die Montagestation ist ausgestattet mit einem Hardwareaufbau, bestehend aus einem Tablet-PC und einer *Microsoft Kinect®*, welche beide die Arbeitsumgebung mittels Kamera verfolgen. Zusätzlich kann mittels eines RFID-Lesegerätes der am Produkt befindliche RFID-Tag eingelesen und so der Produktstatus in Erfahrung gebracht werden. Wurde beispielsweise ein Montageschritt in der automatischen Fertigung aufgrund einer vorliegenden Störung nicht vollständig durchgeführt, wird eine entsprechende, virtuelle Anleitung zur manuellen Vervollständigung des Produktes aufgerufen. Das Kamerabild des Tablets wird dann mit virtuellen, kongruenten (d.h. ortsrichtig platzierten) Anweisungen angereichert und auf einen Bildschirm vor dem Mitarbeiter übertragen.

Während der Arbeiter den Arbeitsprozess gemäß den Anweisungen durchführt, werden die einzelnen Montageschritte mit Hilfe von Objekt- und Handerkennung verfolgt und mit dem zugrundliegenden *Workflow*-Modell verglichen. Auf diese Art wird eine Echtzeit-Unterstützung des Mitarbeiters realisiert, die automatisch durch die komplexen Arbeitsprozesse führt und beim Auftreten von Fehlern ein entsprechendes Feedback bereitstellt.

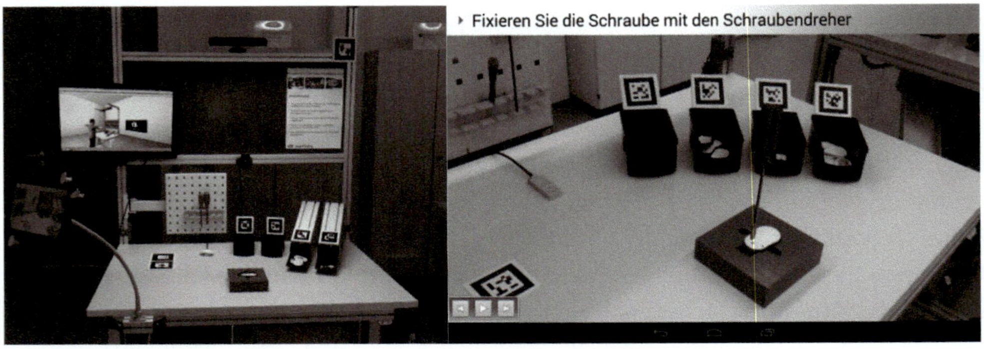

Abbildung 8: Aufbau der Montagestation mit Assistenzsystem (links) und Beispiel für die virtuelle Anweisung von Arbeitsabläufen (rechts)

Neben der unterstützenden Visualisierung von komplexen Arbeitsprozessen bedarf es auch Ansätze, um die erforderlichen Wissenskomponenten – d.h. die virtuellen Anleitungen und dazugehörigen *Workflow*-Modelle – möglichst aufwandsarm zu generieren. Eine sich hierfür bietende Möglichkeit ist das Erschließen von bestehenden Datenquellen im Unternehmen. So hält die *Digitale Fabrik* bereits umfangreiche Informationsbestände zu Produkten, Produktionslayout und Prozessabläufen bereit, die als Wissensgrundlage für Assistenzanwendungen Wiederverwendung finden können.

Gleichzeitig müssen die Assistenzsysteme derart gestaltet sein, dass sie den Mitarbeitern die Möglichkeit geben, ihr Expertenwissen aufzuzeichnen und im Sinne von *Best Practise* Ansätzen mit den Kollegen zu teilen. Das Aufzeichnen und Aufbereiten von interaktiven, virtuellen Anleitungen für Assistenzsysteme muss einfach, intuitiv und unmittelbar am Ort des Geschehens erfolgen. Innovative Mensch-Technik-Interaktion – beispielsweise im Bereich dialoggeführter Spracheingabe und intuitiv gestalteter Benutzungsschnittstellen – dient dazu, Aufwand und Komplexität zum Erstellen der Wissenskomponenten auf ein Minimum zu reduzieren. Mittels Technologien der Kontexterfassung kann unmittelbar beim Einspeichern der Wissenskomponente der aktuelle Kontext erfasst und berücksichtigt werden. Diese Kontextinformationen sind wiederum wesentlich, um die Wissenskomponenten systematisch zu ordnen sowie schnell und gezielt mittels der Assistenzsysteme in vergleichbaren Situationen verfügbar zu machen.

6 Entwicklungsparadigmen für I4.0-Benutzungsschnittstellen

Die sich abzeichnende Komplexitätssteigerung von vernetzten und dezentral verteilten Produktionssystemen darf nicht einfach an den Menschen weitergegeben werden. Im Zuge der Komplexitätsbewältigung bedarf es ergonomisch gestalteter Benutzungsschnittstellen, welche ein Höchstmaß an Produktivität, Nutzerakzeptanz und Zufriedenheit der Benutzer gewährleisten. Ein Gütekriterium für die Bewertung einer Benutzungsschnittstelle ist die Gebrauchstauglichkeit, welche sicherstellt, dass vorgegebenen Ziele bei Nutzung eines Produktes effektiv, effizient und zufriedenstellend erreicht werden (DIN9241-11). Zur Unterstützung der Entwicklung von gebrauchstauglichen Benutzungsschnittstellen existieren diverse Heuristiken (Nielsen 1993), Richtlinien (VDI3850) und Standards (DIN9241-110), welche dem Entwickler z.B. grundsätzliche Gestaltungsprinzipien wie Aufgabenangemessenheit, Steuerbarkeit und Lernförderlichkeit an die Hand geben.

Zur Sicherstellung einer hohen Gebrauchstauglichkeit von Benutzungsschnittstellen ist ferner die Einhaltung eines klar strukturierten, qualitätssichernden Entwicklungsprozesses von großer Bedeutung. Mit dem *Useware Entwicklungsprozess* (Zühlke, 2011) existiert ein bewährtes Vorgehensmodell für die Entwicklung von gebrauchstauglichen Benutzungsschnittstellen, das ebenso auf die Entwicklung von CPS-Benutzungsschnittstellen übertragen werden kann (vgl. Abbildung 9). Das Vorgehensmodell besteht aus vier sich überlappenden Phasen, die die Entwicklung der Benutzungsschnittstelle von der Anforderungserhebung bis hin zur

Realisierung der Benutzungsschnittstelle strukturiert untergliedern. In der Analysephase werden der Nutzungskontext und die Nutzeranforderungen unabhängig von der späteren Interaktionsform und Zielplattform erfasst. Während der nachfolgenden Strukturgestaltungsphase werden die Analyseergebnisse harmonisiert und in eine abstrakte, plattformunabhängige Bedienstruktur – dem „Benutzungsmodell" – überführt. Erst nach Abschluss der Strukturgestaltungsphase wird mit der eigentlichen Realisierung der Benutzungsschnittstelle begonnen und die Ergebnisse der Strukturgestaltung auf konkrete Modalität und Zielplattform abgebildet. Durch das Abstrahieren von Implementierungsdetails in den frühen Phasen des Entwicklungsprozess, wird eine hohe Wiederverwendbarkeit der Zwischenergebnisse sichergestellt.

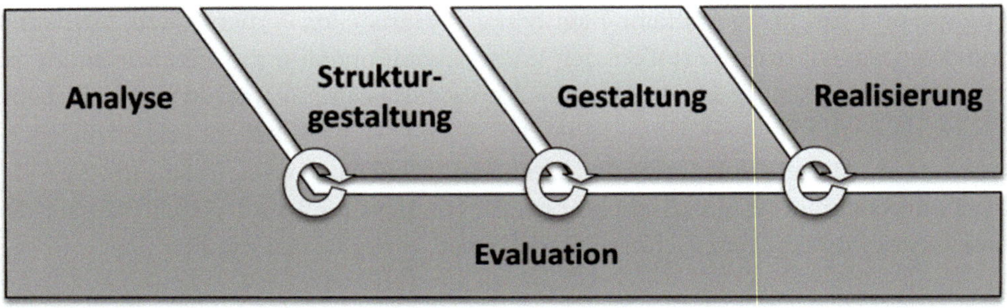

Abbildung 9: **Der Useware Entwicklungsprozess mit seinen vier Phasen (Zühlke, 2011)**

Zielsetzung muss also die nutzerzentrierte Entwicklung von gebrauchstauglichen Benutzungsschnittstellen sein, welche die einfache, sichere und intuitive Bedienung von CPS durch den Benutzer ermöglichen. Wie gezeigt wurde, besitzen mobile, kontext-sensitive Benutzungsschnittstellen das Potential einen Beitrag zur Beherrschung der zukünftigen Systemkomplexität zu leisten, indem eine aktive Informationsfilterung vorgenommen wird. Die Gestaltung von mobilen und kontext-sensitiven Benutzungsschnittstellen bringen selbst allerdings wiederum Herausforderungen für die Entwicklung mit. So muss der Einfluss des Kontexts in der Logik der mobilen, kontext-sensitiven Benutzungsschnittstelle berücksichtigt werden (Laufzeitadaption).

Für eine Sicherstellung der Gebrauchstauglichkeit von mobilen, kontext-sensitiven Benutzungsschnittstellen – welche in einer Industrie 4.0 an Bedeutung gewinnen – wird eine Erweiterung der bestehenden *Useware* Modellierungsmethodik notwendig, welche den Einfluss des Kontexts auf die Gestaltungsphase näher betrachtet. Eine hierzu geeignete Systematik wurde in der Arbeit von *Seißler* (2013) vorgestellt. Darin wird der *Useware Entwicklungsprozess* um die explizite Betrachtung der Adaptionsmodellierung ergänzt, was die Grundvoraussetzung für eine plattformübergreifende Beschreibung mobiler, kontextsensitiver Benutzungsschnittstellen darstellt.

7 Entwicklung hersteller- und plattformübergreifender Benutzerschnittstellen

Eine weitere Herausforderung bei der Entwicklung von mobilen, kontextsensitiven Benutzungsschnittstellen stellt die große Vielfalt an Endgeräten und dafür verfügbaren Softwareplattformen (Android, iOS, etc.) dar. Hierdurch wird die Realisierung hersteller- und plattformübergreifender Benutzungsschnittstellen erschwert. Als vielversprechender Lösungsansätze zu dieser Problematik erweisen sich modulare Softwarebausteine, wie sie durch die im Konsumbereich etablierten App-Konzepte geboten werden. Unter Apps werden im Allgemeinen kleine Zusatzprogramme für Smartphones und Tablets verstanden.

Grundsätzlich wird heute zwischen drei verschiedenen App-Gestaltungsarten unterschieden. Dem Entwickler ist dabei je nach Anwendungsfall selbst überlassen, welche Variante er zur Implementierung wählt. Unterschieden wird zwischen den webbasierten, nativen und hybriden Apps:

Webbasierte Apps: Bei den sog. webbasierten Applikationen handelt es sich um die einfachste der drei Gestaltungsarchitekturen. Die Struktur entspricht der einer einfachen, mobilen Webseite, die im Aufbau und in der grafischen Darstellung für die mobile Nutzung optimiert ist. Webbasierte Apps werden mit einer server- und clientseitigen Logik ausgeführt und greifen über den Browser des mobilen Endgeräts auf das Internet zu. Sie eignen sich vor allem zur einfachen Darstellung strukturierter Informationen.

Hinsichtlich ihrer Implementierung werden aktuelle Webtechnologien, sprich hauptsächlich XHTML, Cascading Stylesheets (CSS) und JavaScript, genutzt. HTML ermöglicht dabei die Gestaltung der Bedienungsoberfläche; umsetzbare Funktionalitäten werden in JavaScript implementiert, das mit geeigneten Schnittstellen in den HTML-Code eingebettet wird. Einmal implementiert laufen die Webanwendungen dank der Standardisierung auf jedem Endgerät, das über einen Webbrowser verfügt. Die identische und plattformunabhängige Darstellung des Inhalts ist ein entscheidender Vorteil. Zudem ermöglichen einfache Webtechnologien einen schnellen Entwicklungszyklus und die flexiblere Anpassbarkeit von Informationsinhalten. Defizite webbasierter Apps liegen allerdings im Aufruf von Endgerätefunktionen. Zugriffe auf Gerätehardware sind nur sehr begrenzt realisierbar. Erste Umsetzungen zur Ansteuerung der Kamera über HTML5 und passenden JavaScript-Files existieren jedoch bereits.

Native Apps: Native Applikationen gewinnen dann an Relevanz, wenn funktionale Wünsche über die browserbasierten Apps nicht mehr umgesetzt werden können. Durch den möglichen Zugriff auf die Sensorik und Aktorik des mobilen Endgeräts bieten sie dem Entwickler unerschöpfliche Möglichkeiten solche Apps zu gestalten, die den Nutzer zum einen durch neue Interaktionen intensiver einbinden und zum anderen effektiver bei der Interaktion mit CPS unterstützen.

Native Apps müssen plattformabhängig, d.h. in der Programmiersprache des jeweiligen Betriebssystems geschrieben werden. Das Resultat ist eine kompilierte Anwendung, die direkt im Betriebssystem des Mobilgerätes ausgeführt wird.

Als nützlich erweisen sich besonders die möglichen Hardwarezugriffe. Innerhalb einer nativen Anwendung kann beispielsweise die Kamera und das GPS-Empfängermodul des Gerätes aktiviert werden. Gleiches gilt auch für die verbaute Sensortechnik, mit der die Lage und Bewegung eines mobilen Geräts innerhalb einer App bestimmbar sind. Diametral zu deren Vorzügen stehen zum einen der hohe Entwicklungsaufwand bzw. teure Entwicklungsprozess aufgrund der plattformabhängigen Implementierung und zum anderen das Aktualisierungsverfahren nativer Apps – z.B. über Download der neuen Version.

Hybride Apps: Die hybride Gestaltungsart beinhaltet webbasierte als auch native Eigenschaften und wird als die Mischform der zuvor beschriebenen App-Arten bezeichnet. Damit lassen sich die Vorteile beider Seiten in einer App kombinieren.

Sie bestehen aus einer mittels Webtechnologien (HTML, CSS und JavaScript) entwickelten Anwendungsfunktionalität, die innerhalb der nativen Anwendung gekapselt und ausgeführt wird. Die eigentliche Anwendungslogik liegt also nicht im spezifisch entwickelten, nativen Quellcode vor, sondern wird mittels webbasierter Sprachen implementiert. Eine native Browserkomponente des Betriebssystems unterstützt innerhalb des nativen Bausteins das Lesen der in HTML, CSS und JavaScript vorliegenden Anwendungsfunktionalitäten.

Der fragmentierte Markt heutiger mobiler Betriebssysteme macht jedoch die Entwicklung mobiler Anwendungen für verschiedene Plattformen kosten- und zeitintensiv. Jede der Zielplattformen hat eigene Entwicklungsumgebungen, verschiedene Programmiermodelle oder -sprachen und das notwendige Wissen zur Entwicklung derer Apps muss häufig erst aufgebaut werden. Aufgrund fehlender Standardisierung und proprietärer Entwicklungsprozesse haben sich in den vergangenen Jahren diverse Entwicklungstools – sog. *Cross-Compiler-Platforms* – etabliert, die eine plattformunabhängige Entwicklung hybrider und webbasierter Apps deutlich erleichtern. Prinzipiell geht es bei einer Emulierungssoftware darum, den in einer beliebig höheren Programmiersprache geschriebenen Quellcode in eine Folge von Maschinenbefehlen – d.h. in einen Maschinencode – umzusetzen. Im Rahmen der für mobile Applikationen verwendeten Cross-Platforms werden Cross- Compiler zur Übersetzung der Quelltexte für die jeweiligen Zielbetriebssysteme angewandt. Eine weitere Besonderheit der Cross-Compiler-Platforms liegt darin, dass gewünschte Apps nicht auf klassischem, proprietärem Wege für verschiedene mobile Plattformen separat mit unterschiedlichen Quelltexten entwickelt werden. Hauptziel der Cross-Platform-Entwicklung liegt in der Nutzung einer gemeinsamen Code-Basis. Anstelle mehrerer, separater Quellcode-Sets können Apps für alle Plattformen mittels eines einzigen Quellcode-Sets erzeugt werden.

8 Zusammenfassung

Einhergehend mit der Entwicklung hin zu einer Industrie 4.0 wird sich auch das Aufgaben- und Anforderungsspektrum des Menschen in der Fabrik verändern. Jeder einzelne Mitarbeiter wird zukünftig ein breites Aufgabenspektrum übernehmen, welches sich im Wesentlichen durch Vorgabe, Überwachung und Sicherstellung von Produktionsstrategien im CPPS auszeichnet. Als flexibelster Bestandteil im cyber-physikalischen Gefüge wird er aber ebenso mit manueller Arbeit in das autonom organisierte Produktionssystem eingreifen – z.B. wenn es gilt Störungen zu beheben oder Verbesserungen und Nacharbeiten durchzuführen. Eine optimale Unterstützung bei der Bewältigung seines vielfältigen Aufgabenspektrums erfährt der Mensch durch mobile, kontext-sensitive Benutzungsschnittstellen und nutzerzentrierte Assistenzsysteme. Durch die Technologieunterstützung wird sichergestellt, dass der Mensch seine einzigartigen Fähigkeiten voll ausschöpfen und sich in seiner Rolle als strategischer Entscheider und flexibler Problemlöser in einem cyber-physischen Gesamtsystem behaupten kann. Als zukunftsweisender Lösungsansatz erweisen sich hierbei etablierte Interaktionstechnologien und -metaphern aus dem Konsumgüterbereich, die jedoch an die industriellen Gegebenheiten adaptiert werden müssen. Neben technologischen Unterstützungsmaßnahmen bedarf es der Umsetzung von adäquaten Qualifizierungsstrategien, die das für eine Industrie 4.0 geforderte interdisziplinäre Verständnis schaffen.

9 Literatur

Dey AK (2001) Understanding and Using Context. Personal and Ubiquitous Computing 5: 4–7

DIN EN ISO 9241-11: 1998: Ergonomische Anforderungen für Bürotätigkeiten mit Bildschirmgeräten. Teil 11: Anforderungen an die Gebrauchstauglichkeit; Leitsätze

DIN EN ISO 9241-110: 2006: Ergonomie der Mensch-System-Interaktion. Teil 110: Grundsätze der Dialoggestaltung

Gorecky D, Campos R, Meixner G (2012) Seamless Augmented Reality Support On The Shopfloor Based On Cyber-Physical-Systems. Proceedings of the 14th International Conference on Human-computer Interaction with Mobile Devices and Services (MobileHCI-12), September 21-24, San Francisco, CA, USA, ACM, 2012

Loskyll M (2013) Entwicklung einer Methodik zur dynamischen kontextbasierten Orchestrierung semantischer Feldgerätefunktionalitäten. Dissertation, TU Kaiserslautern

Nielsen J (1993) Usability engineering. Morgan Kaufmann, Amsterdam, 1993.

VDI/VDE-Richtlinie 3850 – Blatt 1: 2000: Nutzergerechte Gestaltung von Bediensystemen für Maschinen

Schmitt M, Meixner G, Gorecky D, Seißler M, Loskyll M (2013) Mobile Interaction Technologies in the Factory of the Future. In: IFAC/IFIP/IFORS/IEA Symposium on Analysis, Design, and Evaluation of Human-Machine Systems

Seißler M (2013) Modellbasierte Entwicklung kontextsensitiver Benutzungsschnittstellen zur Unterstützung der mobilen Instandhaltung. Dissertation, TU Kaiserslautern

Stephan P, Loskyll M, Stahl C, Schlick J (2011) Optimierung von Instandhaltungs-prozessen durch Semantische Technologien. In: Dengel A (Hrsg.) Semantische Technologien – Grundlagen. Konzepte. Anwendungen. Spektrum Akademischer Verlag, Heidelberg, S 403–426

Zamfirescu CB, Pirvu BC, Schlick J, Zühlke D (2013) Preliminary insides for an anthropocentric cyber-physical reference architecture of the smart factory. Studies in Informatics and Control Vol. 22 No. 3

Zühlke D (2011) Nutzergerechte Entwicklung von Mensch-Maschine-Systemen: Useware-Engineering für technische Systeme. Springer, Berlin Heidelberg

Chancen von Industrie 4.0 nutzen

Prof. Dr. Henning Kagermann, acatech – Deutsche Akademie der Technikwissenschaften

1 Einführung

Mit einem Anteil von 22,4 Prozent am Bruttoinlandsprodukt (BIP) ist das produzierende Gewerbe das Rückgrat der deutschen Wirtschaft. (vergl. Bundesministerium für Wirtschaft und Technologie, 2013). Im Vergleich: der Anteil des produzierenden Gewerbes am BIP in den USA liegt bei 11,9 Prozent, in Frankreich und Großbritannien bei 10 Prozent (vergl. Heymann, Vetter, 2013). Jährlich produziert die deutsche Wirtschaft einen enormen Handelsüberschuss. Diese Wettbewerbsfähigkeit der deutschen Industrie war entscheidend, um die Finanz- und Wirtschaftskrisen in der jüngsten Vergangenheit erfolgreich zu bewältigen. Konkurrenzfähiger Industriestandort und führender Fabrikausrüster zu sein, muss jedoch immer wieder aufs Neue erarbeitet werden. Das deutsche Modell wird nur dann auf Dauer erfolgreich sein, wenn unser Innovationssystem erfolgreich ist. Heute stehen wir an der Schwelle zur nächsten, der vierten industriellen Revolution (vergl. Kagermann, Lukas, Wahlster, 2011). Ideen der „New Economy" erleben eine Renaissance, dank enormer Fortschritte in der Automatisierungstechnik und den Informations- und Kommunikationstechnologien (IKT). Die vierte industrielle Revolution ist durch eine noch nie da gewesene Vernetzung über das Internet und durch die Verschmelzung der physischen mit der virtuellen Welt, dem Cyberspace, zu so genannten Cyber-Physical Systems (CPS) gekennzeichnet. Der virtuelle Raum wird in die physische Welt verlängert. Intelligente Produkte steuern jetzt nicht nur aktiv den Produktionsprozess, sie sind auch Plattform für neue Dienstleistungen und innovative Geschäftsmodelle. Durch diese neue Qualität der Automatisierung erhöhen wir nicht nur die Wettbewerbsfähigkeit des Hochlohnstandortes Deutschland, sondern erzeugen durch wissensbasierte produktbezogene Dienstleistungen und neue Geschäftsmodelle rund um die starken industriellen Kerne zusätzliche Wertschöpfungs- und Beschäftigungsimpulse. Mit Blick auf den Zeithorizont sprechen viele Experten lieber von einer Evolution als von einer Revolution. Doch die Auswirkungen der vierten industriellen Revolution werden für die wirtschaftliche Entwicklung und die Arbeitsorganisation ähnlich tiefgreifend sein wie im Falle der vorangegangen industriellen Revolutionen, die ihre volle Wirkung ebenfalls erst binnen Jahrzehnten, und nicht binnen weniger Jahre, entfalteten.

Wollen wir Deutschlands Zukunft als Produktionsstandort sichern und Produktionsvolumen am Standort halten, müssen wir nach Mechanisierung, Elektrifizierung und Informatisierung mit Industrie 4.0 diese nächste Innovationswelle anstoßen und aktiv gestalten.

2 Die vierte industrielle Revolution

Grundlage der nächsten Innovationswelle ist das Internet der Dinge, Daten und Dienste, ein *„Internet of Everything"*, in dem Subjekte und Objekte gleichermaßen in Echtzeit kommunizieren können. Es basiert nicht auf einer einzigen disruptiven Innovation der letzten Jahre. Vielmehr wurden die benötigten Technologien seit den ersten elektronischen Computern Ende der 1940er-Jahre kontinuierlich weiterentwickelt – zunächst schleichend und dann stetig mit zunehmender Geschwindigkeit. Rechenleistung, Speichergrößen und Netzkapazitäten unterliegen einer exponentiellen Wachstumskurve, verbunden mit entsprechender gegenläufiger Kostendegression. Das Moore'sche Gesetz, nach dem sich alle 18 bis 24 Monaten die Rechenleistung eines Computers verdopple, wurde rückblickend zur selbsterfüllenden Prophezeiung (vergl. Mattern, 2003).

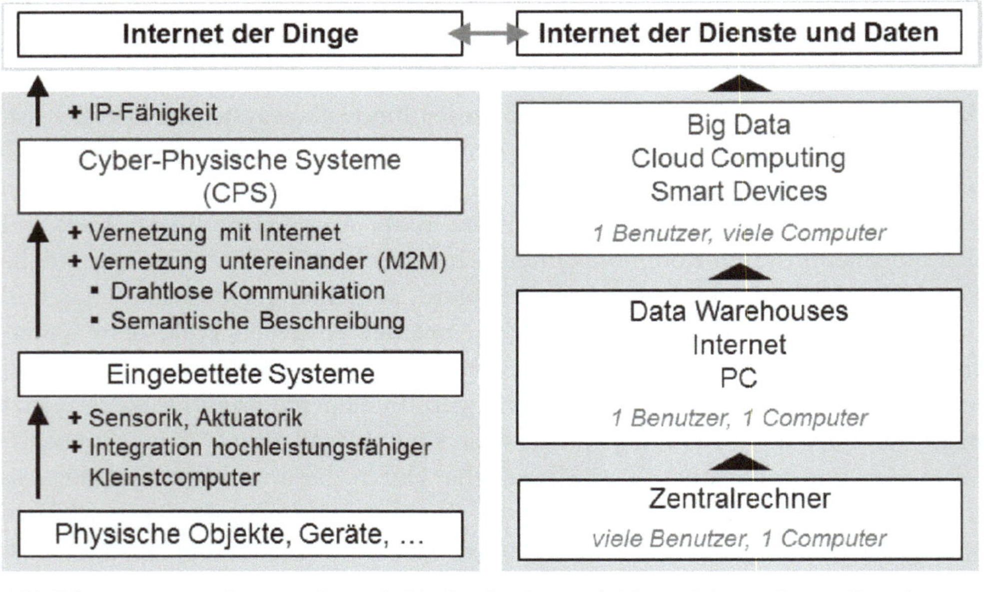

Abbildung 1: konvergierende Technologieentwicklung (eigene Darstellung)

Dem Internet der Dinge, Daten und Dienste liegt aber nicht allein die Entwicklungsgeschwindigkeit dieser Leistungsparameter zugrunde. Vielmehr ist es die Konvergenz verschiedener Technologien, die mittlerweile alle so kostengünstig zur Verfügung stehen, dass ihr flächendeckender Einsatz ermöglicht wird (Abb. 1).

Ausgangspunkt der Entwicklung sind *eingebettete Systeme,* hochleistungsfähige Kleinst-Computer, die aufgrund der beschriebenen exponentiellen Entwicklung der Leistungsparameter in der IT milliardenfach in alle möglichen Gegenstände integriert werden können und die mit der Durchsetzung der RFID-Technologie zur Basistechnologie wurden. Gleichzeitig werden diese eingebetteten Systeme mit

Sensoren und Aktuatoren ausgestattet. Solche Systeme können eine Vielzahl an Daten aus ihrem Umfeld erfassen, speichern, verarbeiten und auf dieser Basis zugleich ihre Umgebung beeinflussen. Ihre Entwicklung hinsichtlich Größe und Leistungsfähigkeit unterliegt ähnlichen „Gesetzen" wie der Computer. Aus Objekten werden so intelligente Objekte (Smart Objects), aus Umgebungen intelligente Umgebungen. Schon heute sind 98 Prozent aller Prozessoren nicht in Computern, sondern in intelligenten Gegenständen und immer höher technisierten Produkten verbaut. Jeder aktuelle Mittelklassewagen verfügt über ca. 150 dieser eingebetteten Systeme.

Mit der Kommunikation über Mobilfunk und WLAN sowie der Einführung des Internetprotokolls IPv6 im Jahr 2012 schreitet der Ausbau des Internets parallel in großen Schritten voran. IP-Adressen stehen im Überfluss zur Verfügung. Eingebettete Systeme können sich nun beliebig untereinander und mit dem Internet vernetzen, Daten austauschen und ihre Fähigkeiten als Dienste im Netz anbieten. Im dritten Quartal 2013 konnten allein im mobilen Internet 113 Millionen neue Teilnehmer registriert werden; 30 Millionen davon in China, 10 Millionen in Indien, 6 Millionen in Bangladesch und 4 Millionen in Ägypten. Das Verhältnis von Daten zu Sprache ist in den letzten drei Jahren von etwa 1:1 auf 10:1 gestiegen. Bis 2020 werden 6,5 Milliarden Menschen und 18 Milliarden Objekte miteinander vernetzt sein (vergl. Ericsson, 2013). Damit vollzieht sich eine „(...) nicht sichtbare ‚digitale Aufrüstung' klassischer Gegenstände (...)" (vergl. Mattern, 2010): Reale und virtuelle Welt verschmelzen, physische Funktionen werden um die flexiblen Fähigkeiten digitaler Objekte ergänzt, eingebettete Systeme werden zu *Cyber-Physical Systems* (vergl. Geisberger, Broy, 2012). Diese Cyber-Physical Systems sammeln eine Vielzahl von Daten über ihre reale Umgebung und digitale Prozesse. Musste man Daten früher noch von Hand erfassen und mit entsprechend hoher Fehlerquote auf Datenträger übertragen, geschieht das Sammeln von Daten nun automatisch. Dabei wird dank der fortschreitenden technologischen Entwicklung in der Sensorik die Auflösung der Daten immer genauer, so dass ein feingranulares Monitoring der Umwelt möglich wird. Dadurch, dass Realweltdaten jetzt nicht nur leicht, sondern auch sehr billig verfügbar sind, wird ein flächendeckender Einsatz möglich.

Mit *Cloud Computing* entstehen nahezu beliebige IT-Ressourcen, aber auch Softwareanwendungen, Online-Dienste oder gar Geschäftsprozesse, die jederzeit abgerufen werden können. Da man nur die Nutzungskosten bezahlt und kein Kapital bindet, steht dies flächendeckend quasi für Jedermann zur Verfügung. Cloud-Zentren sind hochautomatisierte und effiziente Fabriken, zu deren Angebot auch die kostengünstige Speicherung von riesigen Datenmengen gehört. Der Datenschatz, der in diesen „Datenfabriken" lagert und der unter dem Schlagwort *Big Data* diskutiert wird, kann schließlich mit intelligenten Algorithmen, die auf Korrelationen und Wahrscheinlichkeitsberechnungen basieren, gehoben werden. Die Daten werden analysiert und es werden Muster identifiziert, aus denen wir

Informationen gewinnen, die wiederum zu neuem Wissen verknüpft werden können: aus Big Data wird *Smart Data.* Cloud Computing wird auch damit zur Grundlage für neue innovative Dienstleistungen, die auf Basis des so gewonnenen Wissens entwickelt werden können. Es entstehen neue Dienste-Infrastrukturen mit einem umfassenden Angebot an **Smart Services** für alle Bereiche des Lebens und Business Webs, die durchgängig unternehmensübergreifende Geschäftsprozesse sowie flexible Geschäftsnetzwerke unterstützt.

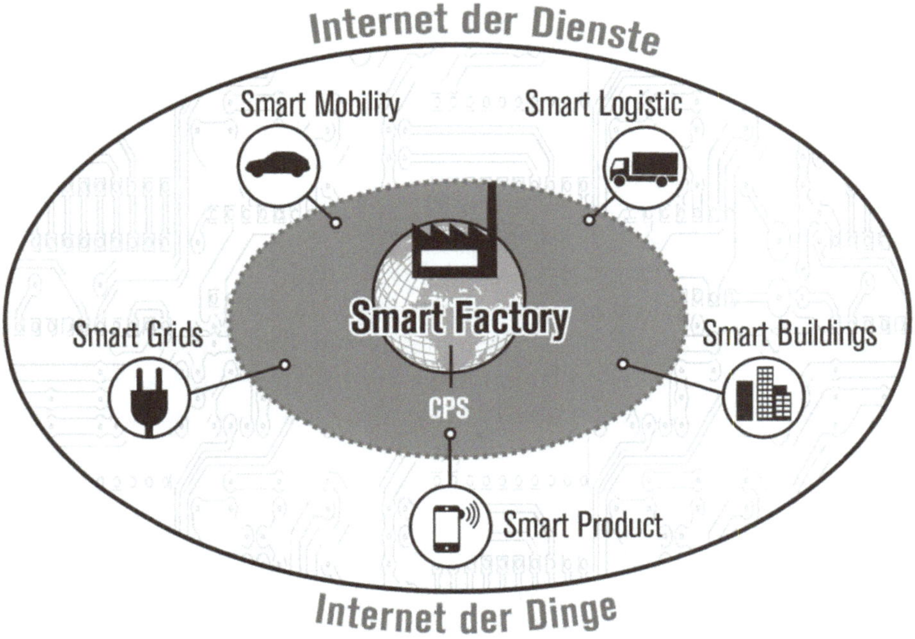

Abbildung 2: Vernetzte Fabrik (vergl. Promotorengruppe Kommunikation der Forschungsunion Wirtschaft – Wissenschaft, 2013)

Durch den Einzug des Internets der Dinge, Daten und Dienste in der Fabrik kann diese mit ihrem gesamten Produktionsumfeld zu einer intelligenten Umgebung vernetzt werden (s. Abb. 2). Cyber-Physical Systems in der Produktion umfassen intelligente Maschinen, Lagersysteme und Betriebsmittel, die digital entwickelt wurden und durchgängig von der Eingangslogistik über die Produktion, das Marketing und die Ausgangslogistik bis zum Service mittels IKT verzahnt sind. In der „Smart Factory" kommunizieren Menschen, Maschinen und Ressourcen so selbstverständlich wie in einem sozialen Netzwerk. Das stellt die Produktionslogik auf den Kopf: Die Produkte sind eindeutig identifizierbar, jederzeit lokalisierbar und kennen ihre Historie, den aktuellen Zustand sowie alternative Wege zum Zielzustand. Intelligente Produkte unterstützen aktiv den Produktionsprozess. Der Rohling sagt der Maschine, wie er bearbeitet werden soll. Autonome, sich situativ selbst steuernde und konfigurierende, räumlich verteilte Maschinen, Roboter, Förder- und Lagersysteme verhandeln untereinander, wer freie Kapazität hat. Die „Smart Factories" sind vertikal mit den betriebswirtschaftlichen Prozessen einzelner Fabriken und Unternehmen und horizontal mit global verzweigten Wertschöpfungsnetzwerken verknüpft – von der Bestellung bis zur Lieferung. So wird sich zum Beispiel der Wettbewerb einzelner Firmen zum Wettbewerb von Unternehmensnetzwerken verlagern und damit wird die Kollaboration zwischen Unternehmen zunehmen (vergl. acatech, 2011; Promotorengruppe Kommunikation der Forschungsunion Wirtschaft – Wissenschaft, 2013).

3 Chancen für den deutschen Wirtschaftsstandort

Industrie 4.0 adressiert neben der ökonomischen auch die ökologischen und sozialen Herausforderungen und sichert durch Innovation das deutsche Erfolgsmodell (vergl. Promotorengruppe Kommunikation der Forschungsunion Wirtschaft - Wissenschaft, 2013).

3.1 Ökonomische Chancen

Die Produktion wird hochflexibel, hochproduktiv und gleichzeitig lassen sich Ressourcenproduktivität und -effizienz steigern. Die Herstellung individualisierter Produkte zu den Kosten eines Massenprodukts wird damit Realität. Diese Zielsetzung wird durch die parallel massiv fortschreitende Entwicklung des 3D-Druckens unterstützt. Das Konzept einer digitalen photonischen Produktion wird dabei eine wichtige Rolle spielen. Im Unterschied zu konventionellen Verfahren können mit dem Werkzeug Licht sowohl eine kleine Stückzahl als auch komplexe Produkte kostengünstiger gefertigt werden(vergl. Poprawe et al. 2012).

Die Resilienz, also die Widerstands- und Regenerationsfähigkeit gegenüber Störungen durch Wirtschaftskrisen oder Infrastrukturausfällen wird erhöht, denn auf Basis von Smart Data können Prognosen erheblich besser und frühzeitiger erstellt werden. Auf größere Störungen kann so unmittelbar reagiert werden, indem sich zum Beispiel Wertschöpfungsnetze ad hoc neu bilden. Wirtschaftliche Krisen können besser und schneller abgefangen werden.

Darüber hinaus eröffnen die Schnittstellen in und zwischen den Systemen sowie Smart Data vielfältige Potenziale für neue Dienstleistungen und innovative Geschäftsmodelle – auch außerhalb der Produktion. Intelligente Produkte steuern nicht nur aktiv den Produktionsprozess, sie sind auch Plattformen für neue Dienstleistungen und innovative Geschäftsmodelle.

Letztendlich kann der Fachkräftemangel abgefedert werden, indem das Arbeiten von älteren Arbeitnehmern zum Beispiel durch intelligente Assistenzsysteme erleichtert und somit eine längere Lebensarbeitszeit ermöglicht wird.

3.2 Ökologische Chancen

Intelligente Vernetzung durch IKT bedeutet zugleich effizientere und schonendere Nutzung von Ressourcen. In der intelligenten Fabrik verringern zum Beispiel intelligente Verfahren wie Start-Stopp-Funktionen bei Maschinen den Energieverbrauch einer Fabrik deutlich. Ausschüsse werden signifikant reduziert, indem Fehler frühzeitiger erkannt werden. In der Logistik können durch die intelligente Vernetzung der Verkehrsteilnehmer Routen und Auslastung effizienter gestaltet werden. Zudem wird erst durch die Erhebung einer Vielzahl realer und virtueller Daten die umfassende Transparenz hinsichtlich des Ressourcenverbrauches eines Produktes geschaffen, mit all ihren nützlichen Implikationen für die Ressourcenoptimierung bei der Lebenszyklusbetrachtung der Produkte und der Kreislaufwirtschaft.

3.3 Soziale Chancen

Mit der vierten industriellen Revolution steigt letztlich die Lebensqualität der Menschen. Industrie 4.0 bedeutet zum Beispiel nicht nur die Sicherung der Arbeitsplätze an unserem Hochlohnstandort, die Reduktion des Ressourcenverbrauches oder die Möglichkeit der Reindustrialisierung urbaner Regionen, sondern insbesondere eine bessere Qualität an Arbeit. Zum einen wird durch IKT eine bessere Work-Life-Balance und Vereinbarkeit von Beruf und Familie erreicht. Die Produktion folgt dem Takt des Menschen. Der Mensch rückt wieder zurück in den Mittelpunkt der Arbeitswelt, indem jeder Einzelne über seine individuelle Verfügbarkeit bestimmt und diese in für die Arbeit in der intelligenten Fabrik angepassten sozialen Netzwerken und sozialen Medien zur Verfügung stellt. Zum anderen werden Mitarbeiter weniger als „Maschinenbediener“ eingesetzt, sondern mehr in der Rolle des Erfahrungsträgers, Entscheiders und Koordinators, um die richtige Balance zwischen Effizienz und Flexibilität auszuloten. Zugleich wird das Arbeitsumfeld interdisziplinärer, die Vielzahl der Arbeitsinhalte für den einzelnen Mitarbeiter nimmt zu, Einweisungs- und Lernzeiten werden kürzer. Zur Bewältigung der steigenden Komplexität wird der Mitarbeiter jedoch durch eine neue Generation mobiler, interaktiver Assistenzsysteme für Bedienung, Installation, Optimierung und Wartung der CPS-Komponenten entlastet.

4 Smart Data und Smart Services

Die Positionierung von Industrie 4.0 geht über „Smart Factory“ und „Smart Product“ hinaus und sollte um die Konzepte „Smart Data“ und „Smart Services“ erweitert werden, wodurch zusätzliche Wertschöpfungs- und Beschäftigungspotenziale erschlossen werden. Denn die Sammlung und Auswertung von Daten passiert natürlich auch, wenn die intelligenten Produkte die Fabrik verlassen haben und beim Kunden in Betrieb genommen werden. Führt man die Daten aller bei Kunden installierten Geräte zusammen, kann man nicht nur erweiterte, bessere Wartung anbieten sondern zum Beispiel Schlüsse über die Optimierung des Einsatzes beim Kunden ziehen (s. Abb. 3).

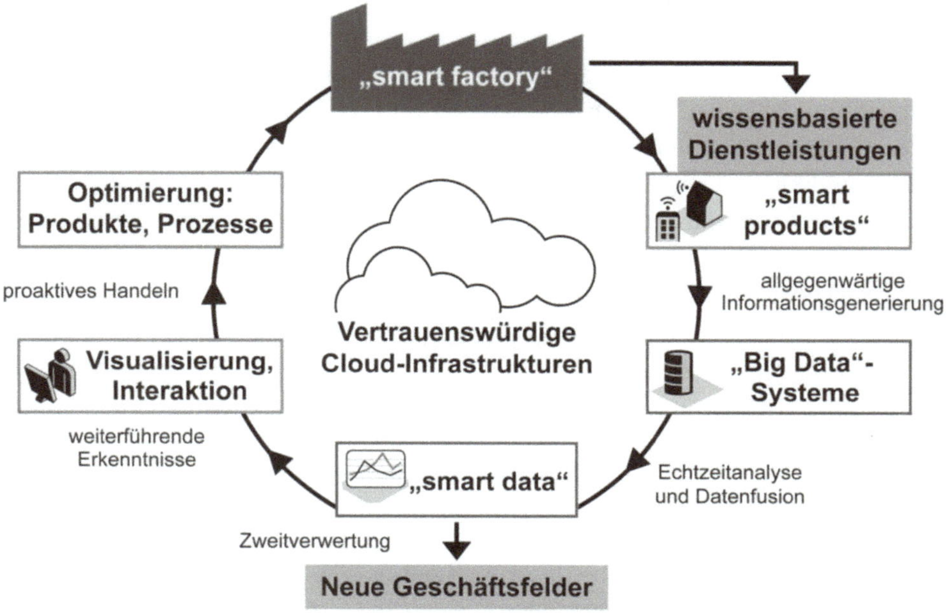

Abbildung 3: Kette Industrie 4.0 (eigene Darstellung)

Damit sind wir aber noch nicht am Ende der Möglichkeiten von Industrie 4.0 angelangt. Mithilfe einer Vielzahl von Sensoren sammeln und verarbeiten intelligente Produkte Daten aus der realen Welt und stellen sie als netzbasierte Dienste zur Verfügung (Beispiel Echtzeit-Staumeldungen). Sie stellen aber auch ihre Fähigkeit, über Aktoren direkt auf Vorgänge in der realen Welt einwirken zu können, als netzbasierte Dienste zur Verfügung (Beispiel App auf Smartphone zum Herunterlassen von Jalousien oder Steuerung der Heizungs-, Klimaanlage). Das Resultat ist ein riesiges weltweites „Online-Dienste-Universum" für alle Bereiche des Lebens: Business, Freizeit, Kultur, Bildung etc. Es entsteht das besagte Internet der Dinge, Daten und Dienste.

Damit werden wir eine Renaissance der Online-Marktplätze erleben, den Stars der ersten e-Commerce-Booms; möglich geworden durch Fortschritte in semantischer Technologie und Cloud-Computing. Das semantische Web stellt Sinnzusammenhänge in den Mittelpunkt. Inhalte werden nicht nur maschinenlesbar, sondern auch maschinenverstehbar. Informationen können schneller und effizienter durchsucht werden. Statt Informationsüberflutung durch Suchmaschinen bekommen wir ein höchst präzises Antwortverhalten. In einem semantischen Web können Experten ihr Wissen in der eigenen Fachsprache formulieren, sie brauchen keinen IT-Experten als Übersetzer mehr. Damit werden semantisch beschriebene Dienste wiederverwendbar, zu Mehrwertdiensten kombinierbar, flexibel erweiterbar, kurz handelbar (vergl. Heuser, Wahlster, 2011). Entscheidend ist dabei, dass Daten, Dienste und Business-Apps auf einer offenen Plattform in einer Cloud zugänglich sind. Dann können alle Marktteilnehmer schnell und einfach webbasierte Anwendungen, Dienstleistungen und Geschäftsmodelle entwickeln oder nutzen.

Die Vision der „Leuchtturmprojekte" des 1. IT-Gipfels 2006 wird damit Realität (vergl. Hasso-Plattner-Institut, 2006): Die Entwicklung von Produkten, Geschäftsmodellen und Märkten, die es Unternehmen und Verbrauchern überall und jederzeit ermöglicht, auf Dienstleistungen, Inhalte und Wissen zuzugreifen. Ich-AGs, Startups und kleine Unternehmen können ihre Dienste weltweit präsentieren, neue Kunden gewinnen und ohne großen Aufwand das eigene Angebot durch Kombination mit Dienstleistungen anderer Anbieter erweitern. Sie können so mit innovativen Servicepaketen durchaus auch großen Konzernen Konkurrenz machen und ganz neue Märkte für sich erschließen

5 Akzeptanz als Herausforderung

Bei Industrie 4.0 handelt es sich erstmalig um eine Revolution mit Ansage. Dies verschafft uns die Möglichkeit, diese Revolution aktiv zu gestalten. Wie bei vielen Innovationen kristallisiert sich auch bei Industrie 4.0 die Akzeptanz gegenüber den Neuerungen als zentrale Herausforderung heraus. Diese Akzeptanz steht in engem Zusammenhang mit der Sicherheit der Daten, dem Umgang mit der Privatheit des Einzelnen und der Technikaufgeschlossenheit.

5.1 Sicherheit

Die NSA-Affäre hat die Datensicherheit in intelligenten Netzen erneut auf die Agenda gerückt und Wirtschaft, Politik und Gesellschaft für das Thema IT-Sicherheit sensibilisiert. Leicht auszunutzende Sicherheitslücken und die zunehmend attraktiven Sicherheitsziele lassen die Anzahl von Cyber-Angriffen dramatisch ansteigen. Laut einer aktuellen Studie werden 44 Prozent der Unternehmen mindestens einmal im Monat Opfer von Cyber-Attacken (vergl. Deutsche Telekom, 2013). Nur 13 Prozent der befragten Unternehmen gaben an, noch nie über das Internet angegriffen worden zu sein. Die verschiedenen vernetzten Systeme besitzen sehr unterschiedliche Sicherheitsanforderungen. Ein durchgehendes Sicherheitsniveau in diesen komplex vernetzten Strukturen anzustreben ist jedoch unrealistisch. Aber es können Sicherheitsarchitekturen geschaffen werden, die in der Lage sind, in Echtzeit Verhaltensauffälligkeiten mit hoher Treffergenauigkeit zu erkennen und auf solche Anomalien angemessen zu reagieren, indem sie beispielsweise manipulierte oder beschädigte Komponenten ersetzen. Sicherheitsarchitekturen müssen von Anbeginn Teil der Lösung im Internet der Dinge, Daten und Dienste sein: Security by Design. Darüber hinaus muss sich eine neue Kultur im Internet entwickeln, in der die Anwendung von Sicherheitsmechanismen

Normalität ist. Für eine breitere Akzeptanz muss es uns gelingen etwa die Smart Devices des Endnutzers oder Mitarbeiters ständig auf dem neusten Stand der Sicherheit zu halten, ohne dass er Einbußen beim Komfort hinnehmen muss.

5.2 Privatsphäre

Big Data liefert nicht nur Informationen über Produkte, sondern auch über Personen, ihr Verhalten und ihre Beziehungsgeflechte. Werte und ethische Überlegungen werden zukünftig von noch zentralerer Bedeutung für die Entwicklung von Produkten sein. Vieles, was heute schon technisch machbar ist, wird in einigen Ländern nicht vorangetrieben, da es bestimmten Wertvorstellungen wiederspricht. Hier gilt es, Wertkompromisse sowohl auf der Ebene der Nutzer als auch auf der gesamtgesellschaftlichen Ebene breit zu diskutieren und zu finden: zwischen Privatsphäre und Bequemlichkeit und zwischen Privatsphäre und den enormen wirtschaftlichen Möglichkeiten des Internets. Jahrtausende hat die Menschheit in einer Welt des Vergessens gelebt. Unser Verhalten und unsere gesellschaftlichen Mechanismen berücksichtigen dies. Im digitalen Zeitalter gibt es jedoch kein Vergessen. Gerade für eine durch das Internet geprägte Gesellschaft ist daher Vertrauen ein entscheidender Faktor. Bildung, insbesondere das Vermitteln von Internetkompetenz, spielt bei der Entwicklung einer Kultur der Privatheit eine entscheidende Rolle. (vergl. Buchmann, 2012, acatech, 2013)

5.3 Bedeutung von MINT

Die öffentliche Diskussion zur Bedeutung der MINT-Fächer, d.h. Unterricht- und Studienfächer aus den Bereichen Mathematik, Informatik, Naturwissenschaften und Technik, wird häufig vor dem Hintergrund eines drohenden Fachkräftemangels in technischen Berufen mit einem Schwerpunkt auf Ausbildung geführt. Unstrittig ist, dass Deutschland seinen gesellschaftlichen Wohlstand nur bewahren kann, wenn es gelingt, junge Menschen für MINT-Berufe und für die Forschung in diesen Feldern zu interessieren. Diese akademisch und nicht-akademisch ausgebildeten Fachkräfte sorgen für innovative technische Entwicklungen in den Unternehmen, für Patente und Erfindungen und tragen so dazu bei, den Technologie- und Forschungsstandort Deutschland zu stärken. Auch deshalb ist klar, dass MINT in allen Phasen der Bildungsbiografie eine zentrale Rolle zukommt und in den Bildungsinstitutionen entlang der gesamten Bildungskette fest verankert werden muss. Bereits im Jahr 2009 hat acatech eine entsprechende Strategie zur Förderung des Nachwuchses in Technik und Naturwissenschaften vorgelegt, in der ein systemischer Ansatz über die gesamte Bildungskette hinweg zur Förderung des Nachwuchs in Technik und Wissenschaft formuliert wurde (vergl. acatech, 2009).

Jenseits der spezifischen Nachwuchsförderung im Rahmen der Ausbildung ist jedoch MINT-Bildung in einem umfassenden Sinne ein Projekt der „gesellschaftlichen Aufklärung": Wesentliche Aspekte unserer Gesellschaft und unserer Kultur lassen sich ohne eine naturwissenschaftlich-technische Grundbildung weder verstehen noch beurteilen. Das Nationale MINT-Forum betont daher in ihrem Mission Statement, dass MINT-Bildung „(...) eine Voraussetzung für zivilgesellschaftliche Teilhabe, für die berufliche Entwicklung und für Chancengerechtigkeit (ist)" (vergl. Nationales MINT-Forum, 2012).

All dies zeigt, wie wichtig MINT-Bildung ist: Nicht nur wegen des drohenden Fachkräftemangels, sondern als Teil der Persönlichkeitsentwicklung in einer zunehmend technologisierten Welt. Es geht letztlich um das vieldiskutierte Innovationsklima: Die prinzipielle Aufgeschlossenheit gegenüber wissenschaftlichen und technischen Entwicklungen. Sie ist die Voraussetzung für die Teilhabe an der zukünftigen Entwicklung und für die Fähigkeit, gesellschaftliche Kontroversen über technologische Probleme rational auszutragen.

6 Schlussfolgerung

Die Industrie 4.0 charakterisierenden Konzepte „Smart Factory", „Smart Product", „Smart Data" und „Smart Services" bieten enormes Potenzial für Wertschöpfung und Beschäftigung. Volkswirtschaften mit ähnlich starken industriellen Kernen wie Deutschland haben einen Startvorteil, da „Smart Products" die Plattform für neue wissensbasierte Dienstleistungen sind. Mit Industrie 4.0 können wir die Zukunft des Industriestandortes Deutschland und damit Wachstum und Beschäftigung sichern.

Der Wandel durch Industrie 4.0 muss jedoch aktiv gestaltet werden. Dabei handelt es sich nicht nur um ein industriepolitisches Thema. Industrie 4.0 adressiert auch die ökologischen und sozialen Herausforderungen: Ressourceneffizienz und Umweltschutz, demographischer Wandel und Urbanisierung sowie demokratische Partizipation und bessere Arbeit.

Entsprechend breit muss das Thema Industrie 4.0 diskutiert und durch die wichtigsten Stakeholder aus Wirtschaft, Wissenschaft, Politik – aber auch die Zivilgesellschaft begleitet werden. So waren die Gewerkschaften frühzeitig in den Arbeitskreis Industrie 4.0 eingebunden (vergl. Promotorengruppe Kommunikation der Forschungsunion Wirtschaft – Wissenschaft, 2013). Die von BITKOM, VDMA und ZVEI geschaffene Plattform Industrie 4.0 (www.plattform-i40.de) und der von acatech koordinierte wissenschaftliche Beirat führt nun den Dialog fort. Es ist darüber hinaus wichtig, dass sich die IT bei diesem Projekt, als Enabler und Dienstleiter für andere Disziplinen wie Maschinenbau, Produktionstechnik oder Logistik versteht.

Wir sind auf einem guten Weg. Derzeit widmet sich ein von acatech koordinierte Arbeitskreis dem im Prozess der Hightech-Strategie definierten Zukunftsprojekt „Internetbasierte Dienste für die Wirtschaft" (vergl. Bundesregierung, 2012). Durch die branchenübergreifende Zusammenführung der Aktivitäten aller betroffenen Akteure und den Wissenstransfer untereinander sollen bis Frühjahr 2015 Umsetzungsempfehlungen erarbeitet werden, um das Internet als erfolgreiche Wirtschaftsplattform auszubauen. Auf der CeBit 2013 wurden erste Empfehlungen an die neue Bundesregierung überreicht. Deutschland hat die Chance, seine starke Technologiekompetenz und sein Know-how in Unternehmenssoftware zu nutzen, um Wertschöpfung im internetbasierten Dienstleistungssektor zu generieren und digitale Services „made in Germany" zu etablieren. Die Digitale Service Welt, in der physische und digitale Dienstleistungen gebündelt werden, braucht dafür neue digitale Infrastrukturen. Der vieldiskutierte Ausbau der Breitbandnetze als Teil der „Technischen Infrastruktur" ist eine dringend notwendige Voraussetzung, aber nicht hinreichend für das Funktionieren der neuen digitalen Geschäftsmodelle. Die disruptive Wirkung entfalten die über den digitalen Infrastrukturen liegenden Plattformen.

Da es zukünftig keine Trennung zwischen Industrie- und Dienstleistungsgesellschaft geben wird, müssen wir beide Zukunftsprojekte – Industrie 4.0 und internetbasierte Dienste für die Wirtschaft – erfolgreich umsetzen, um die Wettbewerbsfähigkeit der deutschen Wirtschaft sichern zu können.

7 Literatur

acatech (Hrsg.) (2009) Strategie zur Förderung des Nachwuchses in Technik und Naturwissenschaft. Handlungsempfehlungen für die Gegenwart. Forschungsbedarf für die Zukunft. acatech POSITION, Springer Verlag, Berlin, Heidelberg

acatech (Hrsg.) (2011) Cyber-Physical Systems. Innovationsmotor für Mobilität, Gesundheit, Energie und Produktion. acatech POSITION. Springer Verlag, Berlin, Heidelberg

acatech (Hrsg.) (2013) Privatheit im Internet. Chancen wahrnehmen, Risiken einschätzen, Vertrauen gestalten. acatech POSITION, Springer Verlag, Berlin, Heidelberg

Buchmann J (Hrsg.) (2012) Internet Privacy. Eine multidisziplinäre Bestandsaufnahme. acatech STUDIE. Springer Verlag, Berlin, Heidelberg

Bundesregierung (2012) Bericht der Bundesregierung. Zukunftsprojekte der Hightech-Strategie (HTS-Aktionsplan). http://www.bmbf.de/pub/HTS-Aktionsplan.pdf. Zugegriffen: 18.12.2013

Deutsche Telekom (2013) Cyber Security Report 2013. Ergebnisse einer repräsentativen Befragung von Abgeordneten sowie Führungskräften in mittleren und großen Unternehmen. www.telekom.com/static/-/198372/2/Sicherheitsreport-2013-si. Zugegriffen: 17.12.2013

Ericsson (2013) Ericsson Mobile Report. http://www.ericsson.com/res/docs/2013/ericsson-mobility-report-june-2013.pdf. Zugegriffen: 18.12.2013

Geisberger E, Broy M (Hrsg.) (2012) agendaCPS: Integrierte Forschungsagenda Cyber-Physical Systems. acatech STUDIE, Springer Verlag, Berlin, Heidelberg

Hasso-Plattner-Institut (Hrsg.) (2006): Nationaler IT-Gipfel. Potsdamer Initiative für den IKT-Standort Deutschland. http://www.hpi.uni-potsdam.de/fileadmin /hpi/presse/dokumente/2006/Potsdamer_Initiative_19.12.06.pdf. Zugegriffen: 18.12.2013

Heuser L, Wahlster W (Hrsg.) (2011) Internet der Dienste. acatech DISKUTIERT. Springer Verlag, Berlin, Heidelberg

Heymann E, Vetter S (2013) Re-Industrialisierung Europas: Anspruch und Wirklichkeit. EU-Monitor Europäische Integration (4.11.2013), S 2-22

Kagermann H, Lukas W, Wahlster WD (2011) Industrie 4.0: Mit dem Internet der Dinge auf dem Weg zur vierten industriellen Revolution. VDI Nachrichten 13: 2

Mattern F (2003) Vom Verschwinden des Computers – Die Vision des Ubiquitous Computing. In: Mattern F (Hrsg.) Total vernetzt: Szenarien einer informatisierten Welt. Springer Verlag, Berlin, Heidelberg, S 1-37

Mattern F, Floerkemeier C (2010) Vom Internet der Computer zum Internet der Computer zum Internet der Dinge. Informatik-Spektrum 33 2: 107-121

Nationales MINT-Forum (2012) Mission Statement. http://joachim-herz-stiftung.de/assets/natmintforum_missionstatement.pdf. Zugegriffen: 17.12.2013

Poprawe R, Gillner A, Hoffmann D, Kelbassa I, Lossen P, Wissenbach K (2012) Digital Photonic Production: High Power ultrashot Lasers, Laser Additive Manufacturin and Laser Micro/Nano Fabrication. International Photonics and Optoelectronics Meetings. http://www.opticsinfobase.org/abstract.cfm?URI=LTST-2012-MTh1A.2. Zugegriffen: 18.12.2013

Promotorengruppe Kommunikation der Forschungsunion Wirtschaft – Wissenschaft (Hrsg.) (2013) Deutschlands Zukunft als Produktionsstandort sichern. Umsetzungsempfehlungen für das Zukunftsprojekt Industrie 4.0. Abschlussbericht des Arbeitskreises Industrie. http://www.bmbf.de/pubRD/Umsetzungsempfehlungen_Industrie4_0.pdf. Zugegriffen: 18.12.2013

Logistik 4.0 – Ein Ausblick auf die Planung und das Management der zukünftigen Logistik vor dem Hintergrund der vierten industriellen Revolution

Prof. Dr. Michael ten Hompel, Fraunhofer IML;
Prof. Dr. Michael Henke, Fraunhofer IML

1 Einleitung

Unter dem Rubrum „Internet der Dinge" wird in der Logistik seit der Jahrtausendwende die Einführung cyberphysischer Technologien vorangetrieben. Die Logistik und das Internet der Dinge gelten als herausragende Anwendungsdomänen der vierten industriellen Revolution. In keiner anderen Branche wird in naher Zukunft ein so grundsätzlicher Wandel erwartet. Dies ist einerseits auf die rasante technologische Entwicklung zurückzuführen, andererseits sind viele der wesentlichen technischen und gesellschaftlichen Herausforderungen direkt oder indirekt mit der Logistik und einem effizienten Supply Chain Management verbunden.

Dieser Beitrag geht der Frage nach, warum die vierte industrielle Revolution in der Logistik stattfindet und welchen Wandel dies mit sich bringen wird.

2 Die Vision vom Internet der Dinge in der Logistik

Es beginnt damit, dass sich die Topologie logistischer Netze und damit auch die Verortung des einzelnen logistischen Knotens (Umschlagspunkt, Distributionszentrum etc.) im Rahmen eines immer volatileren Produktions- und Handelsumfeldes nicht mehr dauerhaft bestimmen lassen. Der ideale Standort gilt nicht mehr für viele Jahre. Das logistische Netzwerk und seine Knoten müssen sich kontinuierlich den Gegebenheiten anpassen. Daher sollten logistische Knoten in Zukunft umzugsfähig sein. Dies verbietet viele etablierte Formen technischer Infrastruktur.

Schwärme autonomer Fahrzeuge übernehmen stattdessen den innerbetrieblichen Transport. Die Anordnung von Arbeitsstationen wird jederzeit änderbar. Die Fahrzeuge lernen voneinander. Ihre Softwareagenten verhandeln Aufträge und Wegerechte und tauschen die Standorte neuer Stationen oder Lagerplätze beständig aus. Sie sind in der Lage, in die Regale zu fahren und Behälter oder Paletten ein- und auszulagern.

Auch das Regal und jede Kiste darin werden zum cyberphysischen System (CPS). Die Kisten im Lager übernehmen die Bestandsführung und kommunizieren mit

Lagerfachanzeigen und Fahrzeugen, kontrollieren Mindestbestände und ordern den Nachschub.

Es gibt in dieser Vision so gut wie keine ortsfeste Fördertechnik. Autonome Fahrzeuge reihen sich ein, kooperieren miteinander, bilden Reihenfolgen und organisieren die logistische Auftragsabwicklung. Es entstehen Schwärme autonomer CPS, Prinzipien künstlicher Intelligenz und naturanaloge Verfahren finden Anwendung. Das klassische, RFID-basierte „Internet der Dinge", wie es etwa zur Jahrtausendwende erfunden wurde, bekommt Augen, Ohren, Arme und Beine.

Über allem liegt eine cloudbasierte Verwaltung, auf der die ökonomischen Ziele und Strategien implementiert sind. Dort werden Kundenaufträge verarbeitet, Bestellungen ausgelöst, die Finanzen gemanagt. Wenn es aber um die reale, echtzeitnahe Ausführung geht, wenn sich die Dinge in Bewegung setzen, übernehmen die Multiagentensteuerungen der cyberphysischen Systeme die Arbeit – die CPS der intelligenten Kisten, Regale und Fahrzeuge. Ihre Aufgabe ist es, die Missionen des überlagerten Systems umzusetzen und soziale Interaktion und proaktives Handeln zu organisieren. Dies gilt auch für die Kommunikation mit dem Menschen. In dieser Vision trägt der Mensch ein „Smart Device" mit sich, das ihm zu jeder Zeit ermöglicht, mit cyberphysischen Systemen in seiner Umgebung in Kontakt zu treten. Mithilfe eines Software-Stellvertreters (Avatar) kommuniziert der Mensch mit der sozialen Gemeinschaft der CPS und mit der Cloud. Er trifft Entscheidungen, kontrolliert, arbeitet Hand in Hand mit autonomen Robotern und ist, verbunden über seinen Avatar, ein aktives Mitglied jener Gemeinschaft aus Mensch und Maschinen, die das Logistiksystem in Bewegung hält.

Die vierte industrielle Revolution weist in Richtung dieser Vision und die Logistik könnte zu ihrer wichtigsten Anwendungsdomäne werden. Der damit verbundene revolutionäre Wandel wird zum einen motiviert durch die visionäre Kraft, die der Idee einer Industrie 4.0 innewohnt. Zum anderen zeigt ein analytischer Blick auf die Logistik von heute, welche Potenziale – insbesondere in puncto Flexibilität und Wandelbarkeit – zu heben sind.

Die folgenden Kapitel beschreiben einige grundlegende Überlegungen zur Planung und zum Management logistischer Systeme, aus denen sich der Bedarf dieses Wandels ablesen lässt.

3 Planung 4.0 und die Trennung von normativer und operativer Entscheidungsebene

Bei der Planung von Industrieanlagen spielt die Logistik und hier wiederum der Materialfluss eine besondere Rolle. Immer dann, wenn es um die Bewegung von Dingen im industriellen Umfeld, also um die Bewegung von Waren und Gütern, geht, ist sie gefragt. Der Materialfluss verbindet alles und jedes mittels dinglicher Bewegung und ist damit im wahrsten Sinne des Wortes die „bewegende Instanz" der Wirtschaft.

Die analytische Planung von Materialflusssystemen beruht in wesentlichen Teilen auf der Grenzleistungsberechnung. Sie antizipiert die im späteren Betrieb maximal zu erbringende Leistung als gefördertes Volumen pro Zeit (Schüttgut) oder als Stückzahl pro Zeiteinheit (Stückgut) [tHH11]. Diese Grenzleistungen werden durch statistische Auswertungen und mit dem Hilfsmittel der Simulation verifiziert und festgeschrieben. Eine dynamische Anpassung, wie sie dem immer volatileren Umfeld von Industrie und Handel entspräche, ist nur in Grenzen möglich.

Das „hydrostatische Paradoxon" ist ein gutes Bild für das Dilemma, in das die Grenzleistungsbetrachtung führt (s. Abbildung 3-1).

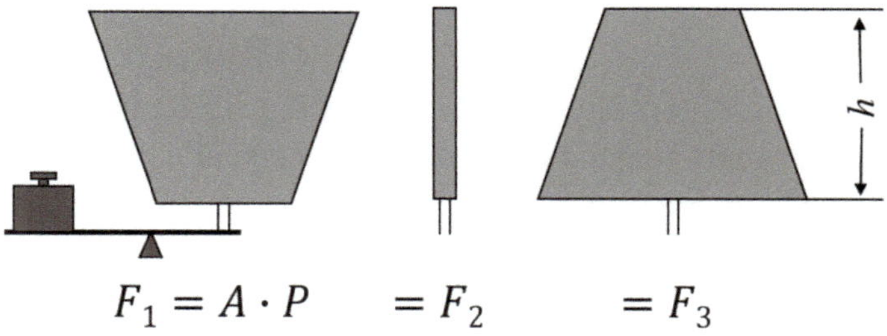

Abbildung 3-1: Das hydrostatische Paradoxon als Bild für das Dilemma der Materialflussplanung.

Bei gleicher Dichte einer Flüssigkeit in drei verschiedenen Gefäßen ist die auf den Boden wirkende Druckkraft F nur abhängig von dessen Fläche und der Höhe der Flüssigkeitssäule *h*. Haben alle drei Gefäße einen gleichgroßen Auslass mit Querschnittsfläche *A*, ergibt sich folglich ein gleichgroßer Durchfluss. Die Analogie zum Materialfluss beschreibt die Grenzleistungsberechnung: Sie definiert einen vorgeplanten, maximalen Materialfluss (Durchfluss) an einer bestimmten Stelle (Auslass), unabhängig davon, was zuvor passierte. Das Dilemma liegt in der nicht vorhandenen (bzw. nicht wirtschaftlich darstellbaren) Regelbarkeit der Grenzleistung.

Um dieses Dilemma aufzulösen, ist eine Regelung des Materialflusses an vielen, um nicht zu sagen an allen Stellen notwendig. Nur hierdurch kann den Paradigmen einer vierten industriellen Revolution Rechnung getragen werden. Ein flexibles Layout und die permanente Anpassung materialflusstechnischer Leistung führen zwangsläufig weg von tonnenschwerer, auf Jahre geplanter und fest installierter Fördertechnik hin zu CPS wie den „Zellularen Transportsystemen", basierend auf Schwärmen autonomer, fahrerloser Transportfahrzeuge[1]. Oder zu Lösungen wie dem „FlexFörderer", einem System, welches auf standardisierten,

[1] Die „Zellularen Transportsysteme" sind eine Entwicklung des Fraunhofer-Instituts für Materialfluss und Logistik [vgl. tHO06].

beliebig anreihbaren, cyberphysischen Fördertechnik-Modulen basiert[2]. Wie auch immer die technischen Lösungen aussehen werden, der Weg hin zu dezentralisierten, autonom interagierenden Fördertechnikmodulen mit flexibler Skalierbarkeit ist bereits vorgezeichnet.

Damit einhergehend wird auch die Entscheidungsfindung im echtzeitnahen Bereich nicht mehr durch hierarchische Strukturen möglich sein. Der Wechsel von der Steuerung und Festschreibung der Grenzleistung hin zur echtzeitnahen Regelung führt zu einer überbordenden Komplexität. Die Verkettung einer ins Unendliche strebenden Zahl lokaler, verketteter Regelkreise ist algorithmisch kaum zu beherrschen. Zudem würde die korrespondierende Dichte echtzeitnaher Kommunikation alle Grenzen sprengen. Es bleibt auf eben das zu vertrauen, was die vierte industrielle Revolution mit sich bringt: emergentes Verhalten einer großen Zahl (eines Schwarmes) autonom interagierender CPS.

Eine wesentliche Erkenntnis aus der Arbeit des BMBF-Spitzenclusters „EffizienzCluster LogistikRuhr"[3], der sich seit 2010 mit der effizienten Gestaltung logistischer Systeme und der Beherrschung ihrer Dynamik und Komplexität („Dynaxität") beschäftigt, kommt zu folgendem Schluss, der ebenfalls deutlich in Richtung einer vierten industriellen Revolution weist:

> Das Maß der Dezentralisierung und Selbstorganisation wächst mit der Komplexität der (logistischen) Systeme.

Dies gilt für den beschriebenen, physischen Materialfluss ebenso wie für den Informationsfluss und sicher in Teilen auch für das Supply Chain Management, in dem – im Sinne eines umfassenden Financial Supply Chain Managements – wiederum auch die Finanzflüsse enthalten sind.

4 Supply Chain Management 4.0 oder das Dilemma der standardisierten Zukunft

Die Standardisierung des physischen Materialflusses findet ihre Entsprechung in der Standardisierung von Prozessen und Prozessketten im Supply Chain Management. Durch die Vereinheitlichung in Supply Chains wird die vergleichende Nutzung von Erfahrungswissen zur Verbesserung aktueller und zukünftiger Prozesse möglich.

---

[2] Der Flexförderer ist eine Entwicklung des Institute for Material Handling and Logistics (IFL) des KIT in Karlsruhe; Prof. Dr. Kai Furmans [vgl. WIN13].

[3] Der EffizienzCluster LogistikRuhr wird durch das Bundesministerium für Bildung und Forschung BMBF gefördert. 11 Forschungseinrichtungen und über 120 Unternehmen arbeiten seit 2010 in diesem Cluster zusammen. s.. www.effizienzcluster.de.

Jegliches konventionelles Supply Chain Management basiert auf diesem Grundgedanken. Diese Vereinheitlichung (Standardisierung) entspricht dem Versuch, zukünftige Ereignisse vorherzusagen, um bei deren Eintreffen mit standardisierten Verhaltensmustern zu reagieren. Diese Vorgehensweise erscheint logisch und verhält sich analog zur Dezentralisierung und Modularisierung im Echtzeitbereich des physischen Materialflusses. Ähnlich wie die konventionelle Grenzleistungsberechnung wird jedoch eine Folge von Ereignissen vorausgesetzt, deren Eintreffen geplant, aber nicht vollständig deterministisch ist. Spätestens bei der ersten (nicht kausalen, ungeplanten) Störung wird der Versuch, die Prozesskette zu standardisieren, durchbrochen – oder ein neues (standardisiertes) Verhaltensmuster benötigt.

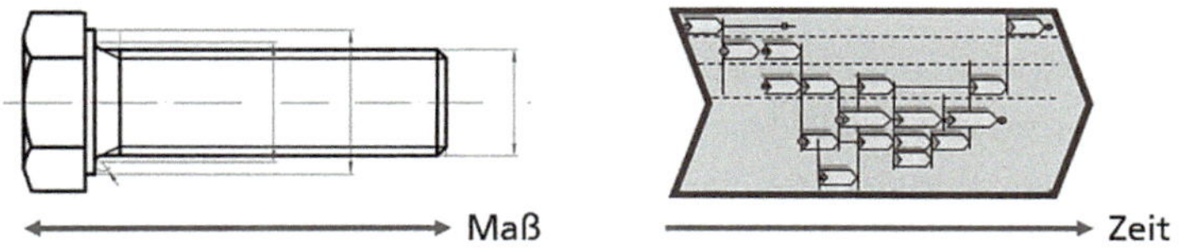

Abbildung 4-1: Das „Standardisierungsdilemma"
Die Standardisierung einer Schraube ist möglich, da ihr Maß und Verhalten bestimmbar sind. Die Standardisierung einer größeren Prozesskette ist planbar. Ihr zeitlicher Ablauf als Folge von Ereignissen ist jedoch unbestimmt (aber in einem gewissen Maße wahrscheinlich), da auf die Zukunft bezogen.

Dieses Dilemma erscheint umso gravierender, je individueller und agiler die Supply Chains und deren Management werden. Eben dieser Entwicklung sieht aber die Industrie im Zeichen der vierten industriellen Revolution entgegen. Der traditionelle Reflex, man müsse nur noch mehr Daten noch schneller verarbeiten und damit noch mehr und immer präzisere Prognosen erzeugen, um reagieren zu können, führte zu einem exponentiellen Anstieg der Informationsmenge, jedoch nicht zu flexibleren Reaktionsmustern.

Immer wieder stößt das Supply Chain Management an die Grenzen eines (nicht ganz ernst gemeint) als „Unschärferelation der Logistik" bezeichneten Zusammenhangs [GtH10]:

> Je genauer ein Prozess vorbestimmt wird, umso unwahrscheinlicher wird er in geplanter Form und zu vorbestimmter Zeit eintreffen.

Die vierte industrielle Revolution ist insofern auch das Anerkennen einer nicht deterministischen, sondern probabilistischen Welt. Sie bestätigt die Unmöglichkeit, die Zukunft vorherzusagen – sei sie auch noch so gut prognostiziert und simuliert – und vertraut auf die dezentralen Entscheidungen ihrer cyberphysischen Systeme und die Fähigkeit dieser, ad hoc und bedarfsgetrieben effiziente Prozessketten zu bilden.

Mit dem Eintritt der vierten industriellen Revolution werden der normative Bereich des Supply Chain Management und der operative, echtzeitnahe Bereich der Maschinen und des physischen Materialflusses entkoppelt. Durch die Autonomie der CPS werden alle Entscheidungen, die Echtzeitfähigkeit voraussetzen, dezentral und auf Basis lokaler Informationen getroffen. Das überlagerte, normative Supply Chain Management-System erhält nur noch die Informationen, die gebraucht werden, um übergeordnete Entscheidungen zu treffen. Diese Trennung führt auch dazu, dass zukünftig immer weniger applikationsspezifische Informationen, wie detaillierte Layouts und dergleichen, auf der normativen Ebene gespeichert werden müssen. Dies ist ein wesentlicher Aspekt und Paradigmenwechsel im Zentrum der Vision einer Logistik 4.0.

Die Entkopplung des normativen und operativen Bereichs ermöglicht auch die Virtualisierung der Prozesse und eine verbesserte Kollaboration auf Basis konvergenter Daten und Kommunikation zwischen den Clouds einer zukünftigen Unternehmensführung.

Insbesondere die ökonomische Planung konzentriert sich auf der normativen Ebene und wird kollaborativer. Ihre Ziele werden sich jedoch nicht grundlegend ändern. Etwas anders verhält es sich mit dem eigentlichen Supply Chain Management und der Umsetzung von Strategien und normativer Planung. Letztere erfolgt durch die Implementierung einer Mission für jedes beteiligte CPS entlang der vorgegebenen (Unternehmens-)Strategie. Anschließend verfolgt das betreffende CPS seine Mission autonom und in Interaktion mit anderen CPS. Sind hierzu weitere Dienste notwendig (was im Allgemeinen der Fall sein wird), so adressiert das CPS (standardisierte) Business Objects und Services in seiner Cloud. Die Folge von Business Objects und Services und damit der gewünschte Prozess entstehen ad hoc. Im Unterschied zum konventionellen Supply Chain Management werden Ressourcen durch die CPS autonom und nach Bedarf allokiert. Es ist nur noch eine statistische Aussage über eine Zielerreichung möglich. Bei Licht besehen ist dies jedoch auch in konventionellen Systemen oft nicht anders.

Das wesentliche Ziel ist die Erhöhung der Flexibilität und Reaktionsgeschwindigkeit industrieller und logistischer Systeme. Beides kann durch Industrie 4.0 erreicht werden. Wie effizient dies jedoch geschieht, wird im Einzelfall zu beurteilen sein. Noch fehlen – von wenigen Prototypen abgesehen – viele der CPS und auch die Software zur Kommunikation, zur Dezentralisierung der Unternehmensstrategie und zur Erzeugung und Implementierung CPS-konformer Missionen und einiges mehr.

Andererseits wird immer deutlicher, dass die starr verketteten Maschinen und Materialflusssysteme den Forderungen individueller Produktion nicht gerecht werden. Hier ist der Weg in die vierte industrielle Revolution vorgezeichnet.

5 Industrielles Management 4.0 – von der Selbststeuerung zur Selbstgestaltung

Der mit der vierten industriellen Revolution einhergehende Einsatz von autonom agierenden CPS in den Unternehmen einer Supply Chain und den verbindenden logistischen Einrichtungen wird zu einem hohen Grad an Mobilität, Modularität, Kompatibilität, Universalität und Skalierbarkeit führen. Insbesondere die Modularität und Universalität der Systeme kann eine horizontale und vertikale Selbstähnlichkeit der Ressourcen-Fraktale der Supply Chain ermöglichen, welche zur Skalierbarkeit und zum schnellen Anpassen an sich wandelnde Anforderungen befähigen [NYH10; GRH09].

> Die fraktale Fabrik als Produktionsmodell wurde von Warnecke entwickelt [WAR96]. Dabei finden sich in der Fabrik dezentrale Strukturen mit lokalen Regelkreisen als Fraktale. Diese Fraktale sollen autonom agieren und sich selbst optimieren. Mit CPS und den vorhandenen technologischen Möglichkeiten der Selbststeuerung, aber auch durch die Anpassung auf verschiedene Aufgabenstellungen, ermöglicht die vierte industrielle Revolution technologisch die Schaffung einer fraktalen Fabrik. Mit dem Gedanken des Internets der Dinge und Dienste kann diese informatorische Vernetzung autonomer Produktionsfraktale auch auf die gesamte Supply Chain übertragen werden.

Eine so geschaffene Wandlungsfähigkeit erfordert aber insbesondere auch das rechtzeitige Erkennen eines Wandlungsbedarfs und die schnelle Planung und Umsetzung des erforderlichen Wandels im industriellen Management. Hierzu ist die Beherrschung der Planungskomplexität erforderlich; dezentrale Steuerungssysteme können diese Komplexität reduzieren. Dabei ist es die Aufgabe des Managements, Leitlinien und Entscheidungskorridore für die dezentrale Steuerung des Wandels vorzugeben. Auf diese Weise kann sich die Selbststeuerung zur Selbstgestaltung weiterentwickeln.

Der Wettbewerbsvorteil produzierender Unternehmensnetzwerke wird sich in Zukunft über die Beherrschung von Komplexität und komplexen Technologien mitsamt dem nötigen Know-how entscheiden [IAO10]. Da sich die Wandlungsforschung bisher noch wenig mit Supply Chains beschäftigt, ist es daher notwendig, wandlungsfähige, ganzheitliche Wertschöpfungsnetzwerke zu entwickeln und Wandlungsfähigkeit im Supply Chain Management zu etablieren. Technologisch bietet Industrie 4.0 mit der damit einhergehenden Informationstransparenz und den eingesetzten CPS das Rüstzeug für den Wandel des industriellen Managements.

Mit zunehmender Dezentralisierung von Supply Chains im Sinne autonomer Wertschöpfungsinseln müssen auch die zentralen Prozesse, Strukturen und Ressourcen der Planung und Steuerung aufgebrochen werden, um dezentral und agil Entscheidungen treffen zu können. Es müssen dezentrale Managementansätze zur Selbststeuerung und Selbstorganisation von Produktion und Logistik in Großunternehmen, aber auch für kleine und mittlere Unternehmen (KMU)[4] entwickelt werden. Ein erster Schritt hierzu ist die Umsetzung der Prozessorientierung im Management, die heute durch das in der Industrie übliche „Ressort-Denken" noch immer behindert wird. Der Bedarf dezentraler Entscheidungsstrukturen und Managementprozesse muss zur Überwindung der organisatorischen Hemmnisse auf oberster Ebene der Unternehmenssteuerung erkannt werden. Erst mit dieser Überzeugung und der daraus folgenden Unterstützung des zentralen und strategischen Top-Managements von Unternehmen kann der normative Gestaltungsrahmen für das beschriebene Supply Chain Management 4.0 geschaffen werden. Die Ausgestaltung eines dezentralen Managements bedarf einer umsichtigen Planung. Es ist erforderlich, aufeinander abgestimmte Leitplanken in Form von Zielwerten, Anreizen und Grenzwerten für die operative Ausführungsebene der autonomen Systeme zu bestimmen. Daraus entstehen die Handlungskorridore der einzelnen autonomen Entitäten. Die zu definierenden Spielregeln für das Management von Industrie 4.0 müssen geeignet sein, unbestimmte, bzw. in ihrem Zusammenwirken schädliche Wirkungen von vornherein auszuschließen, um auf diese Weise die Gefahr der Bildung lokaler Optima entlang einer Supply Chain zu verringern.

Voraussetzungen für die Anwendung solcher Spielregeln in der Managementpraxis sind passend dazu von der anwendungsorientierten Managementforschung entwickelte, ganzheitlich bewertbare Instrumente, Methoden und Konzepte, die der Forderung nach einem „weg von zentralen Managementsystemen" Rechnung tragen. Dabei wird es aber ganz entscheidend darauf ankommen, welcher Reifegrad und welcher Bedarf im speziellen Anwendungsfall im Bereich Industrie 4.0 vorliegen. Wesentliche Bedeutung hat dabei die Umfeldstabilität des Unternehmens bzw. der Supply Chain. Aus dieser Stabilität leitet sich der Bedarf an Wandlungsfähigkeit und Selbststeuerung ab, der letztendlich das Maß an Agilität bestimmt. Mit zunehmender Volatilität muss das gesamte System wandlungsfähiger ausgelegt werden. Aufgabe des industriellen Managements 4.0 wird es daher auch sein, auf normativer Ebene den erforderlichen Grad an Wandlungsfähigkeit und Selbststeuerung zu erkennen und das dafür geeignete technologische, strukturelle und organisatorische Umfeld zur Selbstgestaltung und Selbstorganisation zu schaffen.

Diese Entwicklungen stehen für einen revolutionären Wandel, der von der Logistik entscheidend mit vorangetrieben wird. Logistik 4.0 umfasst dabei alle dazu notwendigen Facetten: die technischen, die technologischen und die ökonomischen.

---

[4] KMU erhalten in der Industrie 4.0 eine zunehmende Bedeutung, denn nicht mehr die Großen „fressen" die Kleinen, sondern die Schnellen die Langsamen.

Für das Supply Chain Management 4.0, das neben den Material- und Informationsflüssen auch tatsächlich – und wie schon länger gefordert – die Finanzflüsse adressiert, ist es erforderlich, Technologie, Organisation und Prozesse von Unternehmen zu transformieren. Das nachfolgende Management-Modell der Industrie 4.0 gliedert die klassischen Management-Aufgaben (Planung, Realisierung und Überwachung) für die Handlungsebenen des Wandels zur Industrie 4.0:

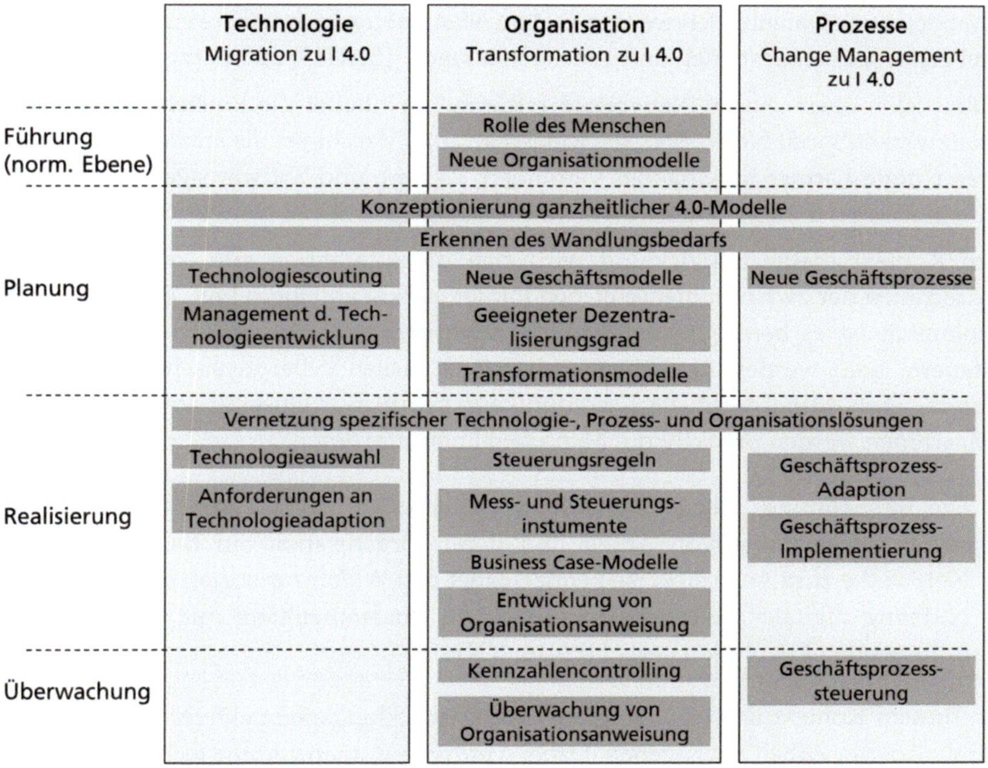

Abbildung 4 2: Dortmunder Management-Modell

Sukzessive wird sich das Management eines Unternehmens mit diesen Aufgaben beschäftigen müssen, um letztlich die Transformation der Wertschöpfungsaktivitäten in die Industrie 4.0 zu bewirken. Dieser umfangreiche Wandel erfordert die Anpassung der Planungs- und Steuerungsstrukturen und -prozesse, die Auswahl und die Einführung neuer (autonomer) technischer Systeme sowie die Überwachung und Steuerung der Wirtschaftlichkeit dieses Wandels.

6 Mensch und Logistik 4.0 – die Vision einer „Social Networked Industry" in der Folge von Industrie 4.0

Mit der vierten industriellen Revolution ist auch ein grundlegender Wandel in der Interaktion zwischen Menschen und Maschinen zu erwarten. Dies wird wiederum die Logistik als bewegende Instanz der vierten industriellen Revolution in besonderer Weise betreffen. Intelligente Endgeräte (Smart Devices) und insbesondere *Wearables* wie Datenbrillen werden es dem Menschen zunehmend ermöglichen, mit cyberphysischen Systemen und „Social Machines" [BAU13] zu interagieren.

Die Vision einer „Social Networked Industry" beinhaltet die Entstehung sozialer Netzwerke (Social Networks), die Menschen und Maschinen als annähernd gleichberechtigte Partner miteinander verbinden. Avatare und Softwareagenten werden die Menschen in der virtuellen Welt dieser neuartigen Social Networks vertreten.

Im Kontext dieser Entwicklung wird sich die Interaktion von Menschen und Maschinen der zwischenmenschlichen immer stärker annähern [vgl. BOE07]. Technologisch ist es bereits heute möglich, Maschinen mit Sprache oder Gesten zu steuern. Bald werden Menschen auch mit einfachen cyberphysischen Systemen interagieren. Dabei wird die Kommunikation nicht nur einseitig erfolgen – auch Maschinen werden proaktiv mit Menschen kommunizieren.

> Die Bezeichnung „Social Networked Industry" bringt die Ambivalenz der sozialen Gestaltung von Arbeit und deren Organisation auf Basis sozialer Netzwerke zum Ausdruck. Sie kennzeichnet den Willen zur sozialverträglichen Nutzung digitaler Technologien – auch im Zusammenhang mit der vierten industriellen Revolution [vgl.: HPN16; NNH16]

In diesem Kontext ist von divergierenden Entwicklungsperspektiven zukünftiger, digitalisierter Arbeit auszugehen. Dabei werden Automatisierungstechnologien die Gestaltung der Arbeit keineswegs determinieren, sondern es verbinden sich mit ihnen stets Gestaltungsspielräume [HHK16]. Diese zu nutzen und bei der Gestaltung und Organisation digitalisierter Arbeit mitzuwirken ist für eine zukünftige, positiv und sozial gestaltete Produktion und Logistik essenziell.

7 Literatur

[BAU13] Produktion: Klaus Bauer, Trumpf: Die ‚Social Machine' ist ein Paradoxon! Produktion Nr. 15, 2013, Verlag Moderne Industrie.

[BOE07] Boyd, D.M.; Ellisson, N.B.: Social Network sites: Definition, history and scholarship. Journal of Computer-Mediated Communication, vol 1, no. 13, 2007.

[BRO13] Broy, M.: Integrierte Forschungsagenda Cyber-Physical Systems, Projektleitung Prof. Dr. Manfred Broy, www.acatech.de. Zugegriffen: 23.11.2013

[IAO10] Fraunhofer-Institut für Arbeitswirtschaft und Organisation IAO: Studie Produktionsarbeit der Zukunft – Industrie 4.0, S. 19. Fraunhofer Verlag (2010). ISBN: 978-3-8396-0570-7

[GtH10] Günthner, W; ten Hompel, M. (Hrsg. und Co-Autor): Internet der Dinge in der Intralogistik, Individualisierung als logistisch-technisches Prinzip, S. 3-7. Springer (2010). ISBN: 978-3642048951

[HHK16] Hirsch-Kreinsen, H., ten Hompel, M.: Social Manufacturing and Logistics – Arbeit in der digitalisierten Produktion. In: Bundesministerium für Wirtschaft und Energie (Hrsg.): Arbeiten in der digitalen Welt, Januar 2016, S. 6-9.

[HPN16] ten Hompel, M.; Putz, M.; Nettsträter, A.: Whitepaper „Social Networked Industry" – Für ein positives Zukunftsbild von Industrie 4.0. Fraunhofer-Leitprojekt E³-Produktion, Fraunhofer 2016, Download: www.e3-produktion.de.

[NYH10] Nyhuis, P. (Hrsg.): Wandlungsfähige Produktionssysteme, Schriftenreihe der Hochschulgruppe für Arbeits- und Betriebsorganisation e. V. (HAB), GITO-Verlag, Berlin (2010)

[NNH16] Nettsträter, A., Neveling, C., ten Hompel, M.: Mensch und Maschine werden zum Team: Plädoyer für eine „Social Networked Industry" in Publicateur Handelsblatt zur Hannover Messe Industrie 2016, April 2016.

[tHH11] ten Hompel, M.; Heidenblut, V.: Taschenlexikon Logistik - Abkürzungen, Definitionen und Erläuterungen der wichtigsten Begriffe aus Materialfluss und Logistik, S. 179. Springer, Berlin (2011). 3. Auflage, ISBN 978-3-540-75661-3.

[tHO06] ten Hompel, M.: Zellulare Fördertechnik. eLogistics Journal (2006). Doi:10.2195/LJ_Not_Ref_d_tenHompel_082006

[WAR96] Warnecke, H.-J.: Die Fraktale Fabrik. Rowohlt, Reinbek bei Hamburg (1996), ISBN 3499197081

[WIN13] Winkelmann, B.: KIT-Innovation-FORSCHUNG UND ENTWICKLUNG: Der FlexFörderer, www. innovation.kit.edu/english/955.php. Zugegriffen: 1.12.2013

Industrie 4.0 – Anstoß, Vision, Vorgehen

Dr. rer. nat. Siegfried Dais, Robert Bosch Industrie Treuhand KG

Der Begriff „Industrie 4.0" ist in kürzester Zeit zu einem Buzzword geworden. Obwohl erst im zeitlichen Umfeld der Hannover Messe im April 2013 eingeführt, ist er heute in fast aller Munde.

Allerdings werden mit diesem Begriff ganz unterschiedliche Bilder der Zukunft verbunden. Die eine Gruppierung vertritt die Meinung, dass sich nichts fundamental Neues hinter Industrie 4.0 verbirgt. „Alles schon mal dagewesen" ist der Kommentar. Die Produktionstechnik wird sich weiter evolutionär, d.h. eher linear und in kleineren Schritten weiterentwickeln. Die andere Gruppe verbindet mit Industrie 4.0 das Potenzial zu grundlegenden, eher revolutionären Veränderungen in der Gestaltung von Wertschöpfungsketten. Veränderungen, die in unserer heutigen Vorstellungswelt noch gar nicht vorkommen. Ich bekenne mich dazu, Anhänger dieser zweiten Gruppe zu sein.

Der Titel dieses Beitrages „Industrie 4.0 – Anstoß, Vision, Vorgehen" signalisiert allerdings, dass wir noch am Anfang dieser Entwicklung stehen; einer Entwicklung, die im Rückblick mit hoher Wahrscheinlichkeit als 4. industrielle Revolution eingeordnet werden wird.

Treiber dieser Veränderungen ist das Internet. Das Internet hat die Welt in einem Umfang und in einer Geschwindigkeit verändert, wie wenige technische Entwicklungen zuvor. Informationen stehen heute weltweit für jedermann bereit und können schnell und einfach abgerufen werden.

Die bisherige Entwicklung des Internets kann in vier Phasen unterteilt werden.

- Web 0 steht für die Vernetzung von Dokumenten. Das IP-Protokoll erlaubt die direkte Adressierung einzelner Computer irgendwo auf der Welt, Software in Form von Webservern und Browsern den Abruf verlinkter Dokumente. Obwohl noch in der logisch simplen Welt von „one to one"-Beziehungen, also einer Datenquelle und eines Datenempfängers, ist dies bereits der Triggerpunkt für das Entstehen neuer Geschäftsmodelle und neuer Unternehmen gewesen. Stellvertretend seien die Unternehmen Yahoo!, Netscape, AOL und Cisco genannt.
- Das Web 1.0 steht für die Vernetzung von Unternehmen. Aus der logischen „one to one"-Verbindung des Web 0 sind „one to many" - Beziehungen geworden. Technisch unterstützt wurde dies durch Java und XML, Sprachen für den plattform- und implementationsunabhängigen Austausch von Programmen und Daten zwischen Computersystemen.

- Das Web 2.0 vernetzt Menschen. Jeder kann mit jedem in Echtzeit kommunizieren, also „many to many".
- Fügen wir in dieses Netzwerk nun auch noch Dinge, also technische Objekte, als autonome Internetteilnehmer ein, entsteht das Web 3.0, das Internet der Dinge und Dienste. Während das Web 2.0 für neue Formen der sozialen Kollaboration steht, bringt das Web 3.0 eine neue Qualität technischer Kollaboration. Die Technik dafür ist im Grundsatz verfügbar. Neben Verfahren zur „Maschine zu Maschine (M2M)" - Kommunikation sind dies vor allem semantische Technologien, die es Computern ermöglichen, die inhaltliche Bedeutung von Informationen zu erkennen und einzuordnen.

Auf der technischen Plattform des Internets sind in den letzten 20 Jahren viele neue, meist äußerst erfolgreiche Unternehmen entstanden. Sie alle haben traditionelle Formen des Geschäfts verlassen und völlig neue Geschäftsmodelle realisiert. Welch riesiges Potenzial sich diese Firmen in kurzer Zeit erschlossen haben, zeigt deren Börsenkapitalisierung. Im Herbst 2013 hat diese in etwa 600 Milliarden Euro betragen. Die Marktkapitalisierung der DAX-Unternehmen im Vergleich dazu beträgt etwa 760 Milliarden Euro. Die genannten Zahlen sind das Ergebnis einer Abschätzung.

Mit Blick auf Industrie 4.0: Ich wüsste kein Argument, warum in der nun anbrechenden Welt des Internets der Dinge und Dienste, in der Welt der vernetzten Geschäftsmodelle, nicht eine vergleichbare Entwicklung ablaufen sollte. Es wird neue Spieler geben, deren Erfolg darauf gründet, bisherige Paradigmen ad absurdum zu führen und mit neuen Geschäftsmodellen Kundennutzen zu realisieren. Die Herausforderung – insbesondere für linear extrapolierende Menschen – besteht allerdings darin, dass sich kaum voraussagen lässt, welche neuen Geschäftsmodelle in Zukunft überragende Akzeptanz finden werden.

Das Internet der Dinge und Dienste wird die kaum vorstellbare Geschwindigkeit, mit der das Internet bislang die Menschen vernetzt hat, in der Welt der technischen Systeme, den Dingen, fortsetzen. 1995 waren 0,7 % der 5,7 Milliarden Menschen vernetzt, also rund 40 Millionen. 10 Jahre später waren es bereits 15% von 6,5 Milliarden Menschen, d.h. 975 Millionen. Dies entspricht einem Zuwachs von 935 Millionen Nutzern! Im Jahr 2015 wird ein Vernetzungsgrad von 75% der dann 7,3 Milliarden Menschen erwartet. 5,5 Milliarden Menschen werden dann online sein, ca. 4,5 Milliarden mehr als 2005!

Nach heutiger Einschätzung werden bis 2015 rund 6,6 Milliarden Dinge mit dem Internet verbunden sein. Den Schwerpunkt mit rund 6,3 Milliarden bilden noch PCs, Laptops, Smartphones und Smart-TVs. Also Geräte, die – vereinfacht gesagt – der rein digitalen oder virtuellen Welt zuzuordnen sind. Aber: die ersten 270 Millionen Dinge aus der realen Welt, wie beispielsweise Stromzähler, Sicherheitssysteme, Fahrzeuge oder telemedizinische Geräte, sind bereits vernetzt. Diese Zahlen werden rasant wachsen. Denn Unternehmen werden das Ziel verfolgen, möglichst viele ihrer technischen Geräte und Systeme internetfähig zu machen, um neue, für die Kunden nutzbringende Funktionen anbieten zu können.

Die technische Ausgangsbasis für den Weg in die Welt des Internets der Dinge und Dienste ist gut. Viele Produkte verfügen bereits über eine eingebettete Elektronik, also einen Mikrorechner, der Sensorsignale erfasst und Aktuatoren ansteuert. Der nächste folgerichtige Schritt ist die Vernetzung dieser eingebetteten Systeme. Ein richtiger Schub wird entstehen, wenn auch Sensoren eigenständige Teilnehmer der vernetzten Welt werden. Technisch gesehen, alles in allem eine eher evolutionäre Entwicklung.

In dieser Welt der Cyber-Physischen Systeme wird die pro Zeiteinheit generierte Datenmenge natürlich extrem ansteigen. Mussten sich vor wenigen Jahrzehnten viele Benutzer die Rechenleistung eines Computers teilen, arbeiten in Zukunft viele Computer für einen Nutzer. Sie erzeugen nahezu pausenlos Daten, die ein immer präziseres digitales Abbild der realen Welt zeichnen. Die Herausforderung besteht nun darin, diese Datenmengen in Echtzeit zu analysieren, um den relevanten Inhalt überhaupt erst einmal zu erkennen und dann zu extrahieren. Erst durch die Verbindung des Internets der Dinge mit der Fähigkeit, vernetzte Daten in Echtzeit zu analysieren, entsteht aus meiner Sicht das Internet der Dinge und Dienste.

Auf welche Weise kann nun durch den Umgang mit Daten im Internet der Dinge und Dienste neuer Kundennutzen generiert werden? Was ändert sich? Einerseits können wir Informationen über einzelne „Dinge“ über große Distanzen hinweg in Echtzeit abrufen und so ein perfektes Trackingsystem auf Einzelteilbasis aufbauen. Dies ist heute zum Beispiel in der Logistik realisiert. Neues Wissen und geldwerter Kundennutzen wird in Zukunft vor allem auch durch Kombination von Daten einer Vielzahl von Dingen und durch die Verknüpfung von Daten aus unterschiedlichen Domänen generiert werden. Allerdings sind die geldwerten Informationen und Erkenntnisse meist nicht leicht erkennbar, sondern verstreut und in der großen Datenmenge verborgen. Erst durch systematisches Data Mining können sie sichtbar gemacht werden.

Ein Beispiel aus der Telemedizin: durch Analyse von Krankheitsbildern, Behandlungsmustern und Behandlungserfolgen vieler Patienten können auf den einzelnen Patienten zugeschnittene optimierte Behandlungsvorschläge generiert und so die Qualität der Behandlung wesentlich gesteigert werden.

Vergleichbare Erfahrungen werden wir auch auf den Arbeitsgebieten von Industrie 4.0 machen. Voraussetzung ist dabei der Zugriff auf eine möglichst umfassende Datenbasis. Es gilt also „Herr der Daten“ zu werden. Für die meisten ist dies sicherlich noch eine ungewohnte Betrachtungsweise.

Wie eingangs bereits betont, steht die Technologiebasis für das Internet der Dinge und Dienste in den Grundzügen bereit. Die Technik ist allerdings nur der Enabler, deren Weiterentwicklung wird eher evolutionär als revolutionär verlaufen. Die

Tiefe der Umwälzung und die Geschwindigkeit der Veränderung wird durch das Aufkommen neuer Geschäftsmodelle getrieben werden. Dies hat sich ja bereits bei der Vernetzung von Milliarden von Menschen gezeigt.

Nun beginnt die Vernetzung von Dingen in den unterschiedlichsten Domänen. Gearbeitet wird an der Vernetzung der Fahrzeuge – das Stichwort ist Smart Mobility, gearbeitet wird an der Vernetzung von Energieerzeugern und Energieverbrauchern – das Stichwort ist Smart Grids , an der Vernetzung von Sensoren und Aktuatoren in Gebäuden – Stichworte sind Smart Homes und Smart Buildings, sowie an der Vernetzung der gesamten industriellen Wertschöpfungskette – Stichworte sind weltweit gesehen Smart Industry und Smart Manufacturing, in Deutschland Industrie 4.0.

In den einzelnen Domänen wie dem Verkehr, der Energie oder der industriellen Wertschöpfung werden eine Vielzahl von System- und Serviceplattformen entstehen. Und diese domänen-spezifischen Plattformen werden wiederum domänenübergreifend vernetzt werden. Es wird ein sogenanntes „System of Systems" entstehen – durch den runden Kreis im Zentrum von Abbildung 1 markiert. Denn die einzelnen Domänen sind ja nicht logisch unabhängig voneinander. Die Logistik-Plattform von Smart Industry steht in Wechselwirkung mit der Smart-Mobility-Plattform, die Smart-Grid-Plattform mit den Plattformen Smart Building und Smart Industry. So jedenfalls könnte die Architektur der Welt von übermorgen aussehen.

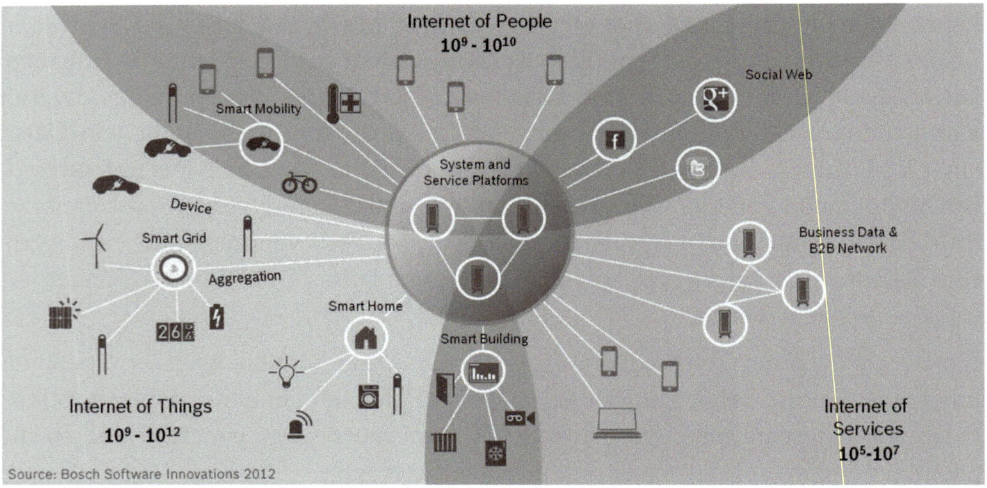

Abbildung 1: Domänenspezifisch vernetzte Systeme – Verbindung dieser Systeme zu einem übergeordneten System

Industrie 4.0 beschreibt also nur eine von mehreren Säulen im Internet der Zukunft. Aber auch einen zweiten Aspekt zeigt die schematische Darstellung von Abbildung 2 deutlich. Die Querschnittsthemen, die es auf der Ebene des Internets der Dinge, also der Vernetzung und dem Remotebetrieb von Milliarden von Dingen zu bearbeiten gilt, sind weitgehend unabhängig von der Säule oder Domäne, in der diese zur Anwendung kommen. Ähnliches gilt für die Anwendungsebene, also das Internet der Dienste. Stichworte sind Semantische Technologien (zur Aufbereitung von Informationen, so dass diese von Rechnern interpretiert und weiterverarbeitet werden können), Cloud Computing, Betreiberplattformen für Dienste usw.

Eine der großen Herausforderungen wird darin bestehen, die Ausprägung der einzelnen Querschnittsthemen so zu orchestrieren, dass diese sich zu einer stimmigen Gesamtlösung zusammenfügen lassen. Die positive Botschaft ist, es gibt viele Mitstreiter – und zwar weltweit – aus den anderen Anwendungsbereichen. Oder kritisch formuliert: Das Internet der Zukunft wird sich entwickeln – mit oder ohne Industrie 4.0. Wenn wir unsere Chancen auch in Zukunft wahren wollen, müssen wir aktiv an der Ausgestaltung der neuen industriellen Wertschöpfungsketten mitarbeiten.

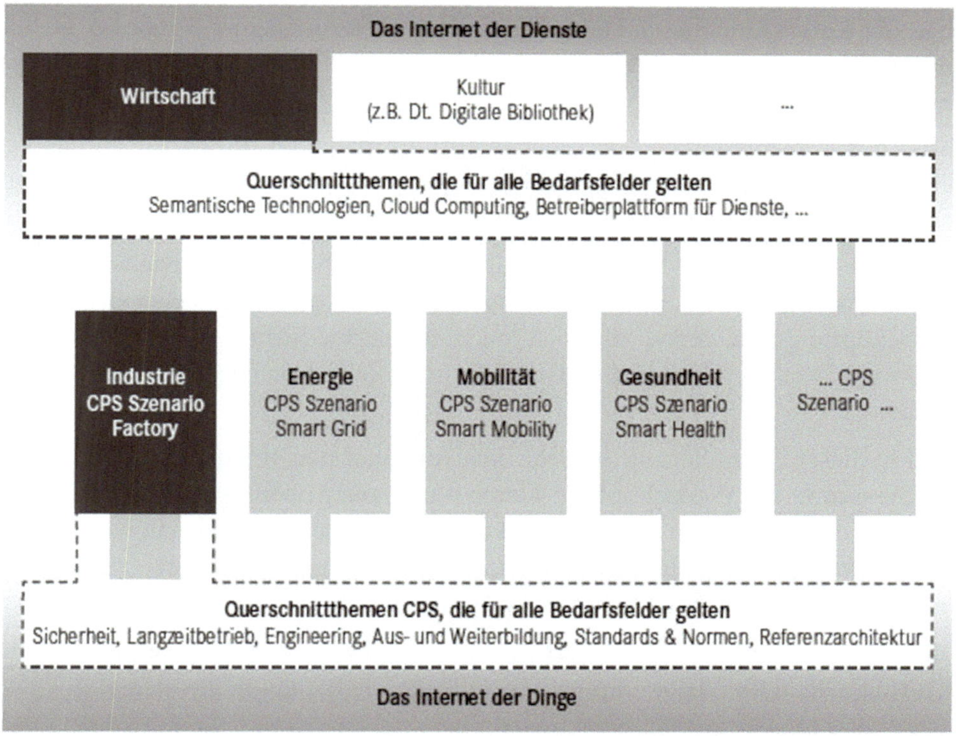

Abbildung 2: Internet der Zukunft (vergl. [1])

In der zukünftigen Welt wird das Produktionsumfeld als Smart Factory genauso wie die Logistik, die Auftragsbearbeitung, die Entwicklung von Produkten und Prozessen Teil einer durchgängig vernetzten Wertschöpfungskette werden.

In der Smart Factory kommunizieren Material, Maschinen, Lager- und Logistiksysteme direkt miteinander. Sämtliche Daten, die den augenblicklichen Zustand der Wertschöpfungskette beschreiben, werden verfügbar sein und zur optimalen

Steuerung des Wertstroms genutzt werden. Entscheidungen werden im Rahmen vorgegebener Regeln auf einer möglichst niedrigen Ebene getroffen, nicht mehr an der Spitze der Automatisierungspyramide.

In die Vernetzung werden nicht nur sämtliche Wertschöpfungsstufen eines Unternehmens einbezogen werden. Sie wird auch über die Grenzen eines einzelnen Unternehmens hinausgehen und ganz neue Wertschöpfungsnetzwerke zwischen Unternehmen formen.

Ein solches Bild von der Zukunft hatte der Lenkungskreis der Plattform Industrie 4.0 vor Augen, als er folgende Definition und Vision von Industrie 4.0 formulierte.

„Der Begriff Industrie 4.0 steht für die vierte industrielle Revolution, einer neuen Stufe der Organisation und Steuerung der gesamten Wertschöpfungskette über den Lebenszyklus von Produkten. Dieser Zyklus orientiert sich an den zunehmend individualisierten Kundenwünschen und erstreckt sich von der Idee, dem Auftrag über die Entwicklung und Fertigung, die Auslieferung eines Produkts an den Endkunden bis hin zum Recycling, einschließlich der damit verbundenen Dienstleistungen.

Basis ist die Verfügbarkeit aller relevanten Informationen in Echtzeit durch Vernetzung aller an der Wertschöpfung beteiligten Instanzen sowie die Fähigkeit, aus den Daten den zu jedem Zeitpunkt optimalen Wertschöpfungsfluss abzuleiten.

Durch die Verbindung von Menschen, Objekten und Systemen entstehen dynamische, echtzeitoptimierte und selbst organisierende, unternehmensübergreifende Wertschöpfungsnetzwerke, die sich nach unterschiedlichen Kriterien wie beispielsweise Kosten, Verfügbarkeit und Ressourcenverbrauch optimieren lassen." (vergl. [2])

Es ist in dieser Formulierung ausdrücklich von einer neuen Stufe der Organisation und Steuerung der Wertschöpfungsketten – und zwar über den gesamten Lebenszyklus – die Rede und nicht von revolutionären neuen Produktionstechniken. Diese können sich als Folge der Umgestaltung von Wertschöpfungsketten ergeben, sind aber zunächst nicht der primäre Ausgangspunkt.

Auch ist Industrie 4.0 nicht die Fortsetzung von CIM (Computer Integrated Manufacturing). Denn die Vision impliziert grundlegende Paradigmenwechsel.

- Der Weg wird weg von zentraler Planung und Steuerung hin zu dezentraler Selbstorganisation führen. Vorgeplante, starre Produktionssysteme wandeln sich zu autonomen, sich selbst organisierenden Produktionseinheiten. Unterstützt wird dieses Konzept durch die ad-hoc-Vernetzung zwischen Werkstück und Bearbeitungsmaschine, zwischen Produkt und Logistiker usw.
- Etablierte, um nicht zu sagen starre Wertschöpfungsketten werden schrittweise abgelöst werden durch die ad-hoc-Organisation von Wertschöpfungsnetzwerken. Dabei unterstützt das intelligente Produkt aktiv

den Produktionsprozess. Das intelligente Produkt kennt seinen Bearbeitungsstand, mögliche Abweichungen bisheriger Bearbeitungsschritte und steuert mit dieser Kenntnis die nachfolgenden Fertigungsschritte mit. Das intelligente Produkt weiß auch, für welchen Kunden es produziert wird und steuert die Logistik auf dem Weg zum Kunden.

- Die Selbststeuerung erleichtert die Individualisierung von Produkten, im Idealfall zu Konditionen eines Massenherstellers.
- Auch der Mitarbeitereinsatz wird flexibler werden, weg von der starren Anwesenheitspflicht. Abhängig von der in einem Zeitraum erforderlichen Expertise und der Verfügbarkeit der Mitarbeiter wird deren Einsatz geplant werden.
- Auch in zukünftigen dynamischen, sich selbst organisierenden Wertschöpfungsnetzwerken wird der Mensch die zentrale Rolle spielen. Deshalb die Aussage, dass die Produktion dem Takt des Menschen folgen wird.
- Zum einen setzt die neue Stufe der Organisation und Steuerung der Wertschöpfungsnetzwerke voraus, dass alle relevanten Informationen in Echtzeit verfügbar sind. Zum anderen können komplexe, echtzeitoptimierte, selbst organisierende Wertschöpfungsnetzwerke nur entstehen, wenn Computer die inhaltliche Bedeutung der ausgetauschten Informationen erkennen und einordnen können. Deshalb ist es wichtig, dass alle Einheiten eines zukünftigen Produktionsnetzwerks ihre Fähigkeiten und Daten als semantisch beschriebene Dienste anbieten.
- Durch diese semantischen Technologien werden die von Rechnern angebotenen Dienste auch von Rechnern handelbar, erweiterbar und zu Mehrwertdiensten kombinierbar. Von großem Vorteil ist, dass Deutschland durch das Forschungsprojekt Theseus (vergl. [3]) eine hervorragende wissenschaftliche Basis bei semantischen Technologien besitzt.
- Eine nicht zu unterschätzende Herausforderung wird sein, die Sicherheit und Robustheit der vernetzten Anwendungen zu gewährleisten sowie sichere und vertrauenswürdige Cloud-Infrastrukturen für das Internet der Dinge und Dienste bereitzustellen. Wie wir in den zurückliegenden Monaten gelernt haben, ist dies nicht nur eine Frage verfügbarer Technologien, sondern auch von rechtlichen und politischen Rahmenbedingungen.
- Gelingt der beschriebene Paradigmenwechsel, wird dies zu innovativen Geschäftsmodellen führen. Der damit verbundene Kundennutzen wird die breite Akzeptanz befeuern.

Reiht man die mit dem Begriff Industrie 4.0 verbundene Vision in die bisherige Abfolge der industriellen Revolutionen ein, ergibt sich folgendes Bild.

In der 1. und 3. Industriellen Revolution war die Maschine im Fokus, zunächst durch die Nutzung maschinell erzeugter Kraft, dann durch den Einsatz der Elektronik zur Steuerung der Maschinen.

Die 2. Industrielle Revolution und im Rückblick vielleicht auch die vierte zielen vor allem auf die Verbesserung der Organisation und Steuerung der Wertschöpfung. Das Fließband hat die Produktivität in einem räumlich eng abgegrenzten Arbeitsumfeld optimiert, Industrie 4.0 zielt auf die Optimierung der gesamten Wertschöpfungskette – ohne inhaltliche und räumliche Einschränkung. So betrachtet zeigt Industrie 4.0 schon das disruptive Potenzial einer industriellen Revolution.

Nachdem ich versucht habe, den Rahmen von Industrie 4.0 aufzuspannen, noch einige Anmerkungen zur Historie des Projekts.

Der Maschinen- und Anlagenbau sowie die Industrieproduktion bilden wesentliche Standbeine der heutigen Stellung Deutschlands in der Weltwirtschaft. Vor diesem Hintergrund hat die Forschungsunion Wirtschaft - Wissenschaft, das zentrale innovationspolitische Beratungsgremium zu Weiterentwicklung und Umsetzung der Hightech-Strategie 2020 für Deutschland, im Verbund mit acatech, der Deutschen Akademie der Technikwissenschaften, ein Projekt unter dem Titel „Deutschlands Zukunft als Produktionsstandort sichern" initiiert. Ein Arbeitskreis aus Vertretern von Wissenschaft und Industrie hat im Oktober 2012 ausführliche Forschungsempfehlungen vorgelegt, der Abschlussbericht unter dem Titel „Umsetzungsempfehlungen für das Zukunftsprojekt Industrie 4.0" wurde auf der Hannover Messe 2013 vorgestellt.

Das mit dem Zukunftsprojekt Industrie 4.0 verbundene Potenzial werden wir allerdings nur heben, wenn sich der Maschinenbau, die Elektroindustrie und die Informations- und Kommunikations-Branche gemeinsam dieser Herausforderung stellen. Deshalb haben sich zahlreiche Unternehmen der deutschen Industrie für eine Führungsrolle der Branchenverbände BITKOM, VDMA und ZVEI ausgesprochen. Die gemeinsame Plattform Industrie 4.0 wird heute von einer verbandsübergreifenden Geschäftsstelle getragen, für die inhaltliche Ausgestaltung wurden Arbeitskreise gebildet, die von einem wissenschaftlichen Beirat unterstützt werden. Ziel ist die Umsetzung einer dualen Strategie, nämlich Deutschland sowohl als Leitanbieter entsprechender Maschinen und Einrichtungen als auch als Leitanwender zu etablieren

Die skizzierte Welt der Industrie 4.0 wird nicht disruptiv, sondern in einem evolutionären Prozess entstehen, selbst wenn die Wirkung am Ende möglicherweise disruptiv sein wird. Denn es kommt darauf an, auf bestehender Infrastruktur aufzusetzen und mit jedem Entwicklungsschritt zusätzlichen Nutzen zu erzeugen.

Industrie 4.0 kann jedoch nur gelingen, wenn wir auf wichtigen Handlungsfeldern Fortschritte erzielen. Folgende Fragestellungen sind aus meiner Sicht von grundlegender Bedeutung:

- Welche Vorteile im Wertschöpfungsprozess sind erzielbar, wenn das entstehende Produkt seinen Weg durch die Produktionseinrichtungen von Firmen bis hin zum Endkunden selbst steuert? Welche Vorteile entstehen, wenn das Werkstück – abhängig von den Toleranzen vorausgehender Bearbeitungsschritte – selbst den nachfolgenden Bearbeitungsschritt bestimmt?

- Wie sieht die Architektur und das Regelwerk eines aus Millionen von vernetzten Instanzen bestehenden weltweiten Wertschöpfungsnetzwerkes aus, das sicher, robust und hochverfügbar ist?
- Wie realisieren wir sichere Anwendungen, die über Netze verbunden sind, die selbst nicht ausreichend gegen Angriffe geschützt werden können?
- Wie können die rechtlichen Rahmenbedingungen bezüglich des Datenschutzes gestaltet werden, wenn die vernetzten Unternehmen unterschiedlichen nationalen Gesetzen unterliegen?
- Wie sieht die zukunftsfähige Gestaltung und Organisation von Arbeit aus?

Ich denke, es wird deutlich, dass noch Grundlagenarbeit in erheblichem Umfang zu leisten ist. Dennoch besitzt der Industriestandort Deutschland sehr gute Voraussetzungen, um eine Pionierrolle beim Aufbau der Industrie 4.0 zu übernehmen. Denn Deutschland hat hohe Kompetenz in der Erforschung und Entwicklung innovativer Produktionstechnologien einschließlich der Herstellung entsprechender Maschinen und Einrichtungen. Der Erfolg zeigt sich im Umsatz des deutschen Anlagen- und Maschinenbaus, der im Jahr 2012 rund 207 Milliarden Euro betragen hat. (vergl. [4])

Zum anderen setzen wir konsequent diese innovativen Technologien in der Industrieproduktion im eigenen Land ein. So bildet das produzierende und verarbeitende Gewerbe mit einem Volumen von rund 1300 Milliarden Euro im Jahr 2012 das Rückgrat der deutschen Wirtschaft. (vergl. [4])

Allerdings nimmt der globale Wettbewerb in der Produktionstechnik stetig zu. Insbesondere Wettbewerber aus Asien setzen die heimische Industrie unter Druck. Zugleich muss sich die industrielle Produktion bei wachsender Komplexität auf eine zunehmende Marktvolatilität einstellen. In Zukunft wird die Industrie gefordert sein, mehr und mehr individualisierte Produkte mit kurzen Vorlaufzeiten und zu Kosten einer Großserienfertigung anzubieten, um den veränderten Ansprüchen der Menschen zu genügen.

Deutsche Unternehmen, vor allem aus dem Automobilsektor und der Industrietechnik, sind führend auf dem Gebiet der eingebetteten Systeme. Deutsche Anbieter von Software zur Steuerung komplexer Geschäftsprozesse nehmen international eine Spitzenstellung ein. Diese vorhandenen Kompetenzen müssen zusammengeführt und genutzt werden. Erforderlich ist ein Transformationsprozess, der durch eine intensive Kooperation der IKT-Branche, der Elektrotechnik und dem Maschinenbau vorangetrieben wird. Dies hat auch die Politik erkannt und Industrie 4.0 daher zu einem Zukunftsprojekt der High-Tech-Strategie gemacht. Die Bundesregierung fördert deshalb das Projekt Industrie 4.0 ressortübergreifend in der ersten Phase mit 200 Millionen Euro.

Wir dürfen allerdings nicht glauben, dass wir alleine an vorderer Front unterwegs sind. Neben Deutschland haben auch andere Länder das Internet der Dinge und Dienste als strategische Herausforderung für die Produktion der Zukunft identifiziert.

Die Europäische Union fördert aktuell mehrere Initiativen zur Implementierung des Internets der Dinge in der Produktion. Dafür stehen derzeit mehr als 9 Milliarden Euro zur Verfügung. (vergl. [5])

Die USA haben 2,2 Milliarden Dollar im Haushalt 2013 für Produktionsforschung bereitgestellt. China strebt an, bis zum Jahr 2015 die globale Technologieführerschaft im Bereich der High-End- Fertigungseinrichtungen zu erreichen. Die chinesische Regierung hat dafür ein Budget von umgerechnet 1,2 Billionen Euro zur Verfügung gestellt. (vergl. [5])

Fazit: Kreativität und vor allem auch Geschwindigkeit sind gefragt, wenn wir in Deutschland unsere herausragende Position auch langfristig verteidigen wollen. Unser erklärtes Ziel, Leitanbieter und Leitmarkt für Industrie 4.0 zu werden, kann nur gelingen, wenn Wissenschaft und Industrie in einer auf ein gemeinsames Ziel ausgerichteten, konzertierten Aktion vertrauensvoll zusammenarbeiten.

Wir haben die Chance, die 4. Industrielle Revolution aktiv mitzugestalten.

Ich setze darauf, dass dies gelingen wird.

Literatur

[1] Bericht der Promotorengruppe Kommunikation der Forschungsunion Wirtschaft – Wissenschaft. http://www.forschungsunion.de/pdf/kommunikation _bericht_2012.pdf, zugegriffen: 08. Januar 2014

[2] Blog Plattform Industrie 4.0. http://www.plattform-i40.de/blog/was-industrie-40-f%C3%BCr-uns-ist, zugegriffen: 08. Januar 2014

[3] THESEUS-Forschungsprogramm. http://theseus.pt-dlr.de, zugegriffen: 08. Januar 2014

[4] VDMA (2013) Statistisches Handbuch für den Maschinenbau. VDMA Verlag, Frankfurt

[5] Abschlussbericht des Arbeitskreises Industrie 4.0. http://www.forschungs union.de/pdf/industrie_4_0_abschlussbericht.pdf, zugegriffen: 08. Januar 2014